高等院校物联网专业系列教材

物联网基础

郑灿香　吴勇灵　主编　　陈伟　副主编

清华大学出版社
北京

内容简介

本书通过丰富的实例，从物联网应用的角度出发，阐述了物联网的基本概念、体系架构、关键技术、标准化体系、物联网＋新技术（可穿戴设备、机器人、无人机、3D打印、AR、人工智能、区块链等）、物联网工程开发（主控层、传感器层、无线传输层 RFID、NFC、LoRa、NB-IoT、Wi-Fi、ZigBee 与 Bluetooth）。书中包括许多物联网应用实践案例，并配套相应的物联网软、硬件开发环境。本书力争从科学前沿的高度，对物联网的应用和发展前景有全面科学的介绍，以便培养读者在物联网开发方面的实践能力，提高大家利用物联网解决实际问题的能力。本书内容丰富，概念清晰，理论分析严谨，逻辑性强，注重理论联系实际，从实例化项目入手，帮助初学者快速入门。

本书可作为本科及职业院校物联网相关专业的教学用书，也可作为物联网从业者的学习用书，并可供相关专业技术和管理人员参考。

本书封面贴有清华大学出版社防伪标签，无标签者不得销售。
版权所有，侵权必究。侵权举报电话：010-62782989，beiqinquan@tup.tsinghua.edu.cn。

图书在版编目（CIP）数据

物联网基础/郑灿香，吴勇灵主编. —北京：清华大学出版社，2021.8
高等院校物联网专业系列教材
ISBN 978-7-302-58544-2

Ⅰ. ①物… Ⅱ. ①郑… ②吴… Ⅲ. ①物联网－高等学校－教材 Ⅳ. ①TP393.4 ②TP18

中国版本图书馆 CIP 数据核字（2021）第 132307 号

策划编辑：张龙卿
文稿编辑：李慧恬
封面设计：徐日强
责任校对：刘　静
责任印制：沈　露

出版发行：清华大学出版社
网　　址：http://www.tup.com.cn，http://www.wqbook.com
地　　址：北京清华大学学研大厦 A 座　　**邮　　编**：100084
社 总 机：010-62770175　　**邮　　购**：010-62786544
投稿与读者服务：010-62776969，c-service@tup.tsinghua.edu.cn
质量反馈：010-62772015，zhiliang@tup.tsinghua.edu.cn
课件下载：http://www.tup.com.cn，010-83470410
印 装 者：北京国马印刷厂
经　　销：全国新华书店
开　　本：185mm×260mm　　**印　　张**：18.75　　**字　　数**：429 千字
版　　次：2021 年 8 月第 1 版　　**印　　次**：2021 年 8 月第1 次印刷
定　　价：59.00 元

产品编号：092169-01

前　言

物联网是继计算机、互联网之后的第三次信息产业浪潮，将会形成一个十分巨大的产业，变成具有极大开发价值的新经济时代的资源。

物联网(Internet of things，IoT)是在通信技术、互联网、传感等新技术的推动下，逐步形成的人与人、人与物、物与物之间沟通的网络构架。物联网把所有物品通过各种信息传感设备与互联网连接起来，实现智能化识别和管理。

物联网的核心是将物体连到网络上。物联网采用传感感知技术获取物体、环境的各种信息参数，并通过各种无线通信技术将信息汇总到网络上，再传输到后端进行数据分析、挖掘、处理，提取有价值的信息给决策者，然后通过一定的机制、措施，实现对现实世界的智慧控制。物联网是一个综合技术系统，未来还可以融合区块链、人工智能、可穿戴设备、增强现实(AR)、机器人、自动驾驶、无人机等技术，通过智能交互、信息智能呈现等方式实现“物联网＋”。

本书由从事多年物联网应用研究工作的工程师和任课老师共同编写，郑灿香、吴勇灵担任主编，陈伟担任副主编，贾如春负责整本书的设计规划、审核并编写了部分内容。

由于物联网技术发展十分迅速，尽管编者十分认真地编写本书，但可能仍有不尽如人意的地方，欢迎大家批评、指正。

编　者

2021 年 2 月

目　录

第1章 物联网概述

1.1 物联网的概念

"物联网"这一概念是在1999年提出的，是指把所有物品通过射频识别等信息传感设备与互联网连接起来，实现智能化识别和管理。在国际电信联盟2005年的一份报告中曾描绘物联网时代的图景：当司机出现操作失误时，汽车会自动报警；公文包会提醒主人忘带了什么东西；衣服会"告诉"洗衣机对水温的要求等。

1.1.1 物联网的定义

所谓物联网(Internet of things)，是指将各种信息传感设备，如射频识别(radio frequency identification，RFID)装置、红外感应器、全球定位系统、激光扫描器等各种装置与互联网结合起来而形成的一个巨大网络。其目的是让所有的物品都与网络连接在一起，方便识别和管理。物联网是利用无所不在的网络技术建立起来的，其中非常重要的技术是RFID电子标签技术。

以简单的RFID系统为基础，结合已有的网络、数据库、中间件等技术，构筑一个由大量联网的阅读器和无数移动的标签组成的，比Internet更为庞大的物联网，成为RFID技术发展的趋势。在这个网络中，系统可以自动、实时地对物体进行识别、定位、追踪、监控并触发相应事件。

物联网又称传感网。以互联网为代表的计算机网络技术是20世纪计算机科学的一项伟大成果，它给我们的生活带来了深刻的变化，然而在目前，网络功能再强大，网络世界再丰富，也终究是虚拟的，它与我们所生活的现实世界还是相隔的。在网络世界中，很难感知现实世界，因此，时代呼唤着新的网络技术。无线传感网络正是在这样的背景下应运而生的全新网络技术，它综合了传感器、低功耗、通信以及微机电等技术。可以预见，在不久的将来，无线传感网络将给我们的生活方式带来革命性的变化。

1.1.2 物联网的背景

计算机技术、通信与微电子技术的高速发展，促进了互联网技术、射频识别技术、全球定位系统(global positioning system，GPS)与数字地球技术的广泛应用，以及无线网络与无线传感器网络(wireless sensor network,WSN)研究的快速发展,互联网应用所产生的巨大经济与社会效益,加深了人们对信息化作用的认识,而互联网技术、RFID技术、GPS技术与WSN技术为实现全球商品货物快速流通的跟踪识别与信息利用,进而实现现代化管理,打下了坚实的技术基础。

互联网已经覆盖到世界的各个角落,已经深入世界各国的经济、政治与社会生活,已经改变了几十亿网民的生活方式和工作方式。但是现在互联网上关于人类社会、文化、科技与经济信息的采集还必须由人来输入和管理。为了适应经济全球化的需求,人们设想如果从物流角度将RFID技术、GPS技术与WSN技术与"物品"信息的采集、处理结合起来,就能够将互联网的覆盖范围从"人"扩大到"物",从而通过RFID技术、WSN技术与GPS技术采集和获取有关物流的信息,通过互联网实现对世界范围内的物流信息的快速、准确识别与全程跟踪,这种技术就是物联网技术。物联网发展的社会与技术背景如图1-1所示。

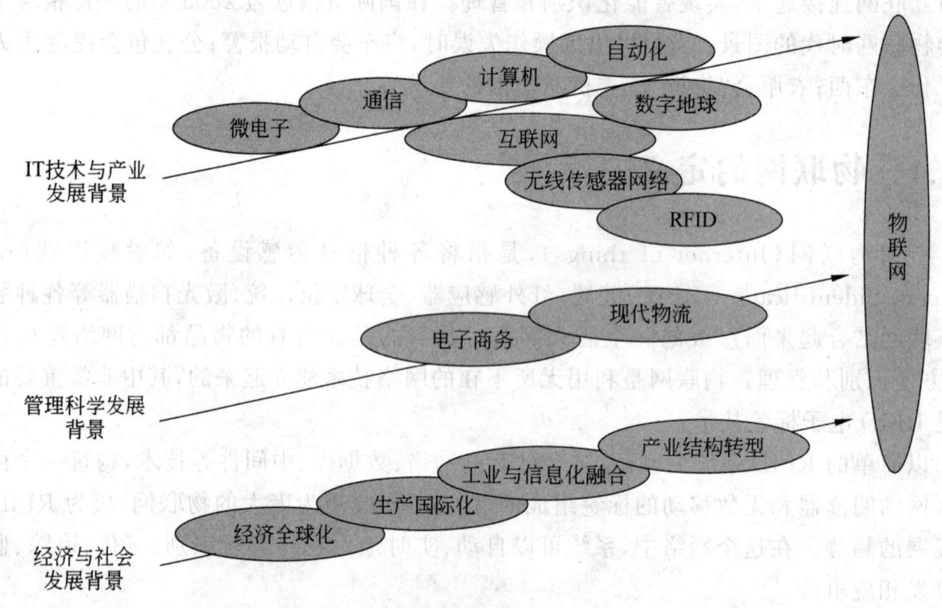

图1-1　物联网发展的社会与技术背景

1.1.3　物联网的起源

从20世纪末至今,全球经济持续低迷,急需出现一种新兴技术来促进生产力的变革,并成为经济增长的新引擎。通过对原有科学技术的融合,人们发现了一种新的技术模式。

20世纪80年代,欧美已有智能建筑、智能家居等概念;1995年,比尔·盖茨的《未来之路》一书对物联网技术在家居场景方面的应用做了详细的阐述,使得人们对于物联网应用有了初步的认识;到了1999年,麻省理工学院的Auto-ID实验室又提出了一套依托产品电子代码标准构建物联网的解决方案,将物联网技术的可行性具体化了。然而,说到"物联网"这一名称,却是在2005年国际电信联盟(ITU)发布了*The Internet of Things*

报告之后才有的；再后来，到了 2009 年 IBM 公司的物联网三步走战略，更是在全球产业界、学术界引起了广泛的响应。这里要提到的是，中国正是在 2009 年开始对物联网技术进行高度重视。

1.1.4　物联网的特点

物联网有三个关键特征：各类终端实现“全面感知”；电信网、因特网等融合实现“可靠传输”；使用云计算等技术对海量数据进行“智能处理”。

1. 全面感知

全面感知是指利用 RFID、传感器、定位器和二维码等手段随时随地对物体进行信息采集和获取。感知包括传感器的信息采集，协同处理，智能组网，甚至信息服务，以达到控制、指挥的目的。

2. 可靠传递

可靠传递是指通过各种电信网络和因特网的融合，对接收到的感知信息进行实时远程传送，实现信息的交互和共享，并进行各种有效的处理。在这一过程中，通常需要用到现有的电信运行网络，包括无线网络和有线网络。由于传感器网络是一个局部的无线网，因而无线移动通信网、3G 网络是作为物联网的一个有力支撑。

3. 智能处理

智能处理是指利用云计算、模糊识别等各种智能计算技术，对随时接收到的跨地域、跨行业、跨部门的海量数据和信息进行分析处理，以提升对物理世界、经济社会各种活动和变化的洞察力，实现智能化的决策和控制。

1.2　物联网的基本架构

物联网是在互联网和移动通信网等网络通信基础上，针对不同领域的需求，利用具有感知、通信和计算功能的智能物体自动获取现实世界的信息，并将这些对象互联，实现全面感知，可靠传输，智能处理，从而构建人与物、物与物互联的智能信息服务系统。

物联网体系架构(见图 1-2)主要由以下三个层次组成。

1.2.1　感知层

感知层又叫感知控制层，它可以实现对物理世界的智能感知识别，信息采集处理和自动控制，包括传感器和执行器、RFID、二维码等。

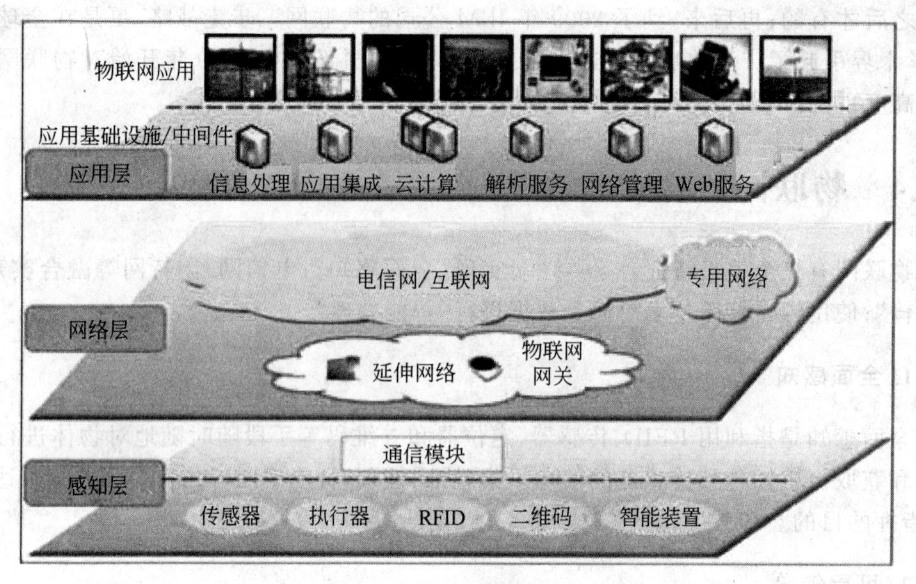

图 1-2 物联网体系架构

1. 传感器和执行器

自动化控制系统包括传感器、控制器和执行器。物联网的底层架构包括传感器、执行器，而控制器的功能是在更大的范围内实现的，比如在应用层的应用+智能是在更大的范围内实现控制闭环。

传感器是一种检测装置，能够感受到被测量的信息，然后将这些信息按一定规律变换成电信号或者其他所需的信息形式并输出，以满足信息的传输、处理、存储、显示、记录和控制等要求。

传感器主要是感知环境的状态。按照传感器的原理，可将其划分为半导体传感器、激光传感器、机械传感器、视觉传感器、液位传感器、磁传感器等不同类型。

随着物联网行业的发展，有更多的设备需要使用传感器。而随着使用量的增加，对传感器的尺寸、功耗有更高的要求，所以微机电系统(micro-electro-mechanical system, MEMS)的使用越来越多，逐渐成为物联网时代传感器的主流产品。

MEMS是在微电子技术(半导体制造技术)基础上发展起来的，融合了光刻、腐蚀、薄膜、LIGA、硅微加工、非硅微加工和精密机械加工等技术制作的高科技电子机械器件。

MEMS是集微传感器、微执行器、微机械结构、微电源微能源、信号处理和控制电路、高性能电子集成器件、接口、通信等于一体的微型器件或系统。

MEMS侧重于超精密机械加工，涉及微电子、材料、力学、化学、机械学诸多学科领域。它的学科面涵盖微尺度下的力、电、光、磁、声、表面等物理、化学、机械学的各分支。

MEMS是一个独立的智能系统，可大批量生产，其系统尺寸在几毫米乃至更小，其内部结构一般在微米甚至纳米量级。常见的产品包括MEMS加速度计、MEMS麦克风、微马达、微泵、微振子、MEMS 光学传感器、MEMS 压力传感器、MEMS 陀螺仪、MEMS 湿度传感器、MEMS 气体传感器等以及它们的集成产品。

另外，很多非接触式的传感方式也逐渐流行，比如通过图像分析或视频分析的方法，也可以实现传感。以前监测汽车是否闯红灯，是否压线，将磁钉作为传感器。而现在可以通过图像，利用图像处理方法实现传感。

执行器是根据指令改变物体的状态，如电机、开关、阀门等都属于执行器。

2. RFID

物联网，不言而喻就是要物物互联。既然万物互联了，那么如何识别一个物体呢？对于有计算处理能力的设备，一般用 IP 识别。比如，联网的设备都有 IP 地址，可以通过它找到并识别设备。

宇宙万物中，没有处理能力的物体占了绝大多数，那么如何识别这些物品呢？对这些物品的识别通常用的是为其赋予 ID，即通过 ID 进行识别。超市中，每一个物品都有一个条形码(bar code)，超市就是通过条形码来识别商品的。

但是条形码的问题是识别效率低，所以超市的收银台经常排很长的队，收银员大部分时间浪费在扫条形码上。他们首先需要找到条形码，如果条形码有污渍而识别不出来，还要手工输入条形码的 ID，十分影响效率。

而 RFID 实际上是另外一种区别于条形码的 ID 系统。

假想一个场景，当人们在超市采购了很多商品之后，推着购物车通过出口时，一个设备可以识别所有商品的信息，并直接记入结账系统，那么超市的收银台将不再需要排队。

而能够完成以上场景的技术就是 RFID 技术。2005 年，沃尔玛曾经要求所有供应商提供给沃尔玛的商品都要含有 RFID 标签，其目的是解决这个问题。

所以，RFID 在 2005 年最流行、最热门。但是当时 RFID 的技术并不成熟，一方面成本高，另一方面识别率低，导致 RFID 的普及程度不高。

随着 RFID 技术的发展，改变了工艺之后，不仅成本降低了，而且识别率得到提升，应用开始越来越广泛。比如，现在服装行业已经普遍使用 RFID；我们熟悉的公交卡、ETC 都使用了 RFID 技术。

3. 二维码

沃尔玛曾经对 RFID 寄予了很高的期望。在实际生活中，需要对 ID 进行识别，而早期 RFID 识别率低、成本高。这时，二维码作为中间过渡技术，有了很多的应用，所以二维码也是传感技术之一。而随着移动互联网的发展，手机输入链接非常麻烦，二维码作为一个链接的输入工具，有非常广泛的应用。另外，RFID 在液体或者金属的环境中，识别率会降低，在一些金属产品或者液体容器上，也会应用二维码。

物联网的感知层主要起到了识别物体，感知物体状态及控制物体状态等几个方面的作用。

1.2.2 网络层

物联网是万物互联，如果物体要连接到物联网中，一定需要网络层，而物联网需要将各种通信技术进行融合。

在物联网时代，需要联网的设备差异非常大，有需要快速连接、数据传输量大的连接设备，比如计算机、视频设备，就需要高速、高可靠性的通信方式。

也有很多数据量不大、对及时响应性要求不高的设备，而这些设备需要连接便捷及无线连接。未来这些设备的连接数量可能非常多，那么需要自动连接、无线连接及非常低的功耗，所以通信的要求非常不一致。

在物联网发展的早期，关于物的连接，有针对高端设备的自动化总线。而更多的通信协议是为了传输计算机、手机等设备的大数据量。所以物联网发展早期，物联网通信协议更多地借用了针对这些设备的通信，比如 Wi-Fi 是最不适合做智能家居的通信协议，因为功耗高，而且当连接数量多了之后，稳定性差。但因为 Wi-Fi 网络的普及度高，所以智能家居最开始时，使用 Wi-Fi 协议的通信占据了主流。

从技术角度讲，ZigBee 可能比 Wi-Fi 更适合智能家居，但 ZigBee 协议本身并不兼容，而 Wi-Fi 不需要组网就可以直接使用，这是最根本的原因。

高端设备需要高速、稳定的连接，通信的速率、稳定性、可靠性是关键；而对于低端设备，连接的便捷性、低成本、低功耗是关键。不同的目的，需要不同的连接方式。

物联网早期发展的瓶颈是连接，随着 NB-IoT 协议的推出及通信技术的完善，连接的瓶颈将有望在近年突破。

1.2.3 应用层

应用层确定物联网系统的功能、服务要求，是物联网系统构建时确定的任务与目标。应用层也是物联网架构的最终实现环节，主要是对感知层采集并通过网络层传输到云服务器的数据进行计算、处理和知识挖掘，从而达到对物理世界进行实时控制、精确管理和科学决策的目的。

应用层包含应用基础设施/中间件和物联网应用。而物联网的应用包含传统的一些应用和新兴的应用，在这些应用中，更多的是利用数据创造智慧。

早期的物联网架构中，应用、智能都集中在云平台上，智能体现在物联网的 PaaS 平台上。但是最近几年，随着应用的普及，应用、智能全部在云计算平台上也出现了一些问题。

比如，智能家居所有的智能都通过云平台实现，对家里所有设备的控制都通过云计算实现，如果网络断了，如何控制家里的设备呢？因此，智能全部在云平台上实现是有缺陷的。

最近几年物联网行业的讨论热点逐步从云平台转向了边缘计算，只需局部数据就可以将智能控制部分放在边缘计算层，而需要多方数据融合形成的智能才在云计算中心。

1.3　物联网技术

物联网技术的核心和基础仍然是互联网技术，这是在互联网技术基础上延伸和扩展的一种网络技术，其用户端延伸和扩展到了任何物品和物品之间进行信息交换和通信。因此，物联网技术可以定义为：物联网是通过 RFID、红外感应器、全球定位系统、激光扫描器等信息传感设备，按约定的协议，将任何物品与互联网相连接，进行信息交换和通信，以实现智能化识别、定位、追踪、监控和管理的一种网络技术。

物联网的快速发展对无线通信技术提出了更高的要求，专为低带宽、低功耗、远距离、大量连接的物联网应用而设计的 LPWAN（low-power wide-area network，低功耗广域网）也快速兴起，NB-IoT 和 LoRa 是其中的典型代表，也是最具有发展前景的两个低功耗广域网通信技术。NB-IoT 和 LoRa 两种技术具有不同的技术和商业特性，所以在应用场景方面会有不同。

1. LoRa 是易于建设和部署的低功耗广域物联技术

LoRa 的诞生要比 NB-IoT 早些。2013 年 8 月，Semtech 公司向业界发布了一种新型的基于 1GHz 以下的超长距（long range，LoRa）、低功耗数据传输技术的芯片。其接收灵敏度达到了惊人的 148dBm，与业界其他先进水平的 sub-GHz 芯片相比，最高的接收灵敏度改善了 20dBm 以上，这确保了网络连接的可靠性。

它使用线性调频扩频调制技术，既保持了与 FSK（频移键控）调制相同的低功耗特性，又明显地增加了通信距离，同时提高了网络效率并消除了干扰，即不同扩频序列的终端即使使用相同的频率同时发送也不会相互干扰，因此在此基础上研发的集中器/网关（concentrator/gateway）能够并行接收并处理多个节点的数据，大幅扩展了系统容量。LoRa 的技术特点如图 1-3 所示。

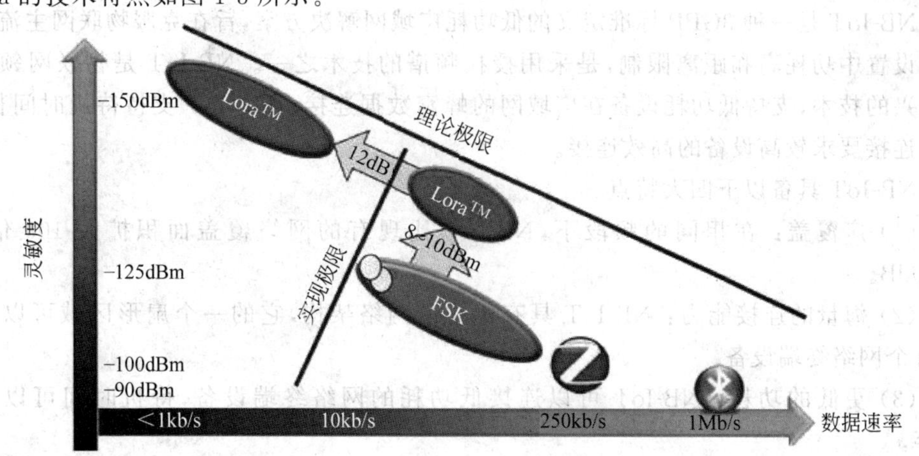

图 1-3　LoRa 的技术特点

线性扩频已在军事和空间通信领域使用了数十年，因为其可以实现长通信距离和干扰的鲁棒性，而 LoRa 是第一个用于商业用途的低成本实现。随着 LoRa 的引入，嵌入式无线通信领域的局面发生了彻底的改变。这一技术改变了以往关于传输距离与功耗的折中考虑方式，提供了一种简单的能实现远距离传输、长电池寿命、大容量、低成本的通信系统。

LoRa 主要在全球免费频段（即非授权频段）运行，包括 433MHz、868MHz、915MHz 等。LoRa 网络主要由终端（内置 LoRa 模块）、网关（或称基站）、服务器和云四部分组成，应用数据可双向传输，如图 1-4 所示。

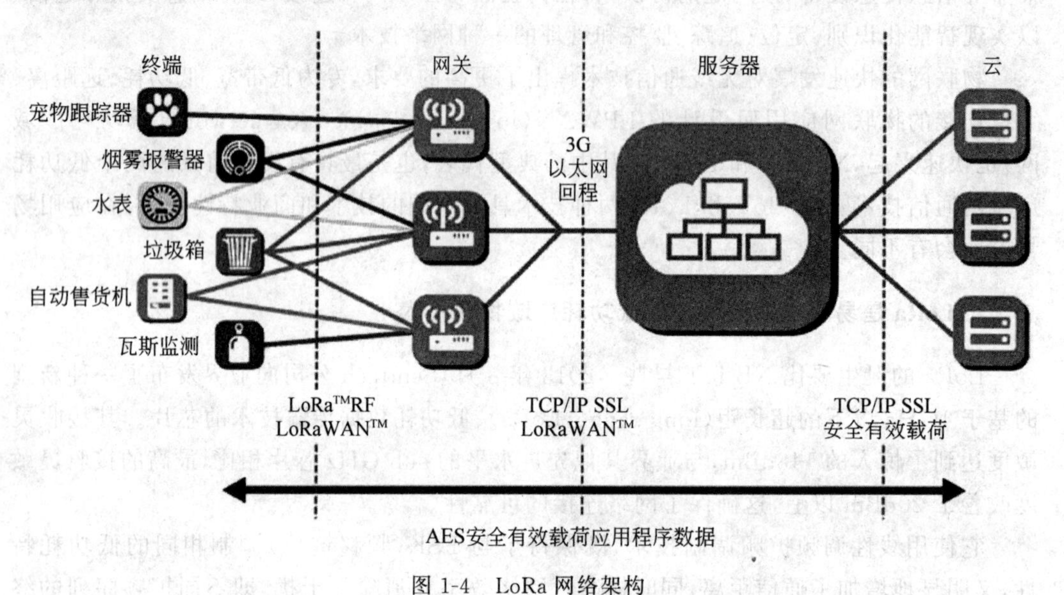

图 1-4　LoRa 网络架构

2. NB-IoT 技术有后来居上的特点

NB-IoT 是一种 3GPP 标准定义的低功耗广域网解决方案，旨在克服物联网主流蜂窝标准设置中功耗高和距离限制，是采用授权频谱的技术之一。NB-IoT 是物联网领域一种新兴的技术，支持低功耗设备在广域网的蜂窝数据连接。NB-IoT 支持待机时间长、对网络连接要求较高设备的高效连接。

NB-IoT 具备以下四大特点。

(1) 广覆盖：在相同的频段下，NB-IoT 比现有的网络覆盖面积扩大 100 倍，增益 20dB。

(2) 海量的连接能力：NB-IoT 具有优化的网络架构，它的一个扇形区域可以连接 10 万个网络终端设备。

(3) 更低的功耗：NB-IoT 可以连接低功耗的网络终端设备，待机时间可以长达 10 年。

(4) 更低的模块成本：企业预期的单个接连模块不超过 5 美元。

NB-IoT 与 LoRa 技术参数对比结果见表 1-1。

表 1-1　NB-IoT 与 LoRa 技术参数对比

类　　型	NB-IoT	LoRa
技术特点	蜂窝	线性扩频
网络部署	与现有蜂窝基站复用	独立建网
频段	运营商频段	150MHz～1GHz
传输距离	远距离	远距离(1～20km)
速率	<100kb/s	0.3～50kb/s
连接数量	2×10^5 个/小区	2×10^5 个/小区
终端电池工作时间	约 10 年	约 10 年
成本	模块 5～10 美元	模块约 5 美元

任何技术都不能完全占领市场，NB-IoT 将会对整个行业的发展起到促进作用。从某种程度上说，NB-IoT 和 LoRa 是属于两个阵营的，因为 NB-IoT 主要依赖于运营商的基础设施进行协议对接；LoRa 是一个更灵活的自主网络，在任何需要的地方都可以进行部署。它们两者在物联网市场中是互补共存的。

1.4　物联网标准

从 2014 年开始，中国掀起物联网风潮，各家厂商无不努力寻找各种能跟物联网产生联系的机会，然而，碎片化发展的技术标准与产品/服务规格却阻碍了物联网市场的成长脚步。为了能让各家设备彼此沟通并使用共通性的应用软件与服务，物联网需要再继续发展与整合相关标准与协议内容及机制，因此，有必要了解物联网标准化的全球动态及市场需求。欧盟在 2015 年 3 月协同各主要物联网标准组织发起成立了一个名为 the alliance for the internet of things innovation 的物联网联盟，简称 AIOTI。

AIOTI 进一步将参与其中的物联网标准组织，以市场类型及技术类型进行了分类，如图 1-5 所示。由此可观察到大多数厂商聚焦在 B2C 市场中提供顾客所需的服务与信息应用，而这些服务与应用的基础就是通信技术。前述服务与应用的范围则包括智能家居（含智能医疗）、智能制造（含产业自动化）、智能车（含交通）、智慧能源、智慧城市（含建筑与各种应用到特定应用目的的自动化系统，如废弃物管理、停车管理或大楼管理等）、智能穿戴设备与智慧农业（含食品）等领域，各应用方向分述如下。

(1) 智能家居。智能家居基本上以解决人类生活问题为其主要目的，将物联网应用到家中各式家电及周遭设备中，使家居生活变得更舒适、安全和高效。而 AIOTI 尤其关注老年化问题，并运用物联网解决老年人口不断增长而衍生的各种问题，希望能让老年人活得更健康、更有活力，有更好的生活质量，能够独立自主地生活而不必要依靠照护机构，进而减少照护成本。因此，智能家居除了衣、食、住、行、育、乐外，通常也会整合远程医疗

图 1-5　物联网的分类

或智慧医疗的相关服务，相关标准组织与联盟有 BBF、OMA、OSGi 等。

(2) 智能制造。智能制造是为了解决欧盟制造产业的问题，人们希望能够通过物联网将智能概念融入制造环节中，将许多可以用来感测、量测、控制、进行能源或资源管理的对象，以无线或有线的机制整合联结起来，进而提高整个制造产业的生产效能，相关标准组织与联盟有 ETSI DECT、ITU-T、IEC 等。

(3) 智能车。智能车包括横跨多个不同市场领域应用概念的智能交通与联网车的议题，例如，自驾车、智能交通系统、车联网，载具范围甚至扩及船运与空运，相关标准组织与联盟有 OSGi、AIOTI、oneM2M 等。

(4) 智能能源。智能能源的目的是将传感器应用到环境保护领域，除了对电力资源的管理外，其他如空气、水质/水量、大气、土壤条件与噪声污染等都是物联网技术可以发展应用的方向，相关标准组织与联盟有 IEEE(Institute of electrical and electronics engineers，电气与电子工程师协会) 802 LAN/MAN、IETF 6Lo、LoRa Alliance 等。

(5) 智慧城市。智慧城市的目的是让现代化城市更进步，通过物联网技术将整个城市生态系统中原本各自独立的元素，如能源、交通、建筑、照明、垃圾管理、环境监控等整合起来，使人们的日常生活变得更方便，相关标准组织与联盟有 OASIS MQTT、OMG、DASH7 Alliance 等。

(6) 智能穿戴设备。智能穿戴设备的目的是希望能在衣服、织物、贴片、辅助物、手表与其他可挂载在身上的设备中加上一些新功能，以便发掘其中新的机会与应用，通过纳米电子、有机电子、感测/致动、定位与信息通信等技术的整合应用满足人们更多的服务需求，相关标准组织与联盟有 IETF CoRE、AllSeen Alliance、IIC 等。

(7) 智慧农业。智慧农业是将物联网技术应用到整个农业价值链上，以改善食品安全状况，通过物联网技术协助人们收集、处理与分析不同环节产生的数据，相关标准组织与联盟有 IETF XMPP、Z-Wave、OGC 等。

由此可知，物联网发展方向多元，不同标准组织与联盟也在各自选择的应用领域中发展所需的技术与标准协议，但日后各系统及服务可能无法兼容，反而提高彼此的开发成本。因此，需要加速催化这些标准组织与联盟共同构建一个能够跨平台、跨产品协作生态体系的沟通传输机制，这样不但能降低营运成本，而且能促成整个物联网市场的自由竞争，不论是对消费者还是对物联网厂商都是皆大欢喜的事情。

1.5　物联网产业链

物联网产业链包含芯片提供商、传感器供应商、无线模组（含天线）厂商、网络运营商、平台服务商、系统及软件开发商、智能硬件厂商、系统集成及应用服务提供商八大环节，如图 1-6 所示。

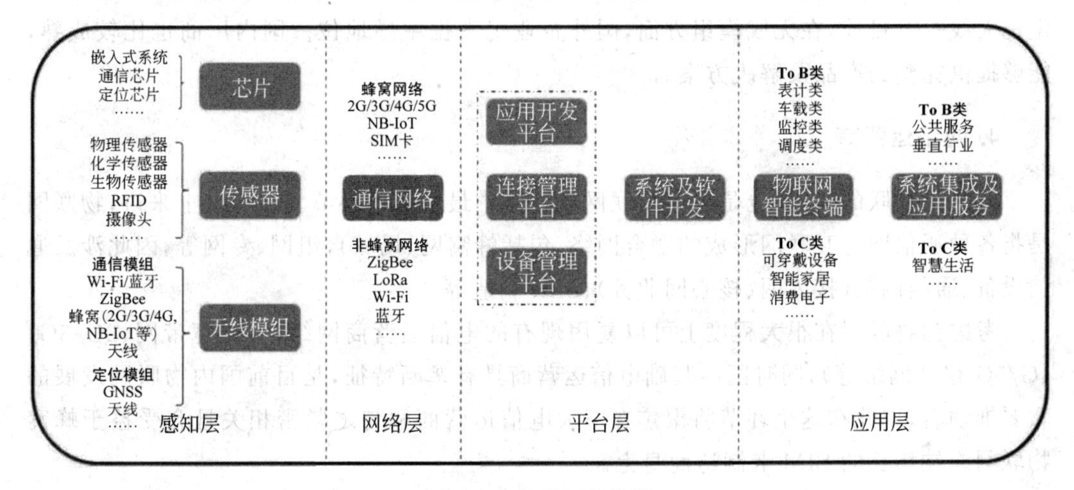

图 1-6　物联网产业链

1. 芯片供应商

芯片是物联网的“大脑”，低功耗、高可靠性的半导体芯片是物联网几乎所有环节必不可少的关键部件之一。依据芯片功能的不同，物联网产业中所需芯片既包括集成在传感器、无线模组中实现特定功能的芯片，也包括嵌入终端设备中提供“大脑”功能的系统芯片——嵌入式微处理器，一般呈现为 MCU/SoC 形式。

目前在物联网领域中，芯片厂商数量众多，芯片种类繁多，差异明显。然而，芯片领域依然为高通、TI、ARM 等国际巨头所主导，国内芯片企业数量虽多，但关键技术大多引自国外，这就直接导致了众多芯片企业的盈利能力不足，难以占领较大的市场份额。

2. 传感器供应商

传感器是物联网的“五官”，本质是一种检测装置，是用于采集各类信息并转换为特定信号的器件，可以采集身份标识、运动状态、地理位置、姿态、压力、温度、湿度、光线、声音、气味等信息。广义的传感器包括传统意义上的敏感元器件、RFID、条形码、二维码、雷达、摄像头、读卡器、红外感应元件等。

传感器行业由来已久，目前主要由美国、日本、德国的几家龙头公司主导。我国传感器市场中约70%的份额被外资企业占据，我国本土企业市场份额较小。

3. 无线模组厂商

无线模组是物联网接入网络和定位的关键设备。无线模组可以分为通信模组和定位模组两大类。常见的局域网技术有Wi-Fi、蓝牙、ZigBee等，常见的广域网技术主要有工作于授权频段的2G/3G/4G、NB-IoT和非授权频段的LoRa、SigFox等技术，不同的通信技术对应着不同的通信模组。NB-IoT、LoRa、SigFox属于低功耗广域网（LPWAN）技术，具有覆盖广、成本低、功耗小等特点，是专门针对物联网的应用场景开发的。

此外，从广义来看，与无线模组相关的还有智能终端天线，包括移动终端天线、GNSS定位天线等。目前，在无线模组方面，国外企业仍占据主导地位。国内厂商也比较成熟，能够提供完整的产品及解决方案。

4. 网络运营商

网络是物联的通道，也是目前物联网产业链中最成熟的环节。从广义上来讲，物联网是指各种通信网与互联网形成的融合网络，包括蜂窝网、局域自组网、专网等，因此涉及通信设备、通信网络（接入网、核心网业务）、SIM制造等。

考虑到物联网在很大程度上可以复用现有的电信运营商网络（有线宽带网、2G/3G/4G/5G移动网络等），同时国内基础电信运营商具有垄断特征，是目前国内物联网发展的重要推动者，因此在这个环节将聚焦在三大电信运营商和与之紧密相关且会受益于蜂窝物联网终端增长的SIM卡制造商身上。

5. 平台服务商

平台是实现物联网有效管理的基础。物联网平台作为设备汇聚、数据分析的重要环节，既要向下实现对终端的“管、控、营”，还要向上为应用、服务及系统集成提供PaaS服务。根据平台功能的不同，可分为以下3种类型。

(1) 设备管理平台：主要用于对物联网终端设备进行远程监管，故障排查，生命周期管理等以及对系统和软件进行升级，所有设备的数据均可以存储在云端。

(2) 连接管理平台：用于保障终端联网通道的稳定以及对网络资源用量、资费、账单、套餐、号码/地址资源进行管理。

(3) 应用开发平台：主要为IoT开发者提供应用开发工具、后台技术支持服务，中件、业务逻引擎、API、交互界面等，此外，还提供高扩展的数据库、实时数据处理、智能预测离线数据分析、数据可视化展示应用等，让开发者无须考虑底层的细节问题，就可以快速地进行开发、部署和管理，从而缩短时间，降低成本。

就平台层企业而言，国外厂商有Jasper、Wylessy等。国内的物联网平台企业主要存在三类厂商：一是三大电信运营商，其主要从搭建连接管理平台方面入手；二是BAT、京东等互联网巨头，其利用各自的传统优势，主要搭建设备管理和应用开发平台；三是在各自细分领域的平台厂商，如宜通世纪、和而泰、上海庆科。

6. 系统及软件开发商

系统及软件可以让物联网设备有效运行。物联网的系统及软件一般包括操作系统、应用软件等。其中，操作系统(operating system，OS)是管理和控制物联网硬件和软件资源的程序，类似智能手机的 iOS、Android，是直接运行在"裸机"上的最基本的系统软件；其他应用软件只有在操作系统的支持下才能正常运行。

目前，发布物联网操作系统的主要是一些 IT 巨头，如谷歌、微软、苹果、阿里巴巴等。由于物联网目前仍处起步阶段，应用软件开发主要集中在车联网、智能家居、终端安全等通用性较强的领域。

7. 智能硬件厂商

智能硬件是物联网的承载终端，是指集成了传感器件和通信功能，可接入物联网并实现特定功能或服务的设备。如果按照购买客户来划分，可分为 To B 类和 To C 类。

(1) To B 类：包括表计类(智能水表、智能燃气表、智能电表、工业监控检测仪表等)、车载前装类(车机)、工业设备及公共服务监测设备等；

(2) To C 类：包括消费电子、如可穿戴设备、智能家居等。

鉴于物联网极为丰富的应用场景，终端类型多，在此仅列举一些 To B 类、市场需求较大且该类终端生产企业相对集中的厂商。

8. 系统集成及应用服务提供商

系统集成及应用服务是物联网部署实施与实现应用的重要环节。所谓系统集成，就是根据一个复杂的信息系统或子系统的要求，把多种产品和技术验明并接入一个整体的解决方案的过程。目前主流的系统集成做法有设备系统集成和应用系统集成两大类。

物联网的系统集成一般面向大型客户或垂直行业，例如，政府部门、水务公司、燃气公司、热力公司，石油钢铁企业等，往往以提供综合解决方案形式为主。面对物联网的复杂应用环境和众多不同领域的设备，系统集成商可以帮助客户解决各类设备、子系统间的接口、协议、系统平台、应用软件等与子系统、建筑环境、施工配合、组织管理和人员配备相关的问题，确保客户得到最合适的解决方案。

1.6　物联网的应用

如今，物联网经过多年的发展，已经开始从概念走向实际应用，它的商业价值与应用前景得到了越来越多企业的认可，吸引了中外巨头和其他企业在多个领域争相布局。有了物联网技术的加持，人类能够以更加精细的方式管理生产和生活，提高资源利用率和生产力水平，改善人与自然间的关系。

由于受政治、社会等多方面的影响，近年来，全球经济增长乏力，世界各国的经济都面临着严峻的挑战，在这种情况下，物联网应运而生地成为经济发展的新动力。基于此，亿欧智库发布了《2018 物联网行业应用研究报告》，报告根据实际情况，对物联网产业的发展进行了梳理，并总结出了十大应用领域，分别为智慧物流、智能交通、智能安防、智慧能源、智能医疗、智慧建筑、智能制造、智能家居、智能零售和智慧农业，如图 1-7 所示。

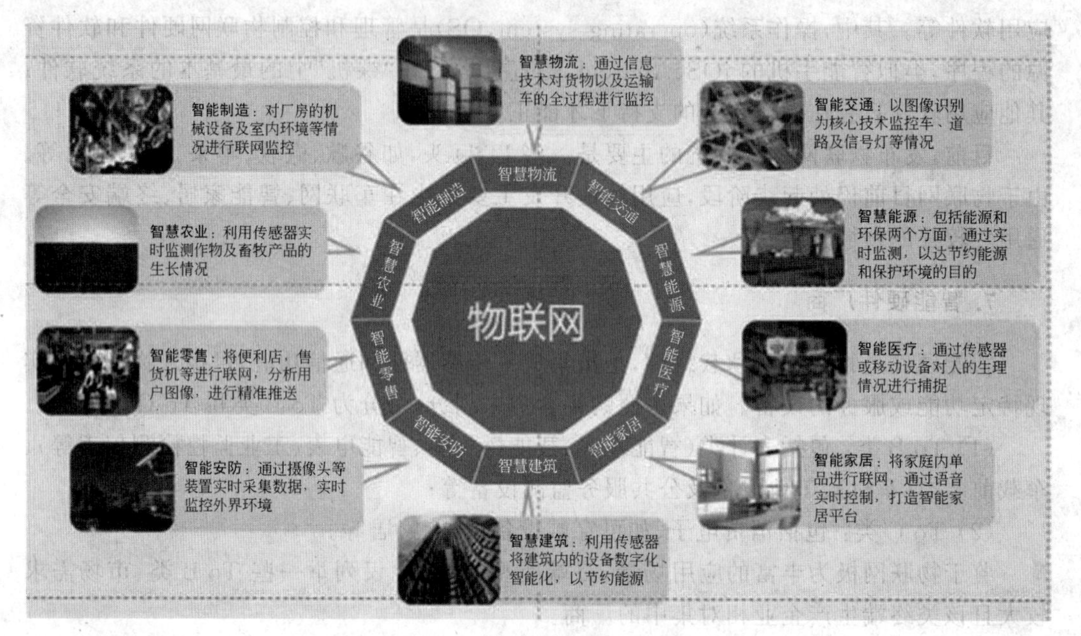

图 1-7　物联网的应用领域

1. 智慧物流

智慧物流是指以物联网、大数据、人工智能等信息技术为支撑，在物流的运输、仓储、运输、配送等各个环节实现系统感知、全面分析及处理等功能。当前，在物联网领域中应用主要体现在三个方面：仓储、运输监测以及快递终端等。通过物联网技术实现对货物的监测以及运输车辆的监测，包括货物车辆位置、状态，货物温湿度，油耗以及车速等，物联网技术的使用能提高运输效率，提升整个物流行业的智能化水平。智慧物流如图 1-8 所示。

图 1-8　智慧物流

2. 智能制造

智能制造细分概念范围很广，涉及很多行业。制造领域的市场体量巨大，是物联网的一个重要应用领域，主要体现在数字化以及智能化的工厂改造上，包括工厂机械设备监控和工厂的环境监控。通过在设备上加装相应的传感器，设备厂商可以远程随时随地地对设备进行监控、升级和维护等操作，更好地了解产品的使用状况，完成产品全生命周期的信息收集，指导产品设计和售后服务，如图 1-9 所示。

图 1-9　智能制造

3. 智能交通

智能交通是物联网的一种重要体现形式，利用信息技术将人、车和路紧密地结合起来，改善交通运输环境、保障交通安全以及提高资源利用率。物联网技术的具体应用领域，包括智能公交车、共享单车、车联网、充电桩监测、智能红绿灯以及智慧停车等。其中，车联网是近些年来各大厂商及互联网企业争相进入的领域。智能交通如图 1-10 所示。

图 1-10　智能交通

4. 智慧农业

智慧农业是指利用物联网、人工智能、大数据等现代信息技术与农业进行深度融合，实现农业生产全过程的信息感知、精准管理和智能控制的一种全新农业生产方式，可实现农业可视化诊断、远程控制以及灾害预警等功能。物联网在农业中的应用主要体现在两个方面：农业种植和畜牧养殖。

农业种植是指通过传感器、摄像头和卫星等收集数据，实现农作物数字化和机械装备数字化（主要是指农机车联网）发展。畜牧养殖是指利用传统的、可穿戴设备以及摄像头等收集畜禽产品的数据，通过对收集到的数据进行分析，运用算法判断畜禽产品的健康状况、喂养情况、位置信息以及对发情期进行预测等，对其进行精准管理，如图 1-11 所示。

图 1-11　智慧农业

5. 智慧能源

智慧能源属于智慧城市的一部分，其物联网应用主要集中在水能、电能、燃气等能源以及井盖、垃圾桶等环保装置，如智慧井盖监测水位以及其状态，智能水电表实现远程抄表，智能垃圾桶自动感应等。将物联网技术应用于传统的水、电、光能设备进行联网，通过监测，提升利用效率，减少能源损耗。

6. 智能零售

行业内将零售按照距离，分为三种不同的形式：远场零售、中场零售、近场零售，三者分别以电商、商场/超市和便利店/自动售货机为代表。物联网技术可以用于近场和中场零售，且主要应用于近场零售，即无人便利店和自动（无人）售货机。智能零售通过对传统的售货机和便利店进行数字化升级、改造，打造无人零售模式。通过数据分析，并充分运用门店内的客流和活动，为用户提供更好的服务，使商家提高经营效率。

7. 智能医疗

在智能医疗领域，新技术的应用必须以人为中心。而物联网技术是数据获取的主要途径，能有效地帮助医院实现对人的智能化管理和对物的智能化管理。对人的智能化管理是指通过传感器对人的生理状态（如心跳频率、体力消耗、血压高低等）进行监测，主要是指医疗可穿戴设备，将获取的数据记录到电子健康文件中，方便个人或医生查阅。除此之外，还能通过 RFID 技术对医疗设备、物品进行监控与管理，实现医疗设备、用品可视化，主要表现为数字化医院，如图 1-12 所示。

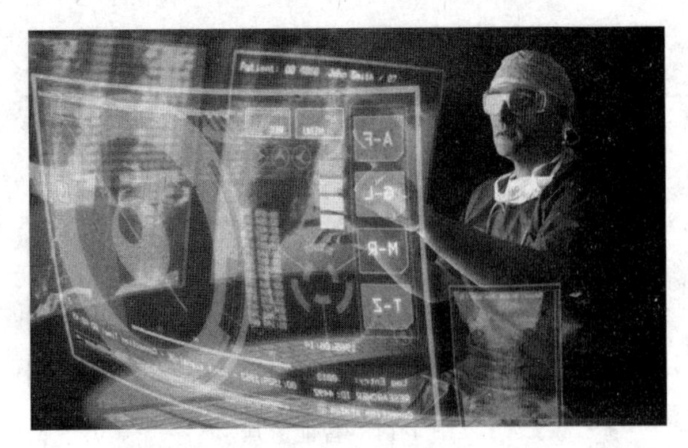

图 1-12　智能医疗

8. 智能安防

智能安防是物联网的一大应用市场，因为安全永远都是人们的一个基本需求。传统安防对人员的依赖性比较大，非常耗费人力，而智能安防能够通过设备实现智能判断。目前，智能安防最核心的部分在于智能安防系统，该系统是对拍摄的图像进行传输与存储，并对其进行分析与处理。一个完整的智能安防系统主要包括三大部分，即门禁、报警和监控，行业中主要以视频监控为主。智能安防如图 1-13 所示。

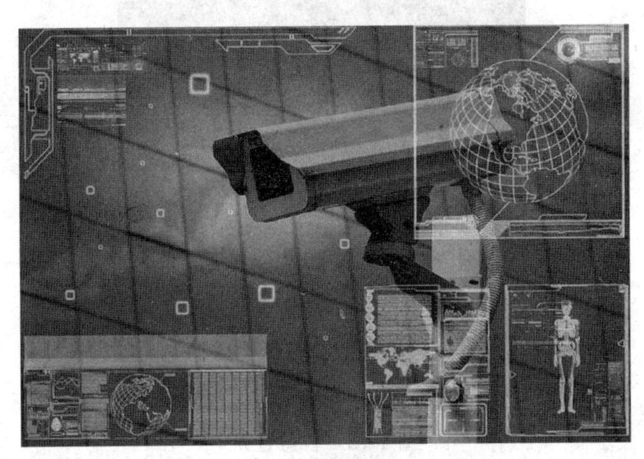

图 1-13　智能安防

9. 智能家居

智能家居是指使用不同的方法和设备，提高人们的生活能力，使家庭变得更舒适、安全和高效。物联网应用于智能家居领域，能够对家居类产品的位置、状态、变化进行监测，分析其变化特征，同时根据人的需要，在一定程度上进行反馈，如图 1-14 所示。智能家居行业发展主要分为三个阶段：单品连接、物物联动和平台集成。其发展的方向首先是连接智能家居单品，随后走向不同单品之间的联动，最后向智能家居系统平台方向发展。当前，各个智能家居类企业正在从单品连接向物物联动的过渡阶段。

图 1-14　智能家居

10. 智慧建筑

建筑是城市的基石，技术的进步促进了建筑的智能化发展，以物联网等新技术为主的智慧建筑越来越受到人们的关注。当前的智慧建筑主要体现在节能方面，对设备进行感知、传输数据并实现远程监控，不仅能够节约能源，同时也能减少楼宇人员的运维工作量。亿欧智库根据调查，了解到目前智慧建筑主要体现在用电照明、消防监测、智慧电梯、楼宇监测以及古建筑领域的白蚁监测上，如图 1-15 所示。

图 1-15　智慧建筑

1.7　物联网的发展现状

作为全球战略性新兴产业，物联网已经受到国家和社会的高度重视。基于互联网的产业化应用和智慧化服务将成为下一代互联网的重要时代特征。物联网技术通过发挥新一代信息通信技术的优势，与传统产业服务深度融合，促进传统产业的革命性转型，设计满足国家产业发展需求的信息化解决方案，将推动信息服务产业的发展与建设，实现战略信息服务产业的智慧化。

1.7.1 国外物联网的发展现状

1. 全球物联网发展正处于产业快速发展的战略机遇期

根据 IDC 数据显示，2015—2020 年全球物联网市场规模如图 1-16 所示。由此可以看出，全球物联网市场规模已经出现了快速增长趋势，从 2015 年的 0.61 万亿美元增长至 2020 年的 1.36 万亿美元。根据全球移动通信系统协会（GSMA）统计数据显示，2010—2020 年全球物联网设备数量高速增长，复合增长率达 19%；2020 年，全球物联网设备连接数量高达 126 亿个。据 GSMA 预测，2025 年全球物联网设备（包括蜂窝及非蜂窝）联网数量将达到约 246 亿个（见图 1-17）。

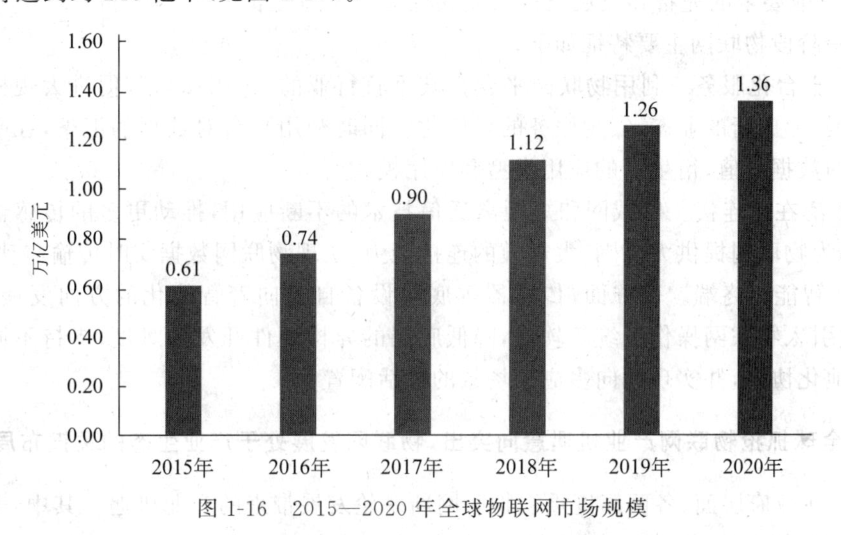

图 1-16　2015—2020 年全球物联网市场规模

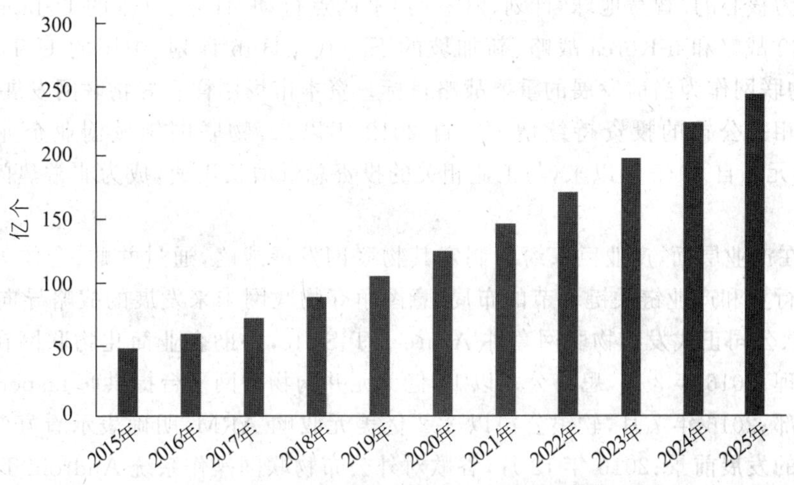

图 1-17　2015—2025 年全球物联网设备联网数量及预测图

1）技术进步和产业的逐步成熟推动物联网发展进入新阶段

（1）产业成熟度提升促使物联网部署成本不断下降。与10年前相比，全球物联网处理器价格下降98%，传感器价格下降54%，成本的降低为物联网大规模部署提供了基础。

（2）联网技术不断突破。目前，在全球范围内低功率广域网（LPWAN）技术快速兴起并逐步商用，面向物联网广覆盖、低时延场景的5G技术标准化进程加速，同时工业以太网、LTE-V、短距离通信技术等相关通信技术发展也取得显著成效。

（3）数据处理技术与能力明显提升。随着大数据整体技术体系的基本形成，信息提取、知识表现、机器学习等人工智能研究方法和应用技术发展迅速。

（4）产业生态构建所需的关键能力加速成熟。云计算、开源软件等有效降低了企业构建生态的门槛，推动全球范围内水平化物联网平台的兴起和物联网操作系统的进步。

2）产业要素的完备和发展条件的成熟推动物联网发展进入新的阶段

这一阶段物联网主要特征如下。

（1）平台化服务。利用物联网平台打破垂直行业的“应用孤岛”，促进大规模开环应用的发展，形成新的业态，实现服务的增值化。同时利用平台对数据的汇聚，在平台上挖掘物联网数据价值，衍生新的应用类型和应用模式。

（2）泛在化连接。广域网和短距离通信技术的不断应用，推动更多的传感器设备接入网络，为物联网提供大范围、大规模的连接能力，实现物联网数据实时传输与动态处理。

（3）智能化终端。一方面，传感器等底层设备自身向着智能化的方向发展；另一方面，通过引入物联网操作系统等软件，降低底层的异构硬件开发的难度，支持不同设备之间的本地化协同，并实现面向多应用场景的灵活配置。

2. 全球抓抢物联网产业机遇意向突出，物联网发展处于产业生态的关键布局期

（1）在政府层面，各国高度重视物联网新一轮发展带来的产业机遇。其中，美国以物联网应用为核心的“智慧地球”计划、欧盟的“十四点行动”计划、日本的U-Japan计划、韩国的IT839战略和u-Korea战略、新加坡的下一代I-Hub计划、中国的U-Taiwan计划等，都将物联网作为当前发展的重要战略目标。资本市场同样看好物联网发展前景，对从事物联网相关公司的投资持续增加。自2012年以来，物联网领域创业企业融资达到1260亿美元。自2015年以来，与工业相关的投资总量增长迅速，成为非常热门的物联网投资领域。

（2）在产业层面，产业巨头纷纷制定其物联网发展战略，通过并购、合作等方式快速进行重点行业和产业链关键环节的布局，意图争夺物联网未来发展的战略导向。2015年10月，微软公司正式发布物联网套件Azure IoT Suite，协助企业简化物联网在云端应用部署及管理；2016年3月，思科公司以14亿美元并购物联网平台提供商Jasper，并成立物联网事业部；2016年7月，软银公司以322亿美元收购ARM，明确表示看好ARM在物联网时代的发展前景；2016年12月，谷歌对外公布物联网操作系统Android Things的开发者预览版本，并更新其Weave协议。除此之外，亚马逊、苹果、Intel、高通、SAP、IBM、阿里巴巴、腾讯、百度、GE、AT&T等全球知名企业均从不同环节布局物联网，产业大规模发展的条件正快速形成，未来 2～3 年将成为物联网产业生态发展的关键时期。

3. 传统产业智能化升级和规模化消费市场的兴起推动物联网创新突破和应用加深

从物联网概念兴起发展至今，各类应用长时间并存，并成波次、接力式推进物联网的发展。物联网研究机构 IoT Analytics 对 1414 个实际应用的物联网项目进行了研究，其 2020 年的最新报告显示，在全球份额中，各部分的占比如图 1-18 所示。由此可以看出，制造业/工业成为物联网的主要应用领域，其次是交通/车联网、智慧能源、智慧零售、智慧城市等。根据市场经济和物联网技术的发展情况可知，智慧医疗与智慧物流等将会得到普及。

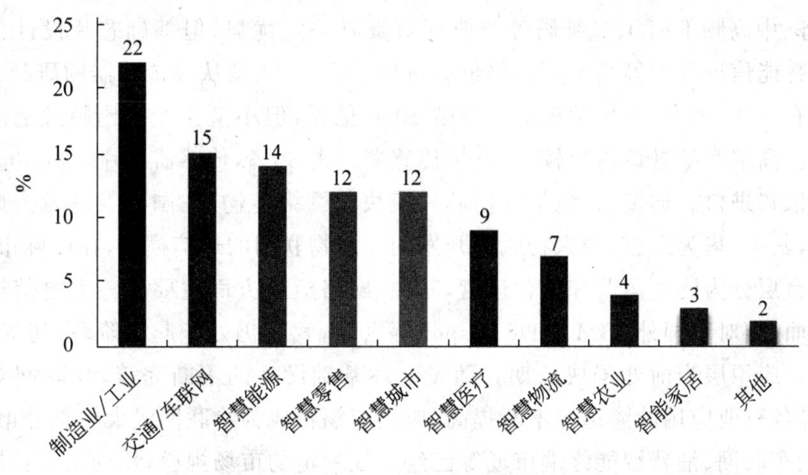

图 1-18　2020 年各领域物联网应用支出分布图

(1) 制造业/工业等传统产业的智能化升级成为推动物联网突破创新的重要契机。随着世界经济下行压力的增加和新技术变革的出现，各国积极应对新一轮科技革命和产业变革带来的挑战，美国的"先进制造业伙伴计划"、德国的"工业 4.0"等一系列国家战略的提出和实施，其根本出发点在于抢占新一轮国际制造业竞争的制高点。制造业/工业转型升级将推动在产品、设备、流程、服务中物联网感知技术的应用，网络连接的部署以及基于物联网平台的业务分析和数据处理，加速推动物联网的突破及创新。

(2) 规模化消费市场的兴起加速物联网的推广。目前交通/车联网、智慧城市(社会公共事业、公共管理)、智能家居、智能硬件、智能安防等成为当前物联网发展的热点领域。

1.7.2　国内物联网的发展现状

在我国，物联网的前身是传感网。中国科学院早在 1999 年就启动了传感网技术的研究，并取得了一系列的科研成果。自 2009 年以后，国内出现了对物联网技术进行集中研究的浪潮；2010 年，物联网被写入了政府工作报告，发展物联网被提升到发展战略高度。"十二五"时期，我国在物联网发展政策环境、技术研发、标准研制、产业培育以及行业应用方面取得了显著成绩，物联网应用推广进入实质阶段，示范效应明显；"十三五"规划纲要明确提出“发展物联网开环应用”，将致力于加强通用协议和标准的研究，推动物联网不同行业不同领域应用间的互联互通、资源共享和应用协同。近年来，在“中国制造 2025”与“互联网＋”等战略的带动下，物联网产业呈现蓬勃生机。

1. 生态体系逐步完善

随着技术、标准、网络的不断成熟，物联网产业正在进入快速发展阶段，2017 年，产业规模已突破 11000 亿元，复合增长率达到 25%，形成了完整的产业链条，涌现出了诸多的、优秀的芯片、终端、设备生产商以及解决方案提供商。

从我国物联网产业链中各层级发展成熟度来看，设备层当前已进入成熟期，其中 M2M 服务、中高频 RFID、二维码等产业环节具有一定优势，但基础芯片设计、高端传感器制造及智能信息处理等高端产品仍依赖进口。目前，我国从事传感器的研制、生产和应用的企业有 2000 多家，市场销售额已突破 1000 亿元，但小型企业占比超过七成，产品以低端为主。高端产品进口占比较大，其中传感器约占 60%，传感器芯片约占 80%，MEMS 芯片基本依赖进口。连接层(包括通信芯片模块及网络传输)在国内发展较为成熟，竞争较为集中，其中，华为海思、中兴物联等开发的面向物联网的通信模块，在国际市场竞争力突出。平台层分为网络运营和平台运营，其中，网络运营方面主要有三大电信运营商；平台运营方面，相对于国外 IBM、PTC、Jasper 等巨头，我国仍处于起步阶段，还尚未出现平台层巨头。应用层当前处于成长期。随着上述基础设施的不断完善，物联网对工业、交通、安防等各行业应用的渗透率不断提高，应用市场将成为物联网最大的细分市场，其中，智能制造、车联网、消费智能终端市场等已经形成一定的市场规模，均处于成长期。

2. 市场规模迅速增长

物联网作为我国新一代信息技术自主创新突破的重点方向，蕴含着巨大的创新空间，在芯片、传感器、近距离传输、海量数据处理以及综合集成、应用等领域，创新活动日趋活跃，创新要素不断积聚。在政策、经济、社会、技术等因素的驱动下，我国物联网产业规模 2020 年已达到 16670 亿元。根据 2020 年 GSMA 移动经济发展报告预测，我国 2019—2025 年的物联网产业规模复合增长率为 9%左右。按照目前物联网行业的发展态势，预计到 2025 年，我国物联网行业规模将超过 2.7 万亿元，如图 1-9 所示。

2016 年年底，我国移动物联网连接数为 1.4 亿，其中 M2M 应用终端数量超过 1 亿，占全球总量的 31%。根据工业和信息化部 2021 年 3 月 22 日公布的《2021 年 1—2 月通信业经济运行情况》数据显示，截至 2 月末，三家基础电信企业发展蜂窝物联网终端用户 11.54 亿户，同比增长 10.6%，比上年末净增 1827 万户，其中应用于智能制造、智慧交通、智慧公共事业的终端用户占比分别达 17.7%、20.9%、21.8%，智慧交通终端用户(含车联网终端)同比增长 29.6%，增势最为突出。

3. 行业应用领域加速突进

现阶段，国家物联网正广泛应用于电力、交通、环保、物流、工业、医疗、水利、安防、电

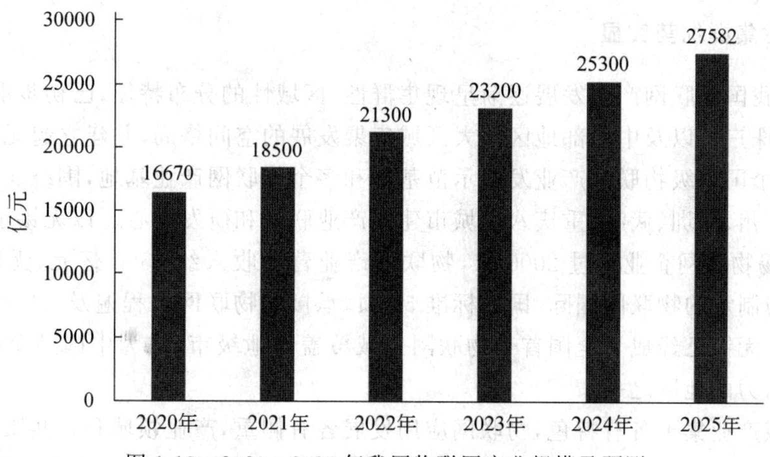

图 1-19　2020—2025 年我国物联网产业规模及预测

力等领域，并形成了包含芯片和元器件、设备、软件、系统集成、电信运营以及物联网服务在内的较为完善的产业链体系，为诸多行业实现精细化管理提供了有力的支撑，大幅提升了管理能力和水平，改变了行业运行模式。在这些领域，涌现出一批实力较强的物联网领军企业，初步建成一批共性技术研发，检验检测，投融资，标识解析，成果转化，人才培训，信息服务等公共服务平台。

4. 标准体系局部取得突破

近年来，我国在物联网国际标准化中的影响力不断提升，国内越来越多企业开始积极参与国际标准的制定工作，我国已经成为 ITU 相应物联网工作组的主导国之一，并牵头制定了首个国际物联网总体标准——《物联网概述》。我国相关企业和单位一直深入参与 3GPP MTC 相关标准的制定工作。在标准体系方面，制定和梳理了物联网参考架构、智能制造、电子健康指标评估、物联网语义和大数据等物联网综合标准化体系项目 900 余项。在国内标准研制方面，我国对传感器网络、传感器网络与通信网融合、RFID、M2M、物联网体系架构等共性标准的研制不断深化。

5. 创新成果不断涌现

目前，国内在物联网领域已经建成一批重点实验室，汇聚整合多行业、多领域的创新资源，基本覆盖了物联网技术创新各环节，物联网专利申请数量逐年增加，2016 年达到 7872 件。2017 年，工业和信息化信部确定正式组建组网方案及推广计划，并印发《关于全面推进移动物联网 NB-IoT 建设发展的通知》，吹响了以 NB-IoT 为代表的移动物联网快速发展的号角。截至 2019 年年底，我国已建成 NB-IoT 基站超过 70 万个，实现全国主要城市、乡镇以上区域连续覆盖，为各类应用发展奠定良好的网络基础。全网移动物联网连接数超过 10 亿，其中 NB-IoT 经过 3 年发展，连接数已经过亿，智能水表、智能燃气表、烟感、电动车监控等典型应用的连接数达到数百万，甚至超过千万。智慧路灯、智慧停车、智能门锁等新兴规模化应用不断涌现。

6. 产业集群优势突显

目前，我国物联网产业发展逐渐呈现集群性、区域性的分布特征，已初步形成环渤海、长三角、泛珠三角以及中西部地区四大区域集聚发展的空间格局，并建立起无锡、重庆、杭州、福州四个国家级物联网产业发展示范基地和多个物联网产业基地，围绕北京、上海、无锡、杭州、广州、深圳、武汉、重庆八大城市建立产业联盟和研发中心。以无锡示范区为例，2017 年无锡物联网企业超过 2000 家，物联网产业营业收入约 2500 亿元，无锡企业累计牵头和参与制定的物联网国际、国家标准 52 项，承接的物联网工程遍及 30 个国家的 400 多座城市。无锡已经成为全国首个物联网全域覆盖的地级市，成为中国乃至世界物联网发展最具活力的地区之一。

各区域产业集聚各有特色，物联网应用发展各有侧重，产业领域和公共服务保持协调发展。其中，环渤海地区是中国物联网产业重要的研发、设计、设备制造及系统集成基地；中西部地区物联网产业发展迅速，各重点省市纷纷结合自身优势，布局物联网产业，抢占市场先机；长三角地区物联网产业发展主要定位于产业链高端环节，从物联网软硬件核心产品和技术两个关键环节入手，实施标准与专利战略，形成全国物联网产业核心，促进龙头企业的培育和集聚；泛珠三角地区是国内电子整机的重要生产基地，电子信息产业链各环节发展成熟。

1.8 物联网新进展

进入 2018 年，越来越多人开始习惯于让家里的亚马逊 Alexa、谷歌助手之类的智能音响完成列购物清单，服务预约，开灯，关灯之类的工作。与几年前已经走入普通人家且如今看来已不再新鲜的扫地机器人相比，这些新兴的智能设备将加速促进生产生活和社会管理方式向智能化、精细化、网络化方向转变。

1.8.1 物联网技术

以 ARM、Intel、博通、高通、TI 等为代表的半导体厂家纷纷推出面向物联网的低功耗专用芯片产品，并且针对特殊应用环境进行优化。Intel 发布爱迪生(Edison)适应可穿戴及物联网设备微型系统级芯片之后，继续发布居里(Curie)芯片，为开发者提供底层芯片及开发工具。微型化、低功耗、低成本的光线、距离、温度、气压等微机电系统传感器、陀螺仪在物联网终端被广泛内置，识别、增强现实、3D 显示等技术被应用于认证识别。

国内外各大公司相继推出各种物联网操作系统——谷歌推出了物联网软件 BriloOS 和物联网协议 Weave；微软在发布 Windows 10 的同时，又发布了 Windows 10 IoT Core；华为发布开拓物联网领域的“敏捷网络 3.0”战略；庆科发布了最新的 MiCO 2.0。物联网技术的快速发展，为物联网大规模应用创造了良好的条件。

1.8.2　物联网产业

当前，以移动互联网、物联网、云计算、大数据等为代表的新一代信息通信技术（ICT）创新活跃、发展迅猛，正在全球范围内掀起新一轮科技革命和产业变革。面对新一轮技术革命可能带来的历史机遇，各国政府纷纷部署物联网的发展战略，瞄准重大融合创新技术的研发与应用，以寻找新一轮经济增长的动力，以期把握未来国际经济科技竞争的主动权。

1. 物联网产业布局进一步加强

经过近几年的发展和培育，全球物联网已经从以单个应用为主的初级阶段步入"融合应用、集成创新"的新阶段，已全面渗透到各个领域，产业布局正在逐步完善。

2. 物联网产业发展加速

经过几年的发展，物联网逐步从概念论证走向技术攻关及标准制定，并且已具备了大规模应用的基础条件。目前，物联网及相关产业的整体规模逐年扩大，应用领域不断拓宽，产业链结构逐渐趋向完整。

3. 全球物联网标准持续推进

为加速推进全球物联网产业的发展，各标准组织都在根据本领域的需求努力开展物联网标准的研制工作。各标准化组织虽在标准制定方面各有侧重，但总体来看，国际上各个标准组织的物联网标准制定的热点和重点为物联网架构标准的研究。

1.9　物联网发展面临的挑战

全球物联网技术体系、商业模式、产业生态仍在不断演变和探索中，物联网发展呈现出平台化、云化、开源化的特征，并与移动互联网、云计算、大数据融为一体，成为 ICT 生态中重要的一环。物联网系统将逐步具备开放应用接口能力，在统一架构和开放平台下支持多种应用的分发和部署，支持各类人与物的接入，实现信息共享和融合协同。同时，物联网发展也面临诸多方面的挑战。

1.9.1　安全问题

物联网的优势在于自动化和智能化，这种实时在线的数据连接为黑客提供了便利条件。在物联网发展过程中，有一个问题是大家都很关心的：如此大量使用互联设备，物联网是否会导致严重的安全问题？因为即使是现在，网络攻击也相当频繁，所以在现实生活中实施所有创新计划之前，首先要考虑可能存在的安全漏洞，确保数据安全。

随着物联网在我们生活中的不断渗透，几乎每天有新漏洞出现，这将会全方位地威胁我们的人身财产安全。例如，家里的智能锁和安全系统可能被一个窃贼禁用；汽车可能会被迫开启车门并启动发动机；植入式心脏起搏器和胰岛素泵也容易受到黑客的攻击。

1.9.2 技术标准与关键技术

标准化可能是全球物联网创新发展面临的第一大挑战。需要等待不同地区的频带分配，等待技术获得使用认可，以及等待许可分配，这些因素都可能延迟新应用的推出。面向物联网(IoT)的移动电话技术运用就是明证。虽然已经设立了中心标准机构 3GPP，但面向物联网的最新窄带 LTE(LTE-NB)技术发展一直缓慢。5G 的发展甚至面临着更大的挑战，因为 4G 与 Wi-Fi 共同占用了高速通道，加上相应标准机构(Wi-Fi 的标准机构为 IEEE 802.11，ZigBee 和 L4PAN 的标准机构为 IEEE 802.15.4，蓝牙的标准机构为蓝牙技术联盟)之间的协作有限。因此，制定开放的、自愿性的、协调一致的全球性标准，是发展强健而有竞争力的物联网市场的主要推动力。标准对物联网尤其重要，因为标准提供了互操作性的基础，而我们需要互操作性来确保新物联网系统和传统技术系统的高效协作。

低功耗远程通信是面临的第二大挑战。在物联网领域中，许多联网器件都是配备有采集数据节点的微控制器(MCU)、传感器、无线设备和制动器。在通常情况下，这些节点将由电池供电运行，或者根本就没有电池，而是通过能量采集来获得电能。特别是在工业装置中，这些节点往往被放置在很难接近或者无法接近的区域中。这意味着它们必须在单个纽扣电池供电的情况下实现长达数年的运作和数据传输。电池的安装、养护和维修不仅难度很高，同时也会带来高昂的开销。而在某些车间或厂房内，这些操作甚至非常危险。另外，由于物联网设备没有足够的计算能力来处理收集到的数据，因此需要将它们发送回服务器。然而，目前它耗费了太多的通信能量，而物联网设备并不总是能够上网。

数据的存储和处理是面临的第三大挑战。物联网带来的数据量增长是指数级的，先不说像谷歌、Facebook 这样拥有超大规模数据中心的公司是少数，要让这些数据实时可用，并且能存储相当长的时间也是难事。前后端的远程数据调取对信道也是考验，而管理者更要对访问权限进行鉴别。为此，不少厂商提出了边缘计算的概念，可以在一定程度上缓解数据处理的压力。

1.9.3 商业模式与支撑平台

物联网分为感知、网络、应用三个层次，在每个层面上都有多种选择去开拓市场。这样，在未来生态环境的建设过程中，商业模式变得异常关键。对于任何一次信息产业的革命来说，出现一种新型而能成熟发展的商业盈利模式是必然的结果，可是这一点至今还没有在物联网的发展中体现出来，也没有任何产业可以在这一点上统一引领物联网的发展浪潮。

物联网行业存在碎片化、缺乏规模效益的特点。应用的孵化需要与每个行业、企业的生产、业务流程深度集成，物联网行业需要大量垂直行业的专业知识和专家人才。然而，如何选择行业，如何将个性化的需求抽象为共性的行业需求，都是物联网开启大规模行业应用待解的难题。

产业生态的竞争将加速物联网平台市场的整合。随着各方对物联网平台重视程度不断加深，围绕物联网平台的竞争将激化，物联网平台市场走向整合是大势所趋。一方面，巨头企业均已布局物联网平台，中小企业和初创企业建设物联网平台热潮开始降温，物联网平台数量增长将趋于稳定。另一方面，物联网平台成为产业界兼并热点，大型平台企业积极兼并小型平台企业以增强实力，反映平台市场整合已经开始。与互联网平台相似，物联网平台的成长表现出“网络外部性”特征，随着平台聚合的上下游企业、应用开发者等资源增加，平台价值不断提升，对其进一步吸引资源产生正反馈促进作用，形成强者更强的发展格局。以平台化服务为核心的产业生态很可能走向类似移动互联网的发展路径，形成以少数几家物联网平台为核心的产业生态主导产业发展方向的格局。在此趋势下，物联网平台市场整合将加速，竞争将会更加激烈。

我国物联网平台处于发展初期，与国际相比存在一定的差距。当前，以阿里巴巴、腾讯、百度为代表的互联网企业基于自身传统优势构建开放平台，电信运营商基于 M2M 运营经验加速构建物联网平台，行业巨头开始平台化转型，部分初创企业发展势头迅猛。但总体看来，我国物联网平台仍处于发展初期，在聚合资源以及带动技术产品、组织管理、经营模式创新方面的潜力远未充分释放，相对国际领先物联网平台的竞争优势不明显。在国内物联网平台企业尚未有效“走出去”的情况下，国外物联网平台已加速进入国内市场，如 GE 已宣布 Predix 平台向全球企业开放。未来几年，国内物联网平台及围绕平台构建产业生态将面临更加严峻的竞争格局。

物联网生态的操作系统环节基础相对薄弱，创新发展存在困难。由于在移动互联网时代，国产操作系统处于弱势地位，发展物联网重量级操作系统无法直接将移动互联网操作系统优势转移，相比于国外基础尚显不足。同时，考虑到物联网 OS 架构趋于一致性，在原来 PC 和移动互联网时代的 OS 专利问题可能转移到物联网上，为我国操作系统发展带来新的挑战。此外，生态和标准仍未健全，主要话语权掌握在国外企业手中。与国外相比，我国操作系统、应用与服务暂未形成良好生态，大部分产品仍然仅停留在应用层面，海量数据汇集之后并没有对其进行相应的数据分析等，造成数据浪费。

第 2 章　感知层技术

2.1　资源寻址与 EPC 技术

物联网是将各种信息传感设备与互联网结合而成的新型网络，与互联网有雷同的资源寻址需求，以确保能够高效、及时、准确和安全地寻址、定位以及查询物联网中物品的相关信息。但物联网自身的特殊性从根本上决定了其资源寻址具有与互联网资源寻址的相异性。

资源寻址系统一般包含五个关键要素：资源名称、资源地址、寻址机制、更新机制以及安全机制。

2.1.1　EPC 技术发展背景

1999 年，美国麻省理工学院（MIT）成立了 Auto-ID 实验室，提出 EPC 概念，其后四个世界著名研究性大学——英国的剑桥大学、澳大利亚的阿德雷德大学、日本的庆应义塾大学、中国的复旦大学相继加入参与研发 EPC，并得到了 100 多个国际大公司的支持，其研究成果已在一些公司中试用，如宝洁公司、Tesco 公共股份有限公司等。

关于编码方案，目前已有 EPC-96Ⅰ型与 EPC-64Ⅰ型、Ⅱ型、Ⅲ型等。

自 2001 年以来，国际上不仅已经有许多大公司实施 EPC 方案，而且已向市场推出商用硬件和软件，以便各公司尽早部署配置 Auto-ID 实验室制定的开放式 RFID 系统。

到 2005 年，EPC 标签的成本已降到 1 美分，而 2005—2010 年全球已开始大规模采用 EPC。

2.1.2　EPC 编码

EPC 编码是每一物理实体的唯一标识，由头字段、EPC 管理者、对象分类和序列号等组成。

- 头字段标识 EPC 的版本号，它使得以后的 EPC 可以有不同的长度或类型。
- EPC 管理者是描述与此 EPC 相关的生产厂商的信息，例如“可口可乐公司”。
- 对象分类记录产品精确类型的信息，例如“美国生产的 330mL 罐装减肥可乐（可口可乐的一种新产品）”。

- 序列号唯一标识货品，它会精确地指明所说的究竟是哪一罐 330mL 罐装减肥可乐。

目前，EPC 的位数有 64 位、96 位或者更多位，如图 2-1 所示。为了保证所有物品都有一个 EPC 并使其载体——标签成本尽可能降低，建议采用 96 位，这样它可以为 2.68 亿个公司提供唯一标识，每个生产厂商可以有 1600 万个对象分类并且每个对象分类可以有 680 亿个序列号，可以满足未来世界所有产品的使用。

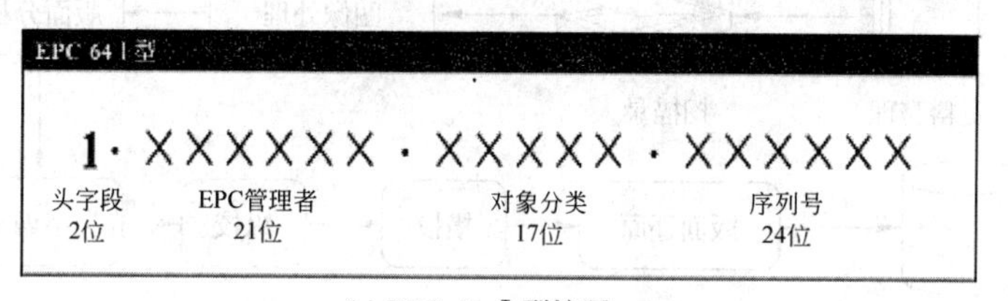

(a) EPC-64 Ⅰ型编码

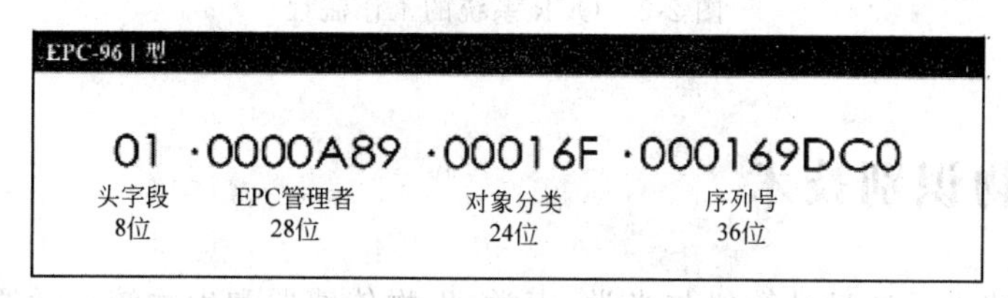

(b) EPC-96 Ⅰ型编码

图 2-1 EPC-64 Ⅰ型编码与 EPC-96 Ⅰ型编码结构

2.2 自动识别技术

2.2.1 自动识别技术概述

物联网把世界上的物体通过网络连接起来，实现一个智能化的世界。而要想实现物体的信息上网，首先需要解决物体的自动识别能力。自动识别技术主要实现如识别物体本身的存在、定位物体的位置、获得物体移动的情况等，常用的技术包括：一维码技术、二维码技术、射频识别技术、GPS 定位技术、红外传感技术、声音和视觉识别技术、生物特征识别技术等。

自动识别技术主要通过在物体上或物体周围嵌入各种类型的传感器，识别物体或环境的各种物理或化学变化等，常用的技术包括传感网技术。

2.2.2 光学字符识别技术

光学字符识别（optical character recognition，OCR）技术，是指电子设备（如扫描仪或数码相机）检查纸上打印的字符通过检测暗、亮的模式确定其形状，然后用字符识别方法将形状翻译成计算机文字的过程。即对文本资料进行扫描，然后对图像文件进行分析处理，获取文字及版面信息的过程。

OCR 系统的工作流程如图 2-2 所示，经过资料整理、扫描录入、图像处理、版面分析、文字识别、校正（横校和纵校）、版面还原、数据保存等过程。

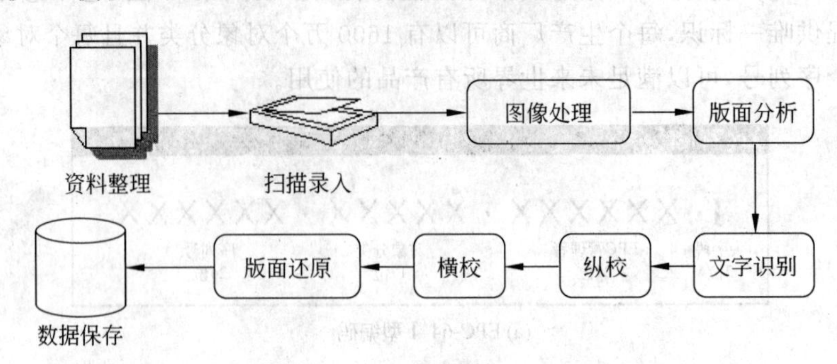

图 2-2　OCR 系统的工作流程

2.2.3　生物识别技术

生物识别技术是通过计算机与光学、声学、生物传感器和生物统计学原理等高科技手段密切结合，利用人体固有的生理特性（如指纹、人脸、虹膜等）和行为特征（如笔迹、声音、步态等）来进行个人身份的鉴定。

生物识别技术比传统的身份鉴定方法更安全、保密和方便。

1. 基于生理特征的识别技术

1）指纹识别

指纹识别技术是通过取像设备读取指纹图像，然后用计算机识别软件分析指纹的全局特征和指纹的局部特征，可以非常可靠地通过指纹来确认一个人的身份。

2）虹膜识别

虹膜识别技术是利用虹膜终身不变性和差异性的特点来识别身份的。虹膜是一种在眼睛中瞳孔内的织物状的各色环状物，每个虹膜都具有独一无二的基于水晶体、细丝、斑点、凹点、皱纹和条纹等特征的结构。

和常用的指纹识别技术相比，虹膜识别技术操作更简便，检验的精确度也更高。统计表明，虹膜识别的错误率是非常低的，并且具有很强的实用性。

3）视网膜识别

人体的血管纹路也是具有独特性的，人的视网膜上面的血管图样可以利用光学方法透过人眼晶体来测定。

用于生物识别的血管分布在神经视网膜周围。如果视网膜不被损伤，从 3 岁起就会终身不变。

同虹膜识别技术一样，视网膜扫描可能是最可靠、最值得信赖的生物识别技术之一，但它应用起来的难度较大。

4）人脸识别

人脸识别技术通过对面部特征和它们之间的关系（眼睛、鼻子和嘴的位置以及它们之间的相对位置）进行识别，用于捕捉面部图像的两项技术为标准视频和热成像技术。

标准视频技术通过视频摄像头摄取面部的图像，热成像技术通过分析由面部的毛细血管的血液产生的热线来产生面部图像。与视频摄像头不同，热成像技术并不需要在较好的光源下，即使在黑暗情况下也可以使用。

5）掌纹识别

掌纹与指纹一样也具有稳定性和唯一性，利用掌纹的线特征、点特征、纹理特征、几何特征等完全可以确定一个人的身份，因此掌纹识别是基于生物特征的身份认证技术的重要内容。

目前采用的掌纹图像主要分脱机掌纹和在线掌纹两大类。

6）手形识别

手形指的是手的外部轮廓所构成的几何图形。在手形识别技术中，可利用的手形几何信息包括手指不同部位的宽度、手掌宽度和厚度、手指的长度等。

手形识别是速度非常快的一种生物特征识别技术，它对设备的要求较低，图像处理简单，且可接受程度较高。

由于手形特征不像指纹和掌纹特征那样具有高度的唯一性，因此，手形特征只用于认证，满足中/低级的安全要求。

7）红外温谱图

人的身体各个部位都在向外散发热量，而这种散发热量的模式就是一种每人都不同的生物特征。通过红外设备可以获得反映身体各个部位的发热强度的图像，这种图像称为温谱图。

温谱图的数据采集方式决定了可以利用温谱图的方法进行隐蔽的身份鉴定。

除了用来进行身份鉴别外，温谱图的另一个应用是吸毒检测，因为人体服用某种毒品后，其温谱图会显示特定的结构。

8）人耳识别

一套完整的人耳自动识别系统一般包括以下几个过程：人耳图像采集，图像的预处理，人耳图像的边缘检测与分割，特征提取，人耳图像的识别。

目前的人耳识别技术是在特定的人耳图像库上实现的，一般通过摄像机或数码相机采集一定数量的人耳图像，建立人耳图像库。动态的人耳图像检测与获取尚未实现。

9）味纹识别

人的身体是一种味源。人类的气味，虽然会受到饮食、情绪、环境、时间等因素的影响和干扰，导致其成分和含量发生一定的变化，但由基因决定的那一部分气味——味纹却始终存在，而且终生不变，可以作为识别任何一个人的依据。

可以利用训练有素的警犬或电子鼻来识别不同的气味。

10）基因（DNA）识别

DNA（脱氧核糖核酸）存在于一切有核的动（植）物中，生物的全部遗传信息都储存在

DNA 分子里。

DNA 识别是利用不同的人体细胞中具有不同的 DNA 分子结构。人体内的 DNA 在整个人类范围内具有唯一性和永久性。因此，除了对双胞胎个体的鉴别可能失去它应有的功能外，这种方法具有绝对的权威性和准确性。

这种方法的准确性优于其他任何生物特征识别方法，它广泛应用于识别罪犯。

2. 基于行为特征的生物识别技术

1）步态识别

步态识别主要提取的特征是人体每个关节的运动形态。它也提供了充足的信息来识别人的身份。

步态识别的输入是一段行走的视频图像序列，因此其数据采集与人脸识别类似，具有非侵犯性和可接受性。

2）击键识别

这是基于人击键时的特性，如击键的持续时间、击不同键之间的时间、出错的频率以及力度大小等，从而达到进行身份识别的目的。击键方式是一种可以被识别的动态特征。

3）签名识别

将签名数字化的过程为：测量图像本身以及整个签名的动作——在每个字母以及字母之间不同的速度、顺序和压力。签名识别易被大众接受，是一种公认的身份识别技术。

3. 兼具生理特征和行为特征的声纹识别

识别时需要说话人讲一句或几句试验短句，对它们进行某些测量，然后计算量度矢量与存储的参考矢量之间的一个(或多个)距离函数。

语音信号获取方便，并且可以通过电话进行鉴别。语音识别系统对人们在感冒时变得嘶哑的声音比较敏感。另外，同一个人的磁带录音也能欺骗语音识别系统。

2.2.4 磁卡识别技术

磁卡(magnetic card)是一种卡片状的磁性记录介质，它利用磁性载体记录字符与数字信息，用于识别身份或其他用途。

按照使用基材的不同，磁卡可分为 PET 卡、PVC 卡和纸卡 3 种；按照磁层构造的不同，又可分为磁条卡和全涂磁卡两种，如图 2-3 所示。

图 2-3 磁卡和读卡器

通常，磁卡的一面印刷有说明提示性信息，如插卡方向；另一面则有磁层或磁条，具有2～3 个磁道以记录有关信息数据。

磁条是一层薄薄的由定向排列的铁性氧化粒子组成的材料（也称为颜料）。用树脂黏合剂严密地黏合在一起，并黏合在诸如纸或塑料这样的非磁基片媒介上。磁条从本质上讲和计算机用的磁带或磁盘是一样的，它可以用来记载字母、字符及数字信息。通过黏合或热合与塑料或纸牢固地整合在一起而形成磁卡。磁条所包含的信息一般比条形码多。

磁条内可分为 3 个独立的磁道，称为 TK1、TK2、TK3：TK1 最多可写 79 个字母或字符；TK2 最多可写 40 个字符；TK3 最多可写 107 个字符。

2.2.5　IC 卡识别技术

IC 卡也叫作智能卡（smart card），它是通过在集成电路芯片上写的数据来进行识别的，如图 2-4 所示。

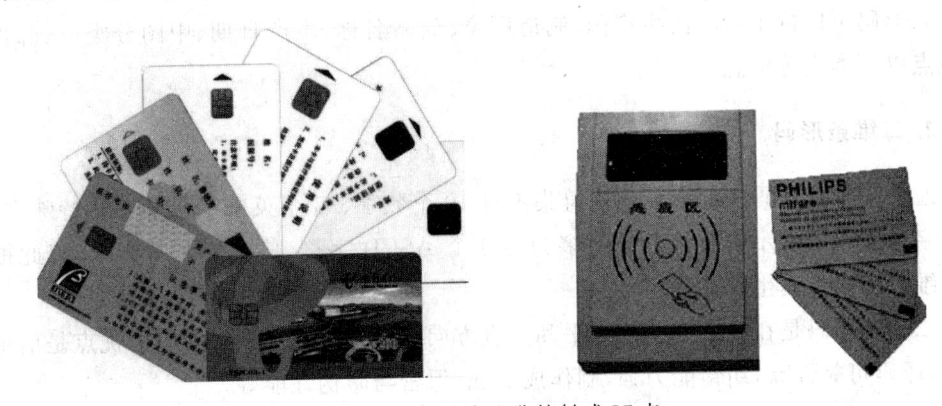

图 2-4　IC 智能卡和非接触式 IC 卡

IC 卡、IC 卡读写器以及后台计算机管理系统共同组成了 IC 卡应用系统。

IC 卡是将一个微电子芯片嵌入符合 ISO 7816 标准的卡基中，做成卡片形式。

IC 卡读写器是 IC 卡与应用系统间的桥梁，在 ISO（internatonal organization for standardization，国际标准化组织）国际标准中称为接口设备（interface device，IFD）。

接口设备内的 CPU 通过一个接口电路与 IC 卡相连并进行通信。

IC 卡接口电路是 IC 卡读写器中至关重要的部分。根据实际应用系统的不同，可选择并行通信、半双工串行通信和 I2C 通信等不同的 IC 卡读写芯片。

非接触式 IC 卡又称射频卡，采用射频技术与 IC 卡的读卡器进行通信，成功地解决了无源（卡中无电源）和免接触这些难题，是电子器件领域的一大突破。该类卡主要用于公交、轮渡、地铁的自动收费系统，也应用在门禁管理、身份证明和电子钱包。

IC 卡工作的基本原理是：射频读写器向 IC 卡发一组固定频率的电磁波，卡片内有一个 IC 串联谐振电路，其频率与读写器发射的频率相同，这样在电磁波激励下，LC 谐振电路产生共振，从而使电容内有了电荷；在这个电荷的另一端接有一个单向导通的电子泵，将电容内的电荷送到另一个电容内存储，当所积累的电荷达到 2V 时，此电容可作为电源为其他电路提供工作电压，将卡内数据发射出去或接收读写器的数据。

2.3 条形码技术

条形码是一种信息图形化表示方法，可以把信息制作成条形码，然后用相应的扫描设备把其中的信息输入计算机中。条形码分为一维条形码和二维条形码。

1. 一维条形码

条形码或者条码是将宽度不等的多个黑条（简称条）和空白（简称空），按一定的编码规则排列，用于表达一组信息的图形标识符。

常见的一维条形码是由黑条和空白排成平行线图案。

条形码可以标出物品的生产国、制造厂家、商品名称、生产日期、中图分类号、邮件起止地点以及类别等信息。

2. 二维条形码

通常一维条形码所能表示的字符集不过 10 个数字、26 个英文字母及一些特殊字符。条码字符集所能表示的字符个数最多为 128 个 ASCII 字符，信息量非常有限，因此推动了二维条形码的诞生。

二维条形码是在二维空间的水平和竖直方向存储信息的条形码。它的优点是信息容量大，译码可靠性高，纠错能力强，制作成本低，保密与防伪性能好。

以常用的二维条形码 PDF417 码为例，可以表示字母、数字、ASCII 字符与二进制数。该编码可以表示 1850 个字符/数字，1108 个字节的二进制数，2710 个压缩的数字；PDF417 码还具有纠错能力。

例如，2009 年 12 月 10 日，铁道部对火车票进行了升级改版。新版火车票明显的变化是车票下方的一维条形码变成二维条形码，火车票的防伪能力增强，如图 2-5 所示。

图 2-5 一维条形码与二维条形码火车票

2.4　射频识别技术

2.4.1　RFID 技术概述

RFID 俗称电子标签。RFID 是一种非接触式的自动识别技术，主要用于为各种物品建立唯一的身份标识，是物联网的重要支持技术。

2.4.2　RFID 系统的分类

根据射频识别系统的特征，可以对射频识别系统进行多种分类。

- 根据工作方式不同，可将其分为全双工系统、半双工系统和时序系统三大类。
- 根据电子标签的数据量，可将其分为 1 比特系统和多比特系统。
- 根据读取信息的手段，又可将其分为广播发射式、倍频式和反射调制式射频识别系统三大类。

1. 按照工作方式进行分类

1）全双工系统

在全双工系统中，数据在读写器和电子标签之间的双向传输是同时进行的，并且从读写器到电子标签的能量传输是连续的，与传输的方向无关。其中，电子标签发送数据的频率是读写器频率的几分之一，即采用分谐波或一种完全独立的非谐波频率。

2）半双工系统

从读写器到电子标签的数据传输和从电子标签到读写器的数据传输是交替进行的，并且从读写器到电子标签的能量传输是连续的，与数据传输的方向无关。

3）时序系统

在时序系统中，从电子标签到读写器的数据传输是在电子标签的能量供应间歇时进行的，而从读写器到电子标签的能量传输总是在限定的时间间隔内进行。

这种时序系统的缺点是在读写器发送间歇时，电子标签的能量供应中断，这就要求系统必须有足够大容量的辅助电容器或辅助电池对电子标签进行能量补偿。

2. 按照电子标签的数据量进行分类

1）1 比特系统

1 比特系统的数据量为 1bit，该系统中读写器能够发送 0、1 两种状态的信号，针对在电磁场中有电子标签和在电磁场中没有电子标签两种情况。

这种系统对于实现简单的监控或者信号发送功能是足够的。因为生产 1 比特电子标签不需要电子芯片，所以价格比较便宜，主要应用在商品防盗系统中。

2）多比特系统

多比特系统与 1 比特系统相对应，该系统中电子标签的数据量通常在几个字节到几千个字节之间，主要由具体应用来决定。

3. 按照读取信息的手段进行分类

1）广播发射式射频识别系统

广播发射式射频识别系统实现起来最简单。电子标签必须采用有源方式工作，并实时将其存储的标识信息向外广播，读写器相当于一个只收不发的接收机。该系统的缺点是标签必须不停地向外发射信息，会造成能量浪费和电磁污染。

2）倍频式射频识别系统

读写器发出射频查询信号，电子标签返回的信号载频为读写器发出的射频的倍频。对于无源电子标签，电子标签将接收的射频能量转换为倍频回波载频时，其能量转换效率较低。提高转换效率需要较高的微波技巧，电子标签成本更高，且系统工作需占用两个工作频点。

3）反射调制式射频识别系统

实现反射调制式射频识别系统首先要解决同频收发问题。在系统工作时，一部分读写器发出微波查询信号，电子标签（无源）将部分接收到的微波能量信号整流为直流电，以供电子标签内的电路工作；另一部分微波能量信号将电子标签内保存的数据信息进行调制（ASK）后发射回读写器。读写器接收到发射回的调幅调制信号后，从中解调出电子标签所发送的数据信息。

在系统工作过程中，读写器发出微波信号与接收反射回的幅度调制信号是同时进行的，反射回的信号强度较发射信号要弱得多，因此技术实现上的难点在于同频收发。

2.4.3 RFID 系统的组成

RFID 系统的组成包括：电子标签、读写器（阅读器），以及作为服务器的计算机。其中，电子标签中包含 RFID 芯片和天线。

2.4.4 RFID 的工作原理

RFID 的工作原理是利用射频信号和空间耦合（电感或电磁耦合）或雷达反射的传输特性，实现对被识别物体的自动识别，如图 2-6 所示。

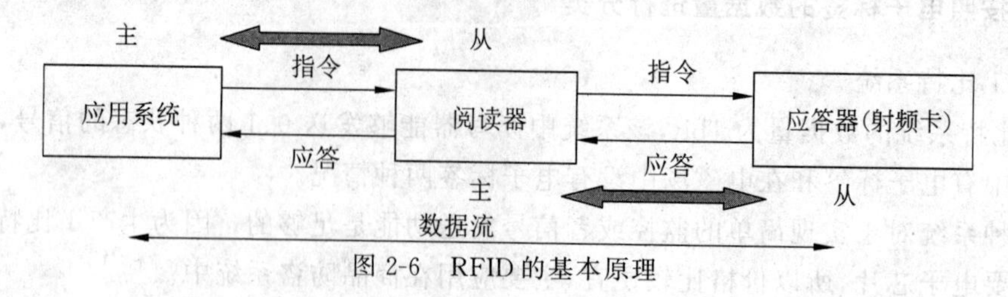

图 2-6 RFID 的基本原理

RFID 是一种简单的无线系统，从前端器件级方面来说，只有两个基本器件，用于控制、检测和跟踪物体。

RFID 系统由一个读写器(阅读器)和很多应答器(标签)组成。

1. 各类 RFID 电子标签

根据 RFID 电子标签在各种不同场合使用时的需要，电子标签可以封装成不同的形态，下面是被封装成不同类型的 RFID 电子标签的外观图像，如图 2-7 所示。

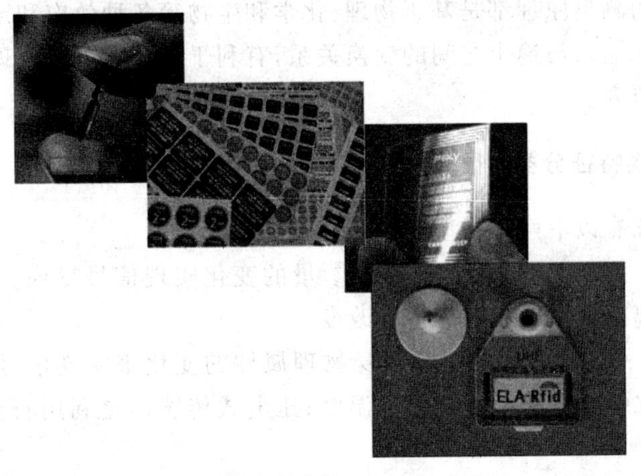

图 2-7　各种形状的 RFID 电子标签

2. RFID 与其他方式的比较

RFID 与条形码、磁卡、IC 卡相比较，RFID 卡在信息量、读写性能、读取方式、智能化、抗干扰能力、使用寿命方面都具备不可替代的优势，但制造成本比条形码和 IC 卡稍高。

2.5　传感器技术

2.5.1　传感器技术概述

传感器是各种信息处理系统获取信息的一个重要途径。在物联网中传感器的作用尤为突出，是物联网中获得信息的主要设备。

传感器的种类繁多，往往同一种被测量可以用不同类型的传感器来测量，而同一原理的传感器又可测量多种物理量，因此传感器有许多种分类方法。

1. 按被测量分类

被测量的类型主要有以下几个方面。

(1) 机械量：如位移、力、速度、加速度等。

(2) 热工量：如温度、热量、流量(速)、压力(差)、液位等。

(3) 物性参量：如浓度、黏度、比重、酸碱度等。

(4) 状态参量：如裂纹、缺陷、泄露、磨损等。

2. 按工作原理分类

按传感器的工作原理可分为电阻式、电感式、电容式、压电式、光电式、磁电式、光纤、激光、超声波等传感器。

现有传感器的测量原理都是基于物理、化学和生物等各种效应和定律，这种分类方法便于从原理上认识输入与输出之间的变换关系，有利于专业人员从原理、设计及应用上作归纳性的分析与研究。

3. 按信号变换特征分类

信号变换特征有以下两种类型。

(1) 结构型：主要是通过传感器结构参量的变化实现信号变换。例如，电容式传感器依靠极板间距离的变化引起电容量的改变。

(2) 物性型：利用敏感元件材料本身物理属性的变化来实现信号的变换。例如，水银温度计是利用水银热胀冷缩现象测量温度；压电式传感器是利用石英晶体的压电效应实现测量等。

4. 按能量关系分类

能量关系的类型有以下几种。

(1) 能量转换型：传感器直接由被测对象输入能量使其工作。如热电偶、光电池等，这种类型传感器又称为有源传感器。

(2) 能量控制型：传感器从外部获得能量使其工作，由被测量的变化控制外部供给能量的变化。例如，电阻式、电感式等传感器，这种类型的传感器必须由外部提供激励源(电源等)，因此又称为无源传感器。

(3) 光电式传感器：在非电量电测及自动控制技术中占有重要的地位。它是利用光电器件的光电效应和光学原理制成的，主要用于光强、光通量、位移、浓度等参数的测量。

(4) 电势型传感器：利用热电效应、光电效应、霍尔效应等原理制成的，用于温度、磁通、电流、速度、光强、热辐射等参数的测量。

(5) 电荷传感器：电荷传感器是利用压电效应原理制成的，用于力及加速度的测量。

(6) 半导体传感器：利用半导体的压阻效应、内光电效应、磁电效应、半导体与气体接触产生物质变化等原理制成，主要用于温度、湿度、压力、加速度、磁场和有害气体的测量。

(7) 谐振式传感器：利用改变电或机械的固有参数来改变谐振频率的原理制成，主要用于测量压力。

(8) 电化学式传感器：以离子导电为基础制成。根据其电特性的形成不同，电化学传感器可分为电位式传感器、电导式传感器、电量式传感器、极谱式传感器和电解式传感器等。

另外，根据传感器对信号的检测转换过程，传感器可划分为直接转换型传感器和间接转换型传感器两大类，如图 2-8 所示。

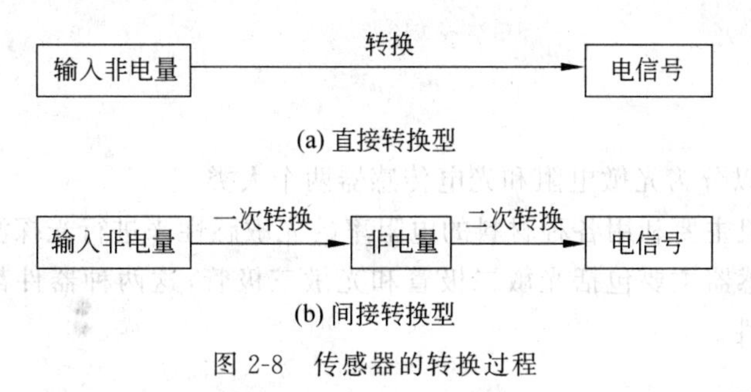

图 2-8　传感器的转换过程

直接转换型传感器是把输入给传感器的非电量一次性地变换为电信号输出，如光敏电阻受到光照射时，电阻值会发生变化，直接把光信号转换成电信号输出。

间接转换型传感器则要把输入给传感器的非电量先转换成另外一种非电量，然后再转换成电信号输出，如采用弹簧管敏感元件制成的压力传感器就属于这一类。当有压力作用到弹簧管时，弹簧管发生形变，传感器再把形变量转换为电信号输出。

2.5.2　常用传感器定义

作为物联网中的信息采集设备，传感器利用各种机制把被观测量转换为一定形式的电信号，然后由相应的信号处理装置来处理，并产生响应的动作。

常见的传感器包括温度、压力、湿度、光、霍尔(磁性)传感器等。

1. 温度传感器

常见的温度传感器包括热敏电阻、半导体温度传感器和温差电偶。

(1) 热敏电阻主要是利用各种材料电阻率的温度敏感性，热敏电阻可以用于设备的过热保护，以及温控报警等。

(2) 半导体温度传感器利用半导体器件的温度敏感性来测量温度，具有成本低廉、线性度好等优点。

(3) 温差电偶是利用温差电现象，把被测端的温度转化为电压和电流的变化；温差电偶能够在比较大的范围内测量温度，如－200～2000℃。

2. 压力传感器

常见的压力传感器在受到外部压力时会产生一定的内部结构的变形或位移，进而转化为电特性的改变，产生相应的电信号。

3. 湿度传感器

湿度传感器主要包括电阻式和电容式两个类别。

(1) 电阻式湿度传感器也称为湿敏电阻。利用氯化锂、碳、陶瓷等材料的电阻率的湿度敏感性来探测湿度。

(2) 电容式湿度传感器也称为湿敏电容,利用材料的介电系数的湿度敏感性来探测湿度。

4. 光传感器

光传感器可以分为光敏电阻和光电传感器两个大类。

(1) 光敏电阻主要利用各种材料的电阻率的光敏感性来进行光探测。

(2) 光电传感器主要包括光敏二极管和光敏三极管,这两种器件都利用了半导体器件对光照的敏感性。

5. 霍尔传感器

霍尔传感器是利用霍尔效应制成的一种磁性传感器。霍尔效应是指把一个金属或者半导体材料薄片置于磁场中,当有电流流过时,由于形成电流的电子在磁场中运动而受到磁场的作用力,会使得材料中产生与电流方向垂直的电压差。可以通过测量霍尔传感器所产生的电压的大小来计算磁场的强度。霍尔传感器结合不同的结构,能够间接测量电流、振动、位移、速度、加速度、转速等,具有广泛的应用价值。

2.5.3 智能传感器

智能传感器(intelligent transducer)是一种具有一定信息处理能力的传感器,目前多采用把传统的传感器与微处理器结合的方式来制造。

在传统的由传感器构成的应用系统中,传感器所采集的信号要传输到系统中的主机中进行分析处理;而在由智能传感器构成的应用系统中,其包含的微处理器能够对采集的信号进行分析处理,然后把处理结果发送给系统中的主机,如图 2-9 所示。

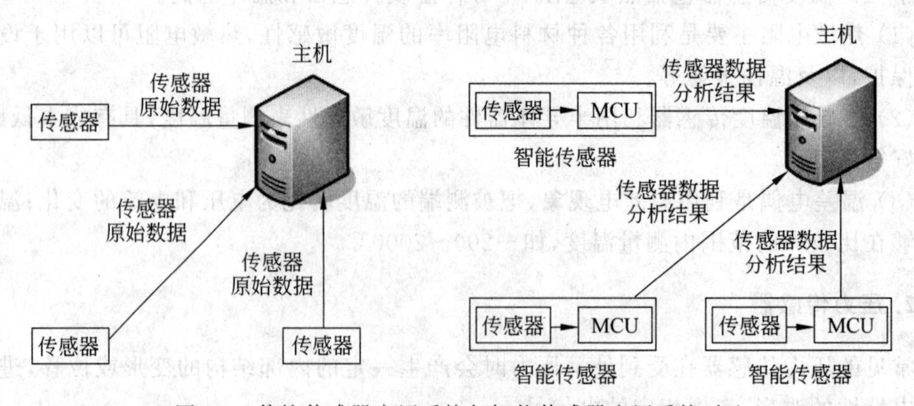

图 2-9 传统传感器应用系统与智能传感器应用系统对比

1. 智能压力传感器

Honeywell 公司开发的 PPT 系列智能压力传感器的外形以及内部结构如图 2-10 所示。

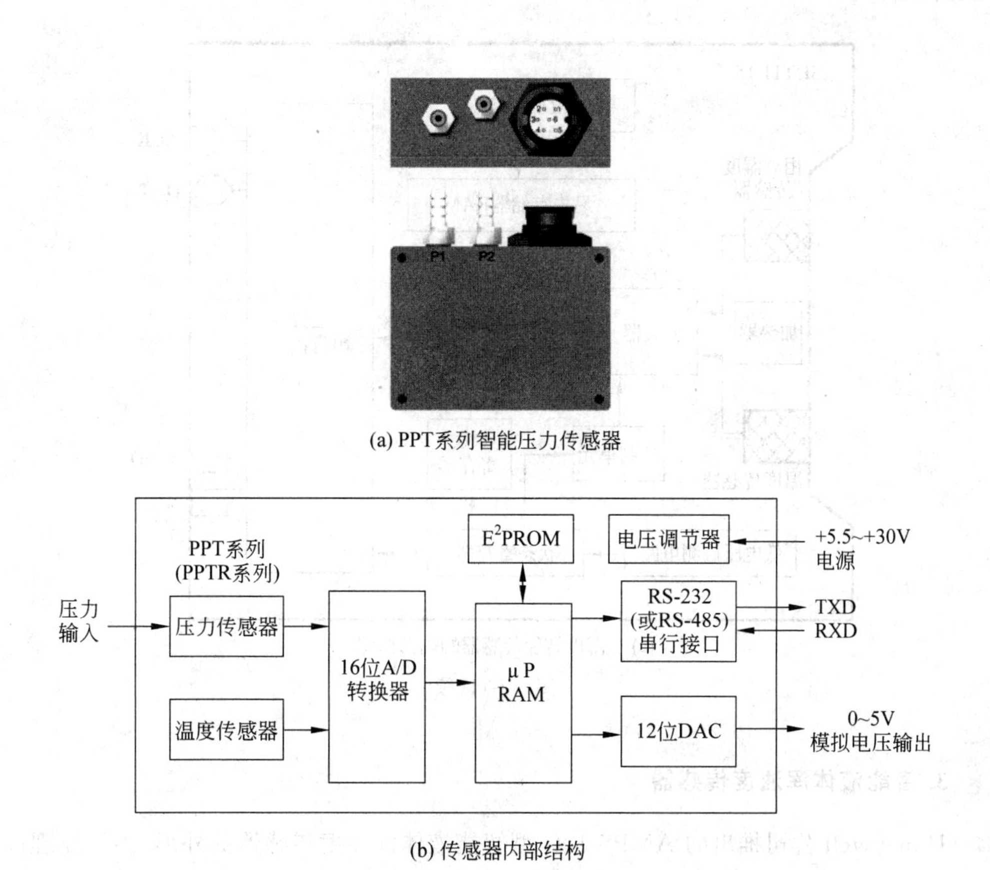

(a) PPT系列智能压力传感器

(b) 传感器内部结构

图 2-10　PPT 系列智能压力传感器的外形与内部结构

2. 智能温湿度传感器

Sensirion 公司推出的 SHT11/15 型智能温湿度传感器的外形、引脚以及内部框图如图 2-11 所示。

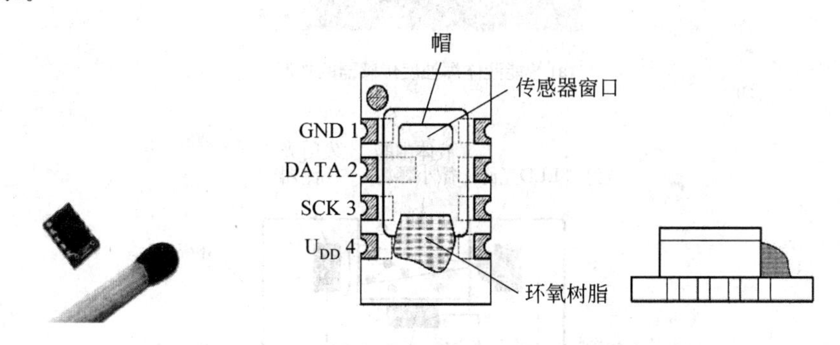

(a) 智能温湿度传感器的外形　　(b) 智能温湿度传感器的引脚

图 2-11　智能温湿度传感器的外形、引脚以及内部框图

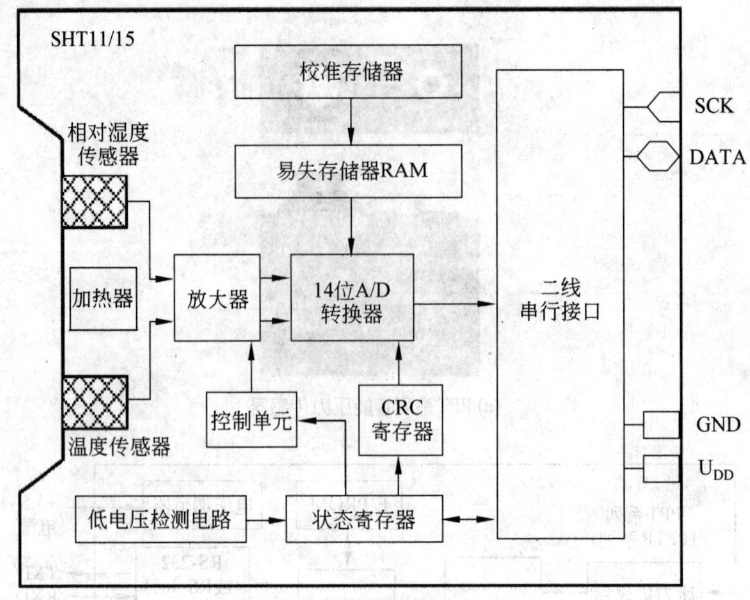

(c) 温湿度智能传感器的内部框图

图 2-11(续)

3. 智能液体浑浊度传感器

Honeywell 公司推出的 AMPS-10G 型智能液体浑浊度传感器的外形、测量原理以及内部框图如图 2-12 所示。

(a) 智能液体浑浊度传感器的外形

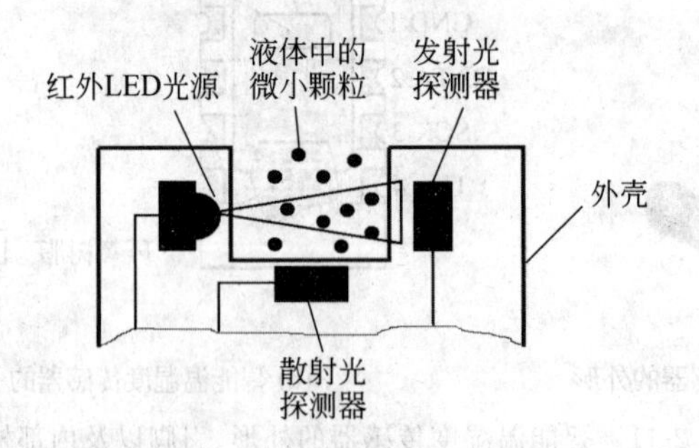

(b) 智能液体浑浊度传感器的测量原理

图 2-12　AMPS-10G 智能液体浑浊度传感器的外形、测量原理以及内部框图

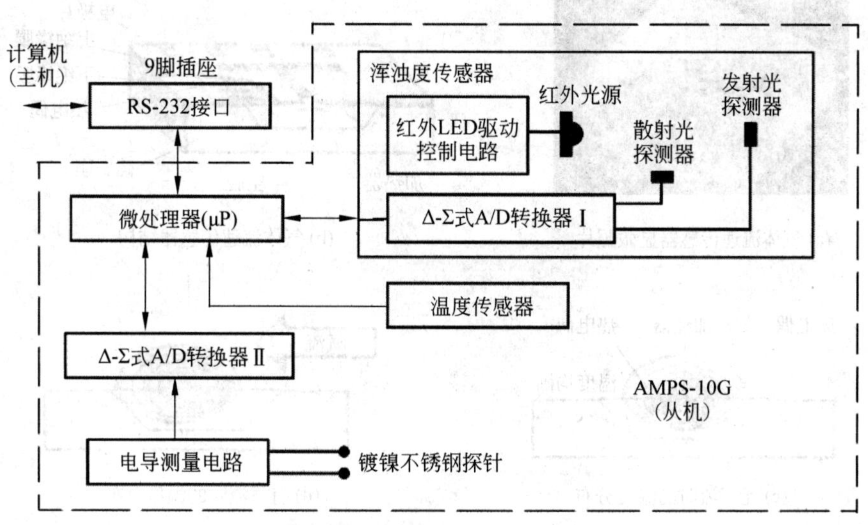

(c) 智能液体浑浊度传感器的内部框图

图　2-12(续)

2.5.4　MEMS 传感器

MEMS 是一种由微电子、微机械部件构成的微型器件，多采用半导体工艺加工。

目前已经出现的微机电器件包括微机电压力传感器、微机电加速度传感器、微机电气体流速传感器等。

微机电系统的出现体现了当前的器件微型化发展趋势。

1. 微机电压力传感器

微机电压力传感器利用了传感器中的硅应变电阻在压力作用下发生形变而改变了电阻来测量压力；测试时使用了传感器内部集成的测量电桥。

2. 微机电加速度传感器

微机电加速度传感器主要通过半导体工艺在硅片中加工出可以在加速运动中发生形变的结构，并且能够引起电特性的改变，如变化的电阻和电容。

3. 微机电气体流速传感器

微机电气体流速传感器可以用于空调等设备的监测与控制，如图 2-13 所示。

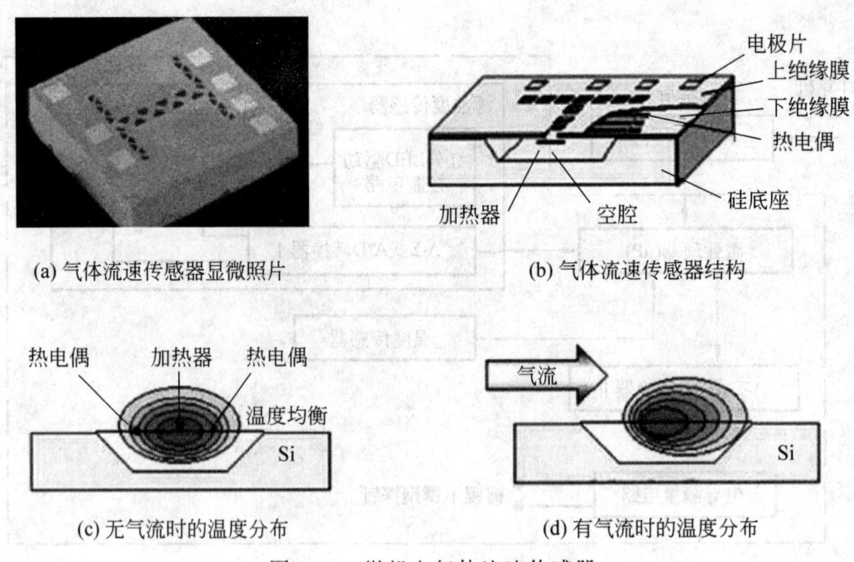

(a) 气体流速传感器显微照片　　(b) 气体流速传感器结构

(c) 无气流时的温度分布　　(d) 有气流时的温度分布

图 2-13　微机电气体流速传感器

2.6　定位技术

位置服务(location-based service，LBS)是由移动通信网络和卫星定位系统相结合实现的一种增值业务，通过定位技术获得移动终端所在的经纬度坐标数据(即位置信息)，并将位置信息提供给移动用户本人或他人以及通信系统，从而实现的与位置相关的各种服务业务。位置服务实质上是一种概念较为宽泛的与空间位置有关的新型服务业务。

关于位置服务的定义有很多。1994 年，美国学者 Schilit 首先提出了位置服务的三大目标：你在哪里(空间信息)，你和谁在一起(社会信息)，附近有什么资源(信息查询)，这也成为 LBS 最基础的内容。

对于位置定义有以下几种方法。

(1) AOA(angle of arrival)是指通过两个基站的交集来获取移动台的位置。

(2) TDOA(time difference of arrival)的工作原理类似于 GPS。通过一个移动台和多个基站交互的时间差来定位。

(3) 位置标记通过对每个位置区进行标识来获取位置。

(4) 卫星定位。

需要特别说明的是，位置信息不是单纯的“位置”，而是包括以下 3 点。

(1) 地理位置(空间坐标)。

(2) 处在该位置的时刻(时间坐标)。

(3) 处在该位置的对象(身份信息)。

2.6.1　卫星定位系统

GPS 是 20 世纪 70 年代由美国陆、海、空三军联合研制的新一代空间卫星导航定位系统。其主要目的是为陆、海、空三大领域提供实时、全天候和全球性的导航服务。经过 20 余年的研究实验，耗资 300 亿美元，到 1994 年 3 月，全球覆盖率高达 98% 的 24 颗 GPS 卫星星座已布设完成。

1. GPS 组成

GPS 由空间部分、地面控制系统和用户设备部分三部分组成。

(1) 空间部分。GPS 的空间部分由 24 颗卫星组成（21 颗工作卫星，3 颗备用卫星），它位于距地表 20200km 的上空，均匀分布在 6 个轨道面上，轨道倾角为 55°。卫星的分布使得在全球任何地方、任何时间都可观测到 4 颗以上的卫星，并能在卫星中预存导航信息。GPS 的卫星因为大气摩擦等问题，随着时间的推移，导航精度会逐渐降低。

(2) 地面控制系统。地面控制系统由监测站、主控制站、地面天线所组成，主控制站位于美国科罗拉多州斯普林斯市。地面控制站负责收集由卫星传回的信息，并计算卫星星历、相对距离、大气校正等数据。

(3) 用户设备部分。用户设备部分即 GPS 信号接收机。其主要功能是能够捕获到按一定卫星截止角所选择的待测卫星，并跟踪这些卫星的运行。当接收机捕获到跟踪的卫星信号后，就可测量出接收天线至卫星的伪距离和距离的变化率，解调出卫星轨道参数等数据。根据这些数据，接收机中的微处理计算机就可按定位解算方法进行定位计算，计算出用户所在地理位置的经纬度、高度、速度、时间等信息。

接收机硬件和机内软件以及 GPS 数据的后处理软件包构成完整的 GPS 用户设备。GPS 接收机的结构分为天线单元和接收单元两部分。接收单元一般采用机内和机外两种直流电源。关机后，机内电池为 RAM 存储器供电，以防止数据丢失。目前各种类型的接收机体积越来越小，重量也越来越轻，便于野外观测使用。

GPS 的基本原理是测量出已知位置的卫星到用户接收机之间的距离，然后综合多颗卫星的数据就可知道接收机的具体位置。卫星的位置可以根据星载时钟所记录的时间在卫星星历中查出。而用户到卫星的距离则通过记录卫星信号传播到用户所经历的时间，再将其乘以光速得到。由于大气层电离层的干扰，这一距离并不是用户与卫星之间的真实距离，而是伪距。

当 GPS 卫星正常工作时，会不断地用 1 和 0 二进制码元组成的伪随机码发射导航电文。导航电文包括卫星星历、工作状况、时钟改正、电离层时延修正、大气折射修正等信息。它是从卫星信号中解调制出来，以 50b/s 调制在载频上发射的。当用户接收到导航电文时，提取出卫星时间并将其与自己的时钟做对比便可得知卫星与用户的距离，再利用导航电文中的卫星星历数据推算出卫星发射电文时所处位置，用户在大地坐标系中的位置速度等信息便可得知。然而，由于用户接收机使用的时钟与卫星星载时钟不可能总是同步，所以除了用户的三维坐标 x、y、z 外，还要引进一个 Δt（即卫星与接收机之间的时间差）作为未知数，然后用 4 个方程将这 4 个未知数解出来。所以如果想知道接收机所处的位置，至少要能接收到 4 个卫星的信号。

GPS 定位的基本原理是根据高速运动的卫星瞬间位置作为已知的起算数据，采用空间距离后方交会的方法，确定待测点的位置。如图 2-14 所示，假设 t 时刻在地面待测点上安置 GPS 接收机，可以测定 GPS 信号到达接收机的时间 Δt，再加上接收机所接收到的卫星星历等其他数据可以确定以下 4 个方程式。

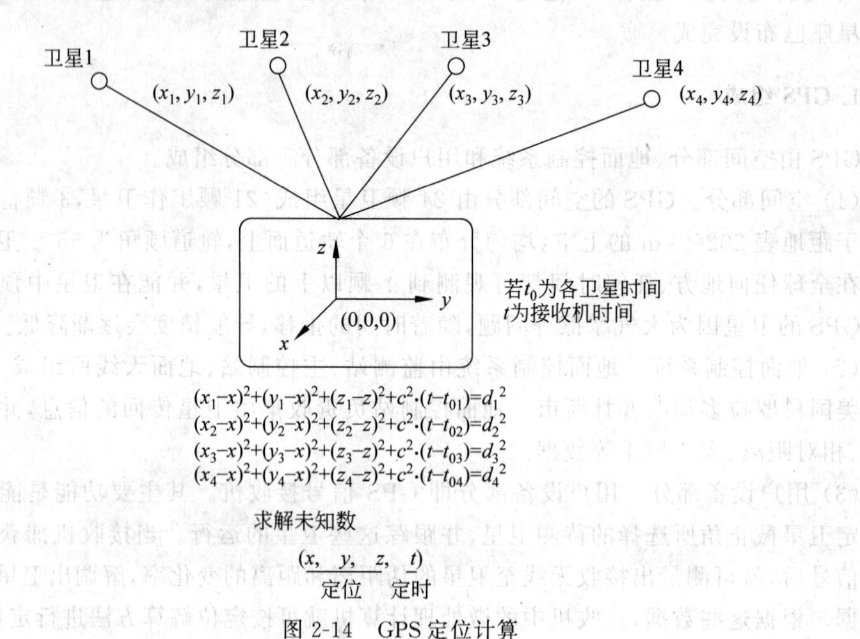

图 2-14 GPS 定位计算

上述 4 个方程式中待测点坐标 x、y、z 和 V_{t_0} 为未知参数，其中 $d_i=c\Delta t_i(i=1,2,3,4)$。

- $d_i(i=1,2,3,4)$分别为卫星 1～卫星 4 到接收机之间的距离。
- $\Delta t_i(i=1,2,3,4)$分别为卫星 1～卫星 4 的信号到达接收机所经历的时间。
- c 为 GPS 信号的传播速度（即光速）。

4 个方程式中各个参数意义如下。

- x、y、z 为待测点坐标的空间直角坐标；x_i、y_i、$z_i(i=1,2,3,4)$分别为卫星 1～卫星 4 在 t 时刻的空间直角坐标，可由卫星导航电文求得。
- $\Delta t_i(i=1,2,3,4)$分别为 4 个卫星的卫星钟钟差，由卫星星历提供。Δt_0 为接收机的钟差。

由以上 4 个方程即可解算出待测点的坐标 x、y、z 和接收机的钟差 V_{t_0}。

2. 四大卫星定位系统

目前全球四大卫星定位系统如下。

（1）美国 GPS。美国国防部于 20 世纪 70 年代初开始设计、研制，于 1993 年全部建成。

（2）欧盟“伽利略”。准备发射 30 颗卫星，组成“伽利略”卫星定位系统。2009 年该计划正式启动。

(3) 俄罗斯“格洛纳斯”。始于 20 世纪 70 年代，如要提供全球定位服务，则需要 24 颗卫星。

(4) 中国北斗卫星导航系统(BeiDou navigation satellite system，BDS)。这是中国正在实施的独立运行的全球卫星导航系统，由空间段、地面段和用户段三部分组成，具体说明如下。

- 空间段包括 5 颗静止轨道卫星和 30 颗非静止轨道卫星。
- 地面段包括主控站、注入站和监测站等若干个地面站。
- 用户段包括北斗用户终端以及与其他卫星导航系统兼容的终端。

2.6.2 蜂窝定位技术

相对而言，GPS 定位成本高，定位慢，耗电多，因此在一些定位精度要求不高，但是定位速度要求较高的场景下，并不是特别适合；同时因为 GPS 卫星信号穿透能力弱，因此在室内无法使用。

相比之下，GSM 蜂窝基站定位快速、省电，成本低，应用范围限制小，因此在一些精度要求不高的轻型场景下也大有用武之地。GSM 网络是由一系列的蜂窝基站构成的，这些蜂窝基站把整个通信区域划分成一个个蜂窝小区。这些小区小则几十米，大则几千米。在 GSM 中通信时，总是需要和某一个蜂窝基站连接，或者说总是处于某一个蜂窝小区中。GSM 定位就是借助这些蜂窝基站进行定位。

2.6.3 室内无线定位技术

室内定位技术解决方案从总体上看可归纳为以下几类。

1. 室内 GPS 定位技术

当 GPS 接收机在室内工作时，由于信号受建筑物的影响而大大衰减，定位精度也很低。室内 GPS 技术采用大量的相关器并行地搜索可能的延迟码，同时也有助于实现快速定位。

利用 GPS 进行定位的优点是卫星有效覆盖范围大，且定位导航信号免费。其缺点是定位信号到达地面时较弱，不能穿透建筑物，而且定位器终端的成本较高。

2. 红外线室内定位技术

红外线室内定位技术定位的原理是，红外线标识发射调制的红外射线，通过安装在室内的光学传感器进行接收从而进行定位。虽然红外线具有相对较高的室内定位精度，但是由于光线不能穿过障碍物，红外射线仅能通过视距传播。直线视距和传输距离较短这两大主要缺点使其室内定位的效果很差。

3. 超声波定位技术

超声波测距主要采用反射式测距法，通过三角定位等算法确定物体的位置，即发射超声波并接收由被测物产生的回波，根据回波与发射波的时间差计算出待测距离，有的则采用单向测距法。

超声波定位整体定位精度较高，结构简单，但超声波受多径效应和非视距传播影响很大，同时需要大量的底层硬件设施投资，成本太高。

4. 蓝牙技术

蓝牙技术通过测量信号强度进行定位。在室内安装适当的蓝牙局域网接入点，并保证蓝牙局域网接入点始终是这个微微网的主设备，就可以获得用户的位置信息。

蓝牙技术主要应用于小范围定位，设备易于集成在 PDA、PC 以及手机中。

只要移动终端设备的蓝牙功能开启，蓝牙室内定位系统就能够对其进行位置判断。

5. 射频定位技术

射频定位技术利用射频方式进行非接触式双向通信来交换数据以达到识别和定位的目的。这种技术作用距离短，一般最长为几十米，但它可以在几毫秒内得到厘米级定位精度的信息。同时由于其非接触和非视距等优点，可望成为优选的室内定位技术。

优点是标识的体积比较小，造价比较低，但是作用距离近，不具有通信能力，而且不便于整合到其他系统之中。

6. 超宽带定位技术

超宽带定位技术不需要使用传统通信体制中的载波，而是通过发送和接收具有纳秒或纳秒级以下的极窄脉冲来传输数据，从而具有吉赫兹量级的带宽。

超宽带定位技术可以应用于室内静止或者移动物体以及人的定位跟踪与导航，且能提供十分精确的定位精度。

7. Wi-Fi 定位技术

Wi-Fi 定位技术是无线局域网络系列标准 IEEE 802.11 的一种定位解决方案。该系统采用经验测试和信号传播模型相结合的方式，需要很少的基站，系统总精度高。

芬兰的 Ekahau 公司开发了能够利用 Wi-Fi 进行室内定位的软件。Wi-Fi 绘图的精确度为 1～20m，总体而言，它比蜂窝网络三角测量定位方法更为精确。

8. ZigBee 技术

ZigBee 也可以用于室内定位。它有自己的无线电标准，在数千个微小的传感器之间相互协调通信以实现定位。这些传感器只需要很少的能量，以接力的方式通过无线电波将数据从一个传感器传到另一个传感器，所以它们的通信效率非常高。ZigBee 最显著的技术特点是它的低功耗和低成本。

2.6.4　传感器网络节点定位技术

无线传感器网络作为一种全新的信息获取和处理技术，在目标跟踪、入侵监测及一些定位相关领域有广泛的应用前景。无线传感器网络定位最简单的方法是为每个节点装载全球卫星定位系统(GPS)接收器，用以确定节点位置。但是，由于经济因素、节点能量和GPS 对于部署环境有一定要求等条件的限制。一般只有少量节点通过装载 GPS 或预先部署在特定位置的方式获取自身坐标。

1. 定位方法的相关术语

(1) 锚节点：也称信标节点、灯塔节点等，可通过某种手段自主获取自身位置的节点。

(2) 普通节点：也称未知节点或待定位节点，预先不知道自身位置，需使用锚节点的位置信息并运用一定的算法得到估计位置的节点。

(3) 邻居节点：传感器节点通信半径以内的其他节点。

(4) 跳数：两节点间的跳段总数。

(5) 跳段距离：两节点之间的每一跳距离之和。

(6) 连通度：一个节点拥有的邻居节点的数目。

(7) 基础设施：协助节点定位且已知自身位置的固定设备，如卫星基站、GPS 等。

2. 主要的 WSN 定位方法

1) WSN 定位方法分类

(1) 依据距离测量与否可划分为测距算法和非测距算法。

(2) 依据节点连通度和拓扑分类可划分为单跳算法和多跳算法。

(3) 依据信息处理的实现方式可划分为分布式算法和集中式算法。

2) 定位原理

当未知节点获得与邻近参考节点之间的距离或相对角度信息后，通常使用以下原理计算自己的位置。

(1) 三边测量法

已知 3 个节点 A、B、C 的坐标以及 3 个点到未知节点的距离，就可以估算出该未知点 D 的坐标，同理也可以将这个结果推广到三维的情况。

(2) 三角测量法

已知 3 个节点 A、B、C 的坐标和未知节点 D 与已知节点 A、B、C 的角度，每次计算由 2 个锚节点和未知节点组成的圆的圆心位置，如已知点 A、C 与 D 的圆心位置 O，由此能够确定 3 个圆心的坐标和半径。最后利用三边测量法，根据求得的圆心坐标就能求出未知节点 D 的位置。

(3) 极大似然估计法

已知 n 个点的坐标和它们到未知节点的距离，列出坐标与距离的 n 个方程式，从第 1

个方程开始，每个方程均减去最后一个方程，得到由 $n-1$ 个方程组成的线性方程组，最后用最小二乘估计法可以得到未知节点的坐标。

(4) 极小极大定位算法

计算未知节点与锚节点的距离，接着根据锚节点与未知节点的距离 d，以自身为中心，画以 $2d$ 为边长的正方形，做出的所有正方形中重叠的部分的质心就是未知节点的坐标。

2.7 无线传感器网络技术

无线传感器网络(wireless sensor network，WSN)是由大量部署在作用区域内的、具有无线通信与计算能力的微小传感器节点通过自组织方式构成的，能根据环境自主完成指定任务的分布式智能化网络系统。传感器网络的节点间距离很短，一般采用多跳(multi-hop)的无线通信方式进行通信。传感器网络可以在独立的环境下运行，也可以通过网关连接到 Internet，使用户可以远程访问。传感器网络是传感器技术、现代网络及无线通信技术、嵌入式计算技术、分布式信息处理技术等技术的综合，通过各类集成化的微型传感器相互协作，实时监测、感知和采集各种参数信息，并对参数信息进行加工处理后通过随机自组织无线通信网络以多跳中继方式传送到用户终端。

2.7.1 无线传感器网络的组成

1. 传感器的组成

传感器一般由敏感元件、转换元件和变换电路三部分组成，有时还加上辅助电源，其典型组成如图 2-15 所示。

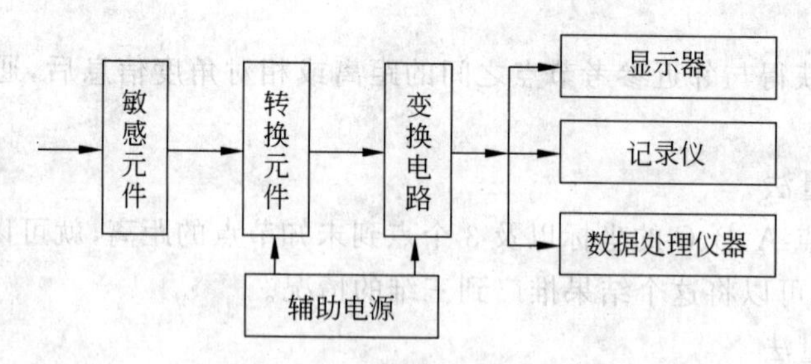

图 2-15 传感器的组成

1) 敏感元件

敏感元件是直接感受被测量，并输出与被测量成确定关系的某一物理量的元件。

2) 转换元件

转换元件是传感器的核心元件，它以敏感元件的输出为输入，把感知的非电量转换为电信号输出。转换元件本身可作为一个独立的传感器使用，这样的传感器一般称为元件传感器。转换元件也可不直接感受被测量，而是感受与被测量成确定关系的其他非电量，再把这一“其他非电量”转换为电量。这时转换元件本身不作为一个独立的传感器使用，而作为传感器的一个转换环节。而在传感器中，尚需要一个非电量（同类的或不同类的）之间的转化环节。这一转换环节需要由另外一些部件（敏感元件等）来完成，这样的传感器通常被称为结构式传感器。

3）变换电路

变换电路是将上述电路参数接入转换电路，便可转换成电量输出。

（1）有些传感器很简单，仅由一个敏感元件（兼作转换元件）组成，它感受被测量时直接输出电量，如热电偶。

（2）有些传感器由敏感元件和转换元件组成，没有转换电路。

（3）有些传感器的转换元件不止一个，要经过若干次转换，较为复杂，大多数是开环系统，也有些是带反馈的闭环系统。

2. 传感器的结构形式

1）选择固定信号方式的传感器直接结构

固定信号方式是把被测量以外的变量固定或控制在某个定值上，以金属导线的电阻为例，电阻是金属的种类、纯度、尺寸、温度、应力等的函数。

（1）如仅选择根据温度产生的变化作为信号，就可制成电阻温度计。

（2）如果选择尺寸或应力而变化作为信号，就可制成电阻应变片。

选择固定信号方式的传感器采用直接结构形式。这种传感器由一个独立的传感元件和其他环节构成，直接将被测量转换为所需输出量。

2）选择补偿信号方式的传感器补偿结构

在大多数情况下，传感器特征要受到周围环境和内部各种因素的影响，在不能忽略这些影响时，必须采取一定措施，以消除这些影响。

3）选择差动式信号方式的传感器差动结构

使被测量反向对称变化，影响量同向对称变化，然后取其差，就能有效地将被测量选择出来，这就是差动方式。

4）选择平均信号方式的传感器平均结构

平均信号方式来源于误差分析理论中对随机误差的平均效应和信号（数据）的平均处理。在传感器结构中，利用 n 个相同的转换元件同时感受被测量，则传感器的输出为各元件输出之和，而随机误差则减小为单个元件的误差。采用平均结构的传感器有光栅、磁栅、容栅、感应同步器等，在具有差动作用的同时，具有明显的平均效果。

5）选择平衡信号方式的传感器闭环结构

闭环传感器采用控制理论和电子技术中的反馈技术，极大地提高了性能。同开环传感器相比较，闭环传感器在结构上增加了一个由反向传感器构成的反馈环节。

2.7.2 无线传感器网络的通信协议

1. 路由协议

路由协议负责将数据分组从源节点通过网络转发到目的节点，它主要包括两个方面的功能：寻找源节点和目的节点间的优化路径，将数据分组沿着优化路径正确转发。

针对不同的传感器网络应用，根据其特性的敏感度不同，将其分为四类：能量感知路由协议、基于查询的路由协议、地理位置路由协议和提供 QoS(quality of service，服务质量)保证的路由协议。

2. MAC 协议

在无线传感器网络中，MAC(medium access control，媒体访问控制)协议决定无线信道的使用方式，在传感器节点之间分配有限的无线通信资源，用来构建传感器网络系统的底层基础结构。并且在设计无线传感器网络的 MAC 协议时需着重考虑以下三个方面：①节省能量；②提高可扩展性；③提高网络效率。

3. 拓扑控制

在传感器网络中，传感器节点是体积微小的嵌入式设备，采用能量有限的电池供电，它的计算能力和通信能力十分有限，所以除了要设计能效高的 MAC 协议、路由协议外，还要设计优化的网络拓扑控制机制。

2.7.3 无线传感器网络的特点

1. 传感器网络数据管理系统的特点

数据管理主要包括对感知数据的获取、存储、查询和挖掘，目的就是把物联网上数据的逻辑视图和网络的物理实现分离开来，使用户和应用程序只需关心查询的逻辑结构，而无须关心物联网的实现细节。

2. 传感器网络数据管理系统结构

目前，针对传感器网络的数据管理系统结构主要有以下 4 种类型。

- 集中式结构
- 半分布式结构
- 分布式结构
- 层次式结构

3. 典型的传感器网络数据管理系统

目前，针对传感器网络的大多数数据管理系统研究集中在半分布式结构上。典型的研究成果有美国加州大学伯克利分校的 Fjord 系统和康奈尔大学的 Cougar 系统。

2.7.4 无线传感器网络的应用

无线传感器网络的研究直接推动了以网络技术为核心的新军事革命,诞生了网络中心战的思想和体系。

- 战场侦察与监控。
- 目标定位。
- 毁伤效果评估。
- 核生化监测。

第3章 传输层——汇聚网技术

3.1 ZigBee

3.1.1 ZigBee 概述

ZigBee 是基于 IEEE 802.15.4 标准的低功耗局域网协议。根据国际标准规定，ZigBee 技术是一种短距离、低功耗的无线通信技术。这一名称(又称紫蜂协议)来源于蜜蜂(bee)的八字舞，由于蜜蜂是靠飞翔和“嗡嗡”地抖动翅膀的“舞蹈”来向同伴传递花粉所在方位信息的，也就是说，蜜蜂依靠这样的方式构成了群体中的通信网络。ZigBee 的特点有低复杂度、自组织、低数据速率，主要适用于自动控制和远程控制领域，可以嵌入各种设备。简而言之，ZigBee 就是一种便宜的、低功耗的近距离无线组网通信技术。ZigBee 是一种低速短距离传输的无线网络协议。ZigBee 协议从下到上分别对应物理层、媒体访问控制层、传输层、网络层、应用层等。其中，物理层和媒体访问控制层遵循 IEEE 802.15.4 标准的规定。

1. ZigBee 的产生背景

长期以来，低价位、低速率、短距离、低功率的无线通信市场一直存在着。蓝牙的出现，曾让工业控制、家用自动控制、玩具制造商等业者雀跃不已，但是蓝牙的售价一直居高不下，严重影响了这些厂商的使用意愿。

在蓝牙技术的使用过程中，人们发现蓝牙技术尽管有许多优点，但仍存在许多缺陷。对工业、家庭自动化控制和工业遥测遥控领域而言，蓝牙技术太复杂，功耗大，距离近，组网规模太小等。而工业自动化对无线数据通信的需求越来越强烈，而且对于工业现场，这种无线传输必须是高可靠的，并能抵抗工业现场的各种电磁干扰。

2001 年 8 月，ZigBee 联盟成立。ZigBee 协议在 2003 年正式问世。另外，ZigBee 使用了在它之前所研究过的面向家庭网络的通信协议——Home RF Lite。2004 年，ZigBee V1.0 诞生，它是 ZigBee 规范的第一个版本，由于推出时间仓促，存在一些错误。2006 年，推出的 ZigBee 2006 就比较完善。2007 年年底，推出 ZigBee PRO。2009 年 3 月，推出 ZigBee RF4CE，具备更强的灵活性和远程控制能力。

从 2009 年开始，ZigBee 采用了 IETF 的 IPv6 6LoWPAN 标准作为 SEP 2.0(smart energy protocol 2.0，智能电网标准 2.0)，致力于形成全球统一的易于与互联网集成的网络,实现端到端的网络通信。随着美国及全球智能电网的建设,ZigBee 将逐渐被 IPv6/6LoWPAN 标准所取代。

2. ZigBee 联盟

ZigBee 联盟是一个高速成长的非营利业界组织,成员包括国际著名半导体生产商、技术提供者、技术集成商以及最终使用者。联盟制定了基于 IEEE 802.15.4,具有高可靠、高性价比、低功耗特性的网络应用规格。

ZigBee 联盟的主要目标是以通过加入无线网络功能,为消费者提供更富有弹性、更容易使用的电子产品。ZigBee 技术能融入各类电子产品,应用范围横跨全球的民用、商用、公共事业以及工业等市场,使得联盟会员可以利用 ZigBee 这个标准化无线网络平台,设计出简单、可靠、便宜又节省电力的各种产品来。

ZigBee 联盟所锁定的焦点为制定网络、安全和应用软件层;提供不同产品的协调性及互通性测试规格;在世界各地推广 ZigBee 品牌并争取市场的关注;促进管理技术的发展。

3. ZigBee 性能分析

1) 数据速率

数据速率比较低,在 2.4GHz 的频段只有 250kb/s,而且这只是链路上的速率,除掉信道竞争应答和重传等消耗,真正能被应用所利用的速率可能不足 100kb/s,并且余下的速率可能要被邻近多个节点和同一个节点的多个应用所瓜分,因此不适合做视频之类事情。适合的应用领域是传感和控制。

2) 可靠性

在可靠性方面,ZigBee 有很多方面进行保证。物理层采用了扩频技术,能够在一定程度上抵抗干扰,MAC 层(APS 部分)有应答重传功能。MAC 层的 CSMA 机制使节点发送前先监听信道,可以起到避开干扰的作用。当 ZigBee 网络受到外界干扰,无法正常工作时,整个网络可以动态切换到另一个工作信道上。

3) 时延

由于 ZigBee 随机接入 MAC 层,且不支持时分复用的信道接入方式,因此不能很好地支持一些实时的业务。

4) 能耗特性

能耗特性是 ZigBee 的一个技术优势。通常 ZigBee 节点所承载的应用数据速率都比较低。在不需要通信时,节点可以进入功耗很低的休眠状态,此时能耗可能只有正常工作状态下的千分之一。由于一般情况下,休眠时间占总运行时间的大部分,有时正常工作的时间还不到百分之一,因此达到很高的节能效果。

5) 组网能力和路由性

ZigBee 具有大规模的组网能力,每个网络有 65000 个节点,而每个蓝牙网络只有 8 个节点。

ZigBee 底层采用了直扩技术。如果采用非信标模式,网络可得到更大扩展,因为不需同步,而且节点加入网络和重新加入网络的过程很快,一般可以做到 1s 以内甚至更快,而蓝牙通常需要 3s。在路由方面,ZigBee 支持可靠性很高的网状网的路由,所以可以布置范围很广的网络,并支持多播和广播特性,能够给丰富的应用带来有力的支持。

4. ZigBee 与蓝牙、IEEE 802.11 的区别

1) ZigBee、Wi-Fi、蓝牙和几种无线技术的对比

Wi-Fi 目前已经批量使用,主要应用在家庭和办公室环境的 PC 等设备上。3G 部署后,会有 3G+Wi-Fi 的一些应用,中国电信的"天翼"就包括这部分。可以预见很多的嵌入式 Wi-Fi 设备也会更普及,比如 Wi-Fi 的 POS 机和超市中的 Wi-Fi 均衡器等。现在工业环境应用也较多,主要表现在串口设备的 Wi-Fi 接入,用于工业无线数据采集系统。

ZigBee 和 IEEE 802.15.4 的设备主要集中在工业中的无线传感器检测、低等级控制、个人监护仪器、低功耗无线医疗设备、高端玩具、电器组网和控制、无线消费设备、HVAC 和灯光控制等,目前主要批量应用在资产跟踪、物流管理、智能照明、远程控制、医疗监护和远程抄表系统上。

2) 2.4GHz 无线技术解决频段拥挤

IEEE 802.15.4 使用 DSSS(direct sequence spread spectrum,直接序列扩频),IEEE 802.11 使用 DSSS 和 OFDM(orthogonal frequency division multiplexing,正交频分复用)。实际使用中,测试过办公楼,工厂等环境。通信更多受到阻挡和距离的问题,拥挤没有造成太大影响。

IEEE 802.15.4、ZigBee 技术是 WSN 的最理想选择,具有低功耗的特性,但具体如何实现低功耗?需要考虑什么因素呢?

IEEE 802.15.4 定义了一种可选的 MAC 层超帧结构,超帧包括活跃(active)和非活跃(inactive)两部分。在非活跃部分,设备可以进入低功耗模式(休眠状态);活跃部分又分为竞争期和非竞争期,竞争期提供给以 CSMA-CA 方式接入的设备使用,非竞争期由若干保障时隙组成,提供给某些需要保留一定数据带宽的设备。这种超帧结构体现了 IEEE 802.15.4 低功耗的一大特点,非活跃期的引入限制了设备之间收发信机的开通时间,在无数据传输时使它们处于休眠状态,从而大幅节省了功率开支。

ZigBee 设备分为全功能设备和精简功能设备,精简功能设备相对全功能设备协议族简单并且内存更小,只能和某个全功能设备进行交互。而全功能设备具有完备的 IEEE 802.15.4 协议功能,能与其传输范围内的任何节点进行交互。两种设备相互组合,可以组成网状网络、星形网络和树形网络。

低功耗系统除了在传输上考虑了功耗外,在 CPU 和系统的其他部分也考虑了功率。例如,JN5139 SoC 本身可以关闭 RF,单独运行 CPU 部分。也可以关闭 SoC 的片上 ADC、串口等外设。对于休眠也可以提供为了快速启动保留 RAM 内容的休眠,使用中断/比较器/定时器唤醒的休眠和只能复位唤醒的深度休眠等模式,这样整个系统才能合理地实现功能和功耗的平衡。

3) ZigBee 信号的带宽

ZigBee 的底层使用 IEEE 802.15.4,也就是说物理带宽是 IEEE 802.15.4 的带宽,也

就是 250kbps。但是，物理带宽和有效数据速率还有区别。对于 ZigBee 而言，数据速率还要考虑网络的拓扑结构、数据路由关系、网络中数据量等问题。实际的应用中一定要充分考虑这些因素。因为涉及的因素很多，所以这里不能给出实际计算。就经验而言，首先，路由对数据速率的影响最大。每增加一级路由，会增加 100～200ms 的时间，所以说 ZigBee 不是一个实时的网络。其次，网络并发的数据对速率也有较大的影响。总之，ZigBee 适合低速传感应用，实际带宽要考虑网络实际情况。

3.1.2 ZigBee 网络拓扑结构

因为工作需要，搭建了各种类型的 ZigBee 网络，下面了解了一下 ZigBee 的拓扑结构。ZigBee 的拓扑结构通常可以分为星形（star topology）、树形（tree topology）以及网状形（mesh topology）。

1. 星形网络

星形拓扑结构的典型特点就是一点对多点，如图 3-1 所示。

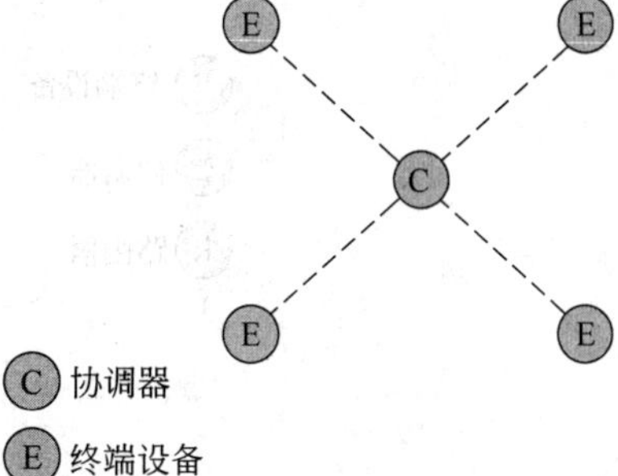

图 3-1 星形拓扑

星形拓扑网络是一种很简单的集中式通信方案，该拓扑结构的最大特点就是任意两个节点的通信都需要依赖协调器的辅助转发，即便两个节点十分靠近。

2. 树形网络

树形拓扑的典型特点就是，终端节点只能向它的父节点发送数据，而路由器与外部其他节点（该节点不是路由器自己的子节点）进行通信时，只能继续将数据向其父节点发送，直到遇到目的节点的父节点之一，如图 3-2 所示。

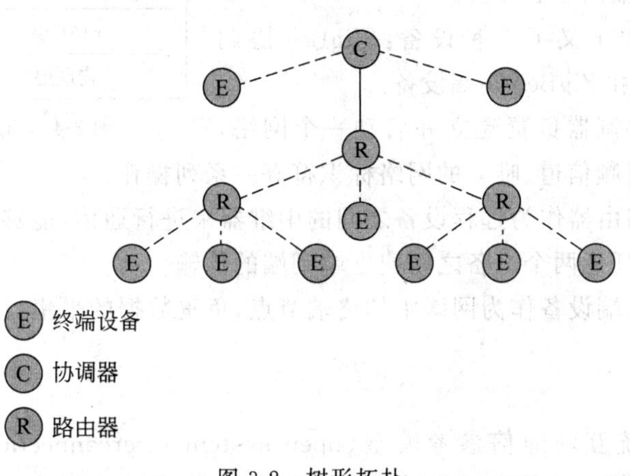

图 3-2 树形拓扑

3. 网状网络

网状拓扑结构的网络与树形结构的网络的关联过程基本类似，但是网状结构的最大特点在于，路由器之间是可以相互通信的，而不需要通过它们的父节点，如图 3-3 所示。

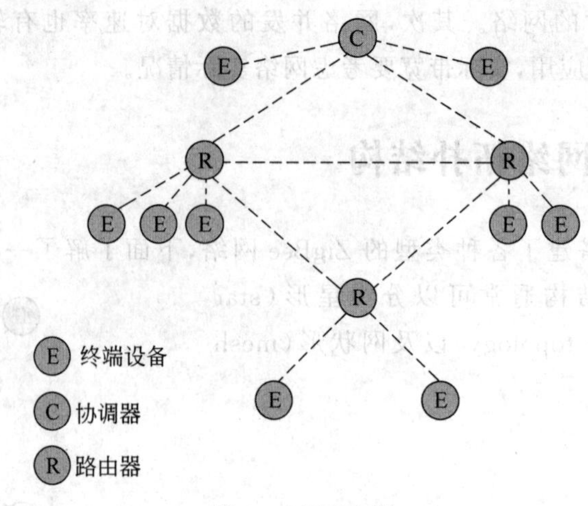

图 3-3　网状拓扑

3.1.3　ZigBee 的协议族

ZigBee 技术是一种面向自动化和无线控制的价格低廉、能耗小的无线网络协议，IEEE 802.15.4 技术的出现推动了它在工业、农业、军事、医疗等专业领域的应用。ZigBee 技术建立在 IEEE 802.15.4 协议之上，根据 ZigBee 联盟的规范，ZigBee 在 IEEE 802.15.4 的基础上扩展了网络层和应用层，其协议族如图 3-4 所示。

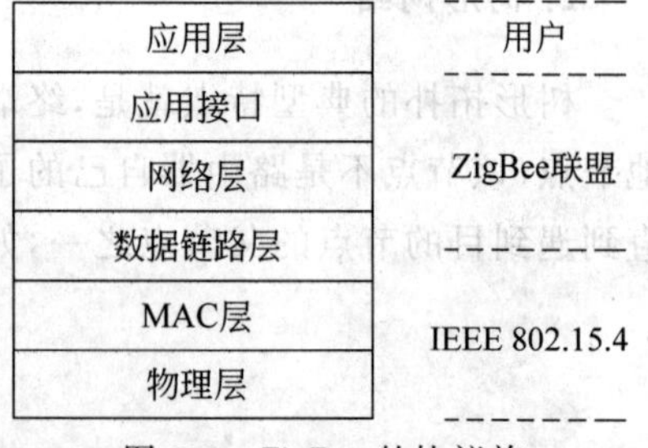

图 3-4　ZigBee 的协议族

ZigBee 协议中定义了 3 种设备：ZigBee 协调器、ZigBee 路由器和 ZigBee 终端设备。

（1）ZigBee 协调器负责建立并启动一个网络，包括选择合适的射频信道、唯一的网络标识符等一系列操作。

（2）ZigBee 路由器作为远程设备之间的中继器来进行通信，能够拓展网络的范围，负责搜寻网络，并在任意两个设备之间建立端到端的传输。

（3）ZigBee 终端设备作为网络中的终端节点，负责数据的采集。

1. 物理层

在开放式系统互联通信参考模型（open system interconnection reference model，OSI）中，物理层是模型的最底层，是保障信号传输的功能层。IEEE 802.15.4 的物理层与 OSI 类似，主要负责信号的发送与接收，提供无线物理信道和 MAC 子层之间的接口等，它为链路层提供的服务包括物理连接的建立、维持与释放，物理服务数据单元的传输，物理层管理和数据编解码，如表3-1和图3-5所示。

表3-1 载波信道特性

PHY/MHz	频段/MHz	序列扩频参数		数据参数		
		片速率/(kchip·s^{-1})	调制方式	比特率/(kb/s)	符号速率/(ksymbol·s^{-1})	符号
868/915	868~868.6	300	BPSK	20	20	二进制
	902~928	600	BPSK	40	40	二进制
2450	2400~2483.5	2000	OQPSK	250	62.5	十六进制

4字节	1字节	1字节		长度可变
前导码	SFD	帧长度(7bit)	保留位	PSDU
同步头		物理帧头		PHY负载

图3-5 物理层帧结构图

物理层的数据帧也可以称为物理层协议数据单元，每个PPDU帧由同步头、物理帧头和PHY负载组成，同步头包括1个前导码和1个帧起始分隔符(SFD)，前导码由4个全0的字节组成，收发器在接收前导码期间会根据前导码序列的特征完成片同步和符号同步；帧起始分隔符字段长度为1个字节，它的值固定为0xA7，表明前导码已经完成了同步，开始接收数据帧。

物理帧头中低7位用来表示帧长度，高位是保留位。物理帧的负载长度可变，称为物理服务数据单元(physical service data unit，PSDU)，一般用来承载MAC帧。

所有的物理层服务均是通过物理层服务访问接口实现的，数据服务是通过物理层数据访问接口(PD-SAP)实现的，管理服务则是通过物理层管理实体访问接口(PLME-SAP)实现的，每个接口都提供了相关的访问原语。

- 信号的发送/接收与编解码。
- 物理信道的能量监测(energy detection，ED)。
- 射频收发器的激活和关闭。
- 空闲信道评估(clear channel assessment，CCA)。
- 链路质量指示(link quality indicator，LQI)。
- 物理层属性参数的获取与设置。

2. 媒体访问控制层

IEEE 802.15.4标准将无线传感器网络的数据链路层分为两个子层，即逻辑链路控制(logic link control，LLC)子层和媒体访问控制(MAC)子层，MAC子层主要负责解决共享信道问题，IEEE 802.15.4标准规定MAC层实现的功能如下。

- 采用CSMA/CA机制来解决信道冲撞问题。
- 网络协调器产生并发送信标帧，用于协调整个网络。

- 支持个人局域网的关联和取消关联操作。
- 支持时槽保障(guaranteed time slot,GTS)机制。
- 支持不同设备的 MAC 层间可靠传输。

1) 信道的时段分配

超帧是一种用来组织网络通信时间分配的逻辑结构,它将通信时间划分为活跃和不活跃两个时段:在不活跃期间,个人局域网中的设备不会相互通信,从而进入休眠状态来节省能量。网络的通信在活跃期间进行,活跃期间可以分为 3 个阶段,即信标帧发送时段、竞争访问时段(CAP)和非竞争访问时段(CFP),如图 3-6 所示。

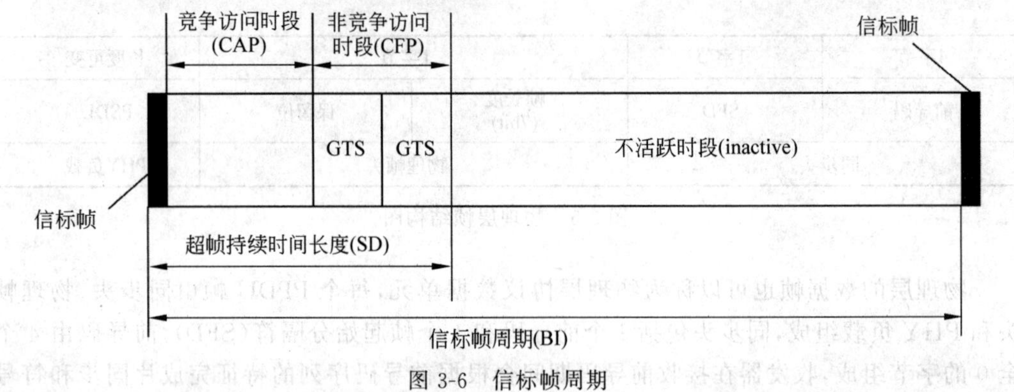

图 3-6 信标帧周期

(1) 竞争访问时段(CAP):设备通过 CSMA/CA 机制与网络协调器通信。

(2) 非竞争访问时段(CFP):又分为几个 GTS,网络协调器在这个时段内只能与指定的设备进行通信。网络协调器在每个超帧时段最多可以分配 7 个 GTS,一个 GTS 可以占有多个时槽。

2) CSMA/CA 算法

每个采用 CSMA/CA 算法的设备需要维护 3 个变量:NB、CW 和 BE。

NB 记录在当前帧传输时已经回退的次数;CW 记录竞争窗口的尺寸,即监测到信道空闲后还需等待多长时间才能真正开始发送数据;BE 是一个回退指数,是指在冲突后再次开始监测信道需要等待的时间(2BE−1)。

在初始化后,对于基于时槽的 CSMA/CA 算法,先定位到回退时间的边界,等待指定的时间,开始信道探测,直到信道为空闲,再等 CW 个回退周期长度,最后发送数据。发送程序必须确保当前的数据可以在 CAP 期间完成,才会进行发送,否则将保存到下一个超帧中发送。

对于非时槽的 CSMA/CA 机制,监测到空闲信道后就可以直接发送数据。在发送过程中,如果多次探测信道的结果都一直为忙(NB 大于某个设定的值),则需要向上层报告发送失败,由上层处理。

为减少冲突以提高整个网络的吞吐量,有两种特殊情况时不采用 CSMA/CA 来进行数据的发送:一种是应答帧,另一种就是紧接在数据请求帧之后的数据帧,它们可以直接发送。

3）数据传输模式

IEEE 802.15.4 网络中存在如下 3 种数据传输模式。

（1）设备发送数据给网络协调器。

（2）网络协调器发送数据给设备。

（3）对等设备之间的数据传输。

4）MAC 子层的帧格式

MAC 层帧结构的设计目标就是在保持低复杂度的前提下，实现多噪声无线信道环境下的可靠数据传输。

每个 MAC 子层的帧包括 3 个部分：帧头、负载和帧尾。帧头由帧控制信息、帧序列号和地址信息组成。负载长度大小可变，具体内容由帧类型决定。帧尾是一个 16 位的 CRC 校验码，如图 3-7 所示。

Octs: 2	1	0/2	0/2/8	0/2	0/2/8	可变	2
帧控制信息	帧序列号	目的设备PAN标识符	目标地址	源设备PAN标识符	源设备地址	帧数据单元	FCS校验码
		地址信息					
帧头						MAC负载	MFR帧尾

图 3-7 MAC 子层帧结构

3. 网络层

从功能上来讲，网络层必须为 IEEE 802.15.4 的 MAC 子层提供支持，并为应用层提供合适的服务接口。

为了实现与应用层的接口，网络层从逻辑上被分为两个具有不同功能的服务实体：数据实体和管理实体。数据实体接口主要负责向上层提供所需的常规数据服务。管理实体接口主要负责向上层提供访问接口参数、配置和管理数据的机制，包括配置新的设备、建立新的网络、加入和离开网络、地址分配、邻居发现、路由发现、接收控制等功能。

1）网络建立

ZigBee 网络的建立是由某个节点开始的，只有一个未加入网络的协调器节点通过 NLME-NETWORD-FORMATION.request 原语来建立 ZigBee 网络，协调器利用 MAC 子层提供的扫描功能，设定合适的信道和网络地址后，发送信标帧，以吸引其他节点加入网络中。

2）设备的加入

处于激活状态的设备可以直接加入网络，也可以通过关联操作加入网络中。ZigBee 网络层提供了 NLME-JOIN.request 原语来完成这个操作。网络层参考链路质量指示值和网络深度两个指标来进行设备父设备的选择，网络深度表示该设备最少经过多少跳到达协调器，设备优先选择链路质量指示值高、网络深度小的设备作为其父设备。确定好父设备后，设备向其父设备发送加入请求，经过父节点的同意后加入该网络，若父节点不接收该设备,则该设备重新选择一个父设备节点进行连接,直到最终加入网络。

3) 设备段地址分配

设备加入网络之后,网络就会为其分配网络地址,网络地址的分配主要依据三个参数：最多子设备数、最大网络深度和最大路由数。

4) 设备的离开

设备节点的离开有两种不同的情况：第一种是子设备向父设备请求离开网络;第二种是父设备要求子设备离开网络。当一个设备接收到高层的离开网络的请求时,它首先请求其所有的子设备离开网络,所有子设备移出完毕后,最后通过取消关联操作向其父设备申请离开网络。

5) 邻居列表的维护

邻居列表中包含传输范围内所有节点的信息,邻居列表的维护主要体现在以下几个方面。

(1) 节点接入网络时,从收到的信标帧中获取周围节点的信息,并添加到邻居列表中。

(2) Router 和 Coordinator 将其子节点添加到邻居列表中。

(3) 当检测到节点离开其一跳范围时,并不是将节点的信息从邻居列表中移除,而是把 Relationship 项设置为 0x03,表示和该节点没有关系。

4. 应用层

ZigBee 的应用层由 3 部分组成：应用支持子层、应用层框架和 ZigBee 设备对象(ZigBee device object,ZDO)。

(1) 应用支持子层为网络层和应用层通过 ZigBee 设备对象与制造商定义的应用对象使用的一组服务提供了接口,该接口提供了 ZigBee 设备对象和制造商定义的应用对象使用的一组服务,通过数据服务和管理服务两个实体提供这些服务。

(2) 应用层框架可为驻扎在 ZigBee 设备中的应用对象提供活动的环境。

(3) ZigBee 设备对象描述了一个基本的功能函数,这个功能在应用对象、设备和 APS 之间提供了一个接口。ZDO 位于应用框架和应用支持子层之间,可满足所有在 ZigBee 协议族中应用操作的一般需要。

3.1.4 ZigBee 在物联网中的应用前景

随着国内经济的高速发展,城市的规模在不断扩大,其中各种交通工具的增长更迅速,从而使城市交通需求与供给的矛盾日益突出,而单靠加强道路交通基础设施建设来缓解矛盾的做法已难以为继。在这种情况下,智能公交系统(advanced public transportation systems,APTS)应运而生,并且成为国内研究的热点。

在智能公交系统所涉及的各种技术中,无线通信技术尤为引人注目。而 ZigBee 作为一种新兴的短距离、低速率的无线通信技术,更是得到了越来越广泛的关注和应用。

3.2 蓝　牙

3.2.1 蓝牙的概念

蓝牙是一种无线技术标准，可实现固定设备、移动设备和楼宇个人域网之间的短距离数据交换，它使用2.4～2.485GHz的ISM(industrial scientific medical，工业、科学、医学)波段的UHF(ultra high frequency，特高频)无线电波。蓝牙技术最初由爱立信公司于1994年创制，当时是作为RS-232数据线的替代方案。蓝牙可连接多个设备，克服了数据同步的难题。

如今，蓝牙由蓝牙技术联盟(bluetooth technology alliance，BTA)管理。蓝牙技术联盟在全球拥有超过25000家成员公司，它们分布在电信、计算机、网络和消费电子等多重领域。IEEE将蓝牙技术列为IEEE 802.15.1，但如今已不再维持该标准。蓝牙技术联盟负责监督蓝牙规范的开发，管理认证项目，并维护商标权益。制造商的设备必须符合蓝牙技术联盟的标准才能以"蓝牙设备"的名义进入市场。蓝牙技术拥有一套专利网络，可发放给符合标准的设备。

1. 蓝牙技术背景介绍

爱立信公司于1999年5月20日与其他业界领先开发商一同制定了蓝牙技术标准。蓝牙技术是一种可使电子设备在10～100m的空间范围内建立网络连接并进行数据传输或者语音通话的无线通信技术。

现在的智能手机几乎都具备蓝牙功能，这是为了数据的便捷性传输，也包括一些流行的智能设备，如智能穿戴设备、智能家居设备、智慧医疗领域、计步器、心律监视器、智能仪表、传感器物联网、蓝牙耳机、蓝牙音箱等。

2. 蓝牙技术的应用前景

随着物联网，以及低功耗蓝牙(蓝牙网格组网和蓝牙5.0)的快速发展，蓝牙技术的应用越来越普遍。未来蓝牙技术会在设备层网络、位置服务、数据传输、音频传输四个领域有长足的发展。

1) 设备层网络

蓝牙网格的推出加速了设备网络解决方案的发展。照明控制系统与无线传感器网络是推动设备网络应用增长的两大用例，并迅速成为许多控制系统的首选无线通信平台。低功耗蓝牙的网格拓扑针对大型设备网络的创建进行了优化，蓝牙无线传感器网络(WSN)能够监测光照、温度、湿度和占用情况，帮助提高员工生产力，降低楼宇运营成本，来更好地满足生产设备对于环境条件和维护的要求，预计到2022年，蓝牙设备网络产品年出货量将增长5倍。

2）位置服务

低功耗蓝牙的广播拓扑尤其适用于实现室内定位和基于位置的服务，基于蓝牙信标(beacon)的室内导航解决方案已迅速成为一种能够应对GPS无法解决的室内覆盖的标准方法，智慧城市如今已开始探索信标如何提高市民的生活质量并提升游客体验，其解决方案正在办公楼、机场、会展中心甚至世界各地的城市街道中得以部署，帮助楼宇业主和城市规划者更好地了解空间的使用方式。预计到2022年，基于位置服务的蓝牙设备年出货量将增长10倍。

3）数据传输

低功耗蓝牙的点对点拓扑针对极低功耗的数据传输进行了优化，使其成为互联设备产品的理想选择。蓝牙赋力可穿戴设备、健身追踪器和智能手表，监测步数、锻炼、活动和睡眠。从血压监测仪到便携式超声波和X光成像系统，蓝牙技术可帮助用户监控自己的健康状况，使医疗专业人士能够更轻松地提供优质的护理服务。

4）音频传输

蓝牙基础速率/增强资料速率(BR/EDR)的点对点拓扑已针对音频传输进行了优化，使其成为无线音频的标准载体。蓝牙耳机曾是无线音频市场中的始祖级设备，如今已成为手机的必备配件。蓝牙车载信息娱乐系统可与驾驶员的智能手机配合使用，让驾驶员能够专注于最重要的道路行驶。预计到2022年，音频传输和数据传输解决方案年出货量将增长2倍。

3.2.2 蓝牙的架构及研究现状

作为取代数据电缆的短距离无线通信技术，蓝牙支持点对点以及点对多点的通信，以无线方式将家庭或办公室中的各种数据和语音设备连成一个微微网，几个微微网还可以进一步实现互联，形成一个分布式网络，从而在这些连接设备之间实现快捷而方便的通信。

下面介绍蓝牙接口在嵌入式数字信号处理器OMAP5910上的实现。数字信号处理器(digital signal processor，DSP)对模拟信号进行采样，并对模数变换后的数字信号进行处理，通过蓝牙接口传输到接收端。同样，DSP对蓝牙接收到的数字信号进行数模变换，成为模拟信号。蓝牙信号的收发采用蓝牙模块实现。此蓝牙模块是公司最近推出的遵循蓝牙V1.1标准的无线信号收发芯片，主要特性是：具有片内数字无线处理器(digital radio processor，DRP)、数控振荡器，片内射频收发开关切换，内置ARM7嵌入式处理器等。接收信号时，收发开关置为收状态，从天线接收射频信号后，经过蓝牙收发器直接传输到数字无线处理器。信号处理包括下变频和采样，采用零中频结构。数字信号存储在RAM(容量为32KB)中，供ARM7处理器调用和处理，ARM7将处理后的数据从编码接口输出到其他设备，信号发过程是信号收的逆过程。此外，还包括时钟和电源管理模块以及多个通用I/O口，供不同的外设使用。蓝牙模块的主机接口可以提供双工的通用串口，可以方便地和PC的RS-232通信，也可以和DSP的缓冲串口通信。

整个系统由DSP、BRF6100、音频模数转换器/数模转换器、液晶显示器、键盘以及

Flash组成，DSP是核心控制单元，音频模数转换器用于将采集的模拟语音信号转变成数字语音信号；音频数模转换器将数字语音信号转换成模拟语音信号，输出到耳机或者音箱。音频模数转换器和数模转换器的前端和后端都有放大和滤波电路，一般情况下，音频模数转换器和数模转换器集成到一个芯片上，本系统使用TI公司的TLV320AIC10，设置采样频率为8kHz，键盘用于输入和控制，液晶显示器显示各种信息，Flash保存DSP所需要的程序，供DSP上电调用；JTAG(joint test action group，联合测试工作组)是DSP的仿真接口，DSP还提供HPI，该接口可以和计算机连接，可以下载计算机中的文件并通过数模转换器播放，也可以将数字语音信号传输到计算机保存和处理。

系统中的DSP采用OMAP5910，该DSP是TI公司推出的嵌入式DSP，具有双处理器结构，片内集成ARM和DSP处理器。ARM用于控制外围设备，DSP用于数据处理。OMAP5910中的DSP是基于TMS320C55X核的处理器，提供2个乘累加(MAC)单元、1个40位的算术逻辑单元和1个16位的算术逻辑单元，由于DSP采用了双ALU(arithmetic & logical unit，算术逻辑单元)结构，大部分指令可以并行运行，其工作频率达150MHz，并且功耗更低。OMAP5910中的ARM是基于ARM9核的TI925T处理器，包括1个协处理器，指令长度可以是16位或者32位。DSP和ARM可以协同工作，通过MMU控制，可以共享内存和外围设备。OMAP5910可以用在多个领域，例如，移动通信、视频和图像处理、音频处理、图形和图像加速器、数据处理。本系统使用OMAP5910进行个人移动通信。DER5460和DGI385的连接是本系统硬件连接的重点，使用DGI385的MCSI(multi-protocol serial communications interface，多协议串行通信接口)连接DER5460语音接口。MCSI是DGI385特有的多通道串行接口(multi channel serial interface，MCSI)，具有位同步信号和帧同步信号。系统采用主模式，即DGI385提供2个时钟到蓝牙模块BRF6100的语音接口的位和帧同步时钟信号，MCSI的最高传输频率可以达到6MHz，系统由于传输语音信号，设置帧同步信号为8kHz，与DGI385外接的音频模数转换器的采样频率一致。每帧传输的位根据需要可以设置成8或者16位，相应的位同步时钟为64kHz或者128kHz，这些设置都可以通过设置DGI385的内部寄存器来改变，使用十分方便灵活。

通信使用异步串口实现。为了保证双方通信的可靠和实时，使用RTS1和CTS1引脚作为双方通信的握手信号，异步串口的通信频率可设为921.6kHz、460.8kHz、115.2kHz或者57.6kHz。速率可以通过设置DGI385的内部寄存器来改变，DER5460的异步串口速率通过DGI385进行设置。

由于其具有一个ARM核，双方的实时时钟信号可以使用共同的时钟信号，从而保证双方实时时钟的一致，由DGI385输出32.768kHz的时钟信号到BRF6100的SLOW_CLK引脚。32.768kHz信号由外接晶体提供，晶体的稳定性必须满足双方的要求，一般稳定性要求在5×10^{-5}数量级。DGI385使用一个GPIO引脚控制BRF6100复位，必要时OMAP5910可以软件复位蓝牙模块。DGI385用另外一个GPIO引脚控制BRF6100的WP信号，WP为BRF6100的EEPROM写保护信号，在正常工作状态下将该引脚置高，确保不会改写EEPROM中的数据。BRF6100的射频天线可以采用TaiyoYuden公司的AH104F2450S1型号的蓝牙天线，该天线性能良好，已经应用在很多蓝牙设备上。

为了验证天线是否有效,可以在产品设计阶段增加一段天线测试电路,使用控制信号控制切换开关,控制信号可以来自 BR6100 或者 OMAP5910。测试时,切换开关连通 J2 和 J3,天线信号连接到同轴电缆,可以进一步连接到测试设备,方便地检测天线的各种指标。实际使用中,切换开关连通 J2 和 J1,或者将该段电路去除,天线信号直接连接到 BRF6100 的 RF 信号引脚。

整个系统的软件设计方法有三种,根据不同的应用场合和系统的负责程序采用不同的设计方法:一般情况下,简单的系统可以采用常规的软件设计方法;较为复杂的系统可以采用 DSP 仿真软件 CCS 提供的 DSP/BIOS 设计方法(DSP/BIOS 是 TI 公司专门为 DSP 设计的嵌入式软件设计方法);最为复杂的系统需要采用嵌入式操作系统进行设计。目前,OMAP5912 支持的操作系统包括 Windows CE、Linux、Nucleus 以及 VxWorks 等,可以根据需要选择不同的操作系统。本系统采用常规的软件设计方法,其实现较为简单方便。

软件的结构中包括初始化、键盘和液晶显示、数据和语音通信、Flash 读写以及蓝牙信号收发等模块,在初始化过程中设置键盘扫描时间、语音采样频率、显示状态等各种参数,整个系统初始化之后,程序通过监控模块随时判断各个模块的状态,并进入相应的处理程序。数据通信模块控制 DGI385 和蓝牙模块的数据接口,语音通信模块控制 DGI385 和音频模数转换器/数模转换器的接口,蓝牙接口收发控制 OMAP5910 和蓝牙模块的信号收发,Flash 读写模块控制 DGI385 对其片外 Flash 的读写,必要时可以将某些重要数据传输到 Flash 中。此外,DGI385 的上电引导程序也存储在 Flash 中,键盘和显示模块控制系统的人机接口,PC 通信模块控制系统和 PC 的连接。由于 DGI385 具有 C55 系列 DSP 核,一些数字信号处理算法可以很容易地实现,对于语音信号,可以进行滤波以提高语音质量。如果传输音乐信号,可以加入音乐处理算法,例如,进行混响、镶边、削峰等多种处理,将语音压缩后传输到 PC,或者解压后播放各式各样的语音信号,使得系统的应用范围更加广泛、更实用。在 DGI385 的蓝牙接口设计中,使用 DGI385 的多通道串口连接蓝牙模块音频接口,DGI385 的异步串口连接蓝牙模块的通信口。蓝牙模块可以避免射频信号到中频信号的变换,使系统结构简单。由于采用具有 DSP 核的处理器,系统还可以方便地应用到各种语音信号处理中。

1. 底层硬件模块

(1) 无线射频模块(radio frequency module,RFM):蓝牙为最底层,带微带天线,负责数据接收和发送。

(2) 基带模块(base band module,BBM):无线介质访问约定。提供同步面向连接的物理链路(synchronous connection oriented,SCO)和异步无连接物理链路(asynchronous connectionless,ACL),负责跳频和蓝牙数据及信息帧传输,并提供不同层次的纠错功能(FEC 和 CTC)。

(3) 链路控制模块(link control module,LCM):负责蓝牙数据包的编码和解码。

(4) 链路管理模块(link management module,LMM):负责创建、修改和发布逻辑链接,更新设备间物理链接参数,进行链路的安全和控制。

(5) 主机控制器接口(host controller interface,HCI):软硬件接口部分,由基带控制器、连接管理器、控制和事件寄存器等组成。软件接口提供了下层硬件的统一命令,解释上下层消息和数据的传递;硬件接口包含UART、SPI和USB等。

2. 中间协议层

(1) 逻辑链路控制与适配协议(logical link control and adaptation protocol,L2CAP):是蓝牙协议族的基础,也是其他协议实现的基础。向上层提供面向连接和无连接的数据封装服务;采用了多路技术、分割和重组技术、组提取技术来进行协议复用、分段和重组、认证服务质量、组管理等行为。

(2) 音视频发布传输协议(audio/video distribution transport protocol,AVDTP)和音视频控制传输协议(audio/video control transport protocol,AVCTP):二者主要是用于Audio/Video在蓝牙设备中传输的协议,前者用于描述传输,后者用于控制信号交换的格式和机制。

(3) 服务发现协议(service discovery protocol,SDP):蓝牙技术框架至关重要的一层和所有应用模型的基础。动态地查询设备信息和服务类型,建立一条对应的服务通信通道,为上层提供可用的服务类型和属性协议信息。

(4) 串口仿真协议(RFCOMM):实现了仿真9针RS-232串口功能,实现设备间的串行通信。

(5) 二进制电话控制协议(telephony control protocol spectocol,TCS):基于ITU-T Q.931建议的采用面向比特的协议,它定义了用于在蓝牙设备之间建立语音和数据呼叫的控制信令(call control signaling),并负责处理蓝牙设备组的移动管理过程。

3. 高层应用框架

Bluetooth profile是蓝牙设备间数据通信的无线接口规范。目前有四大类、十三种协议规则,厂商可以自定义规格。几种最常见的配置文件如下。

(1) 通用访问配置文件(generic access profile,GAP):其他所有配置文件的基础,定义了在蓝牙设备间建立基带链路的通用方法,并允许开发人员根据GAP定义新的配置文件。包含所有蓝牙设备实施的功能,发现和连接设备的通用步骤,基本用户界面等通用操作。

(2) 服务发现应用配置文件(service discovery application profile,SDAP):描述应用程序如何用SDP发现远程设备服务,可与向/从其他蓝牙设备发送/接收服务查询的SDP连接。

(3) 串行端口配置文件(serial port profile,SPP):基于ETSI TS 07.10规格定义如何设置虚拟串行端口及如何连接两个蓝牙设备,速度可达128kb/s。

(4) 通用对象交换配置文件(generic object exchange profile,GOEP):可以将任意对象(如图片、文档等)从一个设备传输到另一个设备。

3.2.3 蓝牙功能模块

1. 无线单元

无线单元是蓝牙设备的核心，任何蓝牙设备都要有无线单元。

它与用于广播的普通无线单元的不同之处在于体积小、功率小(目前生产的蓝牙无线单元的最大输出功率只有100mW、2.5mW、1mW)。它由锁相环、发送模块和接收模块等组成。发送模块包括一个倍频器，且直接使用压控振荡器调制(VCO)；接收模块包括混频器、中频器放大器、鉴频器以及低噪声放大器等。

无线单元的主要功能是调制/解调、帧定时恢复和跳频功能，同时完成发送和接收操作。发送操作包括载波的产生、载波调制、功率控制及自动增益控制；接收操作包括频率调谐至正确的载波频率及信号强度控制等。

2. 链路控制单元

蓝牙的链路控制单元，又称基带单元，包括的3个集成芯片为连接控制器、基带处理器以及射频传输/接收器，此外还有3～5个单独调谐元件。

链路控制单元描述了基带链路控制器的数据信号处理规范。基带链路控制器负责处理基带协议和其他一些底层常规协议。

链路控制单元的主要功能如下。

(1) 建立物理链路及网络连接，包括面向连接的同步链路、异步无连接链路及匹克网。

(2) 差错控制。

(3) 在物理层提供验证和加密，其中验证基于“请求—响应”运算法则实现，为用户建立一个个人信任域，而加密则用来保护连接中的个人信息。

3. 链路管理和软件功能单元

1) 链路管理单元

链路管理单元软件模块设计了链路的数据设置、鉴权、链路硬件配置和其他一些协议。链路管理单元能够发现其他的蓝牙设备的链路管理器，并通过链路管理协议建立通信联系。

链路管理单元提供诸如发送和接收数据、设备号请求、链路地址查询、建立连接、鉴权、链路模式协商和建立、设备模式的切换等功能。

2) 软件功能单元

蓝牙软件协议符合已经制定好的蓝牙规范，蓝牙规范包括两部分。

(1) 核心部分

用于规定诸如射频、基带、连接管理、业务发现、传输层以及与不同通信协议间的互用、互操作性等组件。

（2）应用规范部分

用于规定不同蓝牙应用所需的协议和过程。

3.3 UWB

3.3.1 UWB的概念

超宽带（ultra wideband，UWB）技术是一种无线载波通信技术，即不采用正弦载波，而是利用纳秒级的非正弦波窄脉冲传输数据，因此其所占的频谱范围很宽。

UWB是利用纳秒级窄脉冲发射无线信号的技术，适用于高速、近距离的无线个人通信。

按照FCC（federal communications commission，美国联邦通信委员会）的规定，3.1～10.6GHz的频段中占用500MHz以上带宽。

1. UWB技术介绍

UWB技术始于20世纪60年代兴起的脉冲通信技术。UWB技术利用频谱极宽的超宽基带脉冲进行通信，故又称为基带通信技术、无线载波通信技术，主要用于军用雷达、定位和低截获率/低侦测率的通信系统中。2002年2月，美国联邦通信委员会发布了民用UWB设备使用频谱和功率的初步规定，该规定中将相对带宽大于0.2或在传输的任何时刻带宽大于500MHz的通信系统称为UWB系统，同时批准了UWB技术可用于民用商品。随后，日本于2006年8月开放了超宽带频段。

由于UWB技术具有数据传输速率高（达1Gbit/s）、抗多径干扰能力强、功耗低、成本低、穿透能力强、截获率低，并且与现有其他无线通信系统共享频谱等特点，UWB技术成为无线个人局域网通信技术（WPAN）的首选技术。

UWB实质上是以占空比很低的冲击脉冲作为信息载体的无载波扩谱技术，它是通过对具有很陡上升和下降时间的冲击脉冲进行直接调制而产生的。典型的UWB直接发射冲击脉冲串，不再具有传统的中频和射频的概念，此时发射的信号既可看成基带信号（依常规无线电而言），也可看成射频信号（从发射信号的频谱分量考虑）。

冲击脉冲通常采用单周期高斯脉冲，一个信息比特可映射为数百个这样的脉冲。单周期脉冲的宽度在纳秒级，具有很宽的频谱。UWB开发了一个具有吉赫兹容量和最高空间容量的新无线信道。基于CDMA的UWB脉冲无线收发信机在发送端时钟发生器产生一定重复周期的脉冲序列，用户要传输的信息和表示该用户地址的伪随机码分别或合成后对上述周期脉冲序列进行一定方式的调制，调制后的脉冲序列驱动脉冲产生电路，形成一定脉冲形状和规律的脉冲序列，然后放大到所需功率，再耦合到UWB天线发射出去。在接收端，UWB天线接收的信号经低噪声放大器放大后，送到相关器的一个输入端，相关器的另一个输入端加入一个本地产生的与发端同步的经用户伪随机码调制的脉冲序列,接收端信号与本地同步的伪随机码调制的脉冲序列一起经过相关器中的相乘、积分和取样保持运算,产生一个对用户地址信息经过分离的信号,其中仅含用户传输信息以及其他干扰,然后对该信号进行解调运算。

2. UWB 的特点

- 抗干扰性能强。
- 传输速率高。
- 带宽极宽。
- 消耗电能小。
- 保密性好。
- 发送功率非常小。

3. UWB 的应用前景

UWB 技术具有系统复杂度低、发射信号功率谱密度低、对信道衰落不敏感、低截获能力、定位精度高等优点,尤其适用于室内等密集多径场所的高速无线接入,非常适于建立一个高效的无线局域网(wireless local area network, WLAN)或无线个人局域网(wireless personal area network, WPAN)。

UWB 最具特色的应用将是视频消费娱乐方面的无线个人局域网。

超宽带系统同时具有无线通信和定位的功能,可方便地应用于智能交通系统中。为车辆防撞、智能收费、测速、监视等提供高性能、低成本的解决方案。

UWB 也可应用在小范围,高分辨率,能够穿透墙壁、地面和身体的雷达和图像系统中,诸如军事、公安、消防、医疗、救援、测量、勘探和科研等领域,用作隐秘安全通信、救援应急通信、精确测距和定位、透地探测雷达、墙内和穿墙成像、监视和入侵检测、医用成像、贮藏罐内容探测等。

3.3.2 UWB 的架构及研究现状

1. UWB 无线传输系统的基本模型

基于单脉冲发射的 UWB 系统的基本模型如图 3-8 所示。与传统的无线发射、接收机结构相比,UWB 的发射、接收机结构相对简单,这为技术的实现带来很多好处。UWB 的发射、接收机结构如图 3-9 所示。因为脉冲产生器只需产生大约 100mV 的电压就能满足发射要求,因此发射端不需要功率发大器。在接收端,天线收集的信号先通过低噪放大器,再通过一个匹配滤波器或相关接收机恢复出期望信号。由于 UWB 信号的发射未经载波调制,UWB 的接收端不再需要参考振荡器、锁相环同步器、压控振荡器及混频器。

基于多载波的 UWB 无线发射接收机结构和标准的无线发射接收机结构类似,如图 3-10 所示。

其中,参考 PLL(锁相环)为发射接收机提供发射、接收参考信号;发射信号经过多载

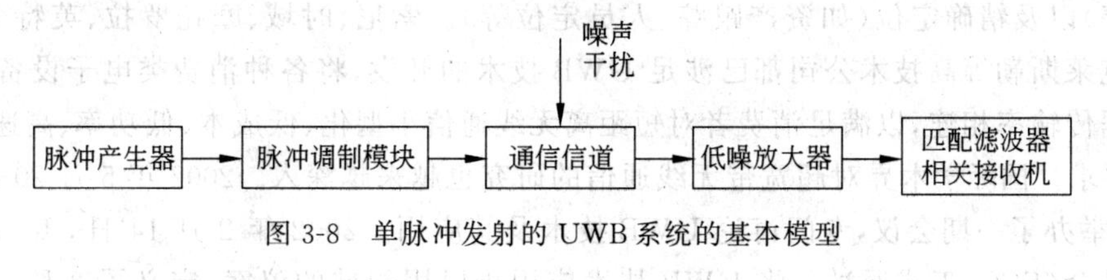

图 3-8　单脉冲发射的 UWB 系统的基本模型

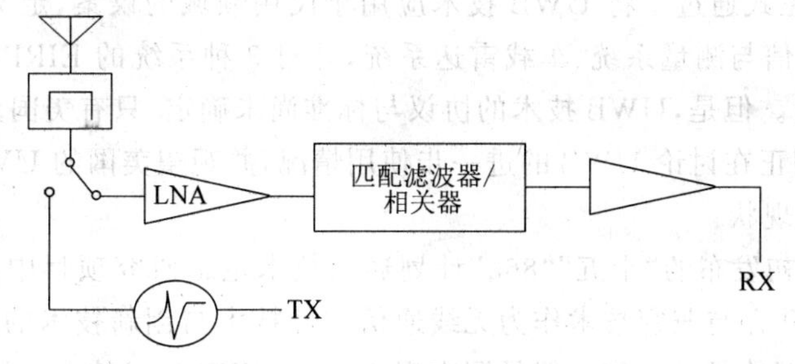

图 3-9　UWB 的发射、接收机结构

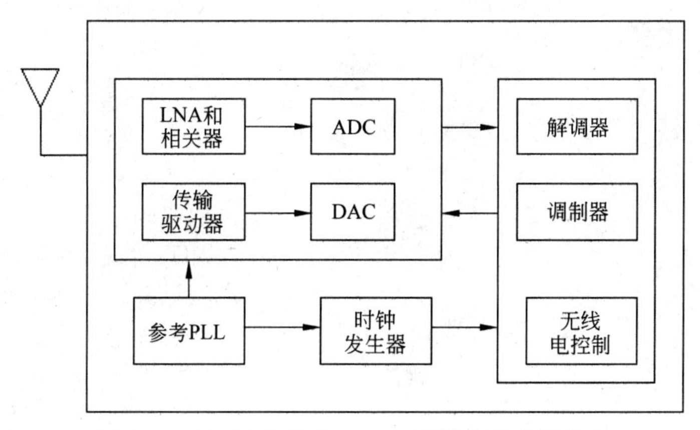

图 3-10　基于多载波的 UWB 无线发射接收机结构

波调制和 DAC 后发射出去，在接收端进行低噪放大、相关运算，AD 转换后再解调。

2. UWB 的研究现状

1）国外研究现状

（1）军用方面

早在 1965 年，美国就确立了 UWB 的技术基础。在后来的 20 年内，UWB 技术主要用于美国的军事应用，其研究机构仅限于与军事相关联的企业以及研究机关、团体。美国国防部正开发几十种 UWB 系统，包括战场防窃听网络等。

（2）民用方面

由于超宽带技术的种种优点，其在无线通信方面具有很大的潜力，近几年来国外对 UWB 信号应用的研究比较热门，主要用于通信（如家庭和个人网络，公路信息服务系统和无线音频、数据和视频分发等）、雷达（如车辆及航空器碰撞/故障避免，入侵检测和探地雷达等)以及精确定位(如资产跟踪、人员定位等)。索尼、时域、摩托罗拉、英特尔、戴姆勒—克莱斯勒等高技术公司都已涉足UWB技术的开发,将各种消费类电子设备以很高的数据传输率相连,以满足消费者对短距离无线通信小型化、低成本、低功率、高速数据传输等要求。国际学术界对超宽带无线通信的研究也越来越深入。2002年5月20—23日,IEEE举办了一期会议,专门讨论UWB技术及其应用。2002年2月14日,美国联邦通信委员会(FCC)正式通过了将UWB技术应用于民用领域的议案,定义了3种UWB系统:成像系统、通信与测量系统、车载雷达系统,并对3种系统的EIRP(全向有效辐射功率)分别做了规定。但是,UWB技术的协议与标准尚未确定,只有美国允许民用UWB器件的使用;而欧洲正在讨论UWB的进一步使用情况,并观望美国的UWB标准。

2) 国内研究现状

2001年9月初发布的“十五”“863”计划通信技术主题研究项目中,把超宽带无线通信关键技术及其共存与兼容技术作为无线通信共性技术与创新技术的研究内容,鼓励国内学者加强这方面的研发工作。但是国内现今关于UWB技术的深入研究仅限于雷达方面,关于UWB通信系统的研究还没有形成规模。

第4章　传输层——网络接入技术

4.1　6LoWPAN

物联网是在互联网的基础上发展起来的，随着物联网的不断发展，无线嵌入式终端设备的数量迅速增加，每增加一个无线终端设备都会占用一个 IP 地址，随着 IPv4 地址的耗尽，IPv6 逐渐兴起。6LoWPAN（IPv6 over low-power and lossy network）是一种基于IPv6 的无线低速个人局域网标准，即 IPv6 over IEEE 802.15.4，它的出现改变了过去普遍认为的，即将 IP 协议适应微控制器及低功率无线连接是很困难的事情，以至于到目前为止，无线网络采用的仍是专用协议，比如 ZigBee 协议。基于 IEEE 802.15.4 实现 IPv6通信的 6LoWPAN 标准打破了无线网络只采用专用协议的局面，开启了物联网领域发展的新纪元。6LoWPAN 底层采用 IEEE 802.15.4 规定的 PHY 层和 MAC 层，而在网络层采用 IPv6 协议，为了实现 MAC 层与网络层的无缝连接，6LoWPAN 在网络层和 MAC 层之间增加了一个网络适配层，用来完成包头压缩、分片与重组以及网状路由转发等工作。6LoWPAN 高效地实现了对 IP 的使用，互操作性强，使采用 6LoWPAN 连接的终端设备可以直接连接互联网，极大地推动了信息技术的跨越式发展，6LoWPAN 具有低功率、普及性、适应性、更多地址空间、支持无状态自动地址配置、易接入、易开发等方面的优势。

4.1.1　无线嵌入式设备网络对网络协议的挑战

互联网最初是基于 PC 的互联网络，主要采用的是 IPv4 协议。随着互联网技术的蓬勃发展，互联网已经是人们日常生活中无法躲避的事物，人们的日常生活、工作都是和互联网息息相关的，互联网时代主要体现的是人与人之间相互连接。随着互联网技术的逐渐成熟，人们渐渐希望通过互联网感知这个世界，于是物联网出现了，物联网是在传感器网络的基础上发展起来的，通过利用物体上的传感器和嵌入式芯片，将物体的信息传递出去或接收进来，通过传感网络实现本地处理，并连入互联网中去，由此无线嵌入式设备网络成为物联网感知层的关键技术，而物联网对无线嵌入式设备网络的要求较为严格，其网络协议主要面对如下挑战。

（1）由于涉及不同的传感网络之间的通信，所以需要有一套统一的技术协议与标准，是独立于连接上的，而不是传感器本身的，对于无线嵌入式设备网络而言，要求其网络协议必须是统一的技术标准。

(2) 物联网的目标是物物联网,物与物、人与物之间相互通信,对于物联网感知层而言,特别是无线嵌入式设备网络的网络协议,同样要求保证安全与隐私,这就需要无线嵌入式设备网络的网络协议需要满足安全功能要求。

4.1.2 6LoWPAN 的技术优势

6LoWPAN 技术是一种在 IEEE 802.15.4 标准基础上传输 IPv6 数据包的网络体系,可用于构建无线传感器网络。IEEE 802.15.4 标准是一种经济、高效、低数据速率、工作在 2.4GHz 的无线技术,规范了低速率无线个人局域网的物理层和媒体接入控制协议,其体系结构如图 4-1 所示。通常其连接距离小于 100m,IEEE 802.15.4 网络是指在一个个人操作空间(100m)内使用相同无线信道并通过 IEEE 802.15.4 标准相互通信的一组设备的集合,又名 LR-WPAN。IEEE 802.15.4 不仅是 ZigBee 应用层和网络层协议的基础,也为无线 HART、ISA100、WIA-PA 等工业无线技术提供了物理层和 MAC 层协议,同时还是传感器网络使用的主要通信协议规范。

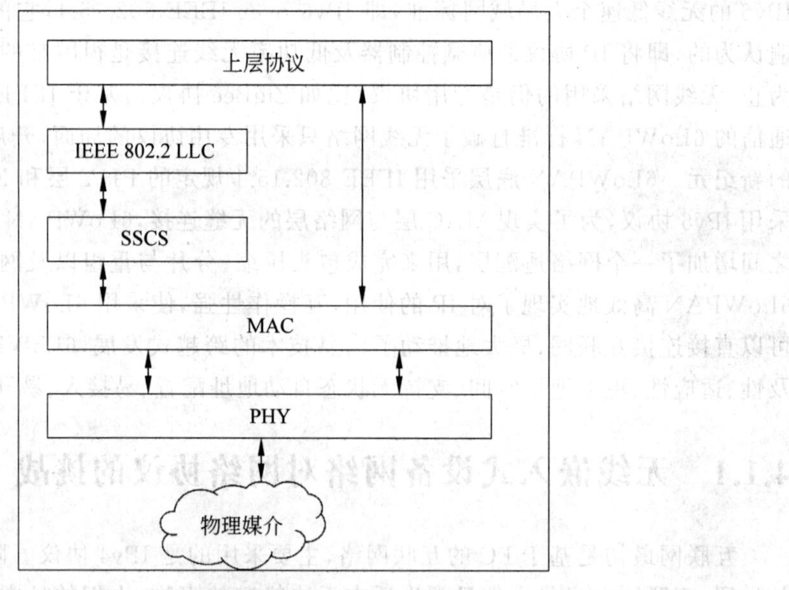

图 4-1 IEEE 802.15.4 标准体系结构

6LoWPAN 技术底层采用 IEEE 802.15.4 规定的 PHY 层和 MAC 层,网络层采用 IPv6 协议,6LoWPAN 技术具有以下几方面的优势。

1. 普及性

6LoWPAN 采用 IPv6 协议,IPv6 作为下一代互联网核心技术,也在快速普及,使得在低速无线个人局域网中使用 IPv6 更易于被接受。

2. 更多地址空间

IPv6 协议具有 128 位 IP 地址,可为全世界的每一粒沙子分配一个 IP 地址,极大地解决了 IPv4 网络地址资源数量的问题，这恰恰满足了部署大规模、高密度、低速无线个人局域网设备的需要。

3. 支持无状态自动 IP 地址配置

在 IPv6 中，当节点启动时，可以自动读取 MAC 地址，并根据相关规则配置好所需要的 IPv6 地址。

4. 易接入性

低速无线个人局域网使用 IPv6 技术，更易于接入其他基于 IP 技术的网络及下一代互联网，使其可以充分利用 IP 网络的技术进行发展。

5. 易开发性

目前基于 IPv6 的许多技术已比较成熟，并被广泛接受，针对低速无线个人局域网的特性对这些技术进行适当的精简和取舍，可以简化协议开发的过程。

IPv6 技术在 LR-WPAN 上的应用具有广阔发展的空间，而将 LR-WPAN 接入互联网将大幅扩展其应用，使得大规模的传感控制网络的实现成为可能。

4.1.3　6LoWPAN 的历史和标准

基于 IEEE 802.15.4 标准的传感网本身与 IP 网络有着显著的区别，由于传感网中设备的资源有限，同时设备一般是由电池供电，传感网在设计之初就要考虑能量有效性，并且设备一般是处于长期休眠状态以节省能量，传感网设备的部署数量巨大并且设备的位置存在不确定性。另外，如果电池漏电或损坏等，传感网需要重新组网。由于传感网的这些特点，长期以来传感网设备上使用的网络通信协议通常以应用为先，故而没有统一的标准，学术界一直认为 IP 不太适合内存受限的嵌入式设备。IPv6 的出现，使得将 IP 应用于传感网成为可能，但传感网因其自身特点，需要自配置、自启动以及自愈合等特性。为了解决这些问题，IETF（the internet engineering task force，国际互联网工程任务组）于 2004 年专门成立了 6LoWPAN 工作组，进行 6LoWPAN 的标准化工作。

6LoWPAN 是融合了 IEEE 802.15.4 协议和 IPv6 实现的，实现了嵌入式设备间的无线网络通信。

IEEE 802.15.4 标准的目标是为在 POS（personal operating space，个人操作空间）内相互连通的无线设备提供通信标准，网络内主要分为全功能设备（full function device，FFD）和精简功能设备（reduced function device，RFD），PAN 协调器可以实现成员身份管理、链路信息管理、分组转发等功能，是全功能设备。IEEE 802.15.4 的数据包特别小，最大的长度不超过 127 个字节，其中还有用于 MAC 层传输时添加的不定长报头，IEEE 802.15.4 物理层可以透明地传送比特流，MAC 子层负责解决与媒体接入有关的问题，在物理层的基础上进行无差错通信，MAC 子层是网络与设备的接口，它从网络层接收数据帧，再通过媒体访问控制层和物理层将帧发送到物理链路上，也是从物理层接收帧，再送到网络层。IEEE 802.15.4 数据包主要由报头、数据、报尾三部分构成，如图 4-2 所示。在物理层添加了一个报头部分，包括前同步码、帧起始定界符以及一个标识长度的字段，其后为 MAC 层部分，MAC 层部分有一个 2 字节长的帧控制字，用于负责链路的建立与维护，接收者可根据这个字段得知如何解析剩余的报头以及确认帧的传送与接收，接收者也可以通过收到的地址字段来进行帧校验，判断是不是发给自己的数据包，帧校验序列主要是通过 CRC 校验值来确定数据包是否接收完整。

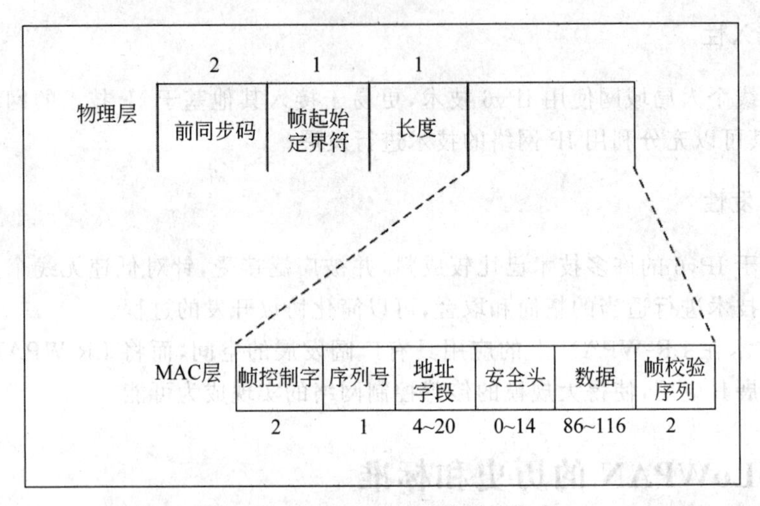

图 4-2 IEEE 802.15.4 数据帧格式

6LoWPAN 网络层采用 IPv6 协议，IPv6 数据报由报头、上层协议数据和扩展报头三部分构成，其报头是由 6 个固定字段和两个地址字段构成，长度为 40 个字节，如图 4-3 所示。

版本(4)	流量类型(8位)	流标记(20位)
负载长度(16位)	下一个报头(8位)	跳数限制(8位)
源地址(128位)		
目的地址(128位)		

图 4-3 IPv6 报头结构

IPv6 协议中的邻居发现协议，具有地址解析、无状态地址配置、重复地址检测功能，无状态地址配置包含了路由发现、自动生成接口ID、重复地址检测等功能。重复地址检测是一种节点确定即将使用的地址是否是链路上唯一的存在。为确保唯一性，主机要检测其地址是否被其他节点占用。

4.1.4 6LoWPAN 架构

基于 6LoWPAN 标准的物联网系统架构如图 4-4 所示。该架构图中的汇聚节点和感知节点构成了物联网系统的感知层，感知层通过网关接入 IPv6 网络，实现感知数据的传输，应用层上 PC 采用 IPv6 协议实现感知数据的存储管理与应用实现，也因此可以得出 6LoWPAN 分别由物理层、链路层、LoWPAN 适配层、IPv6 网络层、传输层以及应用层组成，如图 4-5 所示。

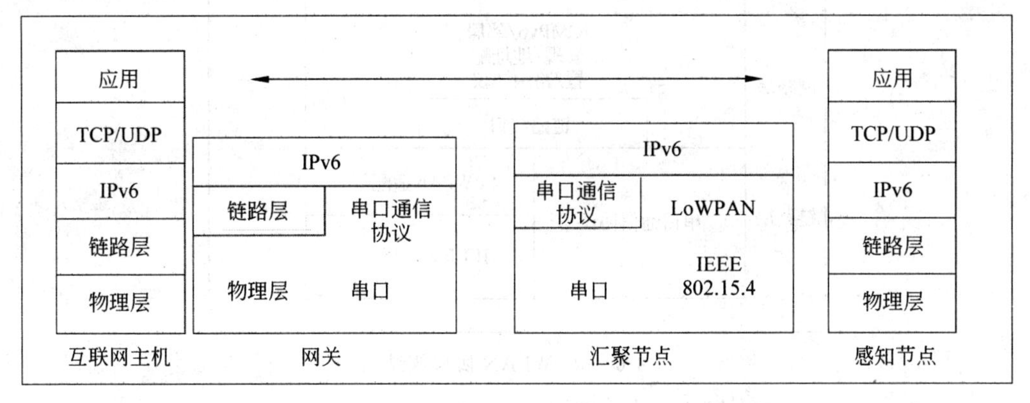

图 4-4　基于 6LoWPAN 标准的物联网系统架构图

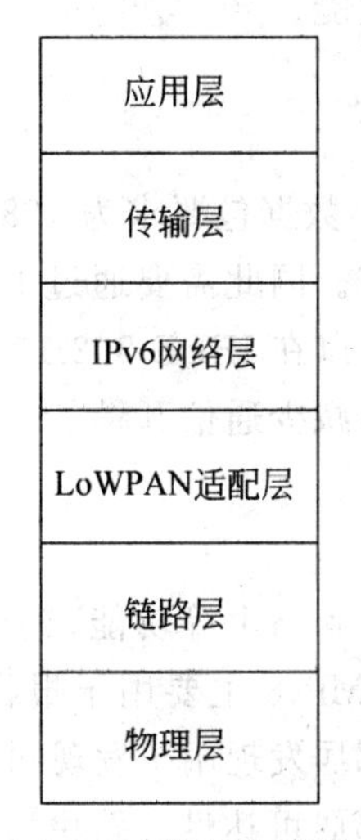

图 4-5　6LoWPAN 架构图

4.1.5　6LoWPAN 协议族

6LoWPAN 协议族如图 4-6 所示，主要分为链路层、网络层和传输层。除了链路层的串口通信协议和 IEEE 802.15.4 以外，其他部分都需要实现，主要如下。

1. 链路接口

传感网中的汇聚节点既可以使用串口与上位机进行点对点通信，也可以通过无线信号与传感网中的节点通信。链路接口部分负责维护各个网络接口的接口类型、收发速率

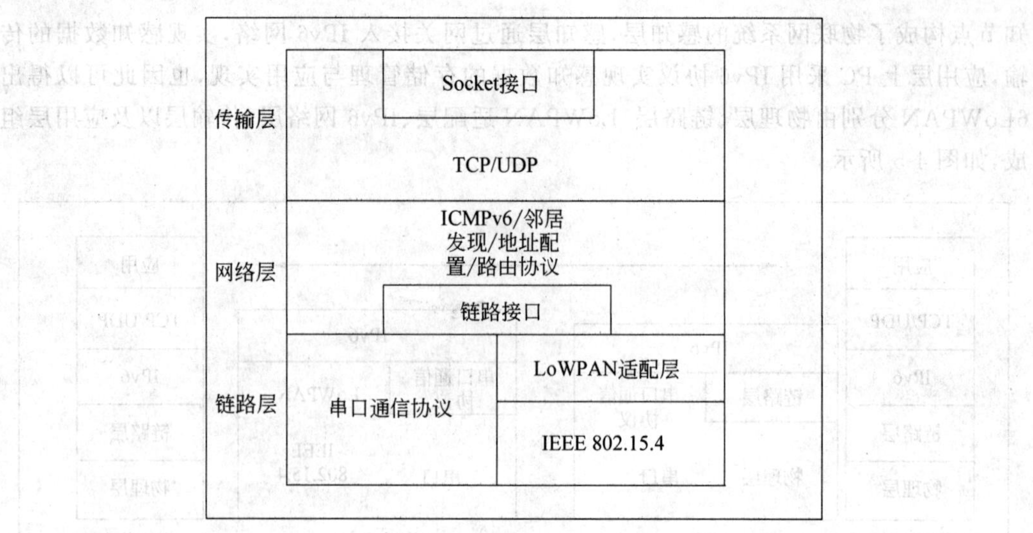

图 4-6　6LoWPAN 协议族结构

及 MTU(maximum transmission unit,最大传输单元)等参数,使得上层协议可以根据这些参数作相应的优化以提高网络性能。

2. LoWPAN 适配层

IPv6 协议对链路能传输的最小数据包要求为 1280 个字节,而 IEEE 802.15.4 协议发送的单个数据包最大为 127 个字节。因此需要通过 LoWPAN 适配层负责将数据包分片重组,以便让 IPv6 协议的数据包可以在 IEEE 802.15.4 协议设备上进行传输。LoWPAN 层也可以对数据包头进行压缩进而减少通信开销。

3. 网络层

网络层主要负责数据包的编址和路由等功能,其中地址配置部分用于管理与配置节点的本地链路地址和全局地址。ICMPv6 主要用于报告 IPv6 节点数据包处理过程中的错误消息,同时完成网络诊断功能。邻居发现用于发现同一链路上邻居的存在、配置和解析本地链路地址、寻找默认路由和决定邻居可达性。路由协议负责为收到的数据包寻找下一跳路由。

4. 传输层

传输层主要负责设备间点到点的通信。其中,UDP(user datagram protocol,用户数据报协议)用于不可靠的数据包通信,TCP(transmission control protocol,传输控制协议)用于可靠数据流通信。传感网节点上因为资源的限制而无法实现完整的流量控制、拥塞控制等功能。

5. Socket 接口

Socket 接口主要用于为应用程序提供协议族的网络编程接口,包含建立连接、数据收发和错误检测等功能。

4.1.6 6LoWPAN 适配层

为了使得 IEEE 802.15.4 链路层可以提供 IPv6 需要的下层接口，6LoWPAN 适配层对链路层接口进行了封装，为 IP 层提供标准的接口，6LoWPAN 适配层实现的功能有分片和重组、头部压缩、组播支持、网络拓扑管理、地址管理、路由协议等功能，如图 4-7 所示。

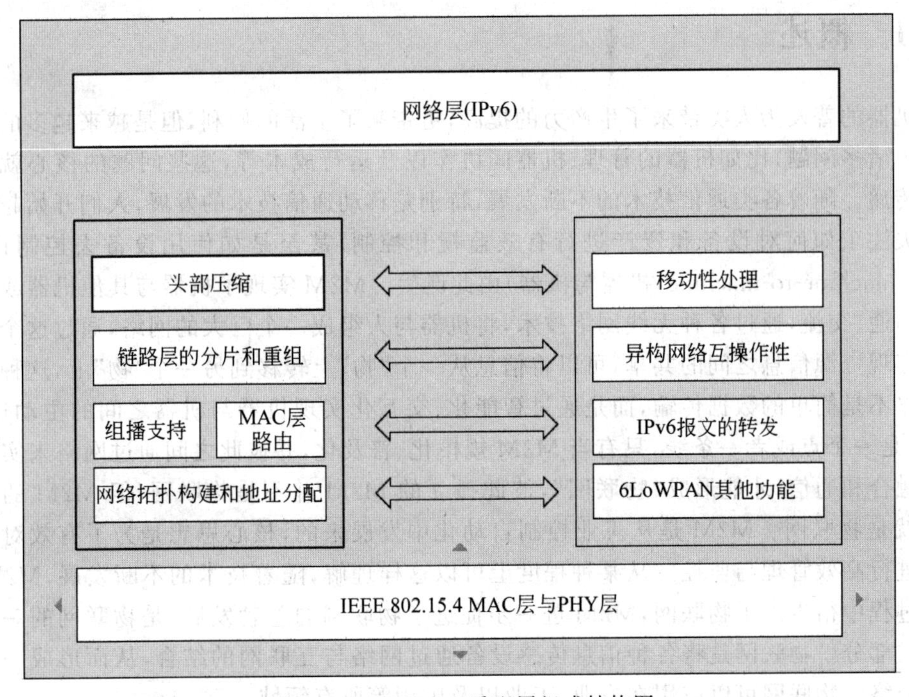

图 4-7 6LoWPAN 适配层组成结构图

分片和重组功能实现了将 IEEE 802.15.4 标准链路层数据包通过分片、重组为 IPv6 数据链路层的最大传输单元 1280 字节功能。

头部压缩功能有效地解决了 IEEE 802.15.4 链路层可传输数据报大小有限的问题，在传输较大 IPv6 协议报文时可对数据包进行压缩，减少数据中的冗余信息，提高传输效率。

在 IEEE 802.15.4 标准的链路层协议中没有组播功能，为了能在 6LoWPAN 中支持使用 IP 报文的组播功能，需要在适配层提供有效的可控广播来实现。

由于 IEEE 802.15.4 的链路层协议仅给出了树形、星形、网状形等拓扑结构的功能性原语，而不负责拓扑结构如何完成，当采用 6LoWPAN 实现感知层时，必须在适配层提供网络拓扑的构建、信道扫描与选择、网络的启动、处理子节点加入请求以及分配地址等功能。

6LoWPAN 中节点地址可分为两类，一类是 64 位固定长地址，另一类是动态分配的 16 位短地址。在无线传感器网络中倾向于采用 16 位短地址，进而有效地规避地址占用空间较大的问题，在适配层通过实现 16 位短地址的动态分配，可以使 6LoWPAN 中的每一个节点都能分配一个唯一的16位短地址。

IEEE 802.15.4标准中没有提供多跳的路由协议，使得原有的基于IEEE 802.15.4标准实现的无线传感器网络的传输范围只能达到100m以内，为了达到远距离传输的目的，需要在适配层提供适用于IEEE 802.15.4标准的无线网络路由协议。

4.2 M2M接入方法

4.2.1 概述

机器的普及为人类带来了生产力的提高，更带来了生活的便利，但是越来越多的机器也带了诸多问题，比如机器的管理、机器间协作以及运行成本等，这些问题的核心就是信息的传递。随着各类通信技术的不断发展，特别是移动通信技术的发展，人们开始越来越多地关注于如何对设备和资产进行有效监视和控制，甚至是如何用设备去控制设备，M2M(machine-to-machine，机器与机器)由此诞生。M2M实现了机器与其他机器或人之间的沟通、交流，通过各种无线网络技术，将机器与人组成一个巨大的网络，通过这个网络可以实现资源信息之间的共享，可以将信息从一个“物”上转移到另一个“物”上，这种共享和转移不是简单的数据传输，而是通过智能化、交互化实现机器与机器之间的主动通信。M2M是一个点或者一条线，只有当M2M规模化、普及化，并彼此之间通过网络来实现智能的融合和通信，才能形成“物联网”，彼此孤立的M2M并不是物联网，但M2M的终极目标就是物联网。M2M是从工业控制自动化中发展来的，核心思想是为了有效对机器设备进行高效管理与监控。从某种程度上可以这样理解，随着技术的不断发展，M2M发展的过程中衍生出了物联网，M2M进一步促进了物联网的蓬勃发展，是物联网的一个重要组成部分。物联网是将各种信息传感设备通过网络与互联网的结合，从而形成一个巨大的网络。物联网可以应用在农业、工业以及民用等所有领域。

在物联网应用系统中，无论感知层多么的发达，没有一个好的传输层将感知信息发送出去，物联网应用系统也是发挥不了作用的，物联网更强调的是“网络”。M2M的概念通常有两个层次：一个层次体现在机器与机器、人与机器以及移动网络和机器之间的通信，它涵盖了所有实现人、机器、系统之间通信的技术；另一个层次就是机器与机器之间的通信。智能化、交互化是M2M有别于其他应用的典型特征，这一特征使得机器也被赋予了“智慧”的内涵。M2M应用系统主要包括以下3部分。

1. 通信模块及终端

通信模块主要包括无线模块、内置传感器以及智能RFID标签，将通信模块植入特种终端中。

2. 网络

网络包括无线网络和有线网络，对网络的要求是要确保网络的覆盖能力和可靠性，能够支撑标准通信协议以及为数据提供低成本、高效率的传输通道。

3. 软件

标准化的应用服务使数据的采集与发布更加容易。

M2M 通过使用多种综合通信和网络技术，将遍布在人们日常生活中的机器设备连接成网络，使这些设备变得更加智能，从而可以创造出丰富的应用，给日常生活、工业生产、设计制造等带来新一轮的变革。M2M 系统具有如下优点。

(1) 可以实现数据集中处理与保存。

(2) 无须人工干预，实现数据自动上传，提高信息处理效率。

(3) 监控终端运行状态，进而保障业务稳定运行。

(4) 采用无线方式传输数据，避免布线，节约成本。

(5) 可实现实时监控和控制。

(6) 数据保存时间长，存储安全。

M2M 允许各种机器成为个人无线网络的节点，并提供开发监控和远程控制的应用，这将降低人力资源成本，并使机器更加智能和自动化。M2M 业务可以为各种行业客户提供一种集数据采集、传输、处理和业务管理于一体的整套解决方案。远程信息处理和遥测越来越被视为提高运营效率和增加收入的来源，也使得移动网络运营商积极拓展各自的 M2M 业务。M2M 具有非常广阔的发展空间，目前已经在智能查表、车载导航等多个行业广泛使用。与此同时，M2M 业务运营也存在诸多问题，一方面 M2M 应用依赖于移动运营商将移动基础设施部署为如网络监控等 M2M 应用，需要对基础设施进行大量投资；另一方面就是技术障碍，技术标准化是一场关键战役，一套通用的技术框架必须在全球范围内进行标准化，以加快推出速度，以及针对 M2M 通信优化移动分组网络等诸多技术问题。

4.2.2　M2M 对蜂窝系统的优化需求

M2M 是机器对机器的通信，通信是 M2M 实现的关键，在 M2M 行业中，有有线和无线两种解决方案，与有线解决方案相比，无线解决方案具有易于部署以及针对单点故障的鲁棒性的优点，而有线解决方案可以确保对无线电不能到达的地方的覆盖。不同的 M2M 业务具有不同的通信要求，而针对移动性强、功耗低、覆盖范围广、易于推出等所有这些要求的单一标准化解决方案是 M2M 业务成功的关键，蜂窝通信网络有能力达到以上这些特性。使用蜂窝进行 M2M 通信具有无处不在的覆盖范围、漫游支持、互操作性保证、服务质量保证、提供服务级别的协议以及运营平台的可用性等优点，使得蜂窝技术成为商业上具有竞争力的 M2M 通信解决方案成为可能，但是迄今为止，蜂窝系统仍然存在若干挑战和优化需求，主要的优化需求如下。

(1) 需要能够有效处理蜂窝通信的通信协议，并能有效解决其在接入中的问题。实际上，在 M2M 业务支持方面，通信协议的效率通常是非常低的，主要是因为需要太长的时间来完成连接的建立。

(2) 当前的物理随机接入信道协议不能同时处理大量接入网络中的连接设备。当有大量设备接入时,同时激活这些设备发送数据会直接造成网络崩溃,因此对新的接入控制协议的需求迫在眉睫。

(3) 需要优化传输数据量小和传输频次不高的数据传输系统,只有少量数据的设备,如果能够快速发送或者接收数据,然后变为休眠状态,则可以显著减少对其他设备的干扰,同时能节省电池。

(4) 对于寻址,设备将需要被识别和寻址,需要用于支持大量的设备的寻址方案。

(5) 在识别 M2M 设备方面,需要优化系统以进行少量和低频次的数据传输,能够在非常具有挑战性的传播环境中提供额外的覆盖。

(6) M2M 通信具有海量终端设备、同步突发数据等独有的特征,M2M 业务的引入会给蜂窝系统带来非常大的压力,需要优化处理接入和核心网络中的拥塞,以降低复杂性和能耗,并促进提供可行的服务。

4.2.3 M2M 模型及系统架构

M2M 是基于特定行业终端,采用多种无线网络的接入方式,为各行各业的客户提供一种机器到机器的整套通信解决方案,满足客户对业务管理、指挥调度、生产过程监控、远程数据采集与传输、远程监控等方面的信息化需求。M2M 系统一般是由智能化机器、M2M 硬件、通信网络、中间件和应用部分构成,如图 4-8 所示。

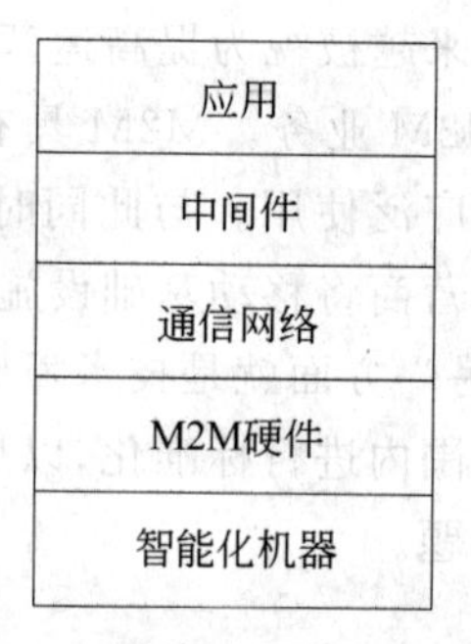

图 4-8 M2M 系统结构层次图

智能化机器是具有信息感知、信息加工以及无线通信的能力的机器。M2M 硬件是让机器获得远程通信和联网能力的部件,从不同设备获取需要的信息,再将其传输到网络,该部件可以是嵌入式硬件、可组装模块、调制解调器、传感器、标识识别等任何一种。

通信网络是将获取到的信息传送到目的地,主要包括无线移动通信网络、卫星通信网络、互联网和公众电话网络等广域网以太网、无线局域网、蓝牙、Wi-Fi 等局域网和 ZigBee 等个人局域网。

中间件在通信网络和 IT 系统之间起桥接作用,主要有 M2M 网关、数据收集/集成部件两部分:M2M 网关主要的功能是完成不同通信协议之间的转换;数据收集/集成部件是为了将数据变成有价值的信息。应用是对获得的数据进行加工分析,为决策和控制提供依据。

1. 中国移动 M2M 模型及系统架构

中国移动 M2M 是通过在机器内部嵌入移动通信模块,为客户提供信息化解决方案,满足客户对生产监控、指挥调度、数据采集和测量等方面的信息化需求。中国移动 M2M 系统架构(见图 4-9),主要有以下 3 部分。

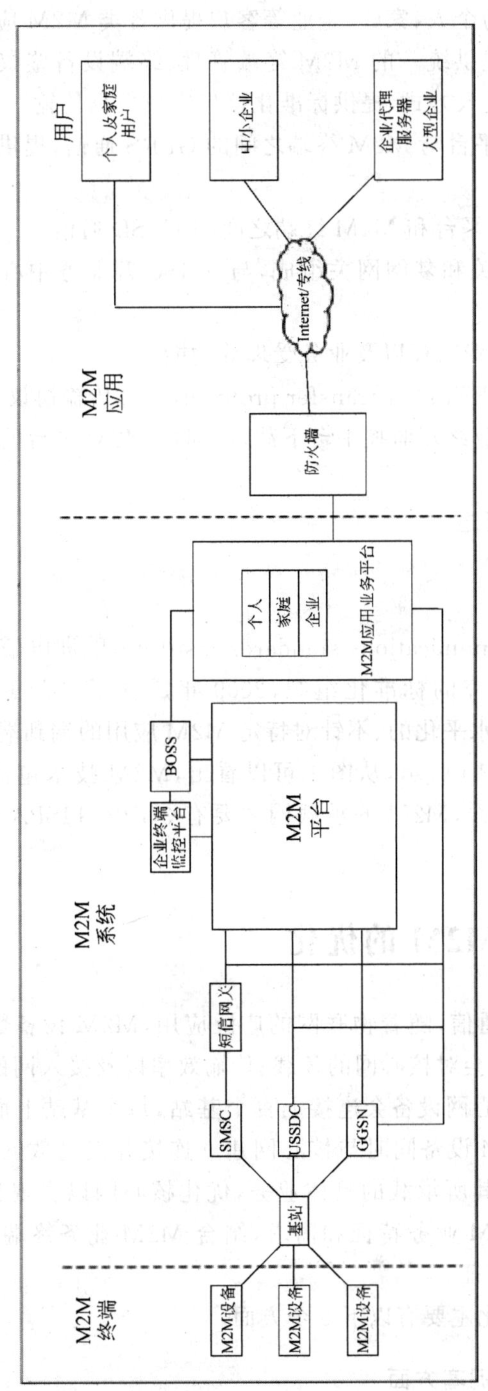

图 4-9　中国移动 M2M 系统架构图

1）M2M 终端

M2M 终端由具有感知能力的设备组成，是 M2M 连接和服务的对象。

2）M2M 系统

M2M 应用业务平台可为个人、家庭、企业等客户提供各类 M2M 应用服务业务。

M2M 平台可以为客户提供统一的 M2M 终端管理、终端设备鉴权、路由、监控、计费等管理功能，支持多种网络接入方式，提供标准化接口完成数据传输。

GGSN 负责建立 M2M 平台与 M2M 终端之间的 GPRS 通信，提供地址分配、数据路由及网络安全机制。

USSDC 负责建立 M2M 平台和 M2M 终端之间的 USSD 通信。

短信网关由行业应用网关和梦网网关组成，与 SMSC 等业务中心或业务网关连接，提供通信能力。

BOSS 具有客户管理、计费结算以及业务受理等功能。

行业终端监控平台提供 FTP(file transfer protocol，文件传输协议)目录，每月统计文件存放在 FTP 目录中，供行业终端监控平台下载，以同步 M2M 平台的终端管理数据。

3）M2M 应用

前文已介绍，此处不再赘述。

2. ETSI 系统结构图

ETSI(european telecommunications standards institute，欧洲电信标准化协会)是国际上较早开展 M2M 相关研究的标准化组织，2009 年成立了专门的机构来负责统筹 M2M 的研究，旨在制订一个水平化的、不针对特定 M2M 应用的端到端的解决方案标准。ETSI M2M 系统结构如图 4-10 所示，从图中可以看出，M2M 技术包括通信网络中从终端到网络再到应用的各个层面，M2M 的承载网主要有 3GPP、TISPAN 以及 IETF 定义的多种类型的通信网络。

4.2.4 核心网针对 M2M 的优化

M2M 是机器对机器的通信，随着物联网的广泛应用，M2M 设备数量也会随之变得巨大，海量的 M2M 设备必然会对核心网的负载、传输效率以及接入网的无线接入能力等方面提出新的要求。一个核心网设备会连接上百个基站，每个基站上面可以连接上千个 M2M 设备，当有海量的 M2M 设备同时与核心网建立连接并发送数据时，核心网必然会崩溃。核心网的设计取决于其所承载的具体业务，优化核心网以实现其对 M2M 业务的支持，必然需要充分分析 M2M 业务特征和需求，结合 M2M 业务终端上下行数据量、频度、服务质量需求等方面的特征。

核心网针对 M2M 的优化主要有以下 6 个方面。

1. 核心网络拥塞和信令拥塞方面

要求核心网络应能提供某些机制降低大量 M2M 设备同时试图进行数据和信令交互

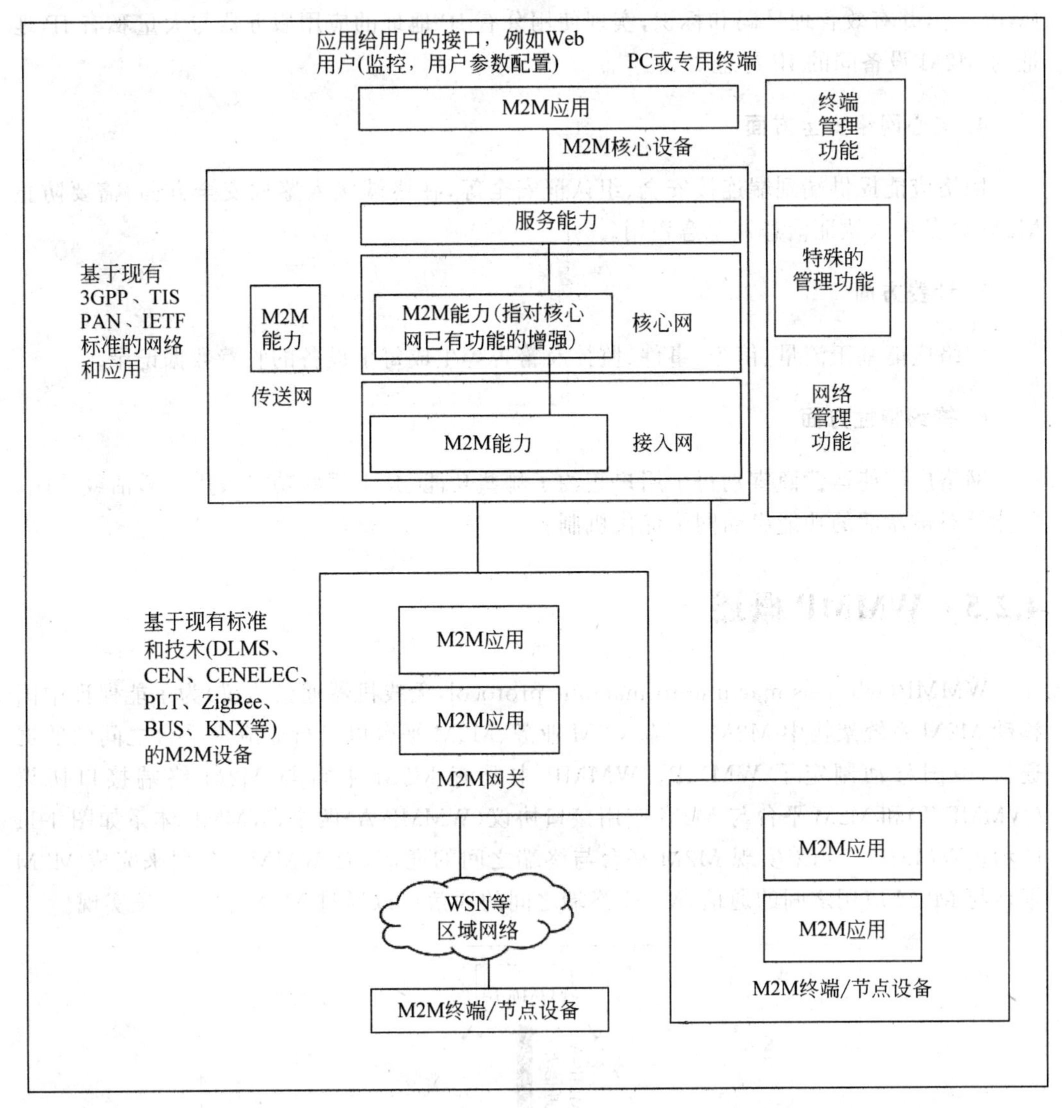

图 4-10　ETSI M2M 系统结构

所导致的数据和信令流量峰值。当网络过载时，网络能限制下行数据和信令，并限制对某个 APN 的接入请求。网络应提供某些机制来有效保持大量 M2M 设备的连接性，同时降低 M2M 设备的能耗。

2. 终端触发和终端管理方面

无论终端是否附着或建立数据连接，当网络接受授信平台请求后，能触发终端与平台进行交互，或通知平台该终端触发由于网络拥塞等原因而被阻止。

3. 设备标识和 IP 寻址方面

网络应能支持对海量 M2M 设备进行唯一的标识，可采用 IMSI、MSISDN、IP Addr、

IMPU 等，并有效管理号码和标识，实现使用公有 IP 地址的应用服务器与大量私有 IP 地址的 M2M 设备间的 IP 寻址。

4. 核心网络安全方面

网络应能提供端到端连接安全、组认证安全等，在终端接入鉴权安全方面，需要防止 M2M 设备接入认证信息被恶意盗用。

5. 计费方面

网络应能基于流量、信令、事件、监控及警告等生成每个设备的收费数据记录。

6. 签约特性方面

网络应能使运营商辨别每个用户签约了哪些功能，其中哪些功能被用户激活或关闭，并能针对被激活的功能启动网络优化机制。

4.2.5 WMMP 概述

WMMP(wireless machine-to-machine protocol，无线机器通信协议)为了能保证中国移动 M2M 系统架构中 M2M 终端、M2M 业务、M2M 平台以及行业应用平台之间的数据通信，中国移动制定了 WMMP。WMMP 主要有 M2M 平台与 M2M 终端接口协议(WMMP-T)和 M2M 平台与 M2M 应用接口协议(WMMP-A)两个，WMMP 体系如图 4-11 所示。WMMP-T 用来实现 M2M 平台与终端之间的通信，而 WMMP-A 用来完成 M2M 平台与 M2M 应用之间的通信，M2M 终端之间的通信可以通过 M2M 平台转发实现。

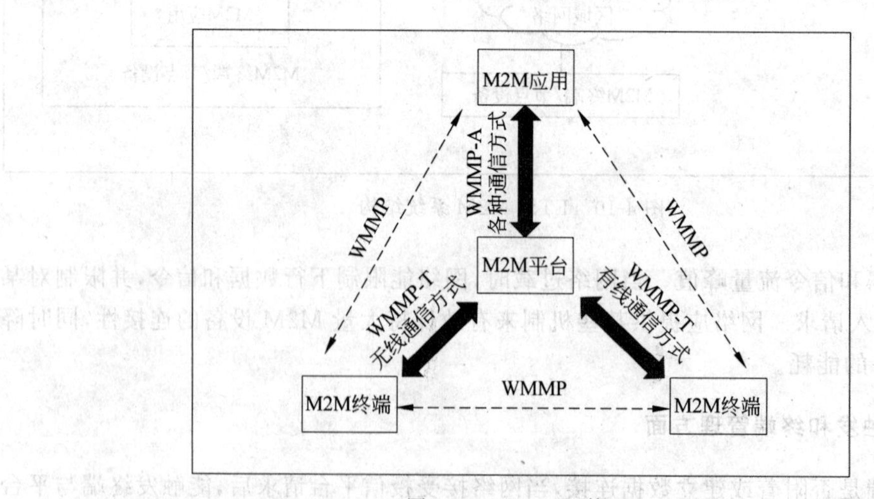

图 4-11 WMMP 体系

M2M 终端与 M2M 平台之间的通信协议族结构图如图 4-12 所示。根据行业应用特点，M2M 业务对时延的要求不一样，有的可达到小时量级，有的可达到毫秒量级。目前中国移动 M2M 业务主要接入方式为 GPRS，GPRS 的网络带宽较窄，时延较大，WMMP 建立在 UDP 之上，效率高、流量小，可以节省网络带宽资源。为了提高通信效率和可靠性，M2M 数据通信过程在 WMMP 中实现类似 TCP 的报确认和重传机制。

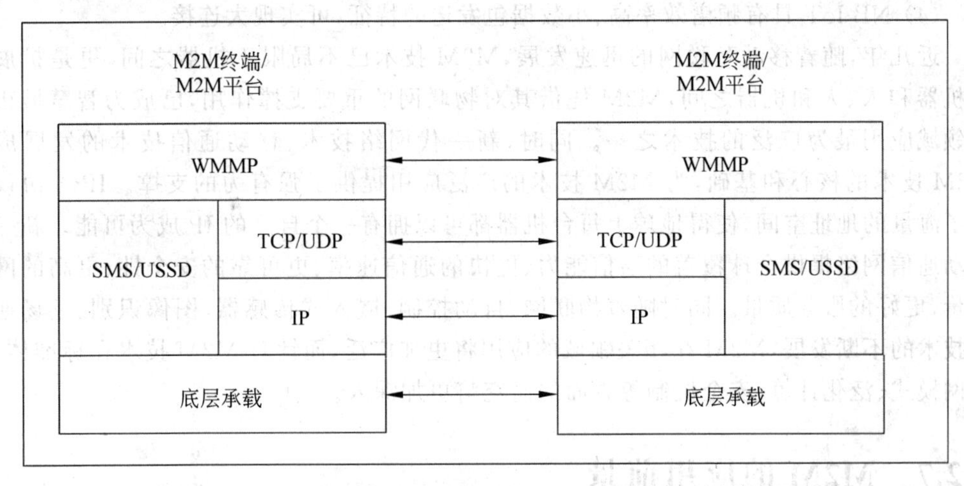

图 4-12　M2M 终端与 M2M 平台之间的通信协议族结构图

WMMP 采用同步方式进行报文交互，每一个请求报文须有一个应答报文作为应答。WMMP 报文由报文头和报文体构成。WMMP 有普通报文、接入安全验证报文、部分加密报文和完全加密报文 4 种。

WMMP 采用逻辑连接的通信方式，逻辑连接是指 M2M 终端与 M2M 平台数据通信一次需要的完整报文交互过程，M2M 终端向 M2M 平台发送登录请求报文，M2M 平台鉴权成功并回送登录应答报文为开始，直到通信双方的一端发起退出请求，另一端回送退出应答为结束。为防止逻辑连接出现死循环，通信中设置定时器，如果超时也视为连接结束。

4.2.6　M2M 技术的发展趋势

根据预测，随着物联网应用的全面普及，到 2025 年，全世界联网的设备数有望达到千亿台级别，万物互联时代将正式到来，M2M 通信模块技术将毫无疑问地向 4G、5G 制式转型。对于 M2M 来说，LTE 能以非常经济的方式提供针对不同吞吐量需求的数据通信，LTE 是针对高速数据进行设计的，但是不需要发挥出其全频谱能力进行使用。从长期来看，LTE 将会一直是 M2M 的主导技术。

庞大的通信业务量以及各种各样的应用场景，使得低功耗成为 M2M 通信的一个主要发展趋势。目前，国际上主流的低功耗 M2M 技术主要有 4 种：3GPP LTE 演进技术 eMTC、3GPP NB-IoT 窄带物联网技术 NB-LTE，以及非 3GPP 技术 LoRa 和 C-UNB，其中两种非 3GPP 技术都已经实现了商用，相对于其他 3 种技术，NB-IoT 在成本和可靠性等诸多方面都有着明显的优势，主要体现在以下几个方面。

(1) 基于 4.5G 的 NB-IoT 技术能够提供百倍于 4G 的连接规模和更高的灵敏度，覆盖范围广,覆盖增益高达20dB。

(2)简化的NB-IoT技术降低了芯片的功耗,终端电池寿命可达20年。

(3)NB-IoT简化了射频硬件、协议以及基带实现复杂度,大幅降低了技术实现成本。

(4)NB-IoT具有频谱效率高、小数据包发送的特征,可实现大连接。

近几年,随着移动互联网的迅速发展,M2M技术已不局限于机器之间,更是扩展到了机器和人、人和机器之间,M2M凭借其对物联网的重要支撑作用,已成为智慧城市各个领域应用最为广泛的技术之一。同时,新一代网络技术、移动通信技术的发展成为M2M技术的核心和基础,为M2M技术的广泛应用提供了强有力的支撑。IPv6协议提供了海量的地址空间,使得地球上每台机器都可以拥有一个自己的IP成为可能。新一代移动通信网络提供全球覆盖的通信能力、更快的通信速率、更可靠的安全性、更高的网络容量,更好的服务质量。同时随着物联网、自动控制、嵌入式传感器、图像识别、近场通信等技术的不断发展,M2M在相关领域的应用将更加广泛,而针对M2M技术在标准体系、组网模式、泛化计算、安全机制等方面的研究将更加深入。

4.2.7 M2M的应用前景

M2M作为物联网的重要组成部分,在欧洲、美国、韩国、日本等国家和地区都已经实现了商业化应用,中国移动等国内运营商也已经开始了其M2M业务。M2M从最初的传统工业领域,已经慢慢扩展到与人们日常生活息息相关的领域。随着中国政府对物联网的重视以及产业的增长速度各界对物联网应用的大力推进,预计国内市场M2M以及物联网产业的增长速度将会大幅超过全球市场的增长速度。

低功耗M2M技术是未来M2M技术发展的一个趋势,NB-IoT技术是低功耗M2M技术中相对具有比较优势的技术,其适合于垂直应用场景,比如公共事业(智能水表、气表)、智慧城市(智慧停车、路灯)、消费电子(可穿戴设备等)、设备管理(大型公共基础设施等)、智能建筑(电梯物联网等)、智慧物流(冷链物流等)、农业与环境以及其他应用领域。

4.3 全IP融合与IPv6以及IPv9

随着移动通信技术的不断发展,其传输速率更快,系统容量更大,业务覆盖更广,资源分配得更加合理。与此同时,基于IEEE 802.11/802.15和IEEE 802.20等标准实现的宽带无线接入技术也在迅猛发展,宽带用户数不断增长。不同的网络技术在覆盖范围、接入速率、容量、移动性以及业务的服务质量要求等方面各有各自的优势,难以互相替代,未来的无线通信世界必然是一个无线通信网络与宽带接入网络并存、相互补充且相互竞争的世界。要实现多网互相融合与共同发展,全IP化是未来网络演进的必然趋势,全IP融合是未来网络的重要特征。

IPv6是IPv4的一次演进,IPv6从根本上保留了IP的架构原则。由于有超过10亿的设备在使用IPv4,向IPv6协议的迁移不可能一步到位,一般需要业务驱动。IPv6无疑增强了IPv4的许多功能，在保留IPv4基本协议架构的同时提供了更大的地址池，并对安全和移动性提供了更好的支持，IPv6协议是未来网络发展的必然。物联网的终极目标就是万物联网、智能感知，物联网的发展必然会引入更多的设备进入网络，IPv6可以提供更多的IP地址，进而使大量的、多样化的终端更容易接入IP网，并极大地增强了网络安全性和终端的移动性。IPv6协议充分考虑了对移动性的支持，特别是移动物联网应用中，IPv6支持物联网节点移动性。网络质量保证也是物联网发展过程中必须解决的问题，IPv6在其数据包结构中定义了流量类字段和流标签字段，流量类字段用于对报文的业务类别进行标识，流标签用于标识统一业务流的包。IPv6可以在一个通信过程中，只在必要的时候数据包才携带流标签，即在节点发送重要数据时，动态提高应用的服务质量等级，进而实现对服务质量的精细化控制。在物联网应用中节点可以通过有线或无线的方式连接到网络，因此节点的安全保障的情况也比较复杂。在IPv6场景中，由于同一个子网支持的节点数量极大，黑客通过扫描的方式找到主机的难度大幅增加。IPv6将IPSec协议嵌入基础的协议族中，通信的两端可以起用IPSec加密通信的信息和通信的过程。

IPv9的设计目的是为避免现有IP协议的大规模更改，导致下一代互联网能向下兼容及更环保以减少碳排放量。设计的主要思想是将TCP/IP的IP协议与电路交换相融合，利用兼容两种协议的路由器，通过一系列的协议，使三种协议(IPv4/IPv6/IPv9)的地址能够在互联网中同时使用，逐步地替换当前的互联网结构而不对当前的互联网产生过大的影响。IPv9设计合理性，已得到ISO及国际互联网协会的关注。

我国是目前世界上唯一能实现域名、IP地址和MAC地址统一成十进制文本表示方法的国家。同时，也成为继美国之后，第二个在世界上拥有根域名解析服务器和IP地址硬连接服务器的国家和世界上第二个拥有自主的域名、IP地址和MAC地址资源的国家及可独立进行域名解析和IP地址硬连接，并可独立自主地分配域名、IP地址和MAC地址的国家。

也许不久以后就将看到新一代的信息家电，包括电视机、冰箱、微波炉、空调、洗衣机等在内的家用电器都可以获得一个IP地址，与互联网连接，人们即使外出也可以进行操作。能上网的将不再只是计算机，大量的“信息化”产品将伴随着更多新鲜的互联网服务与IPv9一起到来。

第5章 传输层——承载网技术

物联网的大规模信息交互与以无线传输为主的特点，使物联网成为各种资源需求的大户。数据传输需要网络，如今我们已经拥有完备的通信网络设施，在物联网时代，可以借助通信网的现有设施，再针对物联网的特性对这些设施加以一定的优化和改造，就可以为物联网所用。所以，如何将现在存在的各种网络与物联网结合起来是一个十分重要的问题。

由于物联网和通信网有着很显著的差别，所以，物联网的承载要如何与通信网结合是一个需要重点考虑的问题。物联网发展对目前通信网形成新的挑战。

首先，物联网的业务规模是移动通信业无法比拟的。当物联网正式实现时，有大量的终端需要通过无线方式连接在一起，其对各种网络资源的需求，尤其是对网络容量和带宽的需求，将大幅超越通信网已有的设计与承载能力。

有专家分析，物联网的应用目前一般是小流量的 M2M 应用。比如路灯管理、水质监测等，所需要传输的数据量很小，原有的 2G/3G 网络就可以实现对这些数据量的支撑；还有人认为，目前物联网涉及的控制、计费、支付实际上都不会占用大量带宽，目前有充足的资源支撑建设物联网。但是，应该看到，随着物联网的发展，在不远的将来，物联网将会出现有大量占用高带宽的应用。以物联网的视频应用为例，视频感知是物联网的一个典型应用。就目前而言，已经存在了不少这样的例子：远程专家诊断、远程医疗培训已经成为智慧医疗应用的一个必然组成部分；在智能电网中，输电线路远程视频监控系统、电网抢修视频采集和调度指挥；在智慧城市中，几乎所有的城市可以看到城市视频安全监管等，比如平安城市中公共交通等以视频图像为主的监控业务。而物联网的信息传输中，视频的传输要求是最高的，也是占用频谱最多的业务。以北京的公交系统视频监控业务为例，目前北京市有 3 万多辆公交车，如果每辆公交车上面布设 4 个摄像头，则 3 万辆公交车的数据总量预计将达到约 180Gb/s，而且对图像的连续性和实时性有较高要求。未来将会有更多的大数据量和高带宽要求的业务涌现，所以其传输的带宽需求绝不是目前的通信网可以轻松承载的。

其次，移动蜂窝网络着重考虑用户数量，而物联网数据流量具有突发特性，可能会造成大量用户堆积在热点区域，引发网络拥塞或者资源分配不平衡的问题，这些都会造成物联网的需求方式和规划方式有别于已有通信网。

最后，通信网络是针对人与人通信设计的，它对不同用户申请的语音业务可以进行设置，从而进行控制并保障其质量。而物联网业务主要是数据业务，物联网业务在网络传输中只有有权和无权之分，其中，有权用户的等级是相同的，网络只对信息进行适当的处理，因此，网络不能针对物联网业务特性进行有效的识别和控制，而且当大量物联网终端接入后，网络的效率也将大幅降低。

因此，物联网的发展必然造成对通信网的巨大压力和挑战。

5.1 物联网的承载发展阶段

利用通信网络进行物联网信息承载时，根据物联网的特性，可以分为两个不同的阶段。

(1) 混同承载阶段：在物联网发展初期，业务量不是特别大，由于现有网络不能区分人与人的通信、物与物的通信，可以直接采用现有网络承载物联网业务，不需要对网络做大的改动，主要通过终端侧的配置以及对终端的管理缓解网络的压力。

(2) 区别承载阶段：当物联网发展到一定阶段，物联网应用规模的增加对网络资源(如号码资源、传输资源)造成较大压力，这时需要对网络进行部分改造，使得网络侧能够区别物与物的通信及人与人的通信，并且针对不同情况采取不同策略，缓解网络压力，保障业务质量。在物联网业务规模化后，物联网大量的数据信息传输将成为一个重点考虑的因素。如果完全按照之前的传输模式在现有的传输系统中传输，将产生与其他通信相互干扰的问题。此时应该考虑到物联网独有的特性，对网络做出必要的改变，使得网络能够适应物联网信息的传输。

5.2 物联网的混同承载

当前正处于物联网发展初期，业务量不是特别大，直接采用现有网络承载物联网业务，不需要对网络做大的改动。在混同承载阶段，互联网和物联网的共同点是技术基础是相同的，不管是互联网还是物联网，最后都会基于一个分组数据。但是两者的承载网和业务网是分离的。由于互联网和物联网对于网络的要求不同，而且各自的网络组织形态和功能要求也不一样。物联网系统需要很高的实时性、安全可信性、资源保证性等，这些和互联网有很大的差别。

5.2.1 物联网业务对承载网的要求

各种不同的物联网业务对 QoS 要求也不相同，如表 5-1 所示。

而不同的承载网络所能够提供的业务能力也各不相同，可以针对不同类型的业务选择不同的网络进行承载，如表 5-2 所示。

目前，EDGE(enhanced data rate for GSM evolution，增强型数据速率 CSM 演进)技术的网络覆盖率较高，可以作为目前的物联网承载网络。

WLAN 的特点是传输速率较高，但它的覆盖面不广，移动性也不好，所以适用范围相对较窄。

表 5-1　各种不同的物联网业务对 QoS 要求

业务种类	时延	误码率	上行传输速率
数据采集业务	不敏感	高	不高
会话类业务	敏感	不高	高
交互类业务	敏感	高	不高
流媒体类业务	不敏感	高	高

表 5-2　不同承载网络的技术指标

技术指标	EDGE	TD-SCDMA	WLAN
下行理论传输速率	473kb/s	2.8Mb/s(HSDPA)	11Mb/s(IEEE 802.11b)
下行传输速率	100～150kb/s	1～1.6Mb/s(HSDPA)	600kb/s～1Mb/s
上行传输速率	30～40kb/s	60kb/s 左右	600kb/s～1Mb/s
时延	较长	一般	一般
误码率	与环境有关	与环境有关	较好

5.2.2　WLAN 与物联网

WLAN 要承担起物联网传输与承载的重任，必然面临许多新的挑战。

首先，WLAN 要实现技术创新。一方面，WLAN 要向更高传输速率演进，IEEE 802.11n 的 320Mb/s 传输速率是必需的要求，业界甚至提出在 60GHz 频段实现 7Gb/s 的传输速率的设想。另一方面，实现 WLAN 技术的升级，在天线技术、服务质量保障技术、多点传播软件技术以及无线信号收发技术方面不断改进，进一步提高可靠性和传输质量。

其次，是频谱资源的紧缺。按照预测，若在设定的小区内 150 人同时使用 WLAN，其传输速率为 200kb/s，每用户忙时呼叫次数为 0.15，每户平均呼叫时长为 3000s 的情况下，上下行共需 2516MHz 频率。而 WLAN 用于物联网，在一个小区内的物品或设备数量可能远远多于 150 个，而且在承载某些视频业务时其实时在线的比例更高，频谱需求也将超过 2516MHz。而我国至今只在非授权的 2.4GHz 和 5.8GHz 频段为 WLAN 分配了 208.5MHz 频率，与目前 WLAN 的人与人通信所需频率尚存巨大缺口，如果加上物联网的频谱需求，其频率缺口更大。

最后，是安全隐患。由于 WLAN 使用非授权频谱，特别是目前的 2.4GHz 频段，集中了大量无线电业务，WLAN 要与点对点或点对多点扩频微波系统、蓝牙、RFID、无绳电话甚至微波炉共享频谱，而没有频率保护的规定。试验证明，无绳电话、蓝牙设备，特别是微波炉对 WLAN 的干扰最大，常使 WLAN 数据传输出现丢码、错码，不但传输速率下降，严重时甚至中断几秒及数分钟，当然 QoS 保证也无从谈起。

凭借 WLAN 在局域范围内实现对异构传感网数据的汇聚、处理与传输，将发挥 WLAN 传输速率高，建设方便快捷等特点，会使物联网用户获得高速、方便与丰富的使用体验。在广域感知阶段，会产生一些基于无线传感器网络技术的公共节点，这些公共节点作为物联网基础设施的基本组成部分，必然要实现广域管理，这时 3G/4G 将发挥其广域网的统一协议、寻址、鉴权、认证等优势。但是，要实现无线传感器网络公共节点，WLAN 是不可或缺的环节。

在 WLAN 技术演进和逐步解决频谱需求的过程中，物联网无疑为 WLAN 的发展增添了新动力。

5.2.3 LTE 与物联网

1. LTE 简介

LTE 是为适应时代需求而提出的新的移动宽带接入标准，为此 3GPP 规定了 LTE 系统的各项技术指标并引入了多项核心新技术。LTE 项目是 3GPP 对通用移动通信系统（universal mobile telecommunications system，UMTS）技术的长期演进（long term evolution），始于 2004 年 3GPP 的多伦多会议。

1）LTE 的特征

LTE 并非人们普遍误解的 4G 技术，而是 3G 与 4G 技术之间的一个过渡，是 3.9G 的全球标准，与 3G 相比，LTE 具有如下技术特征。

（1）通信速率有了提高，峰值传输速率下行为 100Mb/s，上行为 50Mb/s。

（2）频谱效率大幅提高，下行链路为 5b/(s・Hz)（3～4 倍于 R6 版本的 HSDPA），上行链路为 2.5b/(s・Hz)。

（3）以分组域业务为主要目标，系统在整体架构上将基于分组交换。

（4）通过系统设计和严格的 QoS 机制，保证实时业务（如 VoIP）的服务质量。

（5）系统部署灵活，能够支持 1.25～20MHz 的多种系统带宽，并支持多种频谱分配，保证了将来在系统部署上的灵活性。

（6）降低了无线网络时延。

（7）在保持目前基站位置不变的情况下，增加了小区边界的传输速率。

（8）强调向下兼容，支持已有的 3G 系统和非 3GPP 规范系统的协同运作。

2）LTE 系统引入的核心新技术

（1）OFDM/OFDMA。LTE 中的传输技术采用 OFDM 技术，其原理是将高速数据流通过串/并变换，分配到传输速率较低的若干个相互正交的子信道中进行并行传输。由于每个子信道中的符号周期会相对增加，因此，可以减小由无线信道的多径时延扩展产生的时间弥散性对系统造成的影响。

LTE 规定了下行采用 OFDMA，上行采用 SC-FDMA 的多址方案，这保证了使用不同频谱资源用户间的正交性。LTE 系统对 OFDM 子载波的调度方式也更加灵活，具有集中式和分布式两种，并灵活地在这两种方式间相互转化。上行除了采用这种调度机制之外,还可以采用竞争机制。

(2) MIMO。MIMO技术是提高系统传输速率的主要手段,LTE系统分别支持适应于宏小区、微小区、热点等各种环境的MMO技术。基本的MMO模型是下行2×2及上行1×2的天线阵列,LTE发展后期会支持4×4的天线阵列配置。目前,下行MIMO模式包括波束成形、发射分集和空间复用,这3种模式适用于不同的信噪比条件并可以相互转化。波束成形和发射分集适于信噪比条件不高的场景,用于小区边缘用户,有利于提高小区的覆盖范围;空间复用模式适用于信噪比较高的场景,用于提高用户的峰值传输速率。在空间复用模式中,同时发射的码流数量最大可达4。空间复用模式还包括SU-MIMO(单用户)和MU-MIMO(多用户),两种模式之间的切换由eNode B决定。上行MIMO模式中根据是否需要eNode B的反馈信息,分别设置开环或闭环的传输模式。

(3) EMBMS。3GPP提出的广播组播业务不仅实现了网络资源的共享,还提高了空中接口资源的利用率。LTE系统的增强型广播组播业务(enhanced multimedia broadcast/multicast service,EMBMS)不仅实现了纯文本低传输速率的消息类组播和广播,更重要的是实现了高速多媒体业务的组播和广播。为此,对UTRA做出了相应的改动:增加了广播组播业务中心网元(BM-SC),主要负责建立、控制核心网中的MBMS的传输承载及MBMS传输的调度和传送,向终端设备提供业务通知;定义了相关逻辑信道用于支持EMBMS。

从业务模式上,MBMS定义了两种模式,即广播模式和组播模式。这两种模式在业务需求上不同,导致其业务建立的流程也不同。

2. 物联网技术与LTE技术的结合

现在移动通信网是覆盖面积最广阔的通信网,如果能够实现物联网和移动通信网的融合,那么物与物之间的通信将成为现实。如果给每一个物体都贴上一个标签,还有遍布各地的读写器,物与物之间通信的容量非常大,现有的GSM和3G通信技术都不足以提供这么大的通信容量,采用频谱效率非常高的LTE技术是解决这个问题的一个方案。

LTE技术可以在20MHz频谱带宽上提供下行100Mb/s、上行50Mb/s的峰值传输速率,具有非常高的频谱效率。在组网方面,以LTE为代表的4G能够真正实现无线接入技术,包括局域网、无线局域网、家用局域网和自组织网络等,移动网络和有线宽带技术的融合,使得LTE系统能够真正提供"无所不在"的服务。

未来物联网通信主体的数量将是人的数量的百倍以上。目前的IPv4地址濒临耗尽,而IPv6在地址空间上大大增加,可以满足物联网应用对IP地址日益增长的需求。IPv4实现的只是人机对话,而IPv6则扩展到任意事物之间的对话,它不仅可以为人类服务,还将服务于众多硬件设备,如家用电器、传感器、远程照相机和汽车等。IPv6为物联网的应用提供了充足的地址资源,而LTE系统又支持IPv6协议,可以允许容纳足够多的终端。

3. 采用LTE技术的物联网体系结构

物联网技术采用以LTE为代表的4G移动通信技术作为承载网是目前的发展趋势。图5-1给出了一种基于LTE技术的物联网体系结构,该体系结构主要包括以下3个部分。

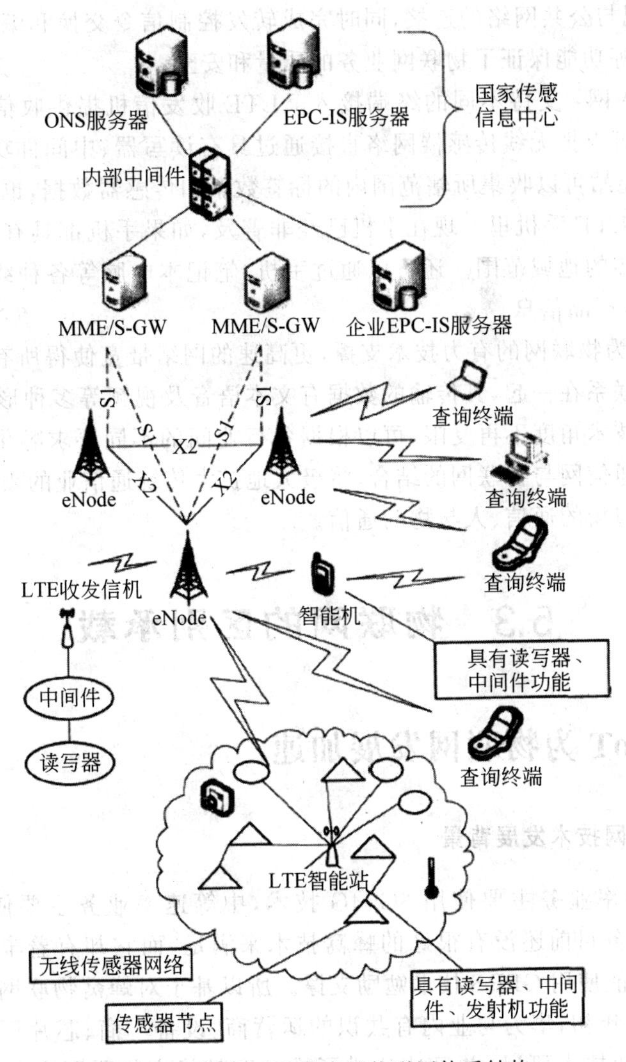

图5-1 基于LTE技术的物联网体系结构

(1) 国家传感信息中心：也叫"感知中国"中心，包括ONS服务器、EPC-IS服务器和内部中间件。由于标签中只存储了产品的EPC，计算机需要一些将EPC匹配到相应产品信息的方法。ONS服务器就是一个物联网的名称解析服务器，被用来定位物联网对应的EPC-IS服务器。EPC-IS服务器就是一种物联网信息发布服务器，提供了一个模块化、可扩展的数据和服务接口，使得相关数据可以在企业内部和企业之间共享。EPC-IS服务器主要包括客户端模块、数据存储模块和数据查询模块。内部的中间件负责提供一个服务器与LTE核心网的接口，收集EPC数据，还可以集成防火墙的功能。大型企业也可以建立自己的EPC-IS服务器。

(2) LTE核心传输网：主要负责数据的可靠传输，和原有的物联网架构中的互联网作用类似，主要包括基站和移动管理实体两部分。移动管理实体中的网关设备适合将多种接入手段整合起来，统一接入电信网络的关键设备。网关可满足局部区域短距离通信的接入需求,实现与公共网络的连接,同时完成转发控制信令交换和编解码等功能,而终端管理安全认证等功能保证了物联网业务的质量和安全。

(3) 综合接入网:支持不同的终端接入。LTE 收发信机提供收信息和发信息的功能。综合接入网可以把无线传感器网络直接通过具有读写器、中间件功能的智能站接入 LTE 系统,此智能站可以收集所辖范围内的标签数据和传感器数据,也可以把读写器、中间件直接集成到 LTE 手机里。现在手机已经非普及,如果手机都具有读写器功能,可以大大增加收集标签的地域范围。还可以通过手机、笔记本电脑等各种终端进行查询和更新 EPC-IS 服务器产品信息。

LTE 可以成为物联网的有力技术支撑,更高速的网络带宽使得所有局部细小的传感器网络能够有机联系在一起,其传输的数据有文本语音及视频等多种形式。LTE 网络的建成让互联网从技术角度不再受限,可以根据各行业间的不同要求孵化出适合的行业终端和应用。移动通信网与物联网的结合,将极大地扩大传统通信业的领域范围,使人与人的通信延伸到物与物的通信、人与物的通信。

5.3 物联网的区别承载

5.3.1 NB-IoT 为物联网发展加速

1. NB-IoT 组网技术发展背景

NB-IoT 高速率业务主要使用 3G、4G 技术,中等速率业务主要使用 GPRS 技术。NB-IoT 低速率业务目前还没有很好的蜂窝技术来满足,而它却有着丰富多样的应用场景,很多情况下只能使用 GPRS 技术勉励支撑。所以基于对蜂窝物联网这一趋势和需求的敏锐洞察,2013 年初,华为与业内有共识的运营商、设备厂商、芯片厂商一起开展了广泛而深入的需求和技术研讨,并迅速达成了推动窄带蜂窝物联网产业发展的共识,NB-IoT 研究正式开始。

2. NB-IoT 的前景与优势

移动通信正在从人和人的连接,向人与物以及物与物的连接迈进,万物互联是必然趋势。然而当前的 4G 网络在物与物连接上能力不足。事实上,相比蓝牙、ZigBee 等短距离通信技术,移动蜂窝网络具备广覆盖、可移动以及大连接数等特性,能够带来更加丰富的应用场景,理应成为物联网的主要连接技术。

3. NB-IoT 网络的特点

(1) 广覆盖:将提供改进的室内覆盖,在同样的频段下,NB-IoT 的网络增益为 20dB,覆盖面积扩大 100 倍。

(2) 具备支撑海量连接的能力:NB-IoT 一个扇区能够支持 10 万个连接,支持低延时敏感度、超低的设备成本、低设备功耗和优化的网络架构。

(3) 更低功耗：NB-IoT终端模块的待机时间可长达10年。

(4) 更低的模块成本：企业预期的单个接连模块不超过5美元。

4. NB-IoT 技术在物联网领域的应用

NB-IoT可以广泛应用于多种垂直行业，如远程抄表、资产跟踪、智能停车、智慧农业等。随着3GPP标准的首个版本发布，将有一批测试网络和小规模商用网络出现。NB-IoT将在多个低功耗广域网技术中脱颖而出。

(1) NB-IoT在远程抄表中的应用。水表和我们的生活息息相关，随着社会的发展，传统的人工抄表衍生出各种弊端：效率低；人工成本高；记录数据易出错；业主对陌生人有戒备心理会无法进门；维护管理困难等。

NB-IoT远程抄表拥有海量容量，相同基站通信用户容量是GPRS远程抄表的10倍。在相同的使用环境条件下，NB-IoT终端模块的待机时间可长达十年以上。新技术信号覆盖更强(可覆盖到室内与地下室)，同时可以做到更低的模块成本。

(2) NB-IoT在井盖监控中的应用。许多城市正在快速地建设中，市政公共基础设置的地下工程增多，井盖的增加是不可避免的。井盖的作用巨大，如无法及时获取井盖状态信息，将有可能对人们的生命和财产造成极大的损失。

NB-IoT能容纳的通信基站用户容量是GPRS的10倍，可满足庞大的井盖数量需求。NB-IoT拥有超低功耗，正常通信和待机电流是mA和uA级别，模块待机时间可长达十年，极大地简化了井盖监测在后期的维护。NB-IoT拥有更强、更广的信号，可覆盖至室内和地下室，真正在井盖监测中实现全面覆盖。

(3) NB-IoT在智能家居中的应用(智能锁)。随着近几年智能家居行业的火爆，智能锁在生活中出现的频率也越来越高。目前智能锁使用非机械钥匙作为识别用户ID的技术，主流技术有感应卡、指纹识别、密码识别、面部识别等，极大地提高了门禁的安全性，但是提高安全性的前提是在通电状态下，如果处于断电状态下，智能锁则形同虚设。

5.3.2 LTE-A 与物联网

1. LTE-A 简介

LTE-A是LTE-Advanced的简称，是LTE技术的后续演进。LTE俗称3.9G，这说明LTE的技术指标已经与4G非常接近了。LTE与4G相比较，除最大带宽、上行峰值传输速率两个指标略低于4G要求外，其他技术指标都已经达到了4G标准的要求。而将LTE正式带入4G的LTE-A的技术整体设计则远超过了4G的最小需求。2008年6月，3GPP完成了LTE-A的技术需求报告，提出了LTE-A的最小需求：下行峰值传输速率为1Gb/s，上行峰值传输速率500Mb/s，上下行峰值频谱利用率分别达到1Mb/Hz和30Mb/Hz。这些参数已经远高于ITU的最小技术需求指标，具有明显的优势。

为了满足IMT-Advanced(4G)的各种需求指标，3GPP针对LTE-A提出了几个关键技术，包括载波聚合、多点协作、接力传输、多天线增强等。

1）载波聚合

LTE-A 支持连续载波聚合以及频带内和频带间的非连续载波聚合，最大聚合带宽可达 100MHz。为了在 LTE-A 商用初期能有效利用载波，即保证 LTE 终端能够接入 LTE-A 系统，每个载波应能够配置成与 LTE 后向兼容的载波，然而也不排除设计成仅被 LTE-A 系统使用的载波。

目前，3GPP 根据运营商的需求识别出了 12 种载波聚合的应用场景，其中 4 种作为近期重点，分别涉及 FDD 和 TDD 的连续和非连续载波聚合场景。在 LTE-A 的研究阶段，载波聚合的相关研究重点包括连续载波聚合的频谱利用率提升，上下行非对称的载波聚合场景的控制信道的设计等。

2）多点协作

多点协作分为多点协调调度和多点联合处理两大类，分别适用于不同的应用场景，互相之间不能完全取代。多点协调调度的研究主要是集中在和多天线波束成形相结合的解决方案上。

在 3GPP 最近针对 ITU 的初步评估中，多点协作技术是唯一能在基站 4×4 天线配置条件下满足所有场景的需求指标的技术，并同时明显改进上行和下行的系统性能，因此多点协作的标准化进度成为 3GPP 提交的 4G 候选方案和面向 ITU 评估的重中之重。

3）接力传输

未来移动通信系统需要在传统蜂窝网的基础上对城市热点地区容量进行优化，并且需要扩展对地铁及农村的覆盖。

目前 3GPP 的标准化工作集中在低功率、可以部署在电线杆或者外墙上的带内回程的接力传输上，其体积小、重量轻，易于选址。一般来说，带内回程的接力传输相比传统的微波回程的接力传输性能要低，但带内回程不需要 LTE 频谱之外的回程频段而进一步节省了费用，因此两者各自有其市场需求和应用场景。

4）多天线增强

鉴于日益珍贵的频率资源，多天线技术由于通过扩展空间的传输维度而成倍地提高信道容量面被多种标准广泛采纳。

受限于发射天线高度对信道的影响，LTE-A 系统上行和下行多天线增强的重点有所区别。在 LTE 系统的多种下行多天线模式基础上，LTE-A 要求支持的下行最高多天线配置规格为 8×8，同时多用户空分复用的增强被认为是标准化的重点。LTE-A 相对于 LTE 系统的上行增强主要集中在如何利用终端的多个功率放大器，利用上行发射分集来增强覆盖，利用上行空间复用来提高上行峰值传输速率等。

2. LTE-A 的演进

LTE-A 与 4G 进程相互协同。2008 年 3 月，ITU-R 发出通函，向各成员征集 4G 候选技术提案，正式启动了 4G 标准化工作。在 2007 年 7 月初结束的 ITU-R WP5D(international telecommunications union-radio communications sector working party 5D，国际电信联盟无线电通信部门第 5 研究组国际移动通信工作组）的迪拜会议上，ITU 确定了 4G 最小需求，包括小区频谱效率、峰值频谱效率、频谱带宽等 8 个技术指标，这将成为衡量一个候选技术是否能成为 4G 技术的关键指标。

而 3GPP 将以独立成员的身份向 ITU 提交面向 4G 技术的 LTE-A。从 2008 年 3 月开始，3GPP 就展开了面向 4G 的研究工作，并制订了详尽的时间表，与 ITU 的时间流程紧密契合。在 ITU-R WP5D 的时间表中有两个关键的时间点：2009 年 10 月，ITU-R WP5D 第 6 次会议结束 4G 候选技术方案的征集；2010 年 10 月，ITU-R WP5D 第 9 次会议确定 4G 技术框架和主要技术特性，确定 4G 技术方案。围绕这两个时间点，3GPP 对其工作进行了部署，于 2008 年 9 月向 ITU-R WP5D 提交了 LTE-A 的最初版本，之后提交了完整版和最终版。

2009 年 10 月 14—21 日，国际电信联盟在德国德累斯顿举行 ITU-R WP5D 工作组第 6 次会议，LTE-A 入围，包含 TDD 和 FDD 两种制式。

2010 年 10 月 20 日，ITU-R WP5D 第 9 次会议在重庆确定了将 LTE-A 和 IEEE 802.16m 作为新一代 4G 移动通信国际标准。国际电信联盟将于 2011 年年底前完成 4G 国际标准建议书编制工作，2012 年年初正式批准发布 4G 国际标准建议书。

3. LTE-A 与物联网的结合——D2D

物联网需要自动控制信息、射频识别、无线通信及计算机技术等，物联网的研究将带动整个产业链的发展，LTE-A 作为最有潜力承载新一代无线通信各种需求和业务的系统，对 LTE-A 网络中 D2D(device to device，设备间)通信的研究有着非常重要的作用。由于 LTE-A 系统是在分组交换域中运行的，它可以提供基于互联网连接性、会话初始协议(session initiation protocol，SIP)和 IP 的 D2D 连接性。基于 SIP 和 IP 的 D2D 连接性有利于给运营商提供 D2D 连接性控制，以及用一些升级软件功能来匹配运营商的基础设施。D2D 通信使新业务有机会实现。同时，比起 3G 扩频蜂窝和 OFDM 无线局域网，LTE-A 资源管理更快速，而且产生更高的时频分辨率，这可以允许使用没有分配的时频资源，或者由于 eNode 控制功率受限而部分重复使用分配给 D2D 通信的资源。

图 5-2 给出了在目前 LTE-A 网络结构基础上实现 D2D 通信增加的功能块。为了达到这个目的，移动管理实体(mobility management entity，MME)提供 SIP 和 IP 的连接，MME 与服务网关或公用数据网(public data network，PDN)网关协商获取用户设备(user equipment，UE)的 IP 地址 MME 在 IP 地址、订阅信息、SSIP Presence 业务和 SAE(system architecture evolution)网络认证之间扮演一个绑定者的角色。所有这些表明 D2D 会话初始请求(像 SIP 邀请)应该发送到 MME，然后 MME 可以发起一个 D2D 无线承载的建立和一个给 D2D 终端设备的 IP 地址传送。D2D 通信的 IP 地址可以同本地子网区域一起被创建，与本地断点的解决方法类似。在 UE 端，D2D 链路像 IP 一样的连接性向高层协议族(TCP/IP 和 UDP/IP)提供无缝操作，而且它使蜂窝和 D2D 联网的移动过程变得容易。

下面介绍要实现 D2D 操作需要的一些功能块。

1) 无线身份标识和承载建立

在通过临时移动用户身份(temporary mobile subscriber identity，TMSI)或 IP 地址

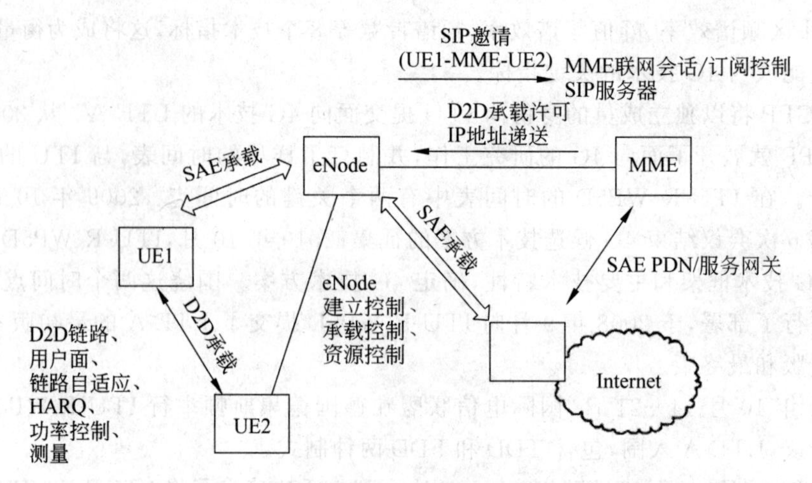

图 5-2 在 LTE-A 网络结构基础上实现 D2D 通信

找到 D2D 的终端 UE 后,MME 将无线资源的本地控制授权给基站(base station),基站也服务于 D2D 设备的蜂窝无线连接。因此,MME 的额外复杂度会受限,D2D 链路本身可以根据 LTE-A 无线原则运转。基站可以通过使用小区无线网络临时标识符(cell radio network temporary identifier,C-RNTI)作为 UE 在小区中唯一的身份来保持对 UE 的控制,从一对一的关系映射到 LTE-A 逻辑信道的蜂窝承载身份标识,可以同样被逻辑信道上具有 D2D 承载身份标识的新指示取代。逻辑信道身份识别作为和 LTE-A 蜂窝类似的信令单元,现在可以被分配用来服务一个蜂窝逻辑信道或一个 D2D 逻辑信道。

2) 用户面

D2D 连接上的信息交换单元为 IP 包,重复使用 IP 包可以给像 TCP/IP 或 UDP/IP 的高层协议族提供 IP 级的兼容性,而 TCP/IP 或 UDP/IP 显然可以用于蜂窝或者 D2D 通信。使用 UDP 端口可以避免 TCP 的 D2D 链路无线容量变化引起的主要问题。D2D 链路中内部相互连接网络路径上容量的 TCP 探测不是必需的,链路容量在对等实体上直接可用。因为层二协议提供可靠传输,且 D2D 中 TCP 重传在对等实体上有完整的重传信息,所以 TCP 重传也不是必需的。

UDP 提供分段和依次发送窗口等很重要的特性。UDP 段接收窗口用作处理通过无线协议的快速重传及提供到应用的依次发送。如果 UDP 段的长度变化无法通过调整来适应 D2D 无线容量的变化,就应该考虑 UDP 段的无线层分段,这会增加无线协议开销和分段的复杂度。

3) 干扰管理

具有 D2D 链路的蜂窝环境中的干扰管理是一个重要问题,因为来自 D2D 链路的干扰会降低蜂窝容量和效率。LTE-A 在 1ms 子帧的短时隙、180kHz 的物理资源块(physical resource block,PRB)的灵活频率分配上进行调度。因此,D2D 链路可以在不引入有害干扰的情况下找到短时隙和频率比例而实现通信。类似问题会在感知无线电中观察到。最早的蜂窝和 D2D 通信间干扰协调的方法是给 D2D 分配专用的 PRB,这些资源是依据临时需求动态调整的 D2D 通信的专用资源,可能会导致可用资源使用效率降低;

而当D2D链路重复使用分配给蜂窝链路的相同PRB时，效率会提高。为了控制使用相同资源时D2D对蜂窝网络的干扰，建议eNode能够控制D2D发射机的最大发射功率。此外，在蜂窝网络中，eNode使用上行或下行资源或两者兼有给D2D连接分配资源。当D2D作为LTE-A网络的一个底层实体，以频分复用或者时分复用方式工作时，干扰协调机制没有根本的不同。但是，当D2D复用蜂窝网络的上下行资源时，在D2D链路中需要不同干扰协调机制，没有清晰的上下行定义。

(1) D2D与蜂窝网络共享上行资源的干扰协调，在蜂窝上行传输中，eNode是受到来自所有D2D发射机干扰的受害接收机。由于D2D连接中的UE仍然由服务eNode控制，它可以限制D2D发射机的最大发射功率。特别是，对于D2D通信的设备，UE可以使用功率控制信息。D2D发射机的发射功率可以通过功率回退值减小，这个功率回退值，通过D2D发射机的发射功率与蜂窝功率控制决定的发射功率相除得到。对于蜂窝用户的上行传输，eNode可以额外地申请提高功率来确保蜂窝上行的信号与干扰噪声比(signal to interference noise ratio，SINR)符合目标SINR要求。

(2) D2D与蜂窝网络共享下行资源的干扰协调，下行蜂窝网络的蜂窝接收机的实际位置取决于eNode的短期调度，因此，每次受害接收机可以是任何被服务的UE。在建立一个D2D连接后，eNode可以设定D2D的发射功率来限定对蜂窝网络的干扰。可以通过长期观察不同D2D功率水平对蜂窝链路质量的影响，找到合适的D2D发射功率水平。此外，eNode可以确保在和D2D连接占用同样资源的情况下，被调度的蜂窝用户在传播条件下是独立的。例如，Node可能同室外蜂窝用户一起调度室内D2D连接。

4) 链路自适应

链路自适应通过自适应地改变SINR和误块率(block error rate)，以达到最大化效率的目标。链路自适应还可以通过调制编码速率选择和自动重传请求(automated repeat request，ARQ)的方法实现。调制编码速率选择可以部分基于信道探测测量，部分基于缓冲中指示比特数的缓冲状态信息。因为D2D资源上的BLER可以改变，这个改变主要取决于D2D的链路是在专用的资源上运行还是重复使用蜂窝资源，所以在链路自适应中，HARQ(hbrid-ARQ)是必需的特征。与蜂窝链路相比，BLER操作点可以更高，而且更高的变化可以被容忍。HARQ怎样运行和服务于D2D的HARQ种类的细节是尚未解决的研究问题。应该在多天线配置方面对传输形式的自适应做进一步研究，分析预编码(precoding)或者波束成形(beamforming)是否会提供增益。

5) 信道测量

LTE-A中的信道测量在低开销和多时频资源块分辨率的时频配置上有很好的特性。重复间隙里的探测参考信号(sounding reference signal，SRS)仅仅占用一个符号的位置。因此，测量接收机通过整合全时频上的探测序列，获得全带宽信道信息。除了探测参考信号，解调参考信号(dedicated reference Signal，DRS)也可用作信道测量，尽管解调参考信号主要用于信道估计、均衡、解调和解码，但在LTE-A中，DRS和SRS的结构对于D2D链路也是可用的。

6) 移动性

D2D通信的距离是受限制的，当D2D运行对蜂窝网络有可容忍的影响时，不同场景下 D2D 距离是否可行,应该进行进一步研究。由于距离受限,D2D 无线可以设计为固定,然而它也应该支持有限的移动性。如果可行,默认的移动情况是将 IP 连接从 D2D 链路切换到蜂窝链路或者相反。在无线通信上,这个可以通过 eNode 管理的一个公共的 C-RNTI 实现。另外,可以基于多个有效 IP 地址来实现,可以允许用户通过路由选择到一个 D2D 链路或者蜂窝网络的 IP 隧道。

LTE-A 的物联网技术将引领人类走向新的 IT 时代。正是由于物联网及 LTE-A 系统的有效结合和发展潜力,因此针对其架构的分析才会具有重要意义。

5.4 物联网与光接入技术

在物联网迅速发展过程中,需要完成各种信号的汇聚、接入、传输,并形成全国性的物联网,光纤通信将有很大的应用前景。不论是移动网还是传统固定电话网,从长远发展趋势看,最终将走向泛在网(广泛存在的网络)。从物联网应用的承载需求看,通信网或者说泛在网的技术发展完全能够承载物联网的需求。物联网涉及海量的数据集合和泛在网的要求。传感网所承载的业务状态多数是近距离通信,而通信网特别是光纤通信网络能承载更高的带宽,适合长距离传输,非常适宜物联网应用的拓展。现有通信网络核心层传输技术正在向大容量 IP 和智能化方向发展。从物联网的角度来看,还应更加智能化,包括自动配置,障碍自动诊断和分析,路由自动调度适配,资源分配更智能化等。网络接入层传输技术的发展趋势是光接入网络。目前,各大运营商都已建设 FTTx(fiber-to-the-x,光纤接入),它具有 QoS 保障和更丰富的接入能力,能够满足 M2M 多种高速媒体流传送要求。

光纤不仅容量巨大,而且价格低廉。光纤传输有许多突出的优点:频带宽,损耗低,重量轻,抗干扰能力强,保真度高,工作性能可靠,成本低。

目前,大容量光纤通信技术已经应用到了电信网、计算机网、广播电视网之中,这对于物联网的发展具有十分重要的意义。

5.4.1 宽带光接入技术概述

宽带光接入具有传输速率高、距离长、质量好、抗电磁干扰能力强、维护成本低等特点,是接入网的发展方向。根据光纤网络的拓扑结构,宽带光接入技术主要分为点对点和点对多点两大类。

点对点的光接入是指在点到点的光纤网络上实现接入的方式,主要实现技术包括媒质转换器(也可称为光纤收发器)方式和标准化的点对点光接入两大类。

点对多点的光接入是指在点到多点的光纤网络上实现多址接入的方式,主要采用无源光网络(passive optical network,PON)技术,包括宽带无源光网络(broadband passive optical network,BPON)、以太网无源光网络(ethernet passive optical network,EPON)、吉比特无源光网络(gigabit-capable passive optical network,GPON)等。无源是指在光

线路终端(optical line terminal,OLT)和光网络单元(optical network unit,ONU)之间的光分配网络(optical distribution network,ODN)没有任何有源电子设备。

在宽带光接入网络中,可以采用宽带光接入技术与基于其他媒质(如铜缆、五类线、无线)的宽带接入技术(如 DSL、以太网、WLAN)相结合,向用户提供宽带业务;也可以采用宽带光接入技术和全程光纤直接向最终用户提供更高带宽和质量的业务,这是宽带接入网发展的最终目标。

1. 点对点的光接入

点对点光接入的主要实现技术包括媒质转换器方式和标准化的点对点光接入两大类。媒质转换器方式无统一标准,需要局端设备与用户端设备成对配套使用,可以提供以太网、E1 等多种类型的接口,这种方式目前应用比较广泛。标准化的点对点光接入主要基于光纤以太网,目前 IEEE 和 ITU-T 分别制定了相关标准。IEEE 802.3 规定的点对点光接入包括两种 100Mb/s 速率的接口和两种 1Gb/s 速率的接口,具体如下。

(1) 100Base-LX10：100Mb/s,双纤双向。

(2) 100Base-BX10：100Mb/s,单纤双向。

(3) 1000Base-LX10：1Gb/s,双纤双向。

(4) 1000Base-BX10：1Gb/s,单纤双向。

这些接口的传输距离均为 10km。标准中还规定了相关的操作、管理和维护功能。

ITU-T 的点对点光接入标准为 G.985 和 G.986。

(1) G.985 规定了速率为 100Mb/s 的点对点光接口,在 IEEE 802.3 中 100Base-FX 规定的基础上,定义了新的单纤双向的 PMD(physical medium dependent,物理媒介相关)层,目前仅规定了传输距离为 10km 的光接口。

(2) G.986 规定了速率为 1Gb/s 的点对点光接口,在 IEEE 802.3 中 1000Base-BX10 的基础上,增强了对 PMD 层的要求,规定了传输距离为 10km、20km 和 30km 的 3 种光接口。标准中还规定了相关的操作、管理和维护功能。

如下简单描述了点对点光接入系统和 PON 系统。以接入 32 个用户为例,可以采用以下 3 种方式。

(1) 采用无源点对点方式(见图 5-3)时,系统需要 64 个光收发器以及 32 芯(单纤双向)或 64 芯(双纤双向)光纤。

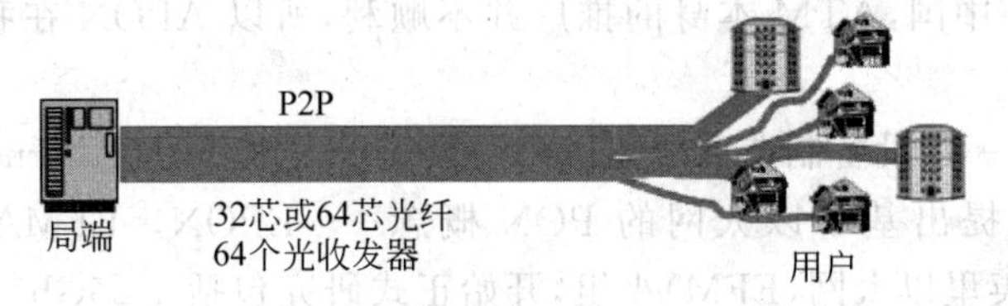

图 5-3　点对点方式

(2) 采用有源点对点方式(见图 5-4)时,系统包括两级,小区中心设置一个交换机以实现业务收敛和中继功能。整个系统需要 66 个光收发器、1 芯(单纤双向)或 2 芯(双纤双向)主干光纤以及 32 芯(单纤双向)或 64 芯(双纤双向)配线光纤。

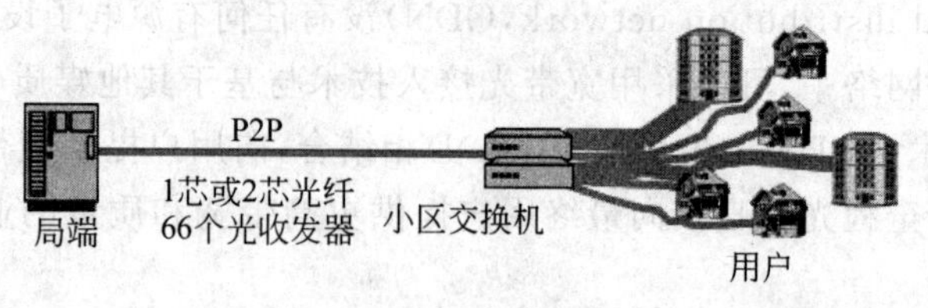

图 5-4　有源点对点方式

(3) 采用 PON 方式(见图 5-5)时,系统包括 33 个光收发器、1 芯主干光纤、1 个 1∶32 的光分路器以及 32 芯配线光纤。

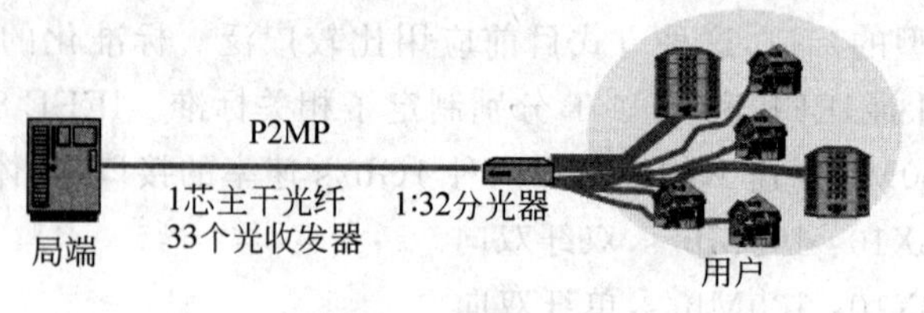

图 5-5　PON 方式

点对点技术的特点是控制简单、带宽独享、业务隔离性和安全性好,但光纤和局端光接口的数量大,导致成本较高。

PON 技术的特点是线路带宽和主干光纤为共享方式,可以节省主干光纤和局端光接口,能够有效地降低组网成本,但控制协议较复杂。

从上述分析可见,PON 方式与无源点对点方式相比,不论是光纤还是光收发器都有明显的节省;与有源点对点方式相比,大量节省了光收发器,还省去了小区交换机。

2. 点对多点的光接入

1) PON 的发展史

1987 年,英国电信公司的研究人员最早提出了 PON 的概念。1995 年,全业务接入网论坛(full service access networks,FSAN)成立,旨在共同定义一个通用的 PON 标准。1998 年,ITU-T 以 155Mb/s 的 ATM 技术为基础,发布了 G.983 系列 APON(ATM PON)标准。这种标准目前在北美、日本和欧洲应用较多,在这些地区都有 APON 产品的实际应用。但在中国,ATM 本身的推广并不顺利,所以 APON 在我国几乎没有什么应用。

2000 年年底,一些设备制造商成立了第一英里以太网联盟(ethernet in the first mile alliance,EFMA),提出基于以太网的 PON 概念——EPON。EFMA 还促成 IEEE 在 2001 年成立第一英里以太网(EFM)小组,开始正式研究包括 1.25Gb/s 的 EPON 在内的 EFM 相关标准。EPON 标准 IEEE 802.3ah 在 2004 年 6 月正式颁布。

2001 年年底,FSAN 更新网页,把 APON 更名为 BPON(broadband PON)。实际上,在 2001 年 1 月 EFMA 提出 EPON 概念的同时,FSAN 也已经开始了带宽在 1Gb/s 以上的 PON,也就是 Gigabit PON 标准的研究。FSAN/ITU 推出 GPON 技术的最大原因是基于ATM技术的APON/BPON技术在商用化和实用化方面严重受阻，而迫切需要一种在高传输速率、适宜IP业务承载和具有综合业务接入能力的背景下，提出以APON为标准的一种基本框架。

2003年3月，ITU-T颁布了描述GPON总体特性的G.984.1和ODN物理媒介相关子层的G.984.2 GPON标准，2004年3月和6月发布了规范传输汇聚层的G.984.3和运行管理通信接口的G.984.4标准。

2006年，IEEE开始立项制定10Gb/s速率的EPON系统标准10G-EPON，也就是后来的IEEE 802.3av。

在该标准中，10G-EPON分为2个类型：一个是非对称方式，即下行速率为10Gb/s，上行速率为1Gb/s；另一个是对称方式，即上下行速率均为10Gb/s。

2010年之后，视频、游戏等互联网应用飞速发展，用户对网络带宽有强烈的需求，这进一步刺激了10G-PON的产业链成熟。

2013年，IEEE开始启动NG-EPON研究，成立了IEEE ICCOM，对NG-EPON的市场需求、技术方案进行分析。

2015年3月，IEEE发布了NG-EPON技术白皮书。2015年7月，开始启动100G-EPON标准制定，命名为IEEE 802.3ca。

2018年2月，国内光接入网产业界成功推动了50G TDM-PON标准立项，标志着ITU-T在下一代PON标准研究领域迈出关键一步，也进一步明确了PON的未来技术演进路线(至少国内很明确了)。

不过，IEEE这边并没有接受单波50G-PON的立项。他们在下一代PON技术路线的选择上，与ITU-T存在较大的分歧，且短时间内无法达成共识。

综上所述，10G-PON能够提供每用户100Mbps～1Gbps带宽，而25G/50G/100G-PON可以为用户提供1Gbps～10Gbps带宽。宽带接入平台的大规模部署时间通常会间隔7～8年。2016—2018年，进入了10G-PON的大规模部署期。预计到2025年，将会迎来5Gbps、10Gbps光纤接入宽带的规模部署。

ITU-T的GPON也在演进。

2008年，ITU启动了下一代GPON标准的研究。2010年，XG-PON标准诞生，也就是ITU-T G.987系列。

最开始的时候，XG-PON也有两种方式，一种是非对称方式XG-PON1，下行速率为10Gb/s，上行速率为2.5Gb/s；另一种是对称方式XG-PON2，上下行速率均为10Gb/s。

2015年，对称方案又重启，采用了新名字，叫作XGS-PON(S代表symmetric，即对称)。

2017年，ITU正式通过了G.9807 XGS-PON国际标准。

2) PON的定义

PON是指一种点对多点的光接入技术及相应的系统，其局端设备和远端/用户端设备之间的光分配网络只包含无源器件或设施，不包括有源器件或设备。

随着以太网技术在城域网中的普及以及宽带接入技术的发展，人们提出了速率高达1Gb/s以上的宽带PON技术，主要包括EPON和GPON技术：E是指Ethernet，G是指吉比特级。

3）PON 的组成

如图 5-6 所示，PON 由 OLT、光合/分路器和 ONU 组成，采用树形拓扑结构。OLT 放置在中心局端，分配和控制信道的连接，并有实时监控、管理及维护功能。ONU 放置在用户侧，OLT 与 ONU 之间通过无源光合/分路器连接。

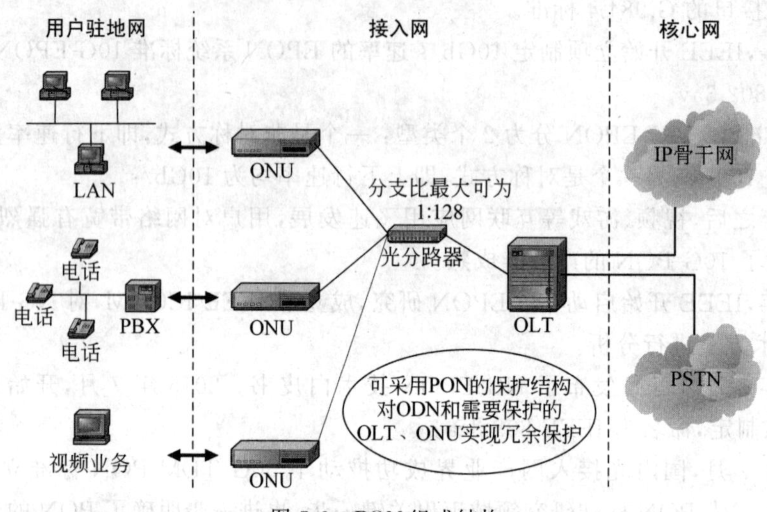

图 5-6　PON 组成结构

PON 系统最本质的特征有两点：①点对多点，即 OLT 与 ONU 之间是点对多点关系；②无源，即 ODN 中没有有源器件或设备，只存在无源器件或设施。

PON 使用波分复用（wavelength division multiplexing，WDM）技术，同时处理双向信号传输，上、下行信号分别用不同的波长，但在同一根光纤中传送。OLT 到 ONU/ONT 的方向为下行方向，反之为上行方向。下行方向采用 1490nm，上行方向采用 1310nm，如图 5-7 所示。

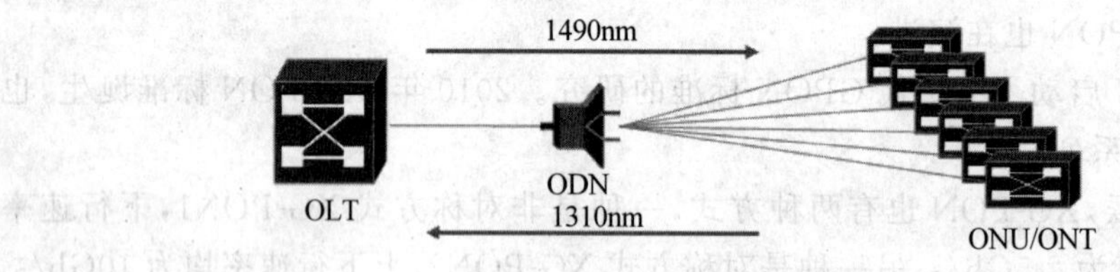

图 5-7　PON 单纤双向传输原理

为了分离同一根光纤上多个用户的来去方向的信号，采用以下两种复用技术。

（1）下行数据流采用广播技术。

（2）上行数据流采用 TDMA 技术。

3. PON 拓扑及保护方式

PON 系统的组网方式如图 5-8 所示，主要包括树形拓扑结构、环形拓扑结构、总线型拓扑结构、带冗余树干型树形拓扑。其中最常见的是树形拓扑。

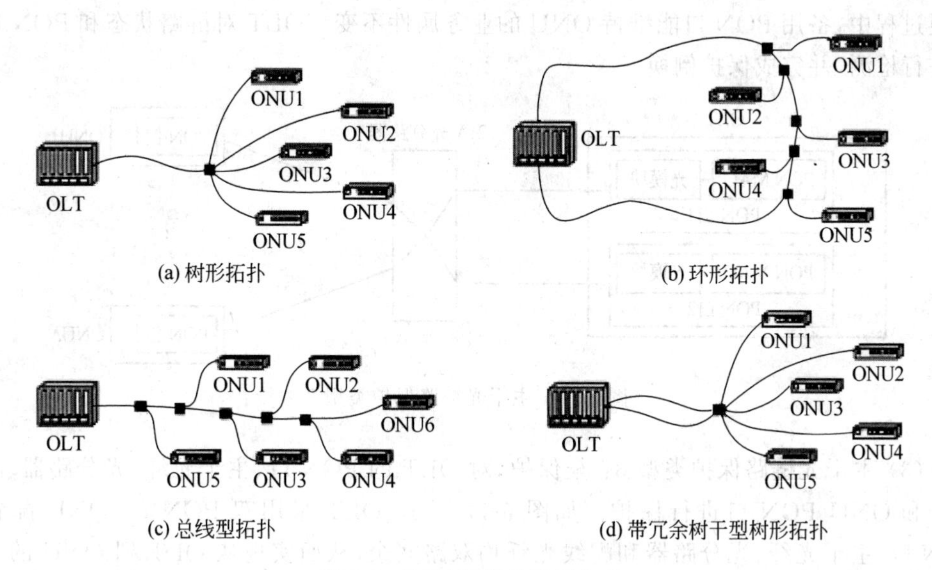

图 5-8　PON 系统的组网方式

为了提高网络可靠性和生存性，可在 PON 系统中采用光链路保护倒换机制，主要包括以下 3 种类型。

(1) 主干光链路保护类型 1：主要是对 OLT 的光模块和主干光纤进行保护。如图 5-9 所示，OLT 使用一个 PON MAC 芯片，通过电开关与光模块 1 和光模块 2 连接，光模块 1 和光模块 2 再与不同路由的主干光纤连接，并使用 2∶N 光分路器与 PON 口(输出端)连接，从而实现了对 OLT 的光模块和主干光纤的保护。其中，OLT 的备用光模块处于冷备用状态。OLT 负责检测链路状态和 OLT PON 端口状态，并完成倒换。这种方式适用于同一 PON 板内的两个 PON 口间保护。

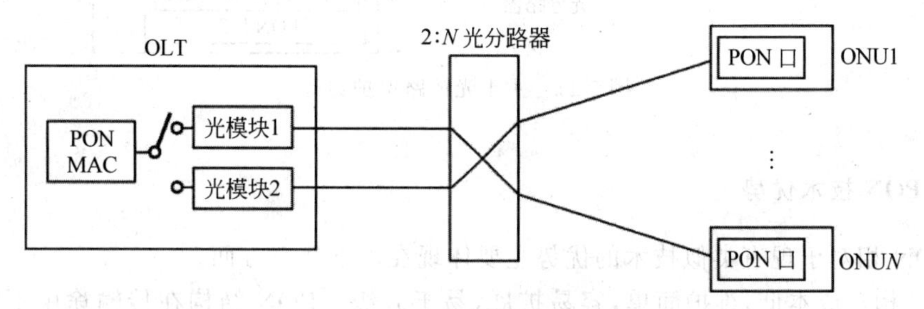

图 5-9　主干光链路保护类型 1

(2) 主干光链路保护类型 2：主要是对 OLT 的 PON 口和主干光纤进行保护。如图 5-10 所示，OLT 有两个 PON 口，采用独立的 PON MAC 芯片和光模块，分别与不同路由的主干光纤连接，并使用 2∶N 光分路器与 PON 口(输出端)连接，从而实现了对 OLT 的 PON 口和主干光纤的保护。OLT 两个 PON 口的具体实现包括 OLT 同一 PON 板内的两个 PON 口、不同 PON 板上的两个 PON 口两种情况。OLT 的备用 PON 口处于冷备用状态，但应保证主用 PON 口的业务信息能够同步备份到备用 PON 口，使得在保护倒换过程中,备用PON口能维持ONU的业务属性不变。OLT对链路状态和PON口状态进行检测,并完成保护倒换。

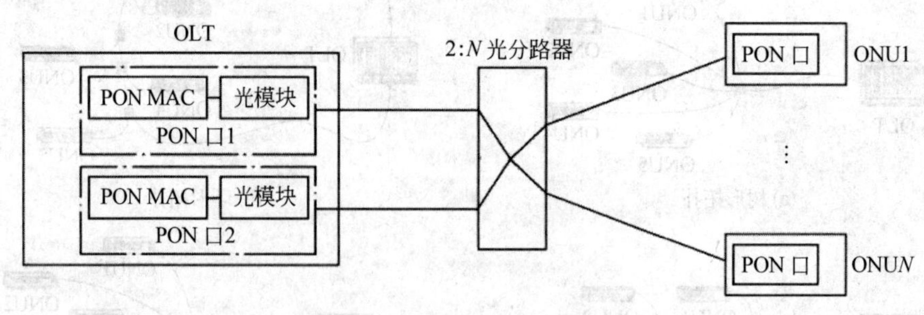

图 5-10 主干光链路保护类型 2

(3) 主干光链路保护类型 3:全保护,对 OLT 的 PON 口、主干光纤、光分路器、配线光纤和 ONU PON 口进行保护。如图 5-11 所示,OLT 采用双 PON 口,ONU 配置双 PON 口,主干光纤、光分路器和配线光纤均双路冗余,从而实现从 OLT 到 ONU 的全程光链路保护。

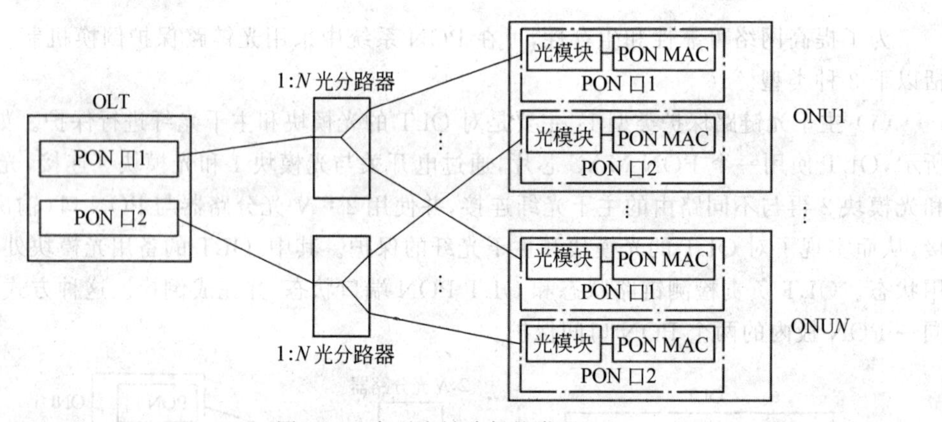

图 5-11 主干光链路保护类型 3

4. PON 技术优势

PON 相对于现有类似技术的优势主要体现在以下几个方面。

(1) 相对成本低,维护简单,容易扩展,易于升级。PON 结构在传输途中不需电源,没有电子部件,因此容易铺设,基本不用维护,长期运营成本和管理成本方面节省很多。

(2) 无源光网络是纯介质网络,彻底避免了电磁干扰和雷电影响,极适合在自然条件恶劣的地区使用。

(3) PON 系统对局端资源占用很少,系统初期投入低,扩展容易,投资回报率高。

(4) 可提供非常高的带宽。EPON 目前可以提供上下行对称的 1.25Gbps 的带宽,并且随着以太技术的发展可以升级到 10Gbps。GPON 则可提供高达 2.5Gbps 的带宽。

(5) 服务范围大。PON 作为一种点到多点网络,以一种扇出的结构来节省 CO 的资源,服务大量用户。用户共享局端设备和光纤的方式更是节省了用户投资。

（6）带宽分配灵活，服务有保证。G/EPON系统对带宽的分配和保证都有一套完整的体系。可以实现用户级的服务等级协议。

5. 三种PON制式

目前，主要的PON技术有以下3种制式。

1）APON(BPON)

在ITU-T G.982中规定，APON主要用于承载最高2Mb/s速率、以电路型为主的业务（如语音、窄带数据专线等），目前已无新的应用。

BPON的国际标准为ITU-T G.983，其核心是ATM技术，技术成熟，在北美得到了一定规模的商用。BPON最初被称为APON(ATM PON)，随着研究的进展而逐步增加了动态带宽分配、扩展的波长分配（例如，采用1550nm的波长传送CATV）、增强的生存性（即保护）、ONT控制管理接口等机制，因此，ITU-T将APON改为了涵盖面更广的BPON。BPON的下行速率包括622Mb/s、155Mb/s两种，上行速率为155Mb/s；典型分路比为1∶32，传输距离可达20km。由于BPON的核心仍然是ATM，技术相对复杂，速率有限，IP业务映射效率低，未来不会有大的发展。

2）EPON

EPON是指基于以太网技术的无源光网络，是吉比特以太网技术与点对多点结构的结合。EPON技术由IEEE组织进行标准化。2001年，IEEE 802.3成立了EFM工作组，主要研究用于接入网的以太网技术，将IEEE 802.3规定的MAC层与不同的物理层结合，共包括3类物理媒质、8种物理接口，EPON是其中的一种。2004年6月，EFM工作组制定的IEEE 802.3ah得到批准。2005年，IEEE 802.3ah并入IEEE 802.3。

EPON采用与吉比特以太网技术相同的帧格式和8B/10B线路编码，能够提供1Gb/s对称的以太网速率（线路速率1.25GBd对称），支持10km、20km两种最大传输距离，典型光分路比为1∶32。EPON采用波分复用技术实现单纤双向传输，上行波长范围为1260～1360nm（标称波长1310nm），下行波长范围为1480～1500nm（标称波长1490nm）。

EPON有时也被称为GEPON，这种叫法主要来源于日本，是为了强调其“吉比特速率”，以区别于日本以前采用的100Mb/s速率的以太网无源光网络。而中国不存在上述情况，因此应与国际标准（IEEE）和我国行业标准保持一致，采用EPON的提法。

3）GPON

GPON是由FSAN推动并在ITU-T标准化的一种吉比特级速率的无源光网络技术，其G.984系列标准于2003年开始发布，2009年基本完善。

GPON的速率包括下行2.5Gb/s、上行1.25Gb/s非对称和上下行2.5Gb/s对称两种，目前的设备通常实现非对称速率。GPON物理层传输距离为20km（10km可选），可支持1∶128的分路比。

3种PON的区别有很多，在提出的主体、提出的时间、最高下行速率、底层协议、常见分光比、最大传输距离、用户数据保密性方面都有不同点，如表5-3所示。

表 5-3　3 种 PON 技术的比较

项　目	EPON	APON/BPON	GPON
标准提出主体	IEEE	ITU-T	ITU-T
标准提出时间	2004 年	1998 年	2003 年
最高下行速率	1.25Gb/s	155/622Mb/s	2.5Gb/s
底层协议	Ethernet	ATM	Ethernet/ATM
常见分光比	1∶16	1∶32	1∶64
最大传输距离	20km	20km	60km
用户数据保密性	一般	较高	较高

6. FTTX 应用场景

在光纤接入网建设中需要针对不同的用户群体采用不同的 FTTx 组网方案，以便最大限度地降低光纤接入网的建设成本。光纤到户(fiber to the home，FTTH)显然是接入网发展的最终目标，但是基于成本和需求等多方面的考虑，在一段时期内还将呈现光纤到小区、光纤到大楼(fiber to the building，FTTB)、光纤到楼道和光纤到户等多种 FTTx 接入方式并存的情况。

1) FTTB(xPON＋LAN)应用模式

该模式主要应用于新建小区场合，可满足高带宽业务接入要求，节省纤芯和上行数据端口资源，建网成本较 FTTH 模式低。末端采用五类网线，铜线接入距离在 100m 以内，一般将 ONU 设备放在楼内。

2) FTTB(xPON＋DSL)应用模式

该模式主要应用于以下两种场合。

(1) 老城区改造。"光进铜不退"，保留铜缆，宽带下移，解决宽带提速问题，语音提供方式不变。

(2) 新建区域。"光进铜退"，接入节点下移到楼内或者小区，家庭网关(home gateway，HGW)提供基于 VoIP 的语音，无须再铺设主干电缆，此种情况适用于"我的 E 家"覆盖地区。

3) FTTV(fiber to the village，光纤到乡村)应用模式

应用场景：农村新建或改造场合。例如，农村信息化，长距离接入，有效防止铜缆被盗。

业务类型：高速上网、语音。

以"光进铜退"为目标，实现光纤到行政村或自然村。大幅度提高农村地区的光缆铺设水平，努力提高宽带的接通水平。考虑到光进铜退成本较高，农村地区"光进铜退"应本着降低 CAPEX(capital expenditure，资本性支出)、"够用就好"的原则，充分利用已有设备，根据现有用户规模和近期发展需求量，合理确定设备容量和设备配置。采用的方式有如下几种。

(1) 以FTTV+DSL模式为主,不推荐FTTV+LAN建设模式。应结合村庄分布、用户业务需要、投资预算等因素灵活采用光纤直驱或P2P+DSLAM+AG(MSAN)或者PON+DSL组网方案,其中AG为接入网关(access gateway)的缩写,MSAN为综合业务接入网(multi-service access network)的缩写。

(2) 农村地区宽窄带比一般在1∶4以上,部分地区甚至在1∶8以上,建议根据农村宽带业务发展的实际情况而定宽窄带比。

(3) 当采用光纤直驱或P2P+DSLAM+AG方案时,对于窄带比重大的区域,建议采用AG提供语音业务,AG混插少量DSL板卡的方式提供宽带业务。

(4) 对于窄带宽带比重相当的区域,建议采用AG提供语音业务,DSLAM提供宽带业务。当采用PON+DSL方案时,语音业务建议采用PON ONU内置IAD/AG方式提供。

(5) 光纤是到自然村还是行政村,建议根据农村业务发展和单村用户容量多少而定。

4) FTTH应用场景

室外楼内布线全部为光纤,没有铜缆,业务接入类型丰富,根据终端类型而定,接入点多,每个家庭独享ONT终端,在这种模式中,ONU直接放置于用户家中,每个用户独享一个ONU,用户电话、计算机或视频设备直接与ONU连接。

5.4.2 EPON技术

EPON是在现有IEEE 802.3协议的基础上,通过较小的修改实现在用户接入网络中传输以太网帧,是一种采用点到多点网络结构、无源光纤传输方式,基于高速以太网平台和TDM(time division multiplexing,时分复用)MAC(media access control,媒体访问控制)方式提供多种综合业务的宽带接入技术。

EPON相对于现有类似技术的优势主要体现在以下几个方面。

1) 与现有以太网的兼容性

以太网技术,是非常成功和成熟的局域网技术。EPON只是对现有IEEE 802.3协议做一定的补充,基本上是与其兼容的。考虑到以太网的市场优势,EPON与以太网的兼容性是其最大的优势之一。

2) 高带宽

根据目前的讨论,EPON的下行信道为百兆/千兆的广播方式,而上行信道为用户共享的百兆/千兆信道。这比目前的接入方式,如Modem、ISDN、ADSL甚至ATM PON(下行为622/155Mb/s,上行共享155Mb/s)都要高得多。

3) 低成本

首先,由于采用PON的结构,EPON中减少了大量的光纤和光器件以及维护的成本。其次,以太网本身的价格优势,如廉价的器件和安装维护使EPON具有ATM PON所无法比拟的低成本。

1. EPON组成

与所有的PON系统一样,EPON系统由OLT、ONU和ODN组成。但EPON在功能和实现上都与其他 PON 技术有所不同。

1) OLT

作为 EPON 的核心,OLT 应实现以下功能。

(1) 向 ONU 以广播方式发送以太网数据。

(2) 发起并控制测距过程,并记录测距信息。

(3) 发起并控制 ONU 功率控制。

(4) 为 ONU 分配带宽,即控制 ONU 发送数据的起始时间和发送窗口大小。

(5) 其他相关的以太网功能。

2) ODN

ODN 由无源光分路器和光纤构成。

3) ONU/ONT

ONU/ONT 为用户提供 EPON 接入的功能。

(1) 选择接收 OLT 发送的广播数据。

(2) 响应 OLT 发出的测距及功率控制命令,并做相应的调整。

(3) 对用户的以太网数据进行缓存,并在 OLT 分配的发送窗口中向上行方向发送。

(4) 其他相关的以太网功能。

从 EPON 中功能划分可以看出,EPON 中较为复杂的功能主要集中于 OLT,而 ONU/ONT 的功能较为简单,这主要是为了尽量降低用户端设备的成本。

2. EPON 帧结构

如图 5-12 所示,EPON 只在 IEEE 802.3 的以太数据帧格式上做必要的改动,如在以太帧中加入时戳(time stamp)、LLID(logical link identifier,逻辑链路标记)等内容。可使 P2MP 网络拓扑对于高层来说表现为多个点对点链路的集合。LLID 用于标识 ONU。

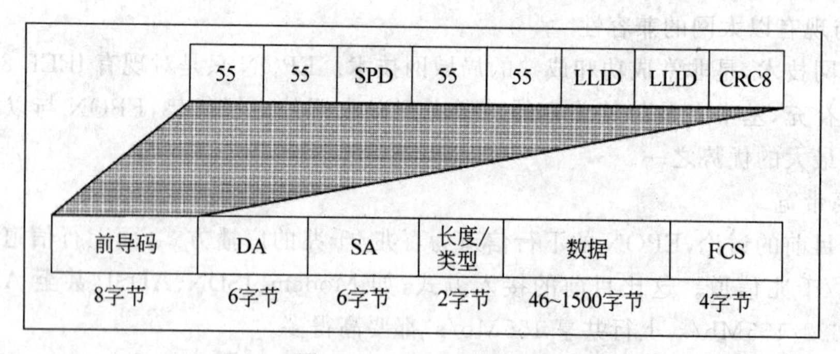

图 5-12 EPON 帧结构

LLID 用于标识 EPON 系统分配给逻辑链接的数字标识。EPON 系统使用 MPCP (multi-point control protocol,多点控制协议)中的 REPORT 和 GATE 控制消息在 PON 中进行请求和发送授权,这是最基本的在 PON 中控制数据传送的机制。更高层的功能使用这种机制进行带宽分配、ONU 的同步和测距。接收 GATE 消息并反馈 REPORT 消息的实体称为逻辑链路,用 LLID 表示。

当每个 ONU 注册成功后，OLT 为其分配一个唯一的 LLID，与其 MAC 绑定，并以 LLID 为单位分配上行带宽。因此，在 EPON 系统内，LLID 是 ONU 的唯一标识，也是上行带宽分配和控制的单元。

LLID 位长 15bit，与 1bit 的 Mode 字段合成两个字节（Mode&LLID 字段）。Mode 的使用规则为：用于 OLT 的 SCB(single copy broadcast，单复制广播）或多播通道时，值为 1；用于 OLT 的单播通道和 ONU 时，值为 0。对于 LLID，0x7FFF 值用于未注册的 1G-EPON ONU 的广播，0x7FFE 值用于未注册的 10G-EPON ONU 的广播，其他值用于单播；OLT 可使用 LLID 的任意值。

LLID 引入后，对以太网帧的前导码格式进行了一定修改，具体方式如表 5-4 所示。第 3 字节为 LLID 的起始定界符（start of LLID delimiter，SLD），用 0xd5 替代原来的 0x55。第 6、7 字节为 Mode&LLID 字段，替代原来的 0x55。

表 5-4　LLID 引入对以太网前导码的修改

字节	数据域	原前导码	替换后的前导码
1		0x55	相同
2		0x55	相同
3	SLD	0x55	0xd5
4		0x55	相同
5		0x55	相同
6	LLID[15：8]	0x55	Mode&LLID 字段
7	LLID[7：0]	0x55	
8	CRC8	0x55	3～7 字节的 CRC

3. EPON 面临的挑战

1）EPON 对 TDM 业务承载

从 IEEE 802.3 工作组制定 EPON 标准的原则来看，具体的业务封装由高层协议支持，因此，对于 TDM 业务在 EPON 中的传送，大部分厂家认为应该采用 VoIP 的业务方式。但目前对于电路交换方式 TDM 业务的需求占主要地位，主要是一些企事业单位希望光纤接入网能提供 E1 的传输能力，所以，总体来看，TDM over EPON 需解决如下问题。

- TDM 信号与以太网之间高效合理的适配封装。
- TDM 信号的严格同步定时。
- 电路业务的 QoS 保证。

虽然 EPON 设备提供商解决了 EPON 承载 TDM 业务的这些问题，与 GPON 的 TC 层具有天然的承载 TDM 业务能力相比，还是有一些局限性的。

2）EPON 的 OAM 功能

IEEE 802.3ah 中规范的 OAM 能力功能及特点与传统的电信级网络要求的 OAM 功

能是有一定差距的,至少在功能的支持范围和具体功能的定义上很不具体。

3) EPON 终端的互通性问题

从 DSL 产业的发展过程中可以看到,终端的互通性将是实现 FTTH 规模发展的重要前提。采用不同厂家的设备实现 OLT 和 ONU 功能将有效地降低网络建设的成本,并能促使终端设备的专业厂家加入 FTTH 产业中来。但设备间互通的实现在很大程度上依赖于国际标准的成熟度,在 EPON 系统中,这不仅涉及 PMD 层定义的标准光接口,MPCP 机制中定义的 ONU 自动发现与加入等基本功能,还涉及动态带宽分配,下行数据加密机制,TDM 业务实现的具体方案,与高层业务相关的管理通道及其交互机制等更复杂的功能。EPON 在标准化方面高度的开放性和可扩展性带来的不利影响就是在上述附加功能集方面不做规范,导致的结果是不同厂家实现各自的系统功能时,终端互通性可能存在问题。

尽管 EPON 技术面临着诸多的技术挑战,但不可否认的是,EPON 技术是目前 FTTH 领域中为用户提供光纤接入的最为经济有效的方式。随着实际应用经验的积累和研究的深入,EPON 技术会不断走向成熟。

5.4.3 GPON 技术

GPON 是一种点到多点拓扑结构的无源光接入技术,由局侧的 OLT、用户侧的 ONU 以及 ODN 组成。

GPON 在下行方向(OLT 到 ONU)采用 TDM 广播方式、上行方向(ONU 到 OLT)采用 TDMA(时分多址接入)方式。GPON 系统要求 OLT 和 ONU 之间的光传输系统使用符合 ITU-T G.652 标准的单模光纤,采用波分复用技术实现单纤双向的上下行传输,上行使用 1260～1360nm 波长,中心波长为 1310nm,下行使用 1480～1500nm 波长,中心波长为 1490nm。此外,GPON 系统还可以采用第三波长方式(1540～1560nm 波长,中心波长为 1550nm)实现 CATV 业务的承载。

1. GPON 的起源及标准

GPON 技术是无源光网络(PON)家族中一个重要的技术分支。GPON 的概念最早由 FSAN 在 2001 年提出。ITU-T 根据 FSAN 关于吉比特业务需求的研究报告,重新制定了 PON 所要达到的关键指标,同时借鉴 APON 技术的研究成果,开始进行新一代 PON 技术标准的研究工作,于 2003 年讨论通过了 GPON(gigabit PON)。FSAN/ITU 推出 GPON 技术的主要的原因是:网络 IP 化进程加速和 ATM 技术的逐步萎缩导致之前基于 ATM 技术的 APON/BPON 技术在商用化和实用化方面严重受阻,迫切需要一种高传输速率、适宜 IP 业务承载同时具有综合业务接入能力的光接入技术出现。在这样的背景下,FSAN/ITU 以 APON 标准为基本框架,重新设计了新的物理层传输速率和 TC 层,推出了新的 GPON 技术和标准。它通过为用户提供千兆比特的带宽以及高效的 IP、TDM 承载模式,从而提供更为完善的解决方案。

GPON 标准由 ITU G.984.x 系列标准规范组成，目前已经发展到 ITU G.984.1～ITU G.984.6 共 6 个标准。

- G.984.1——概述：主要规范了业务模型、参考配置、基本技术要求、保护方式。
- G.984.2——物理媒介相关层技术要求：主要规范了光接入网的结构、基本要求、用户网络接口和业务节点接口以及与 TC 层的相互关系。
- G.984.3——TC 层：主要规范了网络层次模型、复用机制、TC 帧结构、激活方式、OAM 功能、安全性、FEC 等内容。
- G.984.4——OMCI：主要规范了管理信息库（management information base，MIB）、ONT 管理控制通道、ONT 管理控制协议。
- G.984.5——增强带宽：主要规范了缩窄下行波长的范围，ONU 新增波长过滤模块，为下一代共存演进进行了预留。
- G.984.6——扩展距离：主要规范了如何在 ODN 中增加有源扩展盒以有效扩展 GPON 的最长距离，给出了几种类型的扩展盒模型。

2. GPON 基本功能

1）GPON 标称速率等级

GPON 标称速率等级由 ITU G.984.2 定义，传输线路的速率定义为 8kHz 的倍数，GPON 的标称线路（下行/上行）速率有多种，具体包括：

- 下行 1244.16Mb/s，上行 155.52Mb/s；
- 下行 1244.16Mb/s，上行 622.08Mb/s；
- 下行 1244.16Mb/s，上行 1244.16Mb/s；
- 下行 2488.32Mb/s，上行 155.52Mb/s；
- 下行 2488.32Mb/s，上行 622.08Mb/s；
- 下行 2488.32Mb/s，上行 1244.16Mb/s；
- 下行 2488.32Mb/s，上行 2488.32Mb/s。

虽然 GPON 标称速率等级定义了多个等级，但是实际目前主流芯片厂商和设备厂商的 GPON 产品均只支持下行 2488.32Mb/s，上行 1244.16Mb/s 的标称速率，线路编码下行和上行均采用 NRZ 码。因此下行 2488.32Mb/s，上行 1244.16Mb/s 的标称速率实际成为 GPON 唯一的标称速率。大家谈到 GPON 的速率时都知道指的是下行 2488.32Mb/s，上行 1244.16Mb/s。

2）GPON 光功率预算

GPON 光功率预算决定了 GPON 系统的最大传输距离和最大分路比。G.984.2 根据允许衰减范围的不同定义了 A、B、C 三大类，后续结合实际应用需求和光收发模块的实际能力增补了 B+和 C+类，目前 B+类是主流，C+类有少量应用。在 B+类和 C+类，GPON 可以在支持最长 20km 传输距离的前提下支持 1∶64 分路比。GPON 系统的最大差分距离为 20km。GPON 还可以通过上下行 FEC 功能增加部分增益。不同类型 ODN 的衰减范围如表 5-5 所示。

表 5-5　ODN 衰减范围　　单位:dB

ODN 类型	衰减范围	ODN 类型	衰减范围
A类	5～20	C类	15～30
B类	10～25	C+类	17～32
B+类	13～28		

3）GPON 同步方式

GPON 同步方式为以 OLT 为基准,ONU 向 OLT 同步的方式,同步的主要原理是利用了 GPON 8K 帧的机制,即 OLT 每 125μs 会下行发送一帧,因此在下行帧的起始位置定义了一个物理同步域——Psync 域,其长度固定为 32 字节。Psync 域的编码为 0xB6AB31E0。ONU 利用这个 Psync 来确定帧起始位置。注意 Psync 不进行扰码处理。

ONU 实现的同步状态机制如图 5-13 所示。在搜索状态下,ONU 逐比特比较 Psync 区域,一旦找到一个正确的 Psync,ONU 就进入预同步状态并设置计数器值为 1。接着 ONU 每隔 125μs 搜索下一个 Psync。每找到一个正确的 Psync,计数器值加 1。在预同步状态下,如果计数器的值达到 M_1,则认为 ONU 进入同步状态。一旦进入同步状态,ONU 就可以正确地识别下行帧结构。如果检测到 M_2 个连续错误的 Psync,则 ONU 声明丢失了下行帧定界,返回到搜索状态。M_1 的建议值为 2,M_2 的建议值为 5。

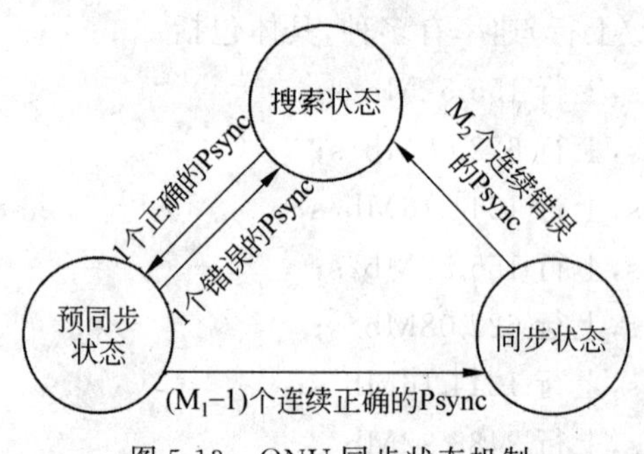

图 5-13　ONU 同步状态机制

4）GPON 系统的加密方式

在 GPON 系统中,由于下行数据采用广播方式,因此所有 ONU 都能够接收到数据。如果存在恶意用户,那么它可以监听到所有用户的所有下行数据。因此 GPON 系统的下行数据必须要支持加密。目前 GPON 系统支持 AES 加密方式,支持 128bit 严格的加密机制,提供更加严格的安全和保护机制,确保运营商网络和业务的安全可靠运行。但是下行加密仅仅对通过单播 Gemport 通道传送的业务进行加密;对于组播 Gemport 通道传送的业务,由于需要有若干个 ONU 接收,因此密钥的协商交换机制比较复杂,目前不支持加密。

3. EPON 和 GPON 比较

由于 IEEE 的 EPON 标准化工作比 ITU-T 的 GPON 标准化工作开展得早,而且

IEEE的关于Ethernet的IEEE 802.3标准系列已经成为业界最重要的标准，因此目前市场上已有的吉比特级PON产品更多的是遵循EPON标准，严格遵循GPON标准的产品目前基本上还没有。EPON产品较GPON产品更广泛的另一个重要原因是EPON标准制定得更宽松，制造商在开发自己的产品时有更大的灵活性。

1）可用带宽

EPON提供固定上下行1.25Gb/s，采用8B/10B线路编码，实际速率为1Gb/s。GPON支持多种速率等级，可以支持上下行不对称速率，下行2.5Gb/s或1.25Gb/s，上行1.25Gb/s或622Mb/s等多种速率，根据实际需求来决定上下行速率，选择相对应光模块，提高光器件速率价格比。

2）多业务能力和安全性

EPON沿用了简单的以太网数据格式，只是在以太网包头增加了64字节的MPCP来实现EPON系统中的带宽分配、带宽轮询、自动发现、测距等工作。虽然IEEE在制定EPON标准时主要考虑数据业务，基本上未考虑语音业务，但是鉴于目前运营商在布网规划时更注重要求接入网络应能同时提供数据和语音业务，因此除了少数EPON产品仅支持数据业务外，许多EPON产品在IEEE标准基础上，在提供数据业务的同时采用预留带宽的方式提供语音业务，但离电信级的QoS要求有一定差距。

GPON基于完全新的TC子层，该子层能够完成对高层多样性业务的适配，定义了ATM封装和GFP封装（通用成帧协议），可以选择二者之一进行业务封装。鉴于目前ATM应用并不普及，于是一种只支持GFP封装的GPON.lite设备应运而生，它把ATM从协议族中去除以降低成本。

GFP是一种通用的适用于多种业务的链路层规程，ITU定义为G.7041。GPON中对GFP做了少量的修改，在GFP帧的头部引入了Port ID，用于支持多端口复用；还引入了Frag分段指示以提高系统的有效带宽。并且只支持面向变长数据的数据处理模式，而不支持面向数据块的数据透明处理模式。

因此，GPON多业务承载能力强于EPON。GPON的TC层本质上是同步的，使用了标准的8kHz（125μm）定长帧，这使GPON可以支持端到端的定时和其他准同步业务，特别是可以直接支持TDM业务，就是所谓的Native TDM，GPON对TDM业务具备“天然”的支持。

3）QoS和OAM

EPON在MAC层Ethernet包头增加了MPCP，MPCP通过消息、状态机和定时器来控制访问P2MP的拓扑结构，实现DBA（dynamic banduidth assignment，动态带宽分配）。MPCP涉及的内容包括ONU发送时隙的分配、ONU的自动发现和加入、向高层报告拥塞情况，以便动态分配带宽。MPCP提供了对P2MP拓扑架构的基本支持，但是协议中并没有对业务的优先级进行分类处理，所有的业务随机地竞争着带宽。

GPON则拥有更加完善的DBA，具有优秀QoS服务能力。GPON将业务带宽分配方式分成4种类型，优先级从高到低分别是固定带宽（fixed bandwidth）、保证带宽（guaranteed bandwidth）、非保证带宽（unguaranteed bandwidth）和尽力而为带宽（best effort bandwidth）。DBA又定义了业务容器（traffic container，T-CONT）作为上行流量调度单位，每个 T-CONT 由 Alloc-ID 标识。每个 T-CONT 可包含一个或多个 GEM Port-ID。T-CONT 分为 5 种业务类型，不同类型的 T-CONT 具有不同的带宽分配方式，可以满足不同业务流对时延、抖动、丢包率等不同的 QoS 要求。类型 1 的特点是固定带宽、固定时隙，对应固定带宽分配，适合对时延敏感的业务，如语音业务；类型 2 的特点是固定带宽但时隙不确定，对应保证带宽分配，适合对抖动要求不高的固定带宽业务，如视频点播业务；类型 3 的特点是有最小带宽保证又能够动态共享富裕带宽，并有最大带宽的约束，对应非保证带宽分配，适用于有服务保证要求而又突发流量较大的业务，如下载业务；类型 4 的特点是尽力而为，无带宽保证，适合于时延和抖动要求不高的业务，如 Web 浏览业务；类型 5 是组合类型，在分配完保证和非保证带宽后，额外的带宽需求尽力而为进行分配。

EPON 没有对 OAM 进行过多的考虑，只是简单地定义了对 ONT 远端故障指示、环回和链路监测，并且是可选支持。

GPON 在物理层定义了 PLOAM(physical layer OAM)，高层定义了 OMCI(ONT management and control interface)，在多个层面进行 OAM 管理。PLOAM 用于实现数据加密、状态检测、误码监视等功能。OMCI 信道协议用来管理高层定义的业务，包括 ONU 的功能参数集、T-CONT 业务种类与数量、QoS 参数，请求配置信息和性能统计，自动通知系统的运行事件，实现 OLT 对 ONT 的配置、故障诊断、性能和安全的管理。

4) 产品成熟度

从产业链的角度看，EPON 系统最核心部分——PON 光发送/接收模块已经较成熟，核心 TC 控制模块已经规模生产(ASIC 化)，而 GPON 系统的相应核心模块还不太成熟，其核心 TC 控制模块目前仅处于 FPGA 阶段，还难以实现规模商用。

综上所述，虽然目前在可用带宽、多业务承载、安全性、QoS、OAM 和产品成熟度等方面，EPON 产品与 GPON 标准规范各有千秋，但 EPON 每单位带宽成本则要比 GPON 低得多，而且 EPON 的技术更成熟，更早被市场接受，更早进入大规模商用的阶段。

5.5 物联网与 TCP/IP 网络技术

物联网的网络层基本上综合了已有的全部网络形式来构建更加广泛的“互联”。每种网络都有自己的特点和应用场景，互相组合才能发挥出最大的作用，因此在实际应用中，信息往往经由任何一种网络或几种网络组合的形式进行传输。

物联网中联网的目的是将物联网设备中传感器的物理世界数据传输到应用程序或服务，以进行分析。联网传感器中的代码会确定数据的格式，并将数据封装来作为无线电波传输和发送到接收网关，在那里数据会被重新建构和发送以进行交付。

物联网通信协议分为两大类：一类是接入协议，另一类是通信协议。接入协议一般负责子网内设备间的组网及通信；通信协议主要是运行在传统互联网 TCP/IP 协议之上的设备通信协议，负责设备通过互联网进行数据交换及通信。

在互联网时代，TCP/IP 已经一统江湖，现在的物联网的通信架构也是构建在传统互联网基础架构之上。从Web端、移动端到云后台，云到物联网网关的网络都已经实现IP标准化，无论是HTTP、Websocket、XMPP、COAP，抑或是现在最火的MQTT、参考OSI模型，作为物联网的常用应用层协议，它们基本是基于TCP/IP的。所以，对于学习物联网的网络层设计，了解TCP/IP网络组网很有必要。

5.5.1　初识OSI参考模型

计算机网络自从20世纪60年代问世以来，得到了飞速增长。国际上各大厂商为了在数据通信网络领域占据主导地位，顺应信息化潮流，纷纷推出了各自的网络架构体系和标准，例如，IBM公司的SNA协议，Novell公司的IPX/SPX协议，Apple公司的AppleTalk协议，DEC公司的网络体系结构(DNA)，以及广泛流行的TCP/IP。同时，各大厂商针对自己的协议生产出了不同的硬件和软件。各个厂商的共同努力无疑促进了网络技术的快速发展和网络设备种类的迅速增长。

但多种协议的并存，同时也使网络变得越来越复杂；而且，厂商之间的网络设备大部分不能兼容，很难进行通信。为了解决网络之间的兼容性问题，帮助各个厂商生产出可兼容的网络设备，国际标准化组织ISO于1984年提出了OSI-RM(open systems interconnection-reference model，开放系统互联参考模型)。OSI参考模型很快成为计算机网络通信的基础模型。

大开眼界

从计算机网络的硬件设备来看，除了终端、信道和交换设备外，为了保证通信的正常进行，必须事先做一些规定，而且通信双方要正确执行这些规定，我们把这种通信双方必须遵守的规则和约定称为协议或规程。

协议的要素包括语法、语义和定时。语法规定通信双方"如何讲"，即确定数据格式、数据码型、信号电平等；语义规定通信双方"讲什么"，即确定协议元素的类型，如规定通信双方要发出什么控制信息，执行什么动作和返回什么应答等；定时关系则规定事件执行的顺序，即确定链路通信过程中通信状态的变化，如规定正确的应答关系等。

层次和协议的集合称为网络的体系结构。OSI参考模型是作为一个框架来协调和组织各层协议的制定，也是对网络内部结构最精炼的概括与描述。

1. OSI参考模型的层次结构

OSI参考模型定义了开放系统的层次结构、层次之间的相互关系及各层所包含的可能的服务。如图5-14所示，它采用分层结构化技术，将整个网络的通信功能分为7层。由低层至高层分别是：物理层、数据链路层、网络层、传输层、会话层、表示层、应用层。每一层都有特定的功能，并且下一层为上一层提供服务。其分层原则为：根据不同功能进行抽象的分层，每层都可以实现一个明确的功能，每层功能的制订都有利于明确网络协议的国际标准，层次明确以避免各层的功能混乱。

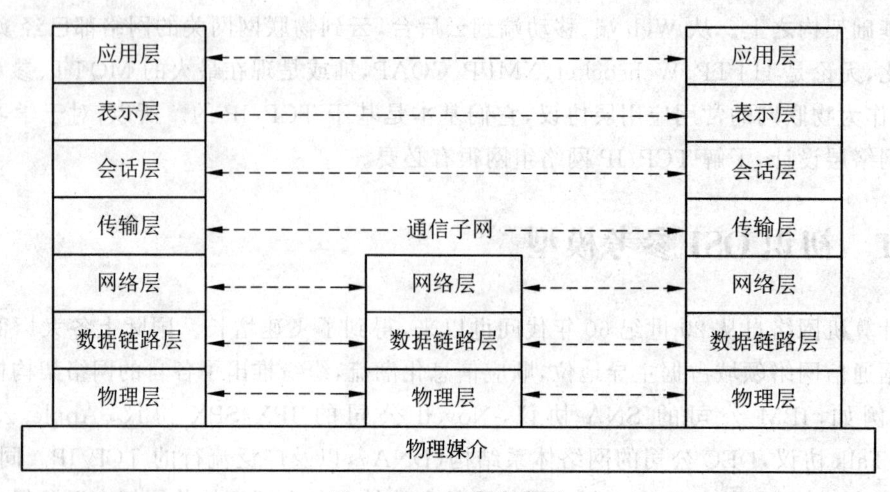

图 5-14 OSI 参考模型

具体的划分原则如下。

(1) 网络中各节点都有相同的层次。

(2) 不同节点的同等层具有相同的功能。

(3) 同一节点内相邻层之间通过接口通信。

(4) 每一层使用下层提供的服务，并向其上层提供服务。

(5) 不同节点的同等层按照协议实现对等层之间的通信。

分层的好处是利用层次结构可以把开放系统的信息交换问题分解到不同的层中，各层可以根据需要独立进行修改或扩充功能；同时，有利于不同制造厂家的设备互联；也有利于学习、理解数据通信网络。

在 OSI 参考模型中，各层的数据并不是从一端的第 N 层直接送到另一端的，第 N 层的数据在垂直的层次中自上而下地逐层传递直至物理层，在物理层的两个端点进行物理通信，把这种通信称为实通信。而对等层由于通信并不是直接进行，因而称为虚拟通信。

OSI 参考模型具有的优点如下。

(1) 简化了相关的网络操作。

(2) 提供即插即用的兼容性和不同厂商之间的标准接口。

(3) 使各个厂商能够设计出互操作的网络设备，加快数据通信网络发展。

(4) 防止一个区域网络的变化影响另一个区域的网络。

(5) 把复杂的网络问题分解为小的简单问题，易于学习和操作。

应该指出，OSI 参考模型只是提供了一个抽象的体系结构，从而根据它研究各项标准，并在这些标准的基础上设计系统。开放系统的外部特性必须符合 OSI 参考模型，而各个系统的内部功能是不受限制的。

2. OSI 参考模型各层的功能

OSI 参考模型中不同层完成不同的功能，各层相互配合通过标准的接口进行通信。

应用层、表示层和会话层合在一起常称为高层或应用层，其功能通常是由应用程序软件实现的；物理层、数据链路层、网络层、传输层合在一起常称为数据流层，其功能大部分是通过软硬件结合共同实现的。

1）应用层

应用层是OSI体系结构中的最高层，是直接面向用户以满足不同需求的，是利用网络资源，唯一向应用程序直接提供服务的层。应用层主要由用户终端的应用软件构成，如常见的Telnet（远程终端）协议、FTP、SNMP（simple network management protocol，简单网络管理协议）等协议都属于应用层的协议。

! 小提示

这里讨论的是网络应用进程而不是通常主机上常用的应用程序，如Word、PowerPoint等。

2）表示层

表示层主要解决用户信息的语法表示问题，它向上对应用层提供服务。表示层的功能是对信息格式和编码起转换作用，例如，将ASCII码转换成为EBCDIC码等；此外，对传送的信息进行加密与解密也是表示层的任务之一。

! 小提示

表示层处于OSI模型中的第六层，简而言之，就是为不同的通信系统制定一种相互都能理解的通信语言标准。这是因为不同的计算机体系结构使用的数据表示法不同，比如，IBM公司的计算机使用EBCDIC编码，而大部分PC使用的是ASCII码，在这种情况下，便需要表示层来完成这种转换。除了制定表示方法外，表示层还可以规定传输的数据是否需要被加密或者压缩。

3）会话层

会话层的任务就是提供一种有效的方法，以组织并协商两个表示层进程之间的会话，并管理它们之间的数据交换。会话层的主要功能是按照在应用进程之间的原则，按照正确的顺序发/收数据，进行各种形态的对话，其中包括对对方是否有权参加会话的身份进行核实，并且在选择功能方面取得一致，如选全双工还是选半双工通信。

! 小提示

会话层为用户间建立或拆除会话，该层次的服务可建立应用和维持会话，并能使会话获得同步。

4）传输层

传输层可以为主机应用程序提供端到端的可靠或不可靠的通信服务。传输层对上层屏蔽下层网络的细节，保证通信的质量，消除通信过程中产生的错误，进行流量控制，以及对分散到达的包顺序进行重新排序等。

传输层的功能包括如下几方面。

（1）分割上层应用程序产生的数据。

（2）在应用主机程序之间建立端到端的连接。

（3）进行流量控制。

(4) 提供可靠或不可靠的服务。

(5) 提供面向连接与面向非连接的服务。

! 小提示

传输层为OSI模型的高层数据提供可靠的传输服务,并且它会将较大的数据封装分割成小块的数据段,目的在于较大的数据封装在传输过程中容易造成很大的传输延时,如果发生传输失败,数据重传将占用很多的时间,而被分割成较小块的数据段后,可以在很大程度上降低传输延时,即便是重传数据段,所需要的传输延时也很小,这样可以提高传输的效率。被分割成的较小的数据段会在信宿处进行有序的重组,以还原成原始的数据。

5) 网络层

网络层是OSI参考模型中的第三层,介于传输层与数据链路层之间,在数据链路层提供的两个相邻节点间的数据帧传送功能上,进一步管理网络中的数据通信,将数据设法从源端经过若干中间节点传送到目的端,从而向传输层提供最基本的端到端的数据传送服务。网络层的关键技术是路由选择。

网络层功能包括定义逻辑源地址和逻辑目的地址,提供寻址的方法,连接不同的数据链路层等。

常见的网络层协议包括IP、IPX(internetwork packet exchange protocol,互联网分组交换协议)与Appletalk协议等。

! 小提示

IPX是一个专用的协议族,它主要由Novell NetWare操作系统使用。IPX是IPX协议族中的第三层协议。IPX协议与IP是两种不同的网络层协议,它们的路由协议也不一样,IPX的路由协议不像IP的路由协议那样丰富,设置比较简单。

Appletalk(AT)是由Apple公司创建的一组网络协议的名字,它用于Apple系列的个人计算机,支持网络路由选择、事务服务、数据流服务以及域名服务,并且通过Apple硬件中的LocalTalk接口全面实现Apple系统间的文件和打印共享服务。

6) 数据链路层

数据链路层是OSI参考模型的第二层,它以物理层为基础,向网络层提供可靠的服务。

数据链路层的主要功能如下。

(1) 数据链路层主要负责数据链路的建立、维持和拆除,并在两个相邻节点的线路上,将网络层送下来的信息包组成帧传送,每一帧包括数据和一些必要的控制信息。

(2) 数据链路层的作用包括:定义物理源地址和物理目的地址。在实际的通信过程中依靠数据链路层地址在设备间进行寻址。数据链路层的地址在局域网中是MAC(媒体访问控制)地址,在不同的广域网链路层协议中采用不同的地址,如在帧中继(frame relay)中的数据链路层地址为DLCI(data link connection identifier,数据链路连接标识符)。

(3) 定义网络拓扑结构。网络的拓扑结构是由数据链路层定义的,如以太网的总线拓扑结构,交换式以太网的星形拓扑结构,令牌环的环形拓扑结构,FDDI的双环拓扑结构等。

(4) 数据链路层通常还定义帧的顺序控制,流量控制,面向连接或面向非连接的通信类型。

MAC 地址如图 5-15 所示。

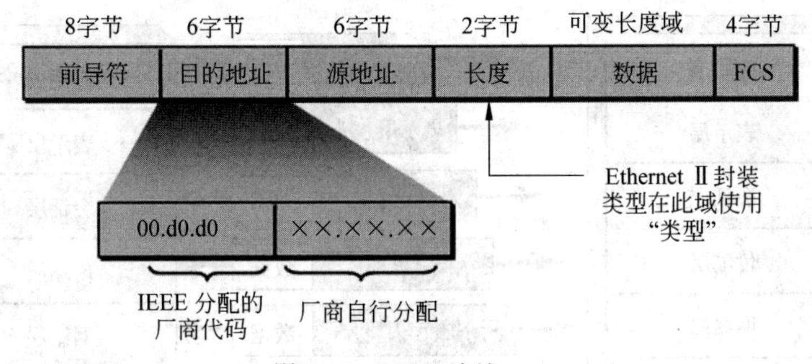

图 5-15　MAC 地址

MAC 地址有 48 位,它可以转换成 12 位的十六进制数,这个数分成 3 组,每组有 4 个数字,中间以点分开。MAC 地址有时也称为点分十六进制数。它一般烧入 NIC (network interface controller,网络接口控制器)中。为了确保 MAC 地址的唯一性,IEEE 对这些地址进行管理。每个地址由两部分组成,分别是供应商代码和序列号。供应商代码代表 NIC 制造商的名称,它占用 MAC 的前六位 12 进制数字,即 24 位二进制数字。序列号由设备供应商管理,它占用剩余的 6 位地址,即最后的 24 位二进制数字。如果设备供应商用完了所有的序列号,则必须申请另外的供应商代码。目前中兴的 GAR 产品 MAC 地址前六位为 00.d0.d0。

7) 物理层

物理层是 OSI 参考模型的第一层,也是最底层。在这一层中规定的既不是物理媒介,也不是物理设备,而是物理设备和物理媒介相连接时一些描述方法和规定。物理层功能是提供比特流传输。物理层提供用于建立、保持和断开物理接口的条件,以保证比特流的透明传输。

物理层协议主要规定了计算机或数据终端设备(data terminal equipment,DTE)与数字通信设备(data circuit-terminating equipment,DCE)之间的接口标准,包含接口的机械、电气、功能与规程 4 个方面的特性。物理层定义了媒介类型、连接头类型和信号类型。

! 小提示

RS-232 和 V.35 是同步串口的标准。IEEE 802.3 是基于 CSMA/CD 的局域网的接入方法。Ethernet 是 CSMA/CD 应用的一个实例。

3. OSI 数据封装过程

OSI 参考模型中每个层次接收到上层传递过来的数据后都要将本层的控制信息加入数据单元的头部,一些层还要将校验和等信息附加到数据单元的尾部,这个过程叫作封装。

每层封装后的数据单元的叫法不同:在应用层、表示层、会话层的协议数据单元统称为数据(data);在传输层,协议数据单元称为数据段(segment);在网络层,协议数据单元称为数据包(packet);在数据链路层,协议数据单元称为数据帧(frame);在物理层,协议数据单元叫作比特流(bits)。OSI的数据封装如图5-16所示。

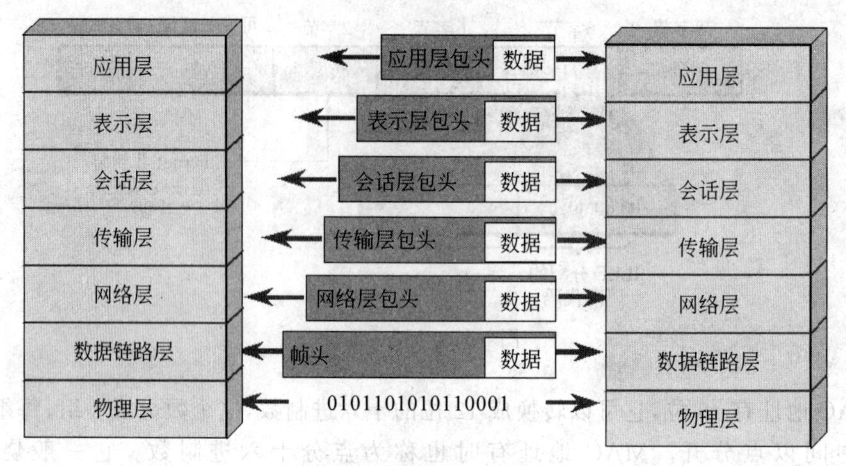

图5-16　OSI的数据封装

当数据到达接收端时,每一层读取相应的控制信息,根据控制信息中的内容向上层传递数据单元,在向上层传递之前去掉本层的控制头部信息和尾部信息(如果有),此过程叫作解封装。

这个过程逐层执行直至将对端应用层产生的数据发送给本端相应的应用进程。

如图5-17所示,以用户浏览网站为例说明数据的封装、解封装过程。

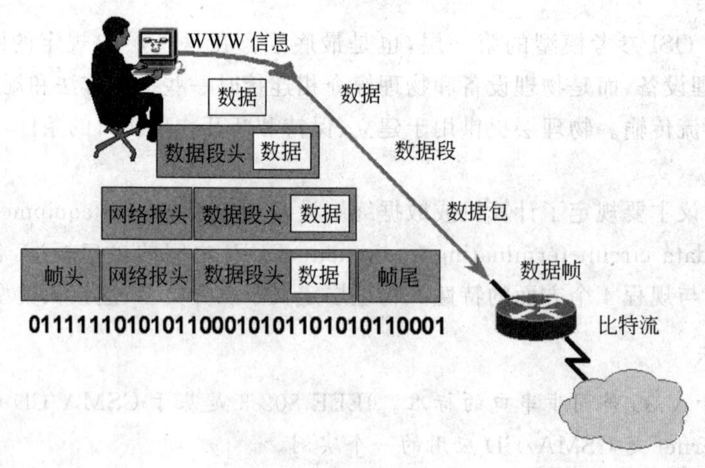

图5-17　数据封装示例

(1) 当用户输入浏览的网站信息后就由应用层产生相关的数据,通过表示层转换成为计算机可识别的ASCII码,再由会话层产生相应的主机进程传给传输层。

(2) 传输层将以上信息作为数据并加上相应的端口号信息以便目的主机辨别此报文,得知具体应由本机的哪个任务来处理。

（3）在网络层加上 IP 地址使报文能确认应到达具体某个主机，再在数据链路层加上 MAC 地址，转成比特流信息，从而在网络上传输。

（4）报文在网络上被各主机接收，通过检查报文的目的 MAC 地址判断是否是自己需要处理的报文，如果发现 MAC 地址与自己不一致，则丢弃该报文，一致就去掉 MAC 信息送给网络层判断其 IP 地址；然后根据报文的目的端口号确定是由本机的哪个进程来处理，这就是报文的解封装过程。

小提示

由于种种原因，现在还没有一个完全遵循 OSI 七层模型的网络体系，但 OSI 参考模型的设计蓝图为我们更好地理解网络体系，学习计算机通信网络奠定了基础。

5.5.2　TCP/IP 协议族探究

TCP/IP 起源于 1969 年美国国防部高级研究计划署（advanced research project agency，ARPA）对有关分组交换的广域网（wide area network）科研项目，因此起初的网络被称为 ARPANET。

1973 年 TCP 正式投入使用。1981 年 IP 投入使用。1983 年 TCP/IP 正式被集成到美国加州大学伯克利分校的 UNIX 版本中，该“网络版”操作系统适应了当时各大学、机关、企业旺盛的联网需求，因而随着该免费分发的操作系统的广泛使用，TCP/IP 得到了流传。

到 20 世纪 90 年代，TCP/IP 已发展成为计算机之间最常应用的组网形式。它是一个真正的开放系统，因为协议族的定义及其多种实现可以不用花钱或花很少的钱就可以公开地得到，它被称作 Internet 的基础。

1. TCP/IP 与 OSI 参考模型比较

与 OSI 参考模型一样，TCP/IP 也分为不同的层次开发，每一层负责不同的通信功能。但是，TCP/IP 简化了层次设计，将原来的 7 层模型合并为 4 层协议的体系结构，自顶向下分别是应用层、传输层、网络层和数据链路层，没有 OSI 参考模型的会话层和表示层。如图 5-18 所示，TCP/IP 协议族与 OSI 参考模型有清晰的对应关系，覆盖了 OSI 参考模型的所有层次。应用层包含了 OSI 参考模型所有的高层协议。

1）两种协议的相同点

（1）都是分层结构，并且工作模式一样，都要层和层之间有很密切的协作关系；有相同的应用层、传输层、网络层。

（2）都使用包交换（packet-switched）技术。

2）两种协议的不同点

（1）TCP/IP 把表示层和会话层都归入了应用层。

（2）TCP/IP 的结构比较简单，因为分层少。

（3）TCP/IP 标准是在 Internet 网络不断的发展中建立的，基于实践，有很高的信任度。相比较而言，OSI 参考模型是基于理论的，是作为一种向导。

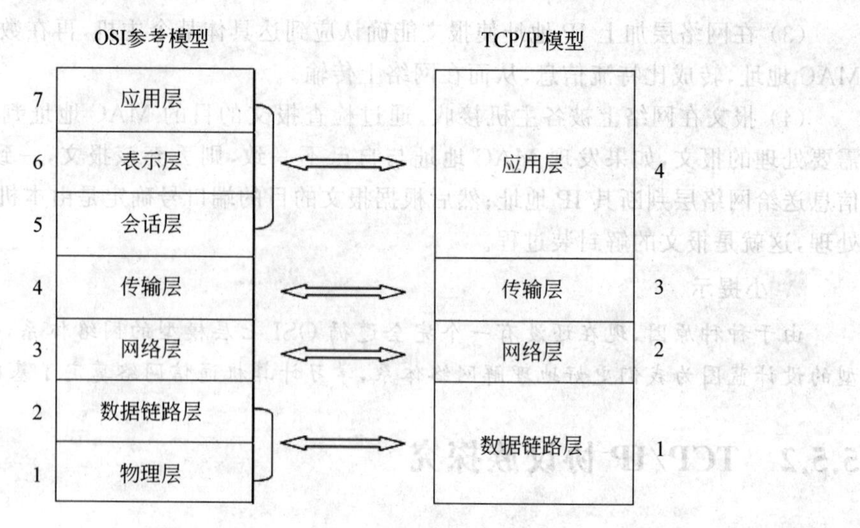

图 5-18 TCP/IP 与 OSI 参考模型的比较

2. TCP/IP 协议族的层次结构

TCP/IP 协议族是由不同的网络层次的不同协议组成的,如图 5-19 所示。

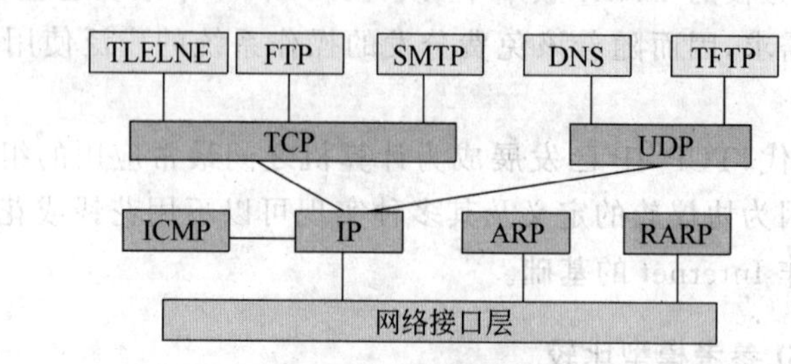

图 5-19 TCP/IP 协议族

数据链路层涉及在通信信道上传输的原始比特流,它规定了传输数据所需要的机械、电气、功能及规程等特性,提供检错、纠错、同步等措施,使之对网络层显现一条无错线路,并且进行流量调控。

网络层的主要协议有 IP、ICMP(internet control message protocol,互联网控制报文协议)、IGMP(internet group management protocol,互联网组管理协议)、ARP(address resolution protocol,地址解析协议)和 RARP(reverse address resolution protocol,反向地址解析协议)等。

传输层的基本功能是为两台主机间的应用程序提供端到端的通信。传输层从应用层接收数据,并且在必要的时候把它分成较小的单元,传递给网络层,并确保到达对方的各段信息正确无误。传输层的主要协议有 TCP、UDP。

应用层负责处理特定的应用程序细节,显示接收到的信息,把用户的数据发送到低层,为应用软件提供网络接口。应用层包含大量常用的应用程序,例如,HTTP、Telnet、FTP 等。

3. TCP/IP 协议族应用层协议

应用层为用户的各种网络应用开发了许多网络应用程序，例如，文件传输、网络管理等，甚至包括路由选择。这里重点介绍几种常用的应用层协议。

1）FTP

FTP 是用于文件传输的 Internet 标准。FTP 支持一些文本文件（如 ASCII、二进制等）和面向字节流的文件结构。FTP 使用传输层协议 TCP 在支持 FTP 的终端系统间执行文件传输，因此，FTP 被认为提供了可靠的面向连接的服务，适用于远距离、可靠性较差线路上的文件传输。

2）TFTP

TFTP（trivial file transfer protocol，简单文件传输协议）也适用于文件传输，但 TFTP 使用 UDP 提供服务，被认为是不可靠、无连接的。TFTP 通常用于可靠的局域网内部的文件传输。

3）SMTP

SMTP（simple mail transfer protocol，简单邮件传输协议）支持文本邮件的 Internet 传输。

4）Telnet

Telnet 是客户机使用的与远端服务器建立连接的标准终端仿真协议。

5）SNMP

SNMP（simple network management protocol，简单网络管理协议）负责网络设备监控和维护，支持安全管理、性能管理等。

6）DNS

DNS（domain name system，域名系统）把网络节点的易于记忆的名字转化为网络地址。

4. TCP/IP 协议族传输层协议

传输层位于应用层和网络层之间，为终端主机提供端到端的连接、流量控制（由窗口机制实现）、可靠性保证（由序列号和确认技术实现）以及支持全双工传输等。传输层协议有两种：TCP 和 UDP。虽然 TCP 和 UDP 都使用相同的网络层协议 IP，但是 TCP 和 UDP 却为应用层提供完全不同的服务。

1）TCP

TCP 为应用程序提供可靠的面向连接的通信服务，适用于要求得到响应的应用程序。目前，许多流行的应用程序都使用 TCP。

（1）TCP 的报文格式。整个报文由报文头部和数据两部分组成，如图 5-20 所示。

每个 TCP 报文头部都包含源端口号（source port）和目的端口号（destination port），用于标识和区分源端设备和目的端设备的应用进程。在 TCP/IP 协议族中，源端口号和目的端口号分别与源 IP 地址和目的 IP 地址组成套接字（socket），唯一地确定一条 TCP 连接。

① 序列号（sequence number）：该字段用来标识 TCP 源端设备向目的端设备发送的

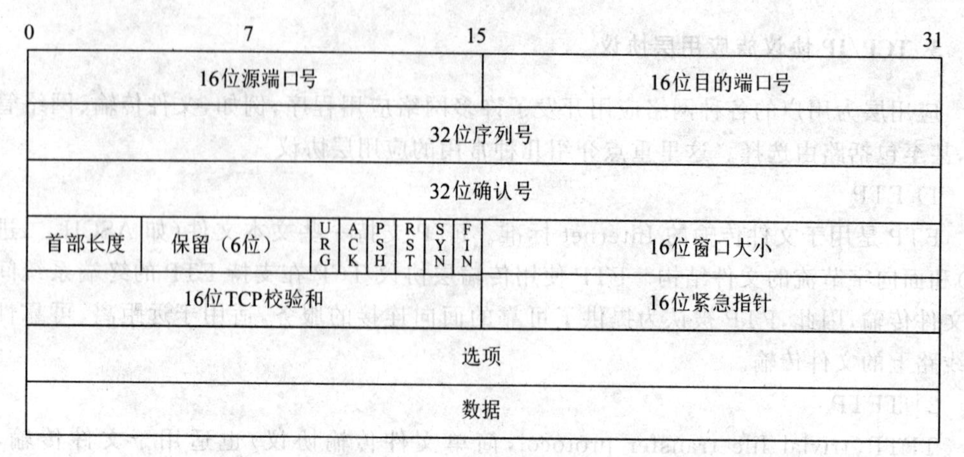

图 5-20　TCP 的报文格式

字节流，它表示在这个报文段中的第一个数据字节。如果将字节流看作在两个应用程序间的单向流动，则 TCP 用序列号对每个字节进行计数。

② 确认号(acknowledgement number，32bit)：包含发送确认的一端所期望接收到的下一个序号。因此，确认序号应该是上次已成功收到的数据字节序列号加 1。

③ 首部长度：占 4 位，指出 TCP 首部共有多少个 4 字节的字，首部长度为 20～60 个字节，所以，该字段值为 5～15 个字节。

④ 保留字段：占 6 位，保留为今后使用，但目前应置为 0。

⑤ 紧急 URG：当 URG 为 1 时，表明紧急指针字段有效。它告诉系统此报文段中有紧急数据，应尽快传送(相当于高优先级的数据)。

⑥ 确认 ACK：只有当 ACK 为 1 时确认号字段才有效。当 ACK 为 0 时，确认号无效。

⑦ 推送 PSH (PuSH)：接收 TCP 收到 PSH＝1 的报文段后，就尽快地交付接收应用进程，而不再等到整个缓存都填满了后再向上交付。

⑧ 复位 RST (ReSeT)：当 RST＝1 时，表明 TCP 连接中出现严重差错(如主机崩溃或其他原因)，必须释放连接，然后再重新建立传输连接。

⑨ 同步 SYN：同步 SYN＝1 表示这是一个连接请求或连接接收报文。

⑩ 终止 FIN(FINis)：用来释放一个连接。FIN＝1 表明此报文段的发送端的数据已发送完毕，并要求释放传输连接。

⑪ 窗口字段：占 2 个字节，作为对方设置发送窗口的依据，单位为字节，例如，window size＝1024 表示一次可以发送 1024 个字节的数据。窗口大小起始于确认字段指明的值，是一个 16bit 字段。窗口的大小可以由接收方调节。窗口实际上是一种流量控制的机制。

⑫ 校验和(check sum)：占 2 个字节。校验和字段检验的范围包括首部和数据这两部分。校验和字段用于校验 TCP 报头部分和数据部分的正确性。

⑬ 紧急指针字段：占 16 位，指出在本报文段中紧急数据共有多少个字节(紧急数据放在本报文段数据的最前面)。

⑭ 选项字段长度可变。TCP最初只规定了一种选项，即最大报文段长度(maximum segment size,MSS)。MSS告诉对方TCP：我的缓存所能接收的报文段的数据字段的最大长度是MSS个字节。

⑮ 填充字段：为了使整个首部长度是4个字节的整数倍。

(2) TCP建立连接/三次握手。TCP是面向连接的传输层协议，所谓面向连接，就是在真正的数据传输开始前要完成连接建立的过程，否则不会进入真正的数据传输阶段。

TCP的连接建立过程通常被称为三次握手，过程如图5-21所示。

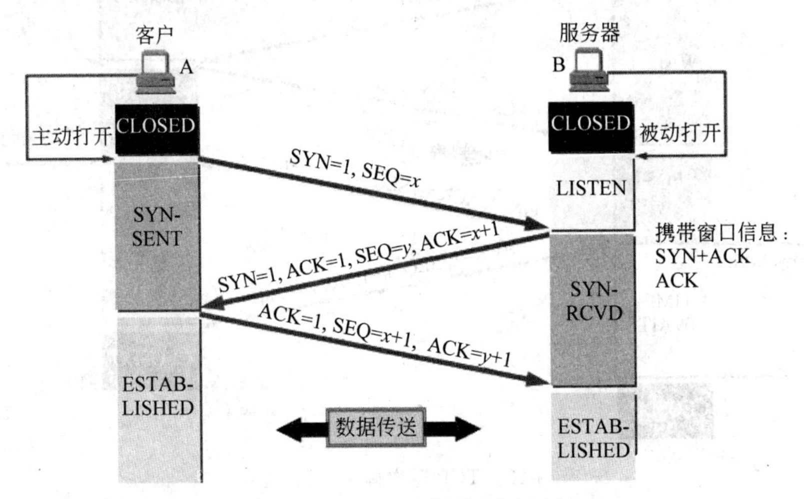

图5-21 TCP三次握手/建立连接

① A的TCP向B发出连接请求报文段，其首部中的同步位SYN=1，并选择序号SEQ=x，表明传送数据时的第一个数据字节的序号是x。

② B的TCP收到连接请求报文段后，如同意，则发回确认。ACK=1，其确认号ACK=$x+1$。同时B向A发起连接请求，应使SYN=1，选择序号SEQ=y。

③ A收到此报文段后向B给出确认，其ACK=1，确认号ACK=$y+1$。A的TCP通知上层应用进程，连接已经建立。

大开眼界

三次握手举例如下。

主机A向主机B发出连接请求数据包："我想给你发数据，可以吗？"这是第一次对话。主机B向主机A发送同意连接和要求同步(同步就是两台主机一个在发送，一个在接收，协调工作)的数据包："可以，你什么时候发？"这是第二次对话。主机A再发出一个数据包确认主机B的要求同步："我现在就发，你接着吧！"这是第三次对话。三次"对话"的目的是使数据包的发送和接收同步。经过三次"对话"之后，主机A才向主机B正式发送数据。

(3) TCP终止连接/四次握手。一个TCP连接是全双工(即数据在两个方向上能同时传递)的，因此每个方向必须单独进行关闭。当一方完成它的数据发送任务后，就发送一个 FIN 来终止这个方向的连接。当一端收到一个 FIN，它必须通知应用层另一端已经终止了那个方向的数据传送。所以 TCP 终止连接的过程需要四个过程，称为四次握手过程，如图 5-22 所示。

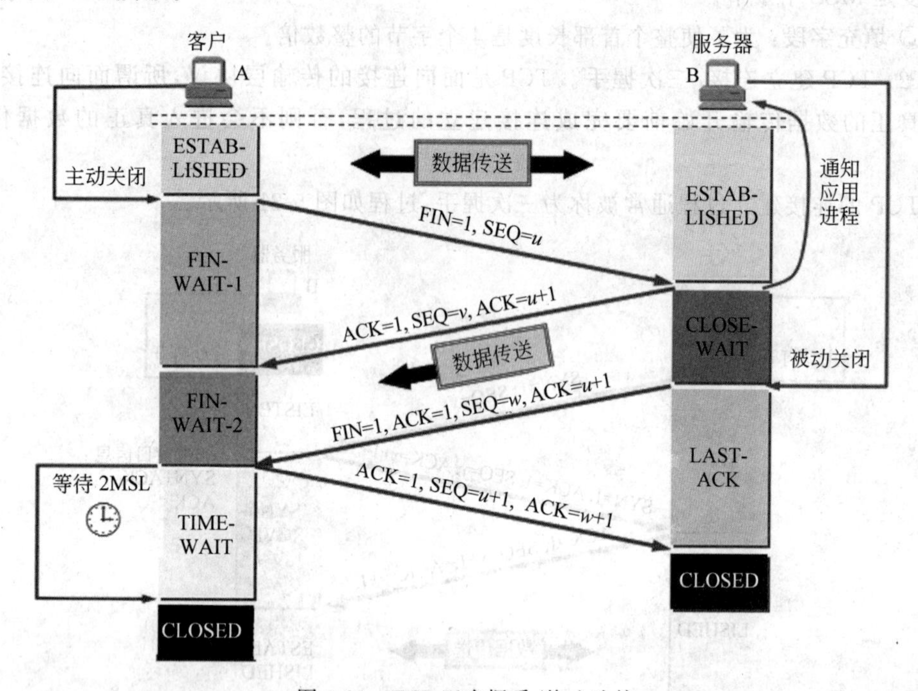

图 5-22　TCP 四次握手/终止连接

数据传输结束后，通信的双方都可释放连接请求。

① 主机 A 的应用进程先向其 TCP 发出连接释放报文段，并停止数据发送，主动关闭 TCP 连接。主机 A 发往主机 B 的释放报文段首部的终止比特为 FIN＝1，其序号 SEQ＝u，等待主机 B 的确认。

② 主机 B 的 TCP 收到主机 A 的信息后发出 ACK＝1、ACK＝u＋1、SEQ＝v 的确认信号。TCP 服务器进程通知高层应用进程。从主机 A 到主机 B 这个方向的连接就释放了，TCP 连接处于半关闭状态。主机 B 若发送数据，主机 A 仍要接收。

③ 若主机 B 已经没有要向主机 A 发送的数据，其应用进程就通知 TCP 释放连接。FIN＝1，SEQ＝w，ACK＝1，ACK＝u＋1，主机 A 收到连接释放报文段后，必须发出确认。

④ 在收到主机 A 发送的信息后，主机 A 发出 ACK＝1、ACK＝w＋1、SEQ＝u＋1 的确认信号，从而把主机 B 到主机 A 的连接释放，整个连接全部释放。

（资料来源：https：//blog.csdn.net/yusiguyuan/article/details/22876185）

大开眼界

为什么建立连接是三次握手，而关闭连接却是四次握手呢？这是因为服务端的 LISTEN 状态下的 SOCKET 在收到 SYN 报文的建立连接请求后，它可以把 ACK 和 SYN(ACK 起应答作用，而 SYN 起同步作用)放在一个报文里来发送。但关闭连接时，当收到对方的FIN报文通知时，它仅表示对方没有数据发送给你了；但未必你所有的数据都发送给对方了，所以你未必会马上关闭SOCKET，即你可能还需要发送一些数据给对方之后，再发送FIN报文给对方来表示你同意现在关闭连接了，所以这里的ACK报文和FIN报文多数情况下是分开发送的。

2）UDP

UDP提供了无连接通信，且不对传送数据包进行可靠性保证。适合用于一次传输少量数据，可靠性则由应用层来负责，如图5-23所示。

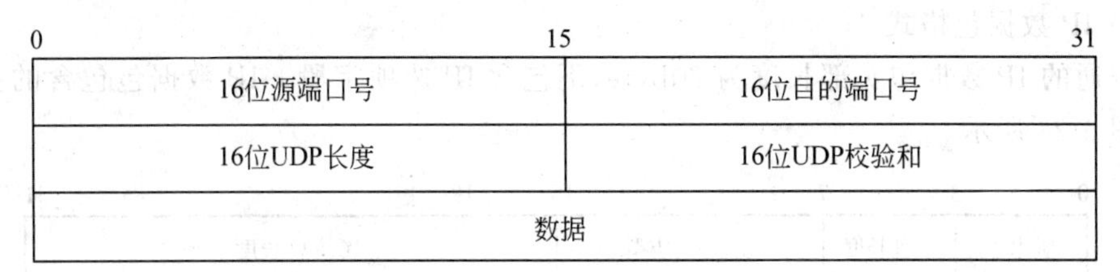

图5-23　UDP段格式

相对于TCP报文，UDP报文只有少量的字段：源端口号、目的端口号、长度、校验和等，各个字段功能和TCP报文相应字段功能一样。

！小提示

UDP报文没有可靠性保证和顺序保证字段、流量控制字段等，可靠性较差。当然，使用传输层UDP服务的应用程序也有优势。正因为UDP较少的控制选项，在数据传输过程中，延迟较小，数据传输效率较高，适合于对可靠性要求并不高的一些实时应用程序，或者可以保障可靠性的应用程序，像DNS、TFTP、SNMP等；UDP也可以用于传输链路可靠的网络。

3）TCP与UDP的区别

TCP和UDP同为传输层协议，但是从其协议报文便可发现两者之间的明显差别，从而导致它们为应用层提供了两种截然不同的服务。

(1) TCP是基于连接的协议，UDP是面向非连接的协议。也就是说，TCP在正式收发数据前，必须和对方建立可靠的连接。一个TCP连接必须要经过三次“对话”才能建立起来。UDP是与TCP相对应的协议，它是面向非连接的协议，不与对方建立连接，直接就把数据包发送过去。

(2) 从可靠性的角度来看，TCP的可靠性优于UDP。

(3) 从传输速度来看，TCP的传输速度比UDP更慢。

(4) 从协议报文的角度来看，TCP的协议开销大，但是TCP具备流量控制的功能，UDP的协议开销小，但是UDP不具备流量控制的功能。

(5) 从应用场合来看，TCP适合用于传送大量数据，而UDP适合传送少量数据。

5. 网络层协议

网络层位于TCP/IP协议族数据链路层和传输层中间，网络层接收传输层的数据报文，分段为合适的大小，用 IP 报文头部封装，交给数据链路层。网络层为了保证数据包的成功转发，主要定义了以下协议。

- IP：IP 和路由协议协同工作，寻找能够将数据包传送到目的端的最优路径。IP 不关心数据报文的内容，提供无连接的、不可靠的服务。
- ICMP：定义了网络层控制和传递消息的功能。
- ARP：把已知的 IP 地址解析为 MAC 地址。
- RARP：用于数据链路层地址已知时，解析 IP 地址。

1）IP 数据包格式

普通的 IP 数据包头部长度为 20byte，不包含 IP 选项字段。IP 数据包包含的主要部分如图 5-24 所示。

0	3	7	15	18　　31
版本号	头部长度	8位服务类型	16位总长度	
16位标识字段			标志	13位片偏移
8位生存时间		8位协议	16位头部校验和	
32位源IP地址				
32位目的IP地址				
IP选项				
数据				

图 5-24　IP 数据包格式

（1）版本号字段。版本号字段标明了 IP 的版本号，目前的协议版本号为 4，下一代 IP 的版本号为 6。

（2）头部长度字段。头部长度是指 IP 数据包头中 32bit 的数量，包括任选项。由于它是一个 4bit 字段，每单位代表 4byte，因此头部最长为 60byte。普通 IP 数据包（没有任何选择项）字段的值是 5，即长度为 20byte。

（3）服务类型字段。服务类型字段包括一个 3bit 的优先权子字段、4bit 的 TOS 子字段和 1bit 未用但必须置 0 的子字段。4bit 的 TOS 分别代表：最小时延、最大吞吐量、最高可靠性和最小费用。4bit 中只能置其中 1bit 为 0。如果所有 4bit 均为 0，那么就意味着是一般服务。路由协议（如 OSPF 和 IS-IS）都能根据这些字段的值进行路由决策。

（4）总长度字段。总长度字段是指整个 IP 数据包的长度，以字节为单位。利用头部长度字段和总长度字段，就可以知道 IP 数据包中数据内容的起始位置和长度。由于该字段长 16bit，所以 IP 数据包最长可达 65535byte。尽管可以传送一个长达 65535byte 的 IP 数据包，但是大多数的链路层会对它进行分片。总长度字段是 IP 头部中必要的内容，因为一些数据链路（如以太网）需要填充一些数据以达到最小长度。尽管以太网的最小帧长为 46byte，但是 IP 数据可能会更短。如果没有总长度字段，那么 IP 层就不知道 46byte 中有多少是 IP 数据包的内容。

(5) 标识字段。标识字段唯一地标识主机发送的每一份数据包。通常每发送一份报文,它的值就会加 1,物理网络层一般要限制每次发送数据帧的最大长度。IP 把 MTU 与数据包长度进行比较,如果需要则进行分片。分片可以发生在原始发送端主机上,也可以发生在中间路由器上。把一份 IP 数据包分片以后,只有到达目的地才进行重新组装。重新组装由目的端的 IP 层来完成,其目的是使分片和重新组装过程对传输层(TCP 和 UDP)是透明的,即使只丢失一片数据也要重传整个数据包。

已经分片过的数据包有可能会再次进行分片(可能不止一次)。IP 首部中包含的数据为分片和重新组装提供了足够的信息。

对于发送端发送的每份 IP 数据包来说,其标识字段都包含一个唯一值。该值在数据包分片时被复制到每个片中。标志字段用其中一个比特来表示"更多的片",除了最后一片外,其他每片都要把该比特置 1。

(6) 片偏移字段。片偏移字段是指该片偏移原始数据包开始处的位置。当数据包被分片后,每个片的总长度值要改为该片的长度值。

(7) 生存时间字段。生存时间字段设置了数据包可以经过的最多路由器数。它指定了数据包的生存时间。生存时间的初始值由源主机设置(通常为 32 或 64),一旦经过一个处理它的路由器,它的值就减去 1。当该字段的值为 0 时,数据包就被丢弃,并发送 ICMP 报文通知源主机。

(8) 协议字段。根据它可以识别是哪个协议向 IP 传送数据,如图 5-25 所示。

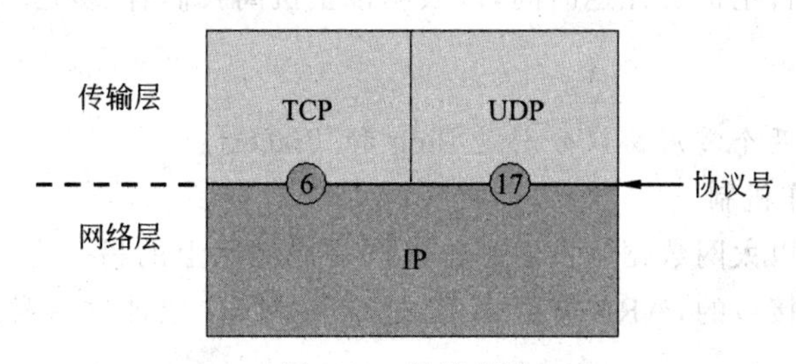

图 5-25 协议字段

由于 TCP、UDP、ICMP 和 IGMP 及一些其他的协议都要利用 IP 传送数据,因此 IP 必须在生成的 IP 头部中加入某种标识,以表明其承载的数据属于哪一类。为此,IP 在头部中存入一个长度为 8bit 的数值,称作协议域。

其中 1 表示为 ICMP,2 表示为 IGMP,6 表示为 TCP,17 表示为 UDP。

(9) 头部校验和字段。根据 IP 头部计算的校验和码。它不对头部后面的数据进行计算。因为 ICMP、IGMP、UDP 和 TCP 在它们各自的头部中均含有同时覆盖头部和数据校验和码。每一份 IP 数据包都包含 32bit 的源 IP 地址和目的 IP 地址。

大开眼界

最后一个字段是任选项,是数据包中的一个可变长的可选信息。这些任选项定义如下。

(1) 安全和处理限制(用于军事领域)。

(2) 记录路径(让每个路由器都记下它的 IP 地址)。

(3) 时间戳(让每个路由器都记下它的 IP 地址和时间)。

(4) 宽松的源站选路(为数据包指定一系列必须经过的 IP 地址)。

(5) 严格的源站选路(与宽松的源站选路类似,但是要求只能经过指定的这些地址,不能经过其他的地址)。

这些选项很少被使用,并非所有的主机和路由器都支持这些选项。选项字段一直都是以 32bit 作为界限,在必要的时候插入值为 0 的填充字节。这样就保证 IP 头部始终是 32bit 的整数倍。最后是上层的数据,如 TCP 或 UDP 的数据。

2) ICMP

ICMP 是一种集差错报告与控制于一身的协议。在所有 TCP/IP 主机上都可实现 ICMP。ICMP 消息被封装在 IP 数据包里,ICMP 经常被认为是 IP 层的一个组成部分。它传递差错报文以及其他需要注释的信息。ICMP 报文通常被 IP 层或更高层协议(TCP 或 UDP)使用。一些 ICMP 报文把差错报文返回给用户进程。

常用的 Ping 就是使用的 ICMP。Ping 这个名字源于声呐定位操作,目的是测试另一台主机是否可达。该程序发送一份 ICMP 回应请求报文给主机,并等待返回 ICMP 回应。一般来说,如果不能 Ping 到某台主机,那么就不能 Telnet 或者 FTP 到那台主机。反过来,如果不能 Telnet 到某台主机,那么通常可以用 Ping 程序来确定问题出在哪里。Ping 程序还能测出到这台主机的往返时间,以表明该主机离我们有"多远"。

! 小提示

基于 ICMP 的两个常用协议分别是 Ping 和 Tracert。

3) ARP 的工作机制

当一台主机把以太网数据帧发送到位于同一局域网上的另一台主机时,是根据以太网地址来确定目的接口的,ARP 需要为 IP 地址和 MAC 地址这两种不同的地址形式提供对应关系。

ARP 工作过程如图 5-26 所示。

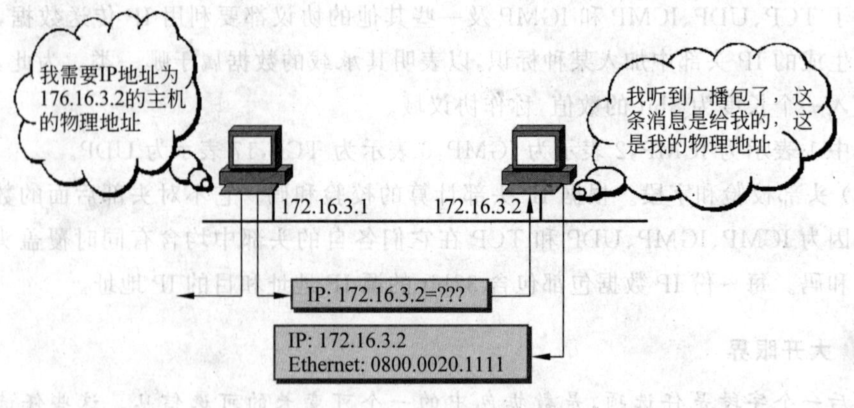

图 5-26　ARP 的工作过程

(1) ARP发送一份称作ARP请求的以太网数据帧给以太网上的每个主机。这个过程称作广播,ARP请求数据帧中包含目的主机的IP地址,其意思是如果你是这个IP地址的拥有者,请回答你的MAC地址。

(2) 连接到同一LAN的所有主机都接收并处理ARP广播,目的主机的ARP层收到这份广播报文后,根据目的IP地址判断出这是发送端在询问它的MAC地址。于是发送一个单播ARP应答。这个ARP应答包含IP地址及对应的MAC地址。收到ARP应答后,发送端就知道接收端的MAC地址了。

(3) ARP高效运行的关键是每个主机上都有一个ARP高速缓存。这个高速缓存存放了最近IP地址到硬件地址之间的映射记录。当主机查找某个IP地址与MAC地址的对应关系时,首先在本机的ARP缓存表中查找,只有在找不到时才进行ARP广播。

4) RARP的工作机制

RARP实现过程是主机从接口卡上读取唯一的硬件地址,然后发送一份RARP请求(一帧在网络上广播的数据),请求某个主机(如DHCP(dynamic host configuration protocol,动态主机配置协议)服务器或BOOTP(boot strap protocol,引导程序协议)服务器)响应该主机系统的IP地址,如图5-27所示。

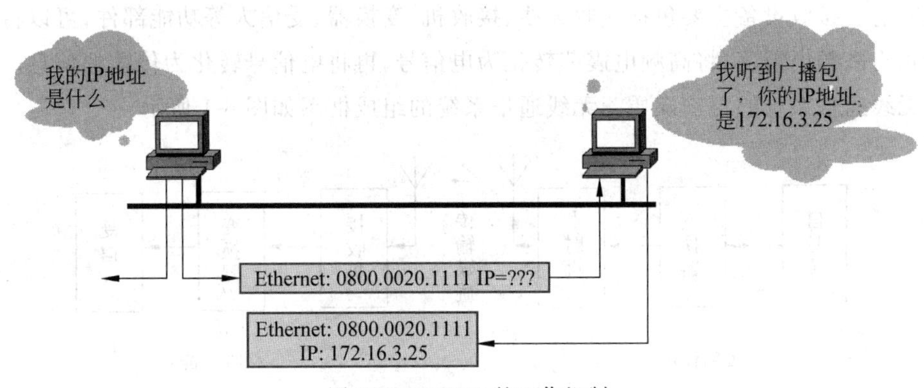

图5-27 RARP的工作机制

大开眼界

ARP是已知目标主机的IP地址,解析对应的MAC地址;而RARP是已知MAC地址去解析对应的IP地址。RARP通常被用在一种传统的网络,即无盘工作站网络中,因为无盘工作站无法在初始化的过程中知道自己的IP地址,但是它们永远都知道自己的MAC地址,此时,它们使用RARP将已知的MAC地址解析成自己的IP地址,这个请求就是RARP,网络中的RARP服务器会应答这个请求。

DHCP服务器或BOOTP服务器接收到了RARP的请求,为其分配IP地址等配置信息,并通过RARP回应发送给源主机。

大开眼界

DHCP是用来给主机动态分配IP地址的协议。DHCP能够让网络上的主机从一个DHCP服务器上获得一个可以让其正常通信的IP地址以及相关的配置信息。

第6章 近距离无线通信技术

6.1 无线通信系统概述

无线通信系统由发射设备、接收设备以及传输媒质三部分组成，是在马可尼于 1897 年通过使用无线电实现了在英格兰海峡行驶的船只之间保持持续通信的基础上逐步发展而来。发射设备主要包括信号源、变换器、发射机、发射天线等功能部件，可以将发送的信息变换为电信号，将电信号变为高频电震荡，再通过天线将高频电震荡变成电磁波向传输媒质辐射。接收设备主要包括接收天线、接收机、变换器、受信人等功能部件，可以将电磁波转化为高频电震荡，将高频电震荡转化为电信号，再将电信号转化为传输的信息。电磁波是无线通信系统的传输媒质。无线通信系统的组成框图如图 6-1 所示。

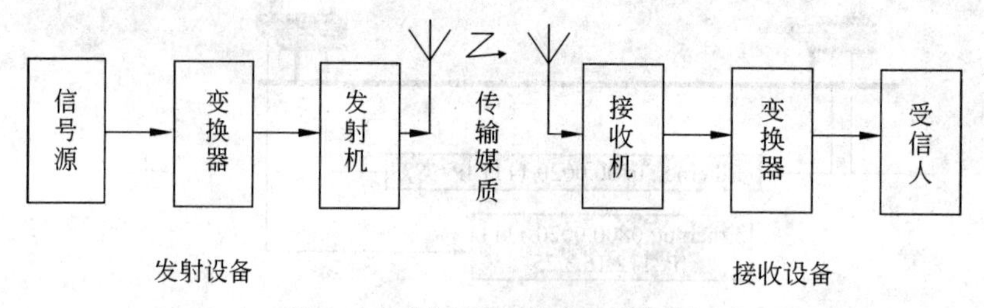

图 6-1 无线通信系统的组成框图

无线通信是利用电磁波信号可以在空间传播的特性来进行信息交换的一种通信方式，无线通信包括固定物体之间的无线通信和移动通信两大部分，移动通信包括移动物体之间的无线通信和固定物体与移动物体之间的无线通信。无线通信技术的出现给人们日常生产、生活带来了一次又一次的深刻变化。特别是伴随着集成电路设计、测试、生产制造工艺等技术的不断发展，无线通信系统设备的体积更小、价格更加低廉、可靠性更高，进一步地，无线通信技术在众多领域有了更加宽广的应用。特别是在移动通信领域，全世界的人们正在不断体验着新的无线通信技术带来的多种多样的无线通信服务与体验。物联网作为未来技术发展的趋势，正在成为新的无线通信技术重要的应用领域，物联网应用系统所具有的全面感知、可靠传输等特征，更是需要新的无线通信技术与系统来实现。

6.1.1 无线通信与移动通信的概念

1. 无线通信

无线通信系统的发展源于无线电技术，无线电技术在传播上不受空间和时间的限制，主要以无线电波作为传输媒介，无线电波是由导体中电流强弱的改变产生的，通过调制可将信息加载于无线电波之上。当无线电波通过空间传播到达收信端时，无线电波引起的电磁场变化又会在导体中产生电流，通过解调将信息从电流变化中读取出来，就实现了信息传递的功能。

无线电波是频率在一定范围内的电磁波，频率是指单位时间内完成周期性变化的次数，通常使用符号 f 表示，单位名为赫兹，单位符号为 Hz。波长是指波在一个振动周期内传播的距离，通常使用符号 λ 表示。波速是指在单位时间内一定的振动状态所传播的距离，通常使用符号 c 表示。频率、波长、波速三者间的关系为：波速＝波长×频率，用字母表示为 $c=\lambda f$。电磁波在真空中传播的速度和光速相同，在空气中传播的速度和在真空中近似。常用的波段划分如表 6-1 所示。

表 6-1 常用的波段划分

波段(频段)	英文缩写	频率范围
甚低频	VLF	3～30kHz
低频	LF	30～300kHz
中频	MF	300～3000kHz
高频	HF	3～30MHz
甚高频	VHF	30～300MHz
特高频	UHF	300～3000MHz
超高频	SHF	3～30GHz
极高频	EHF	30～300GHz

2. 移动通信

移动通信是指人与人之间或人与自然之间通过某种行为或媒介进行的信息交流与传递，广义上讲是指需要信息处理的双方或多方在一定条件下采用任意方法、任意媒介实现将信息从一方准确安全地传送到另一方。移动通信是在通信基础上，将通信双方约定为移动体或移动体与固定体，移动体可以是人，也可以是处于移动状态中的物体。移动通信具有如下特点。

1）移动性

就是要求保证处于移动状态中的物体之间的通信，为了实现处于移动状态物体之间的通信，通信方式就必须采用无线通信。

2）复杂的电波传播条件

移动状态中的物体可能处于各种环境中，在采用电磁波通信时必然会产生电磁波反射、折射、绕射、多普勒效应等现象以及多径干扰、信号传播延迟等问题。

3）存在噪声和干扰

人居环境中会有如汽车火花噪声及各种工业噪声，也会存在移动物体之间的互调干扰、邻道干扰、同频干扰等。

4）系统和网络结构复杂

移动通信系统是一个多用户通信系统和网络，要求用户之间互不干扰，并且能协调一致地工作，另外还需要考虑与其他通信系统的互联互通问题。

5）要求频带利用率高、设备性能好

为缓和移动通信业务量与日俱增的需要，除开发新频段外，还需要采取加压缩频带、缩小波道间隔、多波道共享等措施，提高频段的利用率。同时，还需要提高移动设备终端的性能，满足信号发送与接收的需求。

6.1.2 无线通信与移动通信的发展历程

无线电技术的发展离不开磁与电的发现，早在战国末期成书的《吕氏春秋》中就有记载，我们的祖先早在公元前两百多年就发现了具有吸引铁器这种神奇特性的石头，并制成了可以指明方向的神器——司南。16世纪末，英国医生吉尔伯特完成了《论磁》一书，并指出了电与磁是两种截然不同的现象。18世纪库仑，推导并完成了著名电磁学定量定律——库仑定律。19世纪，奥斯特和法拉第分别陆续通过实验揭示了电生磁和磁生电现象，麦克斯韦在前人研究的基础上进而提出了电磁波学说，赫兹通过实验进一步验证了麦克斯韦发现的真理，进而开创了无线电电子技术的新纪元。

伴随着无线电技术的不断发展，特别是马可尼于1897年通过使用无线电实现了在英格兰海峡行驶的船只之间保持持续的通信之后，移动通信技术便逐步踏上了大幅度改变人们日常生活的新征程。移动通信技术主要经历了如下几个发展阶段。

（1）第一代移动通信阶段。1986年，第一代（1G）移动通信系统在美国芝加哥诞生，采用模拟信号传输，即将电磁波进行频率调制后，将语音信号转换到载波电磁波上，载有信息的电磁波发布到空间后，由接收设备接收，并从载波电磁波上还原语音信息，完成一次通话。“大哥大”是第一代移动通信的典型代表，主要采用模拟技术实现，传输的也是模拟信号，存在语音品质低、信号不稳定、涵盖范围不够全面、安全性差和易受干扰等问题。

（2）第二代移动通信阶段。第二代（2G）移动通信系统时代是移动通信标准争夺的开始，主要有以摩托罗拉为代表的CDMA美国标准和以诺基亚为代表的GSM欧洲标准。第二代移动通信系统采用的是数字电路技术和模拟电路技术，传输的是数字信号，信号传输的可靠性得到了进一步的增强，抗干扰能力得到了提升，相对于第一代移动通信系统，第二代移动通信系统的容量也在增加。随着系统容量的增加，2G时代的手机可以连接互联网，虽然数据传输速度很慢，但可以传输文字信息，这成为当今移动互联网发展的基础，2G时代的手机称为功能机。

(3) 第三代移动通信阶段。随着互联网技术的发展，人们对日益增长的图片和视频传输的需要不再仅局限于 PC 端，更希望在移动通信终端上实现，2G 时代的数据传输速度满足不了这种需求，故而移动通信进入了 3G 时代。与 2G 相比，3G 依然采用数字数据传输，但通过开辟新的电磁波频谱、制定新的通信标准，3G 的传输速度可达 384kb/s，在室内稳定环境下甚至能达到 2Mb/s，是 2G 时代的 140 倍。3G 通信标准有美国的 CDMA2000、欧洲的 WCDMA 及中国的 TD-SCDMA，由于采用更宽的频带，传输的稳定性也大幅提高。速度的大幅提升和稳定性的提高，使大数据的传送更为普遍，更好地满足了人们对移动通信多样化应用的需求。2007 年，美国苹果公司发布了 iPhone，开启了全新的移动互联网生态系统，手机进入智能机时代，移动互联网时代正式到来了。

(4) 第四代移动通信阶段。4G 是在 3G 基础上发展起来的，采用了更加先进的通信协议，4G 通信标准有 TD-LTE 和 FDD-LTE，一个采用时分双工，另一个采用频分双工，给人们带来了更快的通信速度和更大的通信带宽。4G 最大的数据传输速率超过了 100Mb/s，是 2G 时代的 1 万倍，使人们通过手机等移动终端可以更加流畅地浏览视频、图片等信息，能够满足 3G 尚不能达到的在覆盖范围、通信质量、造价上支持的高速数据和高分辨多媒体服务的需要，第四代移动通信系统也称为多媒体移动通信。

(5) 第五代移动通信阶段。随着移动通信系统带宽和能力的增加，移动网络的速率也飞速提升，从 2G 时代的 10kb/s，发展到 4G 时代的 1Gb/s，足足增长了 10 万倍。每一阶段移动通信技术的发展，都会诞生出新的业务和应用场景，比如 2G 时代的短消息，3G、4G 时代的微信、美团、滴滴等，而 5G 将不同于传统的几代移动通信，5G 不再由某项业务能力或者某个典型技术特征所定义，它不仅是更高速率、更大带宽、更强能力的技术，而且是一个多业务多技术融合的网络，更是面向业务应用和用户体验的智能网络，最终打造以用户为中心的信息生态系统。

5G 将渗透到未来社会的各个领域，5G 将使信息突破时空限制，提供极佳的交互体验。

6.1.3　宽带无线接入技术

伴随着无线通信技术的发展，无线接入技术也得到了迅速发展，特别是在通信传输宽带化、业务多样化的发展趋势下，宽带无线接入技术更是无线通信的关键问题，解决如何通过无线介质将用户终端与网络节点连接起来，以实现用户与网络间的信息传递。用户终端接入示意框图如图 6-2 所示。

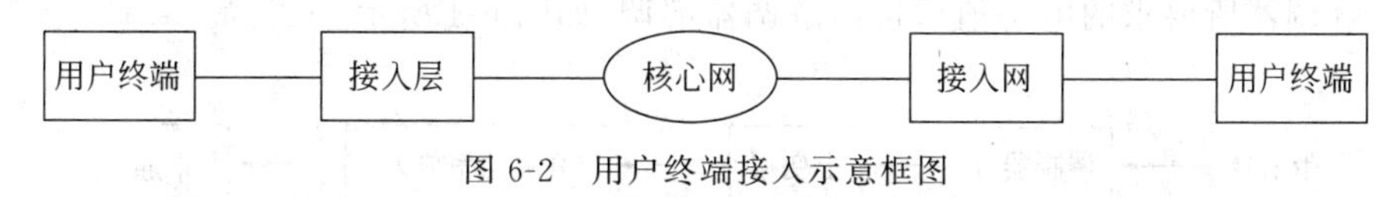

图 6-2　用户终端接入示意框图

“宽带”的概念主要是指在接入层相对较高的信息传输速率，以及满足业务高带宽需求的信息传输速率。宽带无线接入技术主要技术有无线个人局域网(WPAN)接入技术、无线局域网(WLAN)接入技术、无线城域网(WMAN)接入技术及无线广域网(WWAN)

接入技术，其 IEEE 802.××标准系列如表 6-2 所示。

表 6-2　IEEE 802.××标准系列

项目	WPAN（IEEE 802.15）			WLAN（IEEE 802.11）				WMAN（IEEE 802.16）		WWAN（IEEE 802.20）
标准	15.1	15.3a	15.4	11a	11b	11g	11n	16a/d	16e	802.20
频段/GHz	2.4	3.1～106	2.4	5	2.4	2.4	2.55	2～11	移动≤6	≤3.5
速率/（Mb/s）	1	≥110	20～250	54	11	22	≥110	75	15～60	16
传送距离/km	0.01	0.01	0.01	0.1	0.1	0.1	0.1	视距 50；非视距 7～10	2～5	31
组织	蓝牙	WiMedia	ZigBee	Wi-Fi				WiMAX		Mobile-Fi

一个典型的无线接入系统主要由控制器、操作维护中心、基站、固定用户单元和移动终端等部分组成。控制器通过其提供的与交换机、基站和操作维护中心的接口与这些功能实体相连接，控制器的主要功能是处理用户的呼叫以及对基站进行管理，通过基站进行无线信道控制、基站监测和对固定用户单元及移动终端进行监视和管理。操作维护中心负责整个无线接入系统的操作和维护，其主要功能是对整个系统进行配置管理，对各个网络单元的软件及各种配置数据进行操作。基站通过无线收发信机提供与固定用户单元和移动终端之间的无线信道，并通过无线信道完成语音呼叫和数据的传递。固定用户单元为用户提供电话、传真、数据调制解调器等用户终端的标准接口。移动终端是将固定终端设备和用户终端合并构成的一个物理实体，具备一定的移动性。

6.2　射频通信

射频通信即采用射频技术实现的通信，射频通信主要分为天线、发射和接收三部分，天线分为接收天线和发射天线，接收天线将接收到的电磁波信号转换成电压或电流信号，发射天线是将调制放大后的射频信号转换成电磁波信号发射出去。发射机射频部分的任务是完成基带信号对载波的调制，将其变成通带信号并搬移到所需的频段上且有足够的功率发射，如图 6-3 所示。接收机射频部分与发射机相反，将频带信号变为基带信号，并放大到解调器所要求的电平值后再由解调器解调，如图 6-4 所示。

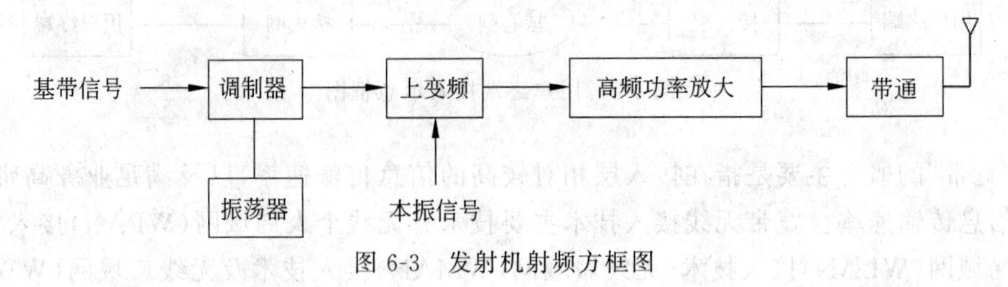

图 6-3　发射机射频方框图

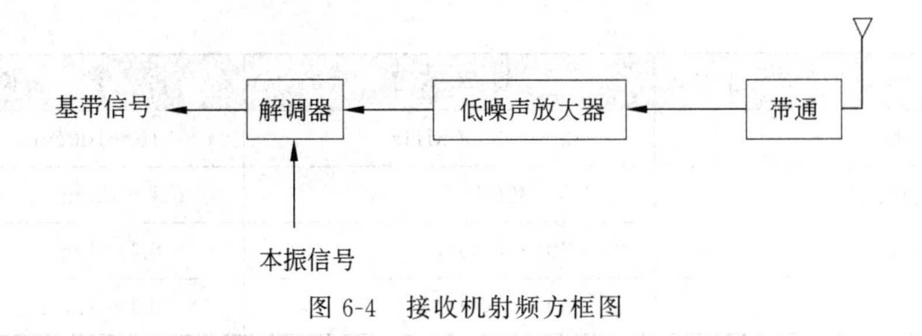

图 6-4　接收机射频方框图

6.2.1　射频的概念

射频(radio frequency,RF)表示可以辐射到空间的电磁频率,通常所指的频率范围为300kHz～30GHz,射频的本质是射频电流,是一种高频交流变化(以下简称交变)电磁波的简称。当交变电流通过导体时,导体周围会形成交变的电磁场,称为电磁波。当电磁波频率低于100kHz时,电磁波会被地表吸收,不能形成有效的传输,但当电磁波频率高于100kHz时,电磁波可以在空气中传播,并经电离层反射进而形成远距离传输能力,我们也将具有远距离传输能力的高频电磁波称为射频。

射频不仅可以应用于射频通信,还可以应用在医学方面,比如,射频除皱就是采用射频波穿透表皮基底,使真皮层胶原纤维收缩,从而达到美容去皱的目的。射频的另一个大的应用就是识别系统,即射频识别(RFID),依射频识别技术采用的频率不同可以分为低频系统和高频系统两大类,根据其电子标签是否装有电池,可分为有源系统和无源系统两大类。射频识别技术目前已经广泛应用于各行各业中,具有非常广阔的市场应用价值,为人类生产、生活带来更多便捷。

6.2.2　频谱的划分

IEEE 划分频谱如表 6-3 所示。

表 6-3　IEEE 划分频谱

频　段	频率范围	波　长
ELF(极低频)	30～300Hz	1000～10000km
VF(音频)	300～3000Hz	100～1000km
VLF(甚低频)	3～30kHz	10～100km
LF(低频)	30～300kHz	1～10km
MF(中频)	300～3000kHz	0.1～1km
HF(高频)	3～30MHz	10～100m
VHF(甚高频)	30～300MHz	1～10m

续表

频　　段	频率范围	波　　长
UHF(特高频)	300～3000MHz	10～100cm
SHF(超高频)	3～30GHz	1～10cm
EHF(极高频)	30～300GHz	0.1～1cm
亚毫米波	300～3000GHz	0.1～1mm

微波是经常使用的频段，是指频率在300MHz～3000GHz的电磁波，可分为分米波、厘米波、毫米波和亚毫米波4个频段。依据射频频段和微波频段可知，微波的低频段与射频频段一致，二者之间没有定义出明确的频率分界点。

常用电磁波应用频率范围如表6-4所示。

表6-4　常用电磁波应用频率范围

频率范围	常用应用范围
6.765～6.795MHz	各类无线电服务，如无线电广播等
13.553～13.567MHz	电感耦合RFID
26.957～27.283MHz	电感耦合RFID
40.660～40.700MHz	遥控、遥测
430.050～434.790MHz	反向散射RFID、对讲机
868～870MHz	RFID
2.400～2.483GHz	反向散射RFID
5.725～5.875GHz	反向散射RFID

6.2.3　RFID使用的频段

RFID系统主要由标签、阅读器和天线三部分组成，标签即射频卡，由耦合元件及芯片组成，标签含有内置天线，用于和射频天线间进行通信；阅读器是主要用于读写标签信息的设备；天线主要用于在标签和读写器间传递射频信号来实现数据交换。RFID系统是在读写器和电子标签之间通过射频无线电信号来自动识别目标对象，并获取相关数据的。RFID系统读写器和电子标签之间射频信号的传输主要有两种方式：一种是电感耦合方式，另一种是电磁反向散射耦合方式，这两种方式采用的频率不同，工作原理也不相同。

1. 电感耦合方式

RFID系统采用电感耦合方式的电子标签一般为无源标签，其工作时所需要的能量是通过电感耦合方式从读写器天线的近场中获得的，当电子标签与读写器之间传送数据时，电子标签先要处于读写器附近，这样电子标签就可以通过其谐振电路的电感耦合获取能量而进入正常工作状态，进而实现二者之间的通信。在这种方式中，读写器和电子标签的天线是线圈，读写器的线圈在其周围产生磁场，当电子标签通过时，电子标签线圈上会产生感应电压，整流后可为电子标签上的微型控制器供电，使电子标签开始工作。RFID读写器线圈和电子标签线圈的电感耦合如图6-5所示。采用电感耦合方式的RFID系统一般采用低频、高频频率，典型的频率为125kHz、13.56MHz等，可适用于采用中、低频工作的近距离射频识别系统。

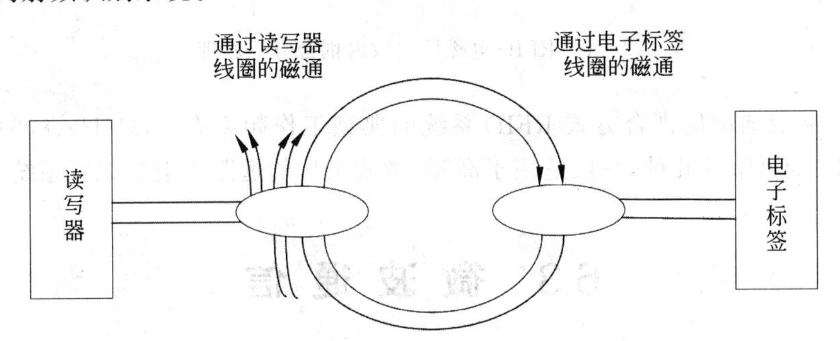

图6-5　RFID读写器线圈和电子标签线圈的电感耦合

RFID系统的低频段常用125kHz的工作频率，具有如下工作特性。

(1) 工作频率不受无线电频率管制约束，可自由使用。

(2) 读写距离一般应小于1m。

(3) 具有较高的电感耦合功率，为电子标签提供能量。

(4) 无线电信号可以穿透水、木材等介质。

低频段的RFID系统非常适合要求距离近、不要求传输速度、数据量少的识别应用，如动物识别、工具识别等。

RFID系统的高频段常用13.56MHz的工作频率，具有如下工作特性。

(1) 工作频率为13.56MHz，数据传输快。

(2) 可使用微处理器来实现密码功能。

(3) 全球范围都认可该频段，没有特殊限制。

(4) 标签中可存放信息。

高频段的RFID系统一般应用于身份识别、图书馆管理、员工考勤、物流管理、货架管理等方面，高频段的电子标签是实际应用中使用量最大的电子标签之一。

2. 电磁反向散射耦合方式

采用电磁反向散射耦合方式的RFID系统采用雷达技术方式实现，当发射出去的电磁波遇到空间目标时，其能量的一部分被目标吸收，另一部分以不同的强度散射到各个方向。在散射的能量中，一小部分反射回发射天线，并被天线接收，天线对接收信号进行放大和处理，即可获得目标的有关信息。RFID电磁反向散射耦合方式采用特高频和超高频，应答器和读写器的距离大于1m，RFID电磁反向散射耦合方式原理如图6-6所示。

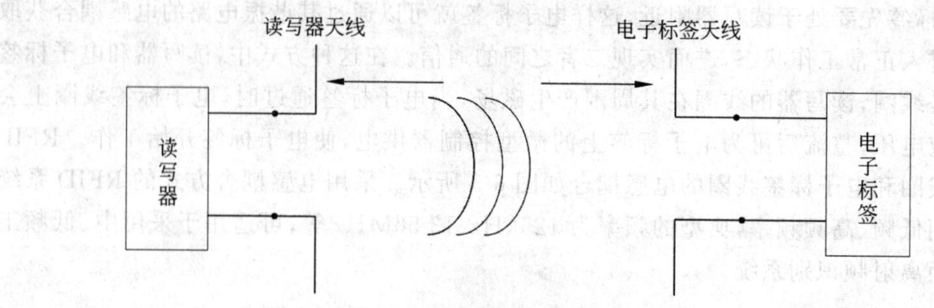

图 6-6　RFID 电磁反向散射耦合方式原理

采用电磁反向散射耦合方式 RFID 系统的典型工作频率有 433MHz、800/900MHz、2.4GHz 和 5.8GHz 等几种，一般适用于高频、微波工作的远距离射频识别系统。

6.3　微波通信

微波是指频率为 300MHz～3000GHz 的电磁波，是分米波、厘米波、毫米波和亚毫米波的统称。微波通信(microwave communication)就是使用微波进行的通信。微波在其传播过程中具有近于直线传播的特性，即如果遇到物体的几何尺寸大于或可与波长相比时，就会产生反射，波长越短，传播特性越与几何光学相似。微波具有能够穿过电离层至外层空间的特性，而普通无线电波会被电离层吸收或被反射回来。微波具有很好的抗灾性能，微波通信一般不会受到水灾、火灾以及地震等自然灾害的影响。微波具有很高的频率，因此，微波通信具有频带较宽、信息容量大等特点，进而使得微波通信得到广泛应用和发展。

依据微波的相关特性，微波通信有两种通信方式：一种是视距通信，另一种是微波中继通信。由于微波的频率非常高，而波长非常短，其在空中的传播特性与广播相近，即微波的直线传播特性，遇到阻挡就被反射或阻断。

按传播方式不同，视距通信又可分为以下两类。

(1) 直射波传播，由发射天线辐射的电磁波，像光线一样按直线行进，直接传到接收点。

(2) 大地反射波传播，由发射天线发射、经地面反射到达接收点。

视距通信按照收、发两端所处的空间位置不同，可分为地面上的视距通信、地面与空中目标(如飞机、通信卫星)之间的视距通信以及空间通信系统之间的视距通信。

微波中继通信实现了更远距离的通信，通信距离往往长达数千米甚至上万米，或环绕地球曲面，由于地球曲面的影响以及空间传输的损耗，每隔 50km 左右就需要设置中继站，将电波放大转发出去，进而实现通信距离的延伸。另外，由于微波传播有损耗，在远距离通信时有必要采用中继的方式对信号进行逐段接收，放大后再发送给下一段。

微波传输需要几个甚至十几个微波站进行无线电波的发射和接收，进而完成远距离通信目的。一般微波站设备主要包括天线、收发信机、调制器、多路复用设备以及电源设备、自动控制设备等，多个收发信机可以共同使用同一个天线而互不干扰。

6.4　近距离无线通信技术概览

一般意义上，只要通信收发双方通过无线电波传输信息，并且传输距离限制在几十米以内，就可以称为近距离无线通信。近距离无线通信主要分为高速近距离无线通信技术和低速近距离无线通信技术，高速近距离无线通信最高数据速率大于 100Mb/s，通信距离小于 10m，主要技术有高速超宽带（UWB）技术；低速近距离无线通信最低数据速率小于 1Mb/s，通信距离小于 100m，主要技术有 ZigBee 技术和蓝牙（Bluetooth）技术等。近距离无线通信的主要特点如下。

（1）通信距离短。

（2）无线发射器的发射功率较低，发射功率一般小于 100mW。

（3）无须申请无线信道。

（4）自由地连接各种家用电器设备、个人便携式电子设备，以实现信息无线传输与交互。

（5）高频操作，工作频段一般以吉赫兹（GHz）为单位。

（6）低成本。

（7）对等通信。

目前较广泛使用的近距离无线通信技术是蓝牙、Wi-Fi、红外数据传输（data transmission）、NFC、ZigBee、UWB 等。

蓝牙是一种无线技术标准，最初是由爱立信公司于 1994 年创制，通过使用 2.400～2.485GHz 的 ISM 波段的 UHF 无线电波，可实现固定设备、移动设备之间的近距离数据交换，低成本的收发器芯片可提供 1Mb/s 的传输速率和 10m 的传输距离，其特点如下。

（1）适用于全球范围。

（2）蓝牙设备之间的数据传输无须复杂设定。

（3）数据传输速率高，可建立对等连接。

（4）具有良好的抗干扰能力。

（5）体积小，便于集成开发。

（6）低功耗、低成本。

蓝牙系统通常由蓝牙模块、蓝牙协议、系统应用和无线电波组成，由于蓝牙使用波长特别短，可以将天线、控制器、编码器和收发器集成在一个微型模块内，称为蓝牙模块，从蓝牙 2.0、3.0、4.0、4.2 到现在的蓝牙 5.0，随着蓝牙模块体积越来越小，功耗越来越低，传输速度越来越快，传输距离越来越远，安全性、抗干扰性越来越强，蓝牙技术必定在更广的领域得到更广泛的应用。

IrDA 是一种利用红外线进行点对点通信的技术，主要优点是低成本，无须申请频率的使用权，体积小，功耗低，连接方便，传输安全性高等，其不足在于相互通信设备之间必须对准，并且不能被阻挡，只能用于两个设备之间的连接通信。

NFC(near field communication，近场通信)是由 Philips、Nokia 和 Sony 三家公司主推的一种类似于 RFID 的近距离无线通信技术标准，与 RFID 不同的是，NFC 采用了双向识别和连接，其工作频率为 13.56MHz，工作距离在 20cm 以内，NFC 技术可在设备连接、实时预定、移动商务等领域应用。

ZigBee 是一种低功耗、低成本、低复杂度、低速率的近距离无线通信技术，依据 IEEE 802.15.4 标准，可以在全球 2.4GHz 免费频带范围内高效、低速率通信，可自由组网，其主要特点如下。

(1) 低功耗，节点设备工作周期短，收发信息功率低，采用了休眠模式。

(2) 传输可靠，抗干扰能力强。

(3) 低成本。

(4) 安全，采用 AES 算法加解密。

(5) 速度快，距离远。

ZigBee 网络通常由三类节点组成，分别是协调器、路由器、终端设备，每个节点都具备一个无线电收发器、一个微控制器和一个能源。协调器负责建立、维持和管理网络，分配网络地址等；路由器允许在其通信范围内的其他节点加入或者退出网络，同时还具有路由发现和转发数据的功能；终端设备主要负责数据采集或控制功能，但不允许其他节点通过它加入网络中。ZigBee 技术目前广泛应用在各种物联网应用系统中。

UWB 技术是一种无线载波通信技术，它采用纳秒级的非正弦波窄脉冲传输数据，所占的频谱范围很宽，UWB 主要应用在近距离范围内高速无线数据传输领域，可用于精确地理定位，也可用于近距离数字化的音视频无线连接、近距离宽带高速无线接入等方面。

6.5 近场通信

近场通信(NFC)是源自无线设备间的一种非接触式射频识别(RFID)及互联技术，主要应用于手持设备的近距离数据通信，最初是由 Philips、Nokia 和 Sony 主推的一种近距离无线通信技术，通信距离在 10cm 以内，以 13.56MHz RFID 技术为基础，与现有的非接触式智能卡国际标准相兼容，数据传输速率为 106kb/s、212kb/s、424kb/s。NFC 将非接触式读卡器、非接触式卡和点对点功能整合进一块单芯片，能近距离对兼容设备进行识别，与兼容设备进行数据交换，与现有非接触智能卡技术兼容，目前已经成为越来越多的主流厂商支持的正式标准。与其他无线连接方式相比，NFC 是一种近距离的私密通信方式，提供各种设备间轻松、安全、迅速而自动的通信：与 RFID 相比，具有距离近、带宽高、功耗低等特点；与 IrDA 相比，速度更快、更可靠、更简单；与蓝牙相比，更适用于交换财务信息或敏感的个人信息等重要数据。NFC 具有如下 3 种工作模式。

1. 卡模式

在这种模式下，类似于IC卡，其中保存了ID，需要通过读卡器进行刷卡、验证等操作，可由读卡器供电，手机没电时不影响NFC的功能。

2. 点对点模式

在这种模式下，两个NFC设备都主动发出射频场来建立点对点的通信，进而可以交换声音、图片、视频等数据。

3. 读写模式

在这种模式下，开启NFC功能的手机可以读写任何支持的标签，通过主动发出自己的射频场来读取其他支持标签中的数据。

NFC的三种工作模式可以让用户通过手机就可以实现非常多的功能，如公交刷卡、员工考勤打卡、互换名片、优惠券、电子钱包等方面，可以说NFC技术能覆盖到人们日常生活的方方面面。

6.5.1 NFC发展概述

NFC是由Philips、Nokia和Sony三家公司在ISO 14443(RFID)技术的基础上联合研发的近场通信接口和协议(NFCIP-1)，并向欧洲计算机制造商协会(european computer manufacturers association，ECMA)提交了标准草案，被认可为ECMA-340标准。借助于ECMA向ISO/IEC提交了标准，被认可为ISO/IEC 18092。2004年，Philips、Nokia和Sony三家公司又共同发起了NFC论坛，以此为平台开始推广NFC技术的商业应用。为了兼容非接触式智能卡，2004年NFC论坛又推出了NFCIP-2标准，并先后被相关组织批准为ECMA-352、ISO/IEC 21481和ETSI TS 102 312 V1.1.1标准。其中NFCIP-1标准详细规定了NFC设备的调制方案、编码、传输速度与RF接口的帧格式，以及主动与被动NFC模式初始化过程中数据冲突控制所需要的初始化方案和条件，还定义了传输协议，其中包括协议启动和数据交换方法等。NFCIP-2标准则指定了一种灵活的网关系统，可以用来检测和选择NFC的工作模式。

6.5.2 NFC工作原理

NFC源于RFID技术，其基本的原理框架与RFID相同，NFC由读写器、标签、天线三部分组成。NFC工作原理如下：首先读写器将要发送的信息，进行编码并加载到高频载波信号上再经天线向外发送，当进入读写器工作区域的电子标签接收到此信号时，其卡内芯片的相关电路对此信号进行倍压整流、调制、解码、解密，然后对命令请求、密码、权限等进行判断。NFC可以通过主动与被动两种模式交换数据，在被动模式下，如图6-7所示，启动近场通信设备，也称发起设备(主设备)，在整个通信过程中提供射频场，可以选择

106kb/s、212kb/s 或 424kb/s 其中一种传输速度，将数据发送到另一台设备，另一台设备称为目标设备(从设备)，不必产生射频场，而使用负载调制技术以相同的速度将数据传回发起设备。在主动模式下，如图 6-8 所示，发起设备和目标设备都要产生自己的射频场，以此来进行通信。

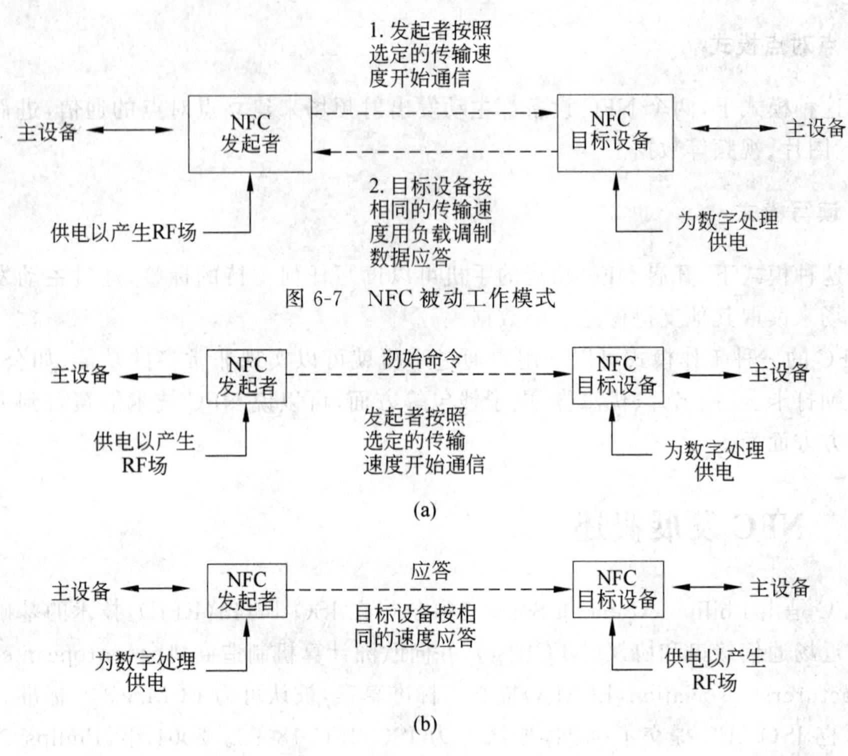

图 6-7 NFC 被动工作模式

图 6-8 NFC 主动工作模式

6.5.3 NFC 技术标准

NFC 技术标准如表 6-5 所示。

表 6-5 NFC 技术标准

项 目	标 准	项 目	标 准
应用模式	卡模式、读写模式、点对点模式	工作距离	最远为 20cm，实际工作距离不会超过 10cm
工作频率	13.56MHz	编码技术	信源编码、纠错编码
传输速度	106kb/s、212kb/s、424kb/s		

6.5.4 NFC 技术特点

NFC 技术是一种近距离无线通信技术，具有如下特点。

（1）NFC 传输距离短，数据建立交换速度快、安全，能耗低。

（2）NFC 更具安全性，NFC 比 RFID 增加了类似 CPU 的计算控制逻辑，增加了数据双向传送的功能，相互认证、动态加密和一次性钥匙能在 NFC 上实现。

（3）NFC 与现有非接触智能卡技术兼容，NFC 设备可以用作非接触式智能卡、智能卡读写器以及设备对设备的数据传输链路。

（4）传输速率较低。

6.5.5 NFC 技术应用

NFC 源于 RFID，可实现卡模式、读写模式和点对点模式 3 种应用模式，NFC 技术应用可分为如下 5 类。

1. 接触通过

如门禁系统、车票和门票等，用户将储存着票证或门控密码的设备靠近读卡器即可，也可用于物流管理。

2. 接触支付

如接触式移动支付，用户将设备靠近嵌有 NFC 模块的 POS 机即可进行支付，并确认交易。

3. 接触连接

如把两个 NFC 设备连接，进行点对点数据传输任务。

4. 接触浏览

用户可将 NFC 手机靠近具有 NFC 功能的智能公共电话或海报，以此来浏览交通信息等。

5. 下载接触

用户可发送指定格式的短信至家政服务人员的手机，以此来控制家政服务人员进出住宅的权限。

第7章 视频监控物联网

7.1 视频监控与物联网

视频监控(video monitoring)是安全防范系统的重要组成部分,包括前端摄像机、传输线缆和视频监控平台,其中摄像机负责采集前端视频图像信号,再通过网络线缆等传输线缆将视频图像信号传输到控制主机上,控制主机再将视频信号分配给各个监视器,同时可将需要传输的音频信号同步到录像机内。操作人员可向控制主机发出指令来实现对云台的上、下、左、右的动作进行控制及调控镜头操作,并可通过视频矩阵实现多路摄像机的切换,也可对视频图像进行录入、回放、调出及储存等操作。通常情况下视频监控应包括的产品有摄像头、光圈镜头、硬盘录像机、矩阵、控制键盘、监视器等设备。视频监控技术的发展大致可以分为以下4个阶段。

1. 模拟视频监控阶段

本阶段的视频监控系统的摄像机视频信号没有经过任何数字化编码压缩,图像信息基本没有损失,摄像机通过专用同轴线缆连接到专用模拟视频设备上,采用电视作为显示设备,受到模拟视频线缆传输长度和放大器限制,模拟视频监控只支持本地监控,通常称为模拟闭路电视(closed circuit television,CCTV)监控系统。

2. 数字视频监控阶段

随着计算机视频编码技术的发展,出现了磁带录像机(video tape recorder,VTR),VTR可将模拟视频转换为数字信号并进行压缩编码,进而实现了视频的数字化存储。可基于PC或嵌入式设备构成监控系统,在远端可以有若干个摄像头获取图像信息,通过各自的传输路线汇聚到多媒体监控终端上,再经通信网络将视频信息传到监控中心,此阶段视频监控还需要专业管理PC。

3. 网络视频监控阶段

随着计算机网络技术的发展,可在视频服务器内设置一个嵌入式Web服务器来接收从摄像机等传感器传送的视频信息,基于嵌入式技术的网络数字监控系统可以直接通过嵌入式视频编码器转换成IP数字信号。将IP网络交换技术引入视频监控系统,替换了原先的模拟交换,真正地实现了大规模视频监控的组网能力。

4. 智能视频监控阶段

近几年，随着安防视频监控系统迅速进入以数据为核心的阶段，如何更高效地收集、分析和使用有价值的数据成为重点。特别是以 GPU、物联网、大数据、云计算、AI 等技术为代表的 IT 前沿技术被引入视频监控领域，都在推动视频监控系统向智能监控方向演进。

物联网是在互联网技术的基础上，利用 RFID、无线数据通信等技术，将其用户端延伸和扩展到任何物品与物品之间，进而实现信息交换和通信，也就是把所有物品通过信息传感设备与互联网连接起来，即物物相连，进行信息交换以实现智能化识别与管理。物联网在中国最初被称为传感网，2005 年由国际电信联盟（ITU）正式提出了物联网的概念，其目的是实现物与物、物与人以及所有物品与网络的连接，方便识别、管理和控制。在某种程度上，我们可以把整个物联网系统看成一个自治系统，甚至也可以将其看成一个人。人类对客观物理世界的感知和处理过程先是依据感知器官来感知信息，再由神经系统将感知信息传递给大脑，大脑综合感知的信息和存储的知识来做出判断，以选择最佳方案。物联网的工作过程与我们对客观物理世界的感知和处理过程类似，物联网的工作过程也要经过全面感知、可靠传输、智能应用。

物联网是一个形式多样、涉及社会生活各个领域的复杂系统，根据物联网的技术架构，结合互联网的分层模型，物联网可以分为感知层、网络层和应用层，如图 7-1 所示。感知层主要用于采集物理事件和相关数据，感知层相当于人的眼、耳、鼻等神经末梢，是物联网识别物体、采集信息的来源。感知层中的关键技术有 RFID、传感器、无线通信等技术，感知层的发展方向为低功耗、低成本、小型化、具备更敏感和更全面的感知能力。网络层主要实现信息的传递、路由和网络控制，目前主要依托互联网，网络层相当于人的神经网

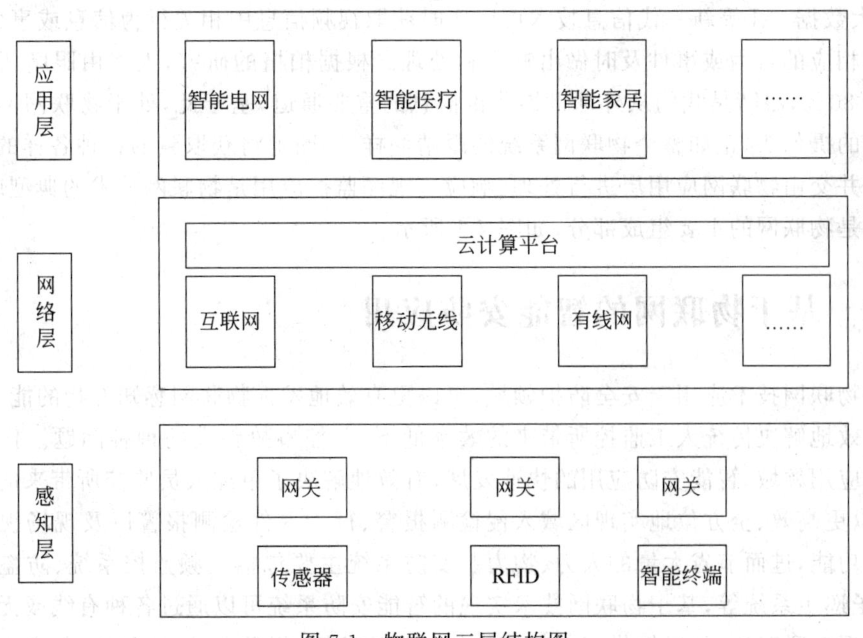

图 7-1　物联网三层结构图

络和大脑，负责传递和处理感知层获取的信息。网络层的发展方向为多网络融合，可以无障碍、高可靠性、高安全性地传输感知层获取的信息。应用层是物联网的核心，在物联网的感知层和网络层的支撑下，将物联网技术与各行各业的应用相结合以实现无所不能的智能化应用，典型的物联网应用有智能交通、智能家居、智能安防等。

7.1.1 视频监控的重要作用

物联网是通过射频识别技术、传感器、无线通信等新一代 IT 技术来实现实时采集任何需要监控、连接、互动的物体或过程，将获取的各种需要的信息通过可能的网络接入，实现物与物、人与物的泛在连接，进而实现对物体或过程的智能化感知、识别和管理。视频监控应用具有很长时间的发展历程，从最初的本地模拟视频监控系统发展到现如今正迈向的大规模网络智能视频监控系统。在其发展过程中，视频监控技术也正逐步与物联网技术不断地相互融合、相互促进，共同推动着视频监控系统向智能视频监控系统演进，也使得物联网技术在安防领域的智能应用逐步走向成熟和完善。视频监控系统离不开摄像头，离不开视频信息的获取、传输与处理。如果把摄像头看作人的眼睛，智能视频系统可以看作人的大脑，那么视频监控就是物联网感知环节不可缺少的“眼睛”，可以忠实地将远端的视频信息进行记录和复现。由于视频监控摄像头的数量和监控数据的存储量非常巨大，如果完全依靠人力分析和监控，往往会造成对突发事件不能及时响应的问题，进而导致监控不利、失效的情况发生。

物联网是一整套繁杂而又清晰的系统，在某种程度上可以把物联网系统看成一个自治系统，即实时感知万物，实时响应万物。通过物联网感知层不断地实时获取各个摄像头的视频信息，再通过物联网的网络层将视频信息进行传输和处理，在此基础上通过运用云计算、大数据、AI 等新一代信息技术可以实时获取视频信息中相关行为信息或事件信息，进而对相应的行为或事件及时做出响应和处理。根据柏格的研究，人类由眼睛所获得的信息占 80%，眼睛是我们从外部世界获得信息的重要通道，基于此，处于物联网网感知层中巨量的摄像头，正如整个物联网系统的眼睛一样，不断地将获取到的各种各样的视频信息汇总并交由物联网应用层进行处理、响应。视频监控应用是物联网技术的典型应用，视频监控是物联网的重要组成部分，如图 7-1 所示。

7.1.2 基于物联网的智能安防应用

将物联网技术应用于安全防护领域，可以更有效地发挥物联网感知万物的能力，也可以更有效地解决传统人工监控所带来的效率低下、监控事故频发的种种问题。作为一个新兴的应用领域，智能安防应用的快速发展，有效地解决了单纯人员监控所带来的种种弊端，可以更高效、全方位地实现区域入侵检测报警、行为事件检测报警以及现场视频回放取证等功能，进而节省大量的人力、物力。安防系统主要包括视频监控系统、防盗报警系统、电子巡更系统等，基于物联网技术实现的智能安防系统可以通过各种有线或无线通信网络实现互联互通，可以提供安全可控的实时在线监测、报警联动、远程控制、安全防范等功能。物联网应用通常是基于感知层和网络层获取和传输感知信息，进而在应用层实现对感知信息的处理，以下逐一说明智能安防系统中各个子系统的物联网实现。

智能视频监控系统中的感知层主要包括各种摄像头，用于获取足够视频信息，网络层将获取到的视频信息通过网络传输到应用层，通过将云计算、大数据、计算机视觉识别、AI 等新一代信息技术应用于应用层，进而实现智能视频分析，可以自动识别监控画面中的特定目标、行为以及事件等，智能化地识别出视频信息中的异常情况，及时发出警告。

防盗报警系统主要是对重要区域的相关周围即重要部位进行监视、报警，其感知层主要包括各种传感器，如振动传感器、红外线接收探测器等，通过网络层将获取的信息传送给应用层，在应用层对获取的信息进行处理，必要时发出报警信号。同时由于物联网感知层的网络化，系统可以同时对多个监测点进行监测，进而实现监控网络，这是物联网技术最突出的特点。

电子巡更系统中的感知层主要包括各种移动设备，如四轴飞行器、智能小车等，通过设定移动设备的运动轨迹，进而获取轨迹范围内相关信息，再将获取到的视频信息通过无线网络传送到应用层，在应用层通过计算机视觉、AI、模式识别等技术实现对获取到的视频信息的处理，对识别的事件、异常做出报警并存档相关重要信息等响应。

安防系统中涉及的各个子系统构成了一个完整的数字化、网络化的系统，通过将物联网技术应用到安防系统中，能够使安防系统在发现安全事故隐患的时候甚至之前就能快速准确地做出响应，从而大幅提高其安全性与可靠性。同时基于物联网实现的智能安防系统更具有系统可扩展性，且易于系统维护、互动和升级。

7.2　视频监控关键技术

随着视频监控系统逐步向智能视频监控系统演进，其中必然需要全新的技术和解决问题的方法，无论其发展到什么程度，都离不开如何获取、如何传输以及如何处理视频信息等几个问题，对视频监控系统而言，感知层主要用来获取视频信息，网络层主要用来传输视频信息，应用层主要用来处理视频信息。为了能更有效地实现基于物联网的视频监控功能，使其更加智能化，视频监控系统需要视频信号压缩编码技术、智能视频行为分析技术、多摄像机协同工作技术、高速 DSP 嵌入式处理技术以及视频流的自适应流化和传输技术等关键技术。

7.2.1　视频信号压缩编码技术

一方面，伴随着视频监控系统的发展，从最初的模拟视频到数字视频，人们逐步对视频质量的清晰度、流畅度以及实时度有了更高的要求；另一方面，数字化视频信息数据量巨大，会占用大量的存储空间和通信信道带宽，在受限的信道带宽下，如何高质量地传输视频信息也成为制约视频监控系统发展的一个关键问题。由此，视频压缩技术成为解决此问题的一个重要环节。

视频数据压缩编码技术是基于视频图像数据自身具有极强的相关性提出的，其基本思想是在保证视觉效果下，尽可能地减少视频数据的相关性，数据相关性即含有冗余信息，视频冗余信息主要是空间、时间上的冗余，视频压缩的实质就是减少这些冗余，从而以最小的码元包含大量的信息，对原始数据映射变换、量化、熵编码，清除视频数据的冗余信息，进而达到压缩的目的，如图 7-2 所示。视频数据也可以理解为一帧一帧的图像数据，故而有帧内图像数据和帧间图像数据两种。在对视频数据压缩时，主要减少其时间冗余信息和空间冗余信息。

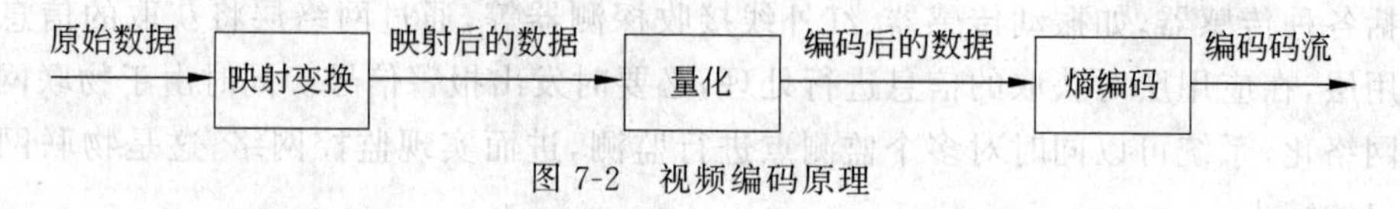

图 7-2　视频编码原理

1. 减少时间冗余信息的方法

减少时间冗余信息主要使用帧间编码技术来实现，它包括以下 3 部分。

1）运动补偿

运动补偿主要是通过上一帧的局部图像数据来预测、补偿当前帧的局部图像数据，它是减少帧序列冗余信息的有效方法。

2）运动表示

同一帧内不同区域的图像数据需要使用不同的运动矢量来描述其运动信息，运动矢量主要通过熵编码进行压缩。

3）运动估计

运动估计是从视频序列中抽取运动信息的一整套方法。

减少空间冗余信息主要使用帧间编码技术和熵编码技术。

(1) 变换编码可将空间信号变换到另一正交矢量空间中，使其相关性下降，数据冗余度变小。

(2) 量化编码是对变换编码后产生的一批变换系数进行量化。

(3) 熵编码为无损编码，是对变换、量化后得到的系数和运动信息进一步进行的压缩。

视频编码标准的发展可以分为三个阶段，第一个阶段主要以 H.261、H.262、MPEG-1、MPEG-2 等标准为主，能把原来的视频数据压缩到 1/75；第二个阶段主要以 H.264、MPEG-4、AVS 等标准为主，能把原来的视频数据压缩到 1/150；第三个阶段主要以 H. 265/HEVC 标准为主，能把原来的视频数据压缩到 1/300。目前视频行业特别是一些安防企业广泛采用 H.264 标准，AVS 标准是我国具有自主知识产权的编码标准，其与 H. 264 标准相当。

2. 视频编码技术

目前视频监控系统中主要采用 MJPEG、MPEG1/2、MPEG4、H.264/AVC 等视频编码技术，下面分别进行介绍。

1）MJPEG

MJPEG（motion JPEG）压缩技术主要是基于静态图像压缩发展过来的技术，其主要特点是不需要考虑视频流中不同帧之间的变化，只对单独某一帧进行压缩。MJPEG压缩技术可以获取高清晰度的视频图像，可以动态调整帧率、分辨率等，但由于其没有考虑帧间变化，故而造成大量冗余信息被重复存储，视频信息数据占用空间较大。

2）MPEG-1/2

MPEG-1标准主要针对SIF标准分辨率的图像进行压缩，其在实时压缩、每帧数据量、处理速度上都有显著的提高，但其视频信息数据存储容量还是过大、清晰度不高，也由于网络信道带宽问题易引起网络传输困难。MPEG-2是在MPEG-1基础上进行了提升和扩充，向下兼容MPEG-1，MPEG-2提升了分辨率，有了足够高的清晰度，但其压缩性能提升不大，使得存储容量还是过大，不适用于网络传输。

3）MPEG-4

MPEG-4视频压缩算法相对于MPEG-1/2在压缩方面有了很大提升，在CIF或者更高清晰度情况下的视频压缩，在清晰度和存储容量上都比MPEG-1有更大优势，也更适用于网络传输。

4）H.264/AVC

H.264集中了以往标准的优点，使得它获得比以往标准更好的整体性能，在许多领域都得到了突破性进展。H.264在不同分辨率、不同码率下都能提供较高质量的视频数据，更利于网络传输，视频数据存储容量大幅降低。

7.2.2 智能视频行为分析技术

随着大数据、云计算、人工智能等新一代信息技术的发展，视频监控系统已经逐步发展到智能视频监控系统，智能视频行为分析技术在智能视频监控系统中扮演着大脑的作用。在视频监控系统中，传统方式是采用监控人员来识别监控视频中的目标以及行为动作等信息，进而由监控人员发出警报或预警，伴随着计算机图像视觉技术的不断发展，通过对获取到的视频信息进行管理和识别，就可以自动实现以往监控人员的工作，大幅节省了人力、物力。智能视频行为分析技术是运用人工智能中的模式识别技术，通过将智能算法嵌入数字信号处理器中，通过分析和提炼人员、车辆二类目标的各种行为，形成核心算法，通过比较和比对来辨识采集到的视频图像属于何种物体、何种行为，并第一时间做出预警或实时报警，触发录像并上传到网络，所有这些工作都是自动完成的，无须人员参与，极大地提高了视频监控系统的智能化水平。

智能视频行为分析技术主要分为视频行为分析类和视频行为识别类两类。

1. 视频行为分析类

视频行为分析类主要是在获取到的视频中找出目标，并监测目标的位置、移动方向及移动速度，主要有目标移动方向检测，目标运动、停止状态改变检测，目标出现与消失检测，人流量、车流量统计等功能模块。

2. 视频行为识别类

视频行为识别类主要是对获取到的视频中的信息数据进行行为动作识别，包括人脸识别、步态识别与车牌识别等，主要技术是在视频图像中找出局部一些画面的共性。

智能视频行为分析技术目前有两种实现方式：第一种是基于智能视频处理器的前端解决方案；第二种是基于监控的后端智能视频行为分析解决方案。

基于智能视频处理器的前端解决方案是将所有的目标跟踪、行为判断、报警触发等功能全都交由前端的智能分析设备完成，只将报警信息通过网络传输至监控中心。这样的好处是，将智能视频分析设备与摄像头整合到一起，可以有效地节约视频流占用的带宽；不足之处是价格昂贵、前端设备分散、报警记录和视频监控分开。前端解决方案的数据传输流程图如图 7-3 所示。

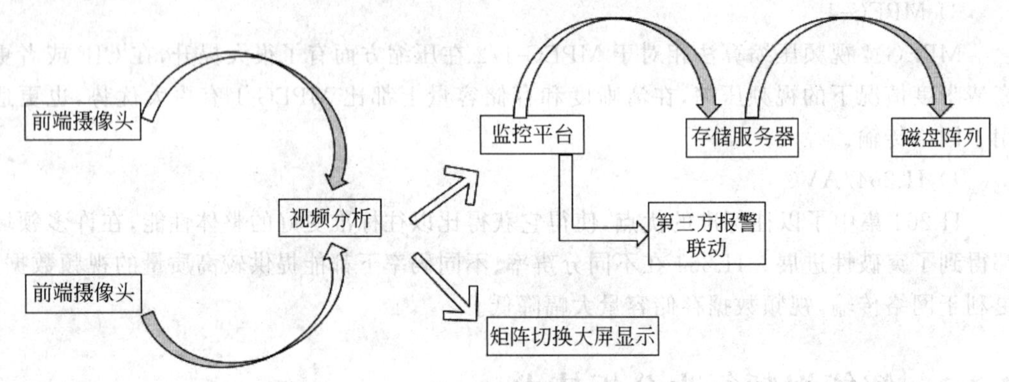

图 7-3　前端解决方案的数据传输流程图

基于监控的后端智能视频行为分析解决方案是前端摄像头只负责视频信息的获取，而全部视频分析、判断、报警等功能都交由计算机统一处理。这样的好处是，可以在现有监控系统基础上升级系统，可针对不同需求规则进行定制，可扩展性强；不足之处是对计算机性能和网络带宽要求比较高。后端智能视频行为分析解决方案的数据传输流程图如图 7-4 所示。

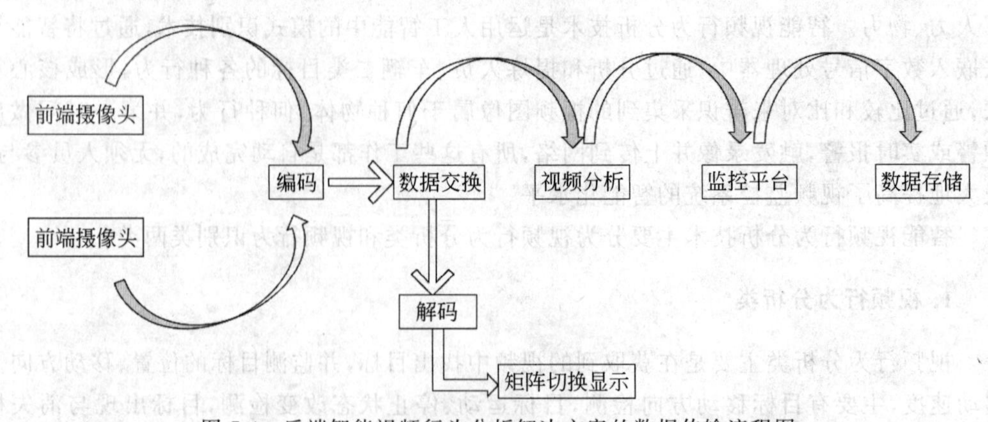

图 7-4　后端智能视频行为分析解决方案的数据传输流程图

7.2.3　多摄像机协同工作技术

智能视频监控系统出现之前，绝大多数视频监控系统采用的是单摄像机。随着智能视频监控系统的出现，应用场景逐渐复杂化，当视野范围较广、感兴趣目标较多或者目标之间存在严重遮挡的时候，仅靠单个摄像机难以满足应用需求。为了满足各种各样的应用需求，多摄像机应用得以出现。多摄像机能有效避免单摄像机局限的视野信息范围，但也带来了新的技术问题，如多摄像机之间的信息融合、目标交接以及跟踪算法复杂度等相关难题。多摄像机应用的关键技术就是多摄像机的协同工作。多摄像机的协同工作是为了使系统中的多个摄像机集中起来，形成一个相互联系的网络，使每个摄像机都能做好各自的主要工作，分工明确，体现其存在的必要性；同时在某些应用场景下可以自动进行摄像机的切换来更好地承接其他摄像机的工作需求，进而使得系统继续正常工作。

多摄像机协同工作技术包括两个方面：一个是算法，另一个就是嵌入式图像处理器。一方面通过算法来实现应用的功能；另一方面就是通过研究嵌入式图像处理器来满足应用的性能。智能视频监控系统中的目标跟踪技术，就是对监控系统中的运动对象进行检测，实时捕获目标对象的位置、运动趋势和运动轨迹。在目标跟踪系统中，根据实际情况可以选取不同的特征或多种特征进行融合，以提高跟踪的准确性。多摄像机协同工作一般可以分为目标检测和跟踪、多摄像机间的同步校准和目标一致性匹配以及多摄像机的协同和数据关联三部分。目标检测和跟踪需在每一个摄像机中独立完成，确定多摄像机系统中每个目标的关系以及位置状态，然后再进行目标匹配、目标融合等。多摄像机间的同步校准和目标一致性匹配主要是在每个摄像机采集视频数据后进行的数据同步，即时间上的同步，以及实现摄像机在空间上的匹配，为目标一致性匹配提供基础，再有就是对摄像机的数据处理延迟进行控制，使得处理过程中的目标数据始终保持同步。多摄像机的协同除了标定摄像机以外，还涉及多摄像机多目标跟踪的数据配准、数据关联、信息融合、摄像机调度等方面。摄像机之间的差异，造成每个摄像机获取的信息存在差异，需要对数据进行匹配。数据配准需要完成时间上和空间上的配准，经过数据的配准后，就可以进一步进行数据的关联和数据的融合。数据关联就是对各个目标组建一个对应关系，利用这些对应关系形成一个关联网络，然后根据目标的量测信息进行判断区分。在多摄像机系统目标跟踪系统中，同一个目标可能存在于不同的摄像机中，经过目标数据的配准和关联以后，进一步对目标信息进行融合。多摄像机调度便是对多个目标进行估计，通过分配而达到跟踪的目标。

协同控制模块是整个多摄像机协同工作的关键，通过控制多路数据来实现多摄像机的协同工作，多摄像机协同工作机制如图 7-5 所示。

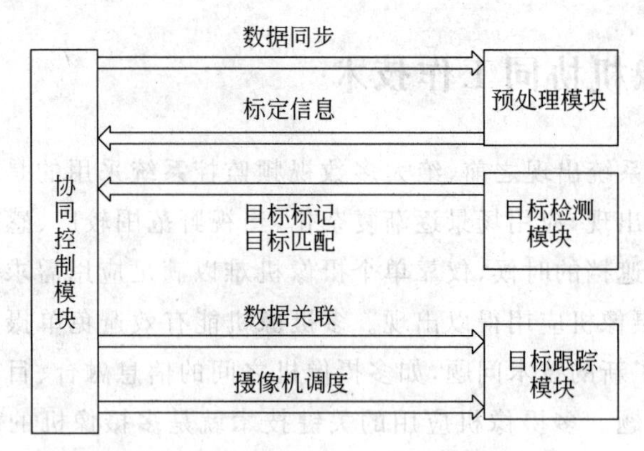

图 7-5 多摄像机协同工作机制

7.2.4 高速 DSP 嵌入式处理技术

DSP(digital signal processor,数字信号处理器)是一种专门用于数字信号处理的可编程芯片,其主要特点如下。

(1) 具有高度的实时性,其运行时间可以预测。

(2) 采用哈佛体系结构设计,指令和数据总线分开。

(3) 采用 RISC 指令集,指令时间可以预测。

(4) 体系结构特殊,采用 VLIW(very long instruction word,超长指令字)结构,适合于密集运算的应用场合。

(5) 具有内部硬件乘法器,乘法运算时间短、速度快。

(6) 具有高度的集成性,带有多种存储器接口和 I/O 互联接口。

(7) 具有 DMA 通道控制器,保证数据传输和计算处理并行工作。

(8) 功耗低,适合嵌入式系统应用。

(9) 采用流水线设计。

目前世界上主流的 DSP 芯片厂商主要有美国德州仪器(TI)、美国模拟器件公司(ADI)等公司。TI 是世界上最知名的 DSP 芯片生产厂商,目前 TI 有 C2000、C5000、C6000、OMAP、Davinci、TCI66 等系列 DSP 芯片,其中 C6000 和 Davinci 系列 DSP 主要用于对视频信息进行处理,高速 DSP 视频处理系统数据流程如图 7-6 所示。

智能视频监控系统可以采用前端智能视频处理器的方式实现,而前端智能处理器通常可以采用高速 DSP 嵌入式处理器来实现,高速 DSP 嵌入式处理器的优势就在于处理视频信息数据。高速 DSP 嵌入式处理技术的优点主要有如下几点。

(1) DSP 方式可以使得视觉分析技术采用分布式的架构方式,视觉分析单元一般位于视觉采集设备附近,这样可以极大地节省网络负担及存储空间,可以只有在报警发生的时候才传输视觉信息数据到控制中心或存储中心。

(2) DSP 方式下视觉分析单元位于视觉采集设备附近,可以使视觉分析单元直接对原始或最接近原始的图像进行分析,精确度相对较高。

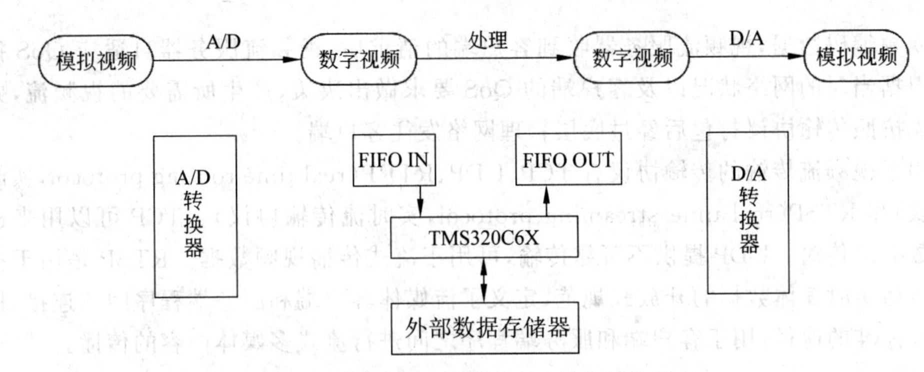

图 7-6　高速 DSP 视频处理系统数据流程图

(3) 视觉分析是一个复杂的过程，需要占用大量的计算资源，采用 DSP 方式可以直接在终端摄像机完成分析与计算。

7.2.5　视频流的自适应流化和传输技术

视频流的自适应流化和传输技术是视频信息数据在网络中高效、快速传输的有力支撑，针对基于物联网技术的视频监控系统来说，如何保证视频流的传输能够自适应网络带宽的变化，同时还要保证连续稳定的视频图像质量是关键。为了获得用户可以接受的服务质量，视频流应用有最低带宽的要求，然而实际应用中很难保证当前可用带宽始终满足要求，拥塞将不可避免地发生，而一旦发生拥塞，必将直接影响终端用户接收视频的质量。

视频流传输技术是在视频编码技术和可缩放视频发布技术基础上发展起来的，视频服务器和客户端之间的带宽利用率、可扩展性和灵活性是视频流传输的关键因素，可缩放视频发布技术可以自动根据带宽的变化调整数据的大小。视频流传输系统通用框架如图 7-7 所示。视频流传输系统由编码器、视频流服务器和客户端组成，视频流服务器中存

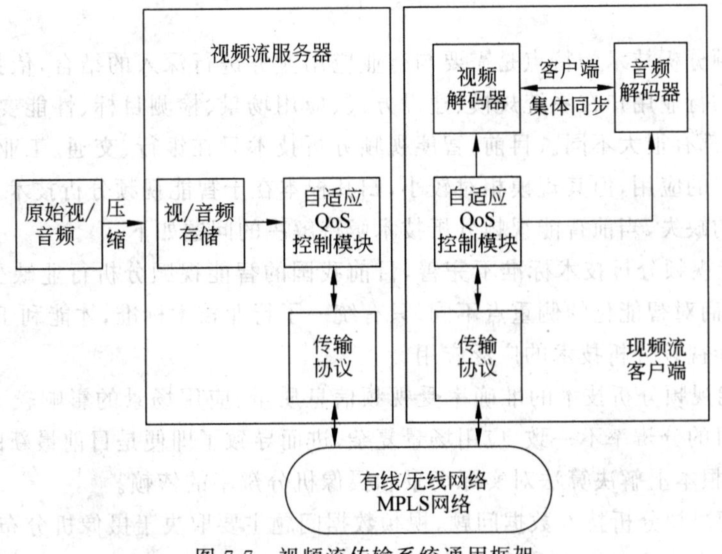

图 7-7　视频流传输系统通用框架

储着视频编码数据，视频流服务器收到客户端的请求后，视频流服务器自适应 QoS 控制模块根据当时的网络状况以及客户端的 QoS 要求做出决策，产生所需要的视频流，并将视频流按照传输协议打包后经过底层物理网络发往客户端。

用于视频流传输的传输协议有 TCP、UDP、RTRP(real time routing protocol，实时路由协议)和 RTSP(real time streaming protocol，实时流传输协议)。TCP 可以用来进行可靠数据的传输。UDP 提供不可靠传输，可用于流式传播视频数据。RTSP 是用于在网络中传播实时媒体数据的开放式规范，定义了流媒体客户端和服务端程序间的连接，提供了一种标准的途径，用于客户端和服务端程序之间进行流式多媒体内容的传播。

7.3 视频监控技术发展现状与趋势分析

视频监控系统是多种技术综合运用与结合的产物，随着计算机视觉识别技术、云计算、大数据、人工智能等新一代信息技术在视频监控领域的深入应用，智能视频监控系统成为未来发展的必然。智能视频监控系统的出现将视频监控从以往机器式的“被动监控”变成了智能化的“主动监控”。智能视频监控系统得益于智能视频分析技术的不断发展，其发展至今已超过十年，但因其应用众多各异，仍处于不断细化、蓬勃发展的过程中。智能视频分析技术是通过智能化的识别工具对视频信息进行分析，并将信息转换成有价值的数据，最后以关键性的信息向用户提供警示，进而使得智能监控系统成为一个自主的、智能化的系统。智能视频监控从本质上说是一个系统工程，其核心是智能视频分析软件，需要大量周边产品的协同运作。智能视频监控的发展在一定程度上取决于智能视频分析技术的发展。

7.3.1 当前亟待解决的问题

智能视频分析技术的特点是需要与行业应用业务进行深入的结合，依托于软件系统使用。不同的行业用户在系统规模、建设方式、应用场景、检测目标、性能要求、数据后台处理等方面，都有很大不同。目前，智能视频分析技术只在银行、交通、工业、零售业等领域得到了一定的应用，但其规模相对较小，归其根本在于智能视频分析技术自身的发展以及相关标准的缺失，当前智能视频分析技术亟待解决的问题如下。

(1) 智能视频分析技术标准不完善，目前我国的智能视频分析行业缺少一个统一的标准，各个厂商对智能化的侧重点不同，只有统一了行业技术标准，才能利于产业的规范，更加利于智能视频分析技术的广泛应用。

(2) 智能视频分析技术的准确率受视频信息质量、应用场景的影响较大。实际视频监控中摄像机的分辨率不一致、应用场景复杂，进而导致了即便是目前最新的深度学习算法，也不能从根本上解决算法对实际场景和摄像机分辨率的依赖。

(3) 智能视频分析技术数据问题，视频数据问题主要取决于摄像机分布的不均匀，需要在数据要求非常大且数据获取比较困难的情况下做好视频分析。

7.3.2　视频监控技术的发展趋势

市场需求是行业发展最大的助推剂，智能视频监控必然会成为监控市场的主流，智能视频分析技术是智能视频监控的核心技术。为提升智能视频分析技术的应用性，使得智能监控系统真正市场化，智能视频分析厂商在完善核心算法的同时，也要兼顾低成本以及适应更为复杂和多变的应用场景。

随着视频监控的需求日益复杂化，一方面，如何能识别与分析更多的行为成为智能视频分析在深化行业应用中必须面对的问题，只有深入结合行业应用的实际需求，深入把握各个不同行业的具体问题，才能更好地抓住用户需求，才能将智能视频分析技术落到应用实处。另一方面，单一功能或者基本功能已远不能满足行业实际应用需求，提供以行业应用为前提的一整套智能解决方案必将是智能视频分析技术发展的主要方向。

第 8 章　智能传感器

8.1　智能传感器概述

智能传感器(intelligent sensor 或 smart sensor)最初是由美国国家航空咨询委员会在 1878 年开发出来的产品。宇宙飞船上需要大量的传感器不断向地面发送温度、位置、速度和姿态等数据信息,用一台大型计算机很难同时处理如此庞杂的数据,要不丢失数据,并降低成本,必须有能实现传感器与计算机一体化的灵巧传感器。智能传感器是指具有信息检测、信息处理、信息记忆、逻辑思维和判断功能的传感器。它不仅具有传统传感器的各种功能,还具有数据处理、故障诊断、非线性处理、自校正、自调整以及人机通信等多种功能。它是微电子技术、微型电子计算机技术与检测技术相结合的产物。

早期的智能传感器是将传感器的输出信号经处理和转化后由接口送到微处理机部分进行运算处理。20 世纪 80 年代智能传感器主要以微处理器为核心,把传感器信号调节电路、微电子计算机存储器及接口电路集成到一块芯片上,使传感器具有一定的人工智能。20 世纪 90 年代智能化测量技术有了进一步的提高,使传感器实现了微型化、结构一体化、阵列式、数字式,使用方便和操作简单,具有自诊断功能、记忆与信息处理功能、数据存储功能、多参量测量功能、联网通信功能、逻辑思维以及判断功能。

智能化传感器是传感器技术未来发展的主要方向。在今后的发展中,智能化传感器无疑将会进一步扩展到化学、电磁、光学和核物理等研究领域。

8.2　智能传感器的构成、功能与特点

智能传感器是由传感器和微处理器相结合而构成的,它充分利用微处理器的计算和存储能力,对传感器的数据进行处理,并对它的内部行为进行调节。图 8-1 是智能传感器的原理框图,它主要包括传感器、信号调理电路和微处理器。

微处理器是智能传感器的核心,它不但可以对传感器的测量数据进行计算、存储,还可以通过反馈回路对传感器进行调节。由于微处理器充分发挥各种软件的功能,可以完成硬件难以完成的任务,从而能有效降低制造难度,提高传感器性能,降低成本。智能传感器的信号感知器件往往有主传感器和辅助传感器两种。以智能压力传感器为例,主传感器是压力传感器,测量被测压力参数,辅助传感器是温度传感器和环境压力传感器。温

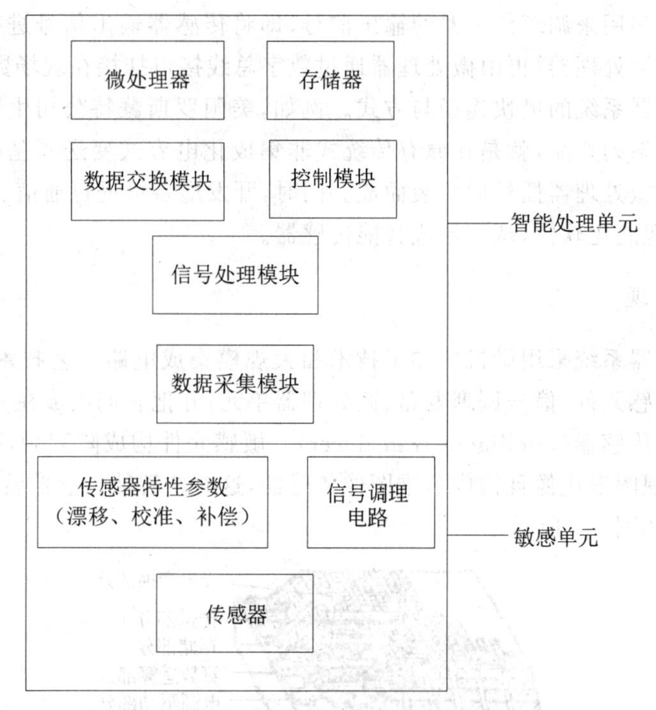

图 8-1　智能传感器的原理框图

度传感器检测主传感器工作时，由于环境温度变化或被测介质温度变化，其压力敏感元件温度发生变化，以便根据其温度变化修正和补偿温度变化给测量带来的误差。环境压力传感器则测量工作环境大气压变化，以修正其影响。微机硬件系统对传感器输出的微弱信号进行放大、处理、存储和与计算机通信，如图 8-1 所示。

8.2.1　智能传感器的结构

1. 非集成化实现

非集成化智能传感器是将传统的经典传感器（采用非集成化工艺制作的传感器，仅具有获取信号的功能）、信号调理电路、带数字总线接口的微处理器组合为一整体而构成的一个智能传感器系统，其框图如图 8-2 所示。

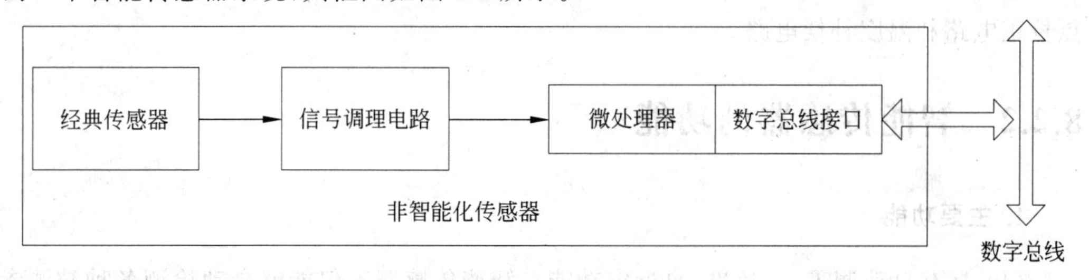

图 8-2　非集成化智能传感器框图

信号调理电路用来调理传感器的输出信号，即将传感器输出信号进行放大并转换为数字信号后输入微处理器，再由微处理器通过数字总线接口挂接在现场数字总线上，是一种实现智能传感器系统的最快途径与方式。例如，美国罗斯蒙特公司生产的电容式智能压力(差)变送器系列产品，就是在原有传统式非集成化电容式变送器基础上附加一块带数字总线接口的微处理器插板后组装而成。同时，开发配备可进行通信、控制、自校正、自补偿、自诊断等智能化软件，从而形成智能传感器。

2. 集成化实现

智能化传感器系统采用微机械加工技术和大规模集成电路工艺技术，利用硅作为基本材料来制作敏感元件、信号调理电路、微处理器单元，并把它们集成在一块芯片上，故又可称为集成智能传感器(intelligent transducer)。敏感元件构成阵列后，配合相应图像处理软件，可以实现图形成像且构成多维图像传感器，这时的智能传感器就达到了它的最高级形式，其结构如图 8-3 所示。

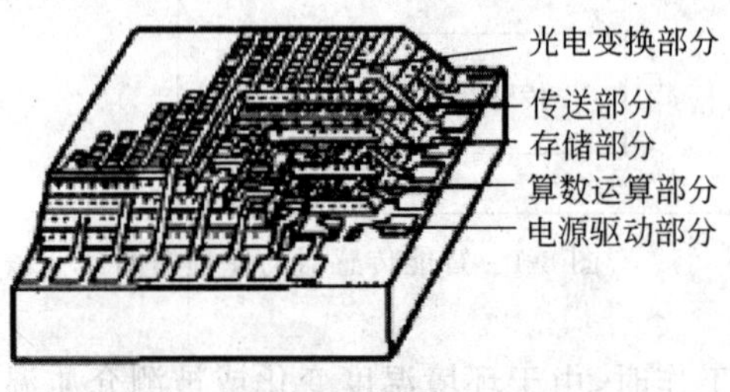

图 8-3　集成智能传感器结构

3. 混合实现

根据需要与可能，将系统各个集成化环节，如敏感单元、信号调理电路、微处理器单元、数字总线接口，以不同的组合方式集成在两块或三块芯片上，并装在一个外壳里，如图 8-4 所示。集成化敏感单元包括弹性敏感元件及变换器。信号调理电路包括多路开关、放大器、基准、模数转换器(ADC)等。

微处理器单元包括数字存储器(E^2PROM、ROM、RAM)、I/O 接口、微处理器、数模转换器(DAC)等，如图 8-4 所示。图 8-4(a)中，三块集成化芯片封装在一个外壳里中。如图 8-4(b)～(d)中，两块集成化芯片封装在一个外壳里。如图 8-4(a)、(c)中的智能信号调理电路，具有部分智能化功能，如自校零、自动进行温度补偿，这是因为这种电路带有零点校正电路和温度补偿电路。

8.2.2　智能传感器的功能

1. 主要功能

(1) 具有自动调零、自校准、自标定功能。智能传感器不仅能够自动检测各种被测参数，还能进行自动调零、自动调平衡、自动校准，某些智能传感器还能自动完成标定工作。

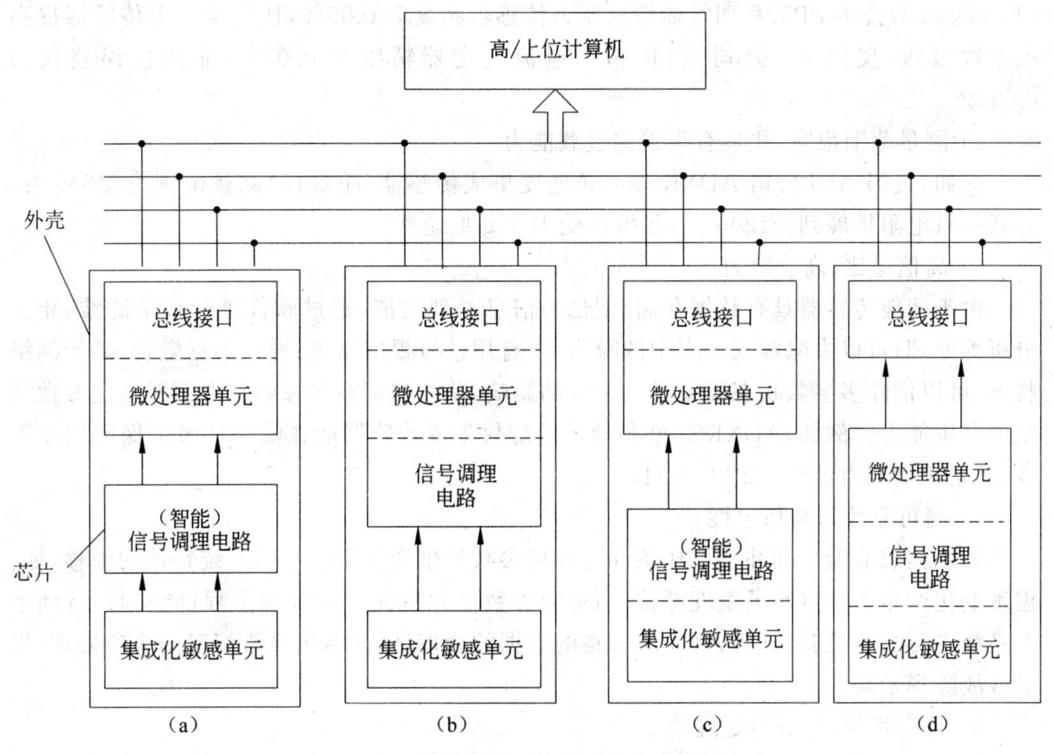

图 8-4 在一个封装中可能的混合集成实现方式

(2) 具有逻辑判断和信息处理能力，能对被测量进行信号调理和信号处理（对信号进行预处理、线性化，或对温度、静压力等参数进行自动补偿等）。

(3) 具有自诊断功能。智能传感器通过自检软件，能对传感器和系统的工作状态进行定期或不定期的检测，诊断出故障的原因和位置并做出必要的响应。

(4) 具有组态功能，使用灵活。在智能传感器系统中可设置多种模块化的硬件和软件，用户可通过微处理器发出指令，改变智能传感器的硬件模块和软件模块的组合状态，完成不同的测量功能。

(5) 具有数据存储和记忆功能，能随时存取检测数据。

(6) 具有双向通信功能，能通过各种标准总线接口、无线协议等直接与微型计算机及其他传感器、执行器通信。

2. 主要特点

与传统传感器相比，智能传感器具有以下特点。

1) 精度高

由于智能传感器具有信息处理的功能，因此，通过软件可以修正各种确定性系统误差，如：通过自动校零去除零点；与标准参考基准实时对比以自动进行整体系统标定；对整体系统的非线性系统误差等进行自动校正；通过对采集的大量数据的统计处理以消除偶然误差的影响等。这样，保证了智能传感器的高精度。例如，美国霍尼韦尔

(Honeywell)公司 PPT 系列智能精密压力传感器精度为 0.05%,比传统压力传感器提高一个数量级;美国 BB 公司 XTR 精密电流变送器精度为 0.05%,非线性误差仅为 0.003%。

2) 测量范围很宽,并具有很强的过载能力

例如,美国 ADI 公司 ADXRS300 角速度集成传感器(陀螺仪)测量范围为±300°/s,并联一只电阻扩展到±1200°/s,并可承受 1000g 加速度。

3) 高信噪比、高分辨力

由于智能传感器具有数据存储、记忆与信息处理功能,通过软件进行数字滤波、相关分析等处理,可以去除输入数据中的噪声,将有用信号提取出来;通过数据融合、神经网络技术,可以消除多参数状态下交叉灵敏度的影响,从而保证在多参数状态下对特定参数测量的分辨能力。例如,ADXRS300 角速度陀螺仪集成传感器能在噪声环境下保证精度不变,其角速度噪声低至 0.2°/(s・Hz)。

4) 高可靠性与高稳定性

智能传感器能自动补偿工作条件与环境参数发生变化所引起的系统特性的漂移,如:温度变化产生的零点和灵敏度漂移;当被测参数变化后能自动改换量程;能实时、自动地对系统进行自我检验,分析、判断所采集的数据的合理性,并给出异常情况的应急处理(报警或故障提示)。

5) 具有判断、分析与处理功能

它能根据系统工作情况决策各部分的供电情况和与上位计算机的数据传送速率,使系统工作在最优低功耗状态和传送效率优化的状态。例如,US0012 是一种基于数字信号处理器和模糊逻辑技术的智能化超声波干扰探测器集成电路,它对温度环境等自然条件有自适应能力。

6) 性价比高

智能传感器所具有的上述高性能,不是像传统传感器技术通过追求传感器本身的完善,对传感器的各个环节进行精心设计与调试、进行"手工艺品"式的精雕细琢来获得的,而是通过与微处理器、微计算机相结合,采用廉价的集成电路工艺和芯片以及强大的软件来实现的,因此,其性价比低。

7) 超小型化、微型化

随着微电子技术的迅速推广,智能传感器正朝着小和轻的方向发展,以满足航空、航天及国防需求,同时也为一般工业和民用设备的小型化、便携发展创造了条件,汽车电子技术的发展便是一例。智能微尘(smart micro dust)是一种具有计算机功能的超微型传感器。从肉眼来看,它和一颗沙粒没有多大区别。但内部却包含了从信息采集、信息处理到信息发送所必需的全部部件。

8) 低功耗

降低功耗对智能传感器具有重要的意义。这不仅可简化系统电源及散热电路的设计,延长智能传感器的使用寿命,还为进一步提高智能传感器芯片的集成度创造了有利条件。智能传感器普遍采用大规模或超大规模 CMOS 电路,使传感器的耗电量大幅降低,有的可用叠层电池甚至纽扣电池供电。暂时不进行测量时,还可用待机模式将智能传感

器的功耗降至更低。

8.3 智能传感器的实现途径

智能传感器的"智能"主要体现在强大的信息处理功能上。在技术上由以下一些途径来实现。先进的传感器至少综合了其中两种趋势,往往同时体现了几种趋势。

1. 采用新的检测原理和结构实现信息处理的智能化

采用新的检测原理,通过微机械精细加工工艺设计新型结构,使之能真实地反映被测对象的完整信息,这也是传感器智能化的重要技术途径之一。例如,多振动智能传感器,就是利用这种方式实现传感器智能化的。工程中的振动通常是多种振动模式的综合效应,常用频谱分析方法分析解析振动。由于传感器在不同频率下灵敏度不同,势必造成分析上的失真。采用微机械加工技术,可在硅片上制作出极其精细的沟、槽、孔、膜、悬臂梁、共振腔等,构成性能优异的微型多振动传感器。目前,已能在 2mm×4mm 的硅片上制成 50 条振动板、谐振频率为 4～14kHz 的多振动智能传感器。

2. 应用人工智能材料实现信息处理的智能化

利用人工智能材料的自适应、自诊断、自修复、自完善、自调节和自学习特性,制造智能传感器。人工智能材料可感知环境条件变化(普通传感器的功能),自我判断(处理器功能)及发出指令和自我采取行动(执行器功能)。因此,利用人工智能材料就能实现智能传感器所要求的对环境检测和反馈信息调节与转换的功能。人工智能材料种类繁多,例如,半导体陶瓷、记忆合金、氧化物薄膜等。按电子结构和化学键,可分为金属、陶瓷、聚合物和复合材料等几大类;按功能特性又分为半导体、压电体、铁弹体、铁磁体、铁电体、导电体、光导体、电光体和电致流变体等;按形状分为块材、薄膜和芯片智能材料。

3. 集成化

集成智能传感器是利用集成电路工艺和微机械技术将传感器敏感元件与功能强大的电子线路集成在一个芯片上(或二次集成在同一外壳内),通常具有信号提取、信号处理、逻辑判断、双向通信等功能。和经典的传感器相比,集成化使智能传感器具有体积小、成本低、功耗小、速度快、可靠性高、精度高以及功能强大等优点。

4. 软件化

传感器与微处理器相结合的智能传感器,利用计算机软件编程的优势,实现对测量数据的信息处理功能,主要包括以下 4 个方面。

(1) 运用软件计算实现非线性校正、自补偿、自校准等,提高传感器的精度、重复性等。用软件实现信号滤波,如快速傅里叶变换、短时傅里叶变换、小波变换等技术,简化硬件,提高信噪比,改善传感器动态特性。

(2) 运用人工智能、神经网络、模糊理论等,使传感器具有更高智能,即分析、判断、自学习的功能。

(3) 运用多传感器信息融合技术。单个传感器在某一采样时刻只能获取一组数据,由于数据量较少,经过处理得到的信息只能用来描述环境的局部特征,且存在着交叉敏感度的问题。多传感器系统通过多个传感器获得更多种类和数量的传感数据,经过处理得到多种信息,能够对环境进行更加全面和准确的描述。

(4) 单节点、被动的信息获取方式虽然能够做到快速准确地检测环境信息,但随着测量和控制范围的不断扩大,已经不能满足人们对分布式测控的要求。智能传感器与通信网络技术相结合,形成网络化智能传感器。网络化智能传感器使传感器由单一功能、单一检测向多功能和多点检测发展;从被动检测向主动进行信息处理方向发展;从就地测量向远距离实时在线测控发展。传感器可以就近接入网络,传感器与测控设备间无须点对点连接,大幅简化了连接线路,节省了投资,也方便了系统的维护和扩充。

8.3.1 集成化

智能传感器的集成化有两种途径:一是利用微电子电路制作技术和微型计算机接口技术将传感器信号调理单元集成在同一个芯片上。这种集成化传感器信号调理电路又可分为传感器信号调理器和传感器信号处理系统。二是利用集成电路制作技术和微机械加工技术将多个传感器件集成为一维线型传感器或二维面型(阵列)传感器。

1. 集成化传感器信号调理电路

1) 传感器信号调理器

其将信号的 A/D 转换器、温度补偿及自动校正电路集成在一起,输出模拟量或数字量。例如,菲利普公司生产的 UZZ9000 型单片角度传感器信号调理器,配上 KMZ41 型磁阻式角度传感器后即可精确地测量角度,UZZ9000 型电压输出式角度传感器信号调理器如图 8-5 所示。

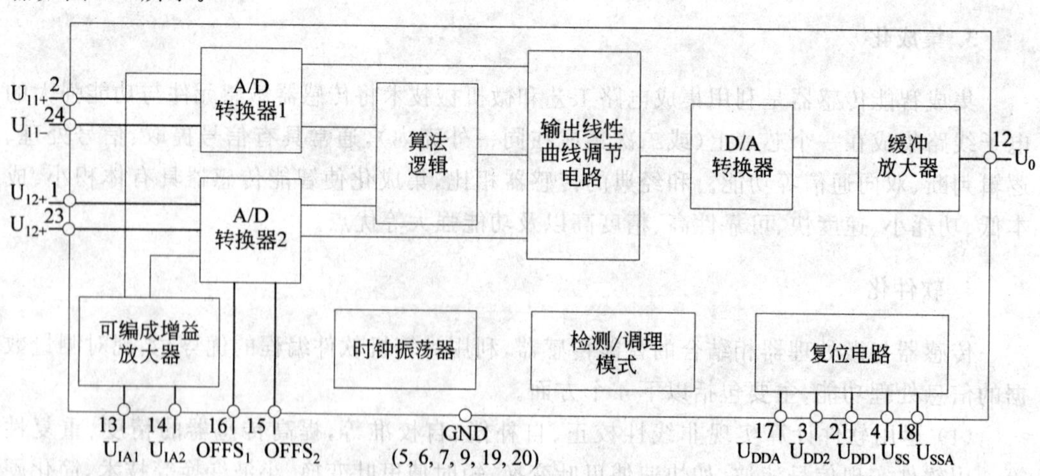

图 8-5 UZZ9000 型电压输出式角度传感器信号调理器

UZZ9000 的输出电压与被测角度信号成正比，测量角度的范围是 0～360°，其测量范围和输出零点均可从外部调节。UZZ9000 能将两个有相位差的正弦信号（一个可视为正弦信号 UI1，另一个可视为余弦信号 UI2）转换成线性输出信号。利用 UZZ9000 可完成模/数转换、线性化及数/模转换等功能。上述信号直接取自两个用来测量角度的磁阻传感器。

2）传感器信号处理系统

其在芯片中集成了微处理器或数字信号处理器（DSP），并且带串行总线接口。和传感器信号调理器相比，传感器信号处理系统则以数字电路为主，其性能比传感器信号调理器更先进，使用更灵活。例如，美国德州仪器公司（TI）生产的 TSS400-S2（带 MCU），美国美信（MAXIM）公司生产的 MAX1460（带 DSP）。MAX1460 传感器信号处理系统内部框图如图 8-6 所示。

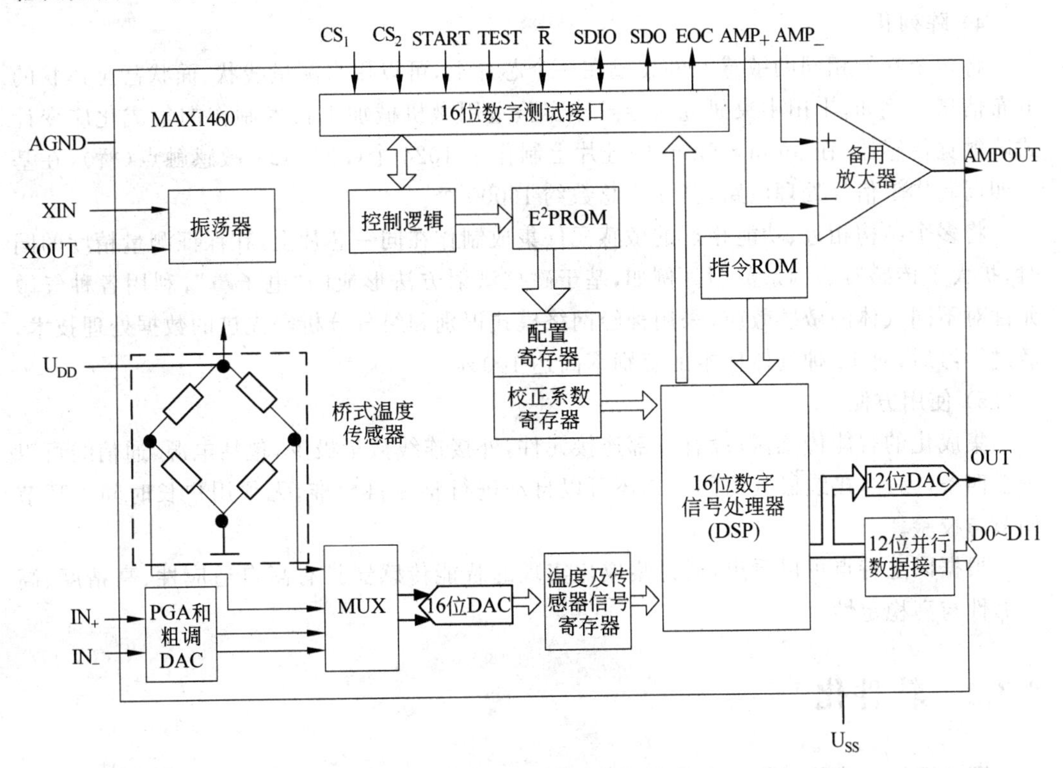

图 8-6　MAX1460 传感器信号处理系统内部框图

2. 一维线型传感器或二维面型（阵列）传感器

现代传感器技术以硅材料为基础，采用微机械加工技术和大规模集成电路工艺实现传感器系统的集成化，使得智能传感器具有以下特点。

1）微型化

以硅及其他新型材料为基础，采用微机械加工技术和大规模集成电路工艺使得传感器的体积已经达到了微米级。一种微型的血液流量传感器，其尺寸为 1mm×5mm，可以放在注射针头内送进血管，测量血液流动情况。

2）精度高

比起分体结构，结构一体化后的传感器迟滞、重复性指标将大幅改善，时间漂移大幅减小，精度提高。后续的信号调理电路与敏感元件一体化后可以大幅减小由引线长度带来的寄生变量的影响，这对电容式传感器更有特别重要的意义。

3）多功能

将多个不同功能的敏感元件集成制作在一个芯片上，使传感器能测量不同性质的参数，实现综合检测。例如，美国霍尼韦尔公司20世纪80年代初期生产的ST-3000型智能压力（差）和温度变送器，就是在一块硅片上制作感受压力、压差及温度三个参量的敏感元件结构的传感器，不仅增加了传感器的功能，而且可以通过数据融合技术消除交叉灵敏度的影响，提高传感器的稳定性与精度。

4）阵列化

将多个功能相同的敏感元件集成在一个芯片上，可以用来测量线状、面状甚至体状的分布信息。例如，丰田中央研究所半导体实验室用微机械加工技术制作的集成化应变计式阵触觉传感器，在8mm×8mm的硅片上制作了1024个（32×32）敏感触点（桥），在基片四周制作了信号处理电路，其元件总数约16000个。

将多个结构相近、功能相近的敏感元件集成制作在同一芯片上，在保证测量精度的同时，扩大了传感器的测量范围。例如，基于磁控溅射方法形成的“电子鼻”，利用各种气敏元件对不同气体的敏感效应，采用神经网络模式识别和组分分析等先进的数据处理技术，经过学习后，对12种气体样本的鉴别率高达100%。

5）使用方便

集成化的智能传感器，没有外部连接元件，外接连线数量极少，包括电源、通信线可以少至四条，因此，接线极其简便。它还可以自动进行整体自校准，无须用户长时间多环节调节与校验。

根据以上特点可以看出，通过集成化实现的智能传感器具有高自适应性、高精度、高可靠性与高稳定性。

8.3.2 软件化

不论智能传感器以何种硬件组成方式实现，传感器与微计算机/微处理器相结合所实现的智能传感器系统，都是在最小硬件条件基础上采用强大的软件优势来“赋予”智能化功能的。传感器的数据经过A/D转换后，所获得的数字信号一般不能直接输入微处理器应用程序中使用，还必须根据需要进行加工处理，如非线性校正、噪声抑制、自补偿、自检、自诊断等，以上这些处理也称为软件处理。以软件代硬件也体现出传感器智能化的优越性所在。

1. 非线性自校正技术

测量系统的线性度（非线性误差）是影响系统精度的重要指标之一。产生非线性的原因，一方面是传感器本身的非线性，另一方面非电量转换过程中也会出现非线性。经典传感器技术主要是从传感器本身的设计和电路环节设计非线性校正器。而智能传感器系统的非线性自动校正技术是通过软件来实现的。它并不介意系统前端的传感器及其调理电路至 A/D 转换器的输入/输出特性有多么严重的非线性，也不需要再在改善测量系统中的每个测量环节的非线性特性上耗费精力。只要求它们的输入/输出特性具有重复性，如图 8-7 所示。它能够自动按照图 8-8 所示的反非线性特性进行特性转换，输出系统的被测输入值。输出 y 与输入 x 呈理想直线关系。也就是说智能传感器系统能够进行非线性的自动校正，只要前端传感器及其调理电路的输入/输出特性（x/u）具有重复性。

图 8-7　开环式非线性补偿仪表框图

设图 8-7 中传感器输入/输出关系的表达式为 $V_1=f_1(x)$，线性放大器的表达式为 $V_2=a+KV_1$，要求整台仪器的输入/输出特性为 $V_0=Sx+b$，其中，K、a、S、b 都为常数，则线性化器的输入/输出关系式为 $V_2=a+Kf_1\left(\dfrac{V_0-b}{S}\right)$，从而有 $V_0=Sf_1^{-1}(V_2-a/k)+b$。

可见，若校正环节具有和传感器非线性特性成反函数的输出特性，则可以实现对传感器输出非线性的校正。

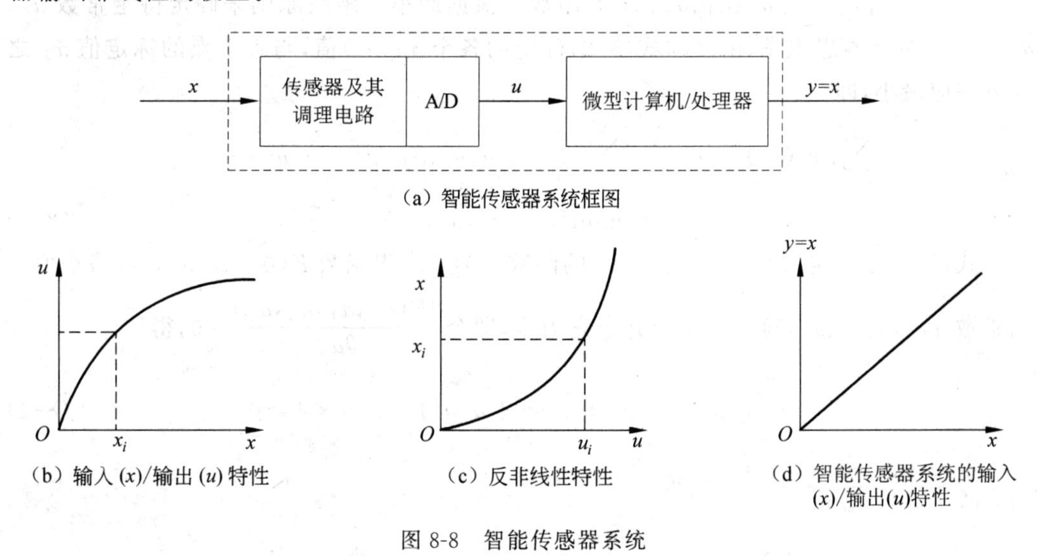

图 8-8　智能传感器系统

非线性自校正的实现方法如下。

1）计算法

计算法就是利用软件编制一段反非线性特性关系表达式的计算程序。当被测参数经过采样、滤波后，直接进入计算程序进行计算，从而得到线性化处理的输出参数，因此，在掌握传感器输入/输出特性 $f(x)$ 的情况下，利用编制好的反非线性特性函数，就能快速准确地实现传感器的线性输出。

而在实际工程中，被测参数和输出电压常常是一组测定的数据，这时，需要根据实际情况，用曲线来拟合传感器的输入/输出特性。如果近似表达式为线性的，则可采用理论直线法、端点线法、端点平移法、最小二乘法等来拟合；对于非线性曲线，利用传感器的标定数据，根据最小二乘原理，可以获得非线性特性的拟合函数。反过来，改变拟合过程中的变量关系，则可以取得反非线性特性曲线的拟合函数。关于多项式拟合曲线的参数确定，可以采用最小二乘法，也可以采用神经网络逼近等方法。

利用最小二乘法求取反非线性曲线的 n 阶多项式表达式的具体步骤如下。

(1) 列出逼近反非线性曲线的多项式方程。对传感器及其调理电路进行静态标定，得到校准曲线。标定点的数据为

$$\begin{cases}\text{输入 } x_r: x_1, x_2, x_3, \cdots, x_N \\ \text{输出 } u_r: u_1, u_2, u_3, \cdots, u_N\end{cases}$$

其中，N 为标定点个数。

① 假设反非线性特性拟合方程为

$$x_i(u_i) = a_0 + a_1 u_i + a_2 u_i^2 + a_3 u_i^3 + \cdots + a_n u_i^n \tag{8-1}$$

n 的数值由所要求的精度来定。若 $n=3$，则

$$x_i(u_i) = a_0 + a_1 u_i + a_2 u_i^2 + a_3 u_i^3 \tag{8-2}$$

其中，a_0、a_1、a_2、a_3 为待定常数。

② 求解待定常数 a_0、a_1、a_2、a_3 的函数。根据最小二乘法原则来确定待定常数 a_0、a_1、a_2、a_3 的基本思想是，由多项式(8-2)确定的各个 $x_i(u_i)$ 值，与各个点的标定值 x_r 之均方差应最小，即

$$\begin{aligned}\sum_{i=1}^{N}[x_i(u_i) - x_i]^2 &= \sum_{i=1}^{N}[(a_0 + a_1 u_i + a_2 u_i^2 + a_3 u_i^3) - x_i]^2 \\ &= \min F(a_0, a_1, a_2, a_3)\end{aligned} \tag{8-3}$$

式(8-3)是待定常数 a_0、a_1、a_2、a_3 的函数。为了求得函数 $F(a_0, a_1, a_2, a_3)$ 最小值时的常数 a_0、a_1、a_2、a_3，对函数求导并令它为零，即令 $\dfrac{\partial F(a_0, a_1, a_2, a_3)}{\partial a_0} = 0$，得

$$\sum_{i=1}^{N}[(a_0 + a_1 u_i + a_2 u_i^2 + a_3 u_i^3) - x_i] \times 1 = 0 \tag{8-4}$$

令 $\dfrac{\partial F(a_0, a_1, a_2, a_3)}{\partial a_1} = 0$，得

$$\sum_{i=1}^{N}[(a_0 + a_1 u_i + a_2 u_i^2 + a_3 u_i^3) - x_i] \times u_i = 0 \tag{8-5}$$

令 $\dfrac{\partial F(a_0, a_1, a_2, a_3)}{\partial a_2} = 0$，得

$$\sum_{i=1}^{N}[(a_0 + a_1 u_i + a_2 u_i^2 + a_3 u_i^3) - x_i] \times u_i^2 = 0 \tag{8-6}$$

令 $\dfrac{\partial F(a_0, a_1, a_2, a_3)}{\partial a_3} = 0$，得

$$\sum_{i=1}^{N}[(a_0 + a_1 u_i + a_2 u_i^2 + a_3 u_i^3) - x_i] \times u_i^3 = 0 \tag{8-7}$$

经整理后的矩阵方程为

$$\left.\begin{aligned} a_0 N + a_1 H + a_2 I + a_3 J = D \\ a_0 H + a_1 I + a_2 J + a_3 K = E \\ a_0 I + a_1 J + a_2 K + a_3 L = F \\ a_0 J + a_1 K + a_2 L + a_3 M = G \end{aligned}\right\} \tag{8-8}$$

其中，N 为试验标定点个数；$H = \sum_{i=1}^{N} u_i$。

$$\left.\begin{aligned} & I = \sum_{i=1}^{N} u_i^2, \quad J = \sum_{i=1}^{N} u_i^3, \quad K = \sum_{i=1}^{N} u_i^4 \\ & L = \sum_{i=1}^{N} u_i^6, \quad M = \sum_{i=1}^{N} u_i^5, \quad D = \sum_{i=1}^{N} x_i \\ & E = \sum_{i=1}^{N} x_i u_i, \quad F = \sum_{i=1}^{N} x_i u_i^2, \quad G = \sum_{i=1}^{N} x_i u_i^3 \end{aligned}\right\} \tag{8-9}$$

求解该方程，得到待定系数 $a_0 \sim a_3$。

(2) 将所求的常系数 $a_0 \sim a_3$ 存入内存。将已知的反非线性特性拟合方程(8-2)写成下列形式：

$$x(u) = a_0 + a_1 u + a_2 u^2 + a_3 u^3 = a_0 + [a_1 + (a_2 + a_3 u)u]u \tag{8-10}$$

为了求取对应电压为 u 的输入被测值 x，每次只需将采样值 u 代入式(8-10)中即可。

利用最小二乘法对反非线性曲线进行拟合时，可能存在矩阵病态无解的问题，而函数链神经网络法能克服这个缺点。

下面介绍利用神经网络方法求解反非线性曲线系数的基本思路，如图 8-9 所示。

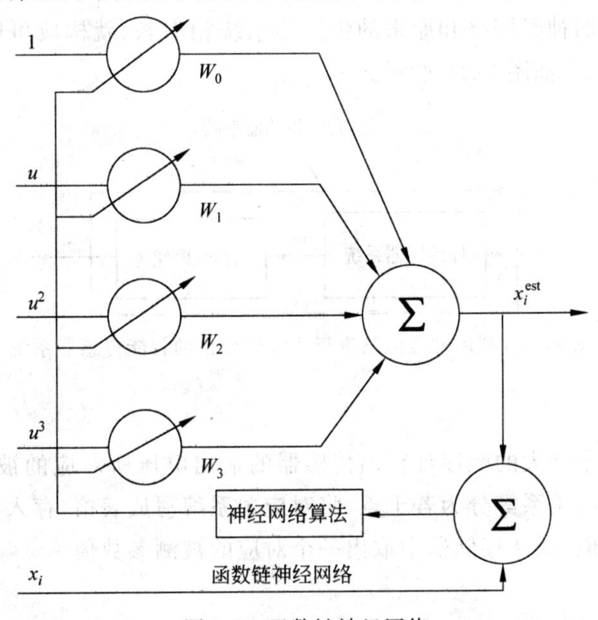

图 8-9 函数链神经网络

图 8-9 中 $W_j(j=0,1,\cdots,n,\ n=3)$为网络的连接权值，连接权值的个数与反非线性多项式的阶数相同，即 $j=n$。假设神经网络的神经元是线性的，函数链神经网络的输入值为

$$1,u_1,u_2^2,u_3^3 \tag{8-11}$$

u_i 为静态标定实验中获得的标定点输出值。函数链神经网络的输出值为

$$x_x^{\text{est}}(k)=\sum_{j=0}^{3}u_i^j w_j(k) \tag{8-12}$$

其中，x_i^{est} 为输出估计值，将 x_i^{est} 估计值与标定值 x_i 进行比较，经神经网络学习算法不断调整权值 $W_j(j=0,1,\cdots,n,n=3)$，直至估计误差$[e_i(k)]$的均方值足够小。

估计误差为

$$e_i(k)=x_i-x_i^{\text{est}}(k) \tag{8-13}$$

权值调节式为

$$w_j(k+1)=w_j(k)+\eta_i e_i(k)u_i^j \tag{8-14}$$

其中，$x_i^{\text{est}}(k)$为第 k 步神经网络输出估计值；x_i 为第 i 个标定点输入值，也是神经网络的第 i 个期望输出值；$e_i(k)$为估计误差，第 k 步神经网络输出估计值与期望输出值之差；$w_i(k)$为第 k 步时，第 j 个连接权值；η_j 为学习因子，它的选择影响到迭代的稳定性和收敛速度。

当权值调节趋于稳定时，所得权值为 $w_j: w_0, w_1, w_2, w_3$，即多项式待定常数 $a_0\sim a_3$：$a_0=w_0, a_1=w_1, a_2=w_2, a_3=w_3$。

权值的初始值为一个随机数。如果设定得合理，则学习过程时间短，w_0 与 w_1 一般为同一数量级；w_2 比 w_1 至少低一个数量级；w_3 比 w_2 低更多的数量级。所低数量级依非线性特性的非线性程度的不同而不同。

将学习完毕后的神经网络和原来的传感器系统相串联，就构成可以进行非线性自校正的智能传感器系统，如图 8-10 所示。

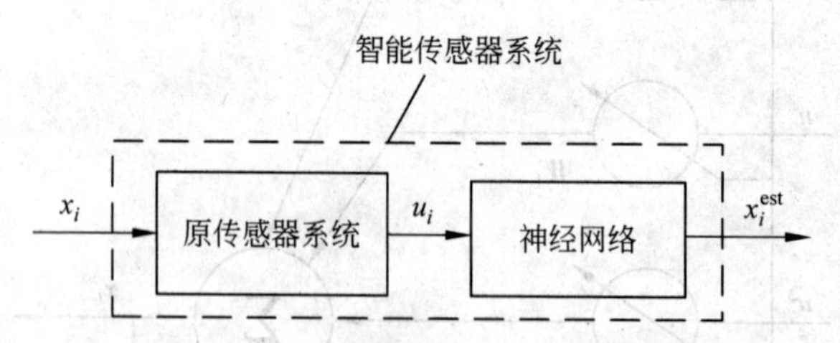

图 8-10　利用神经网络进行非线性校正的智能传感器系统

2）查表法

查表法是按由小到大的顺序计算出传感器的输出电压所对应的被测参数，将输出电压与被测参数的对应关系等分为若干点，将对应关系编写成表格，存入存储器。这样传感器每输出一个电压值，就从存储器中取出一个对应的被测参数值。

3）插值法

实际使用时，可以把计算法和查表法结合起来，形成插值法。它是根据精度要求对反

非线性曲线按图 8-11 进行分段，用若干段折线逼近曲线，将折点坐标值存入数据表中，测量时首先要明确对应输入被测量 x 的电压值 u 是在哪一段；然后根据那段的斜率进行线性插值，即输出值 $y=x$。

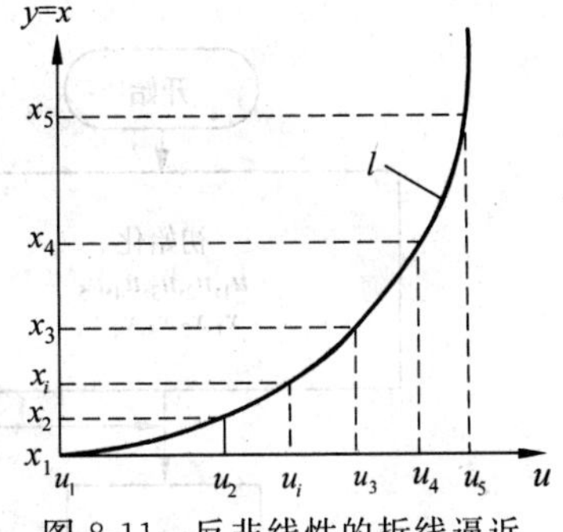

图 8-11　反非线性的折线逼近

下面以四段为例，折点坐标值如下。

- 横坐标：u_1, u_2, u_3, u_4, u_5。
- 纵坐标：x_1, x_2, x_3, x_4, x_5。

各线性段的输出表达式如下。

(1) 第Ⅰ段

$$y(\text{Ⅰ})=x(\text{Ⅰ})=x_1+\frac{x_2-x_1}{u_2-u_1}(u-u_1) \tag{8-15}$$

(2) 第Ⅱ段

$$y(\text{Ⅱ})=x(\text{Ⅱ})=x_2+\frac{x_3-x_2}{u_3-u_2}(u-u_2) \tag{8-16}$$

(3) 第Ⅲ段

$$y(\text{Ⅲ})=x(\text{Ⅲ})=x_3+\frac{x_4-x_3}{u_4-u_3}(u-u_3) \tag{8-17}$$

(4) 第Ⅳ段

$$y(\text{Ⅳ})=x(\text{Ⅳ})=x_4+\frac{x_5-x_4}{u_5-u_4}(u-u_4) \tag{8-18}$$

输出 $y=x$ 表达式的通式为

$$y=x=x_k+\frac{x_{k+1}-x_k}{u_{k+1}-u_k}(u-u_k) \tag{8-19}$$

其中，k 为折点的序数，四条折线有五个折点，$k=1,2,3,4,5$。

由电压值 u 求取被测量 x 的流程图如图 8-12 所示。

折线与折点的确定有两种方法：Δ 近似法与截线近似法。不论哪种方法，所确定的折线段与折点坐标值与所要逼近的曲线之间都存在误差 Δ，按照精度要求，各点误差 Δ_i 都不得超过允许的最大误差界 Δ_m，即 $\Delta_i \leqslant \Delta_m$。

① Δ 近似法。折点处误差最大，折点在 $\pm\Delta_m$ 误差界上。折线与逼近的曲线之间的误差最大值为 Δ_m，且有正有负。

② 截线近似法。折点在曲线上且误差最小。这是利用标定值作为折点的坐标值。折线与被逼近的曲线之间的最大误差在折线段中部，应该控制该误差值不大于允许的误差界 Δ_m，各折线段的误差符号相同，或全部为正，或全部为负，如图 8-13 所示。

线性插值法的线性化精度由折线的段数决定，分段数越多，精度越高，但数表占内存越多。一般分为 24 段折线比较合适。在具体分段时，可以等分也可以不等分，根据传感器的特性而定。

当传感器的输入和输出之间的特性曲线的斜率变化较大时，采用线性插值不能满足精度要求，可采用二次曲线插值法。就是利用抛物线代替原来的曲线，以提高精度。

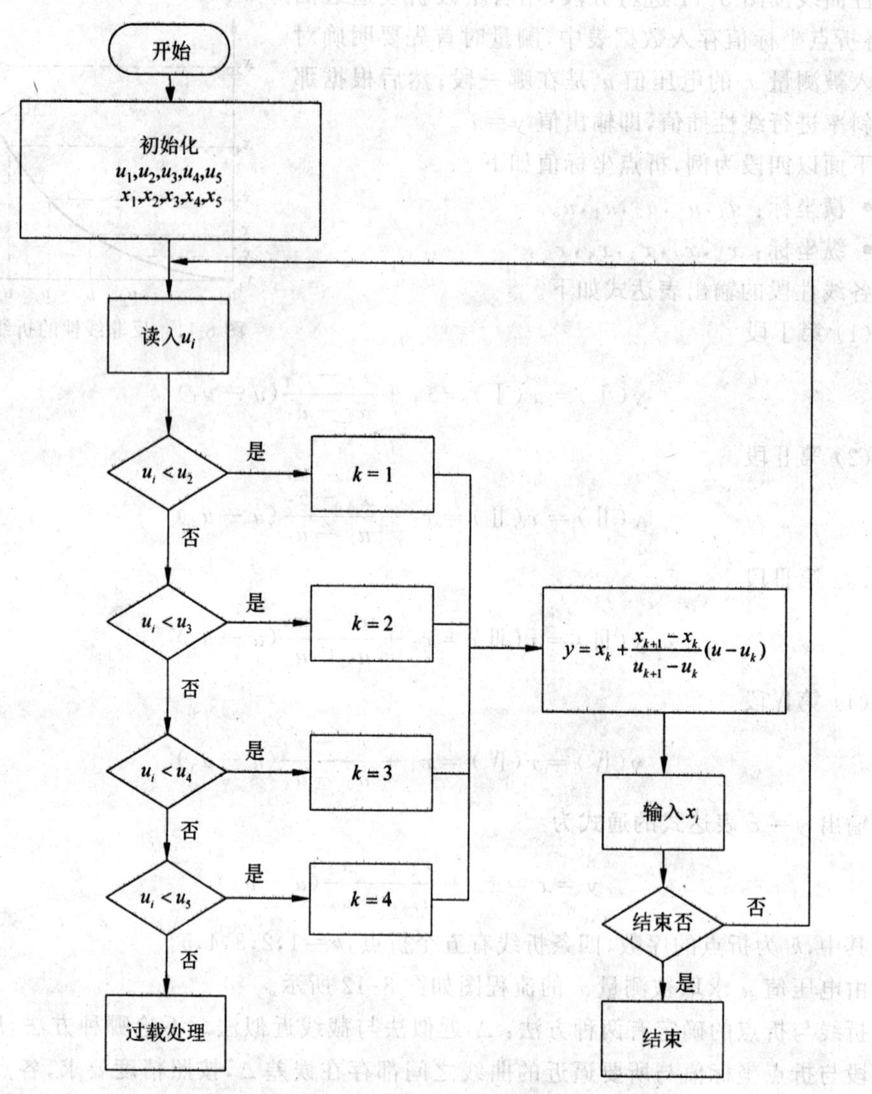

图 8-12 非线性自校正流程图

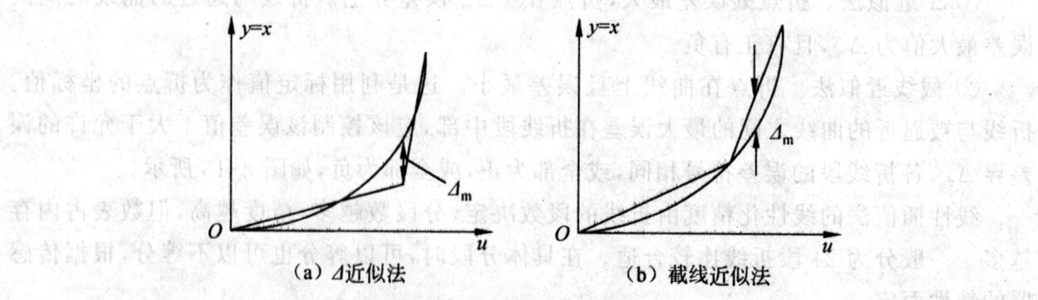

图 8-13 曲线的折线逼近

2. 软件抗干扰技术

被测信号在进入测量系统之前与之后都受到各种干扰与噪声的侵扰。排除干扰与噪声，把有用信息从混杂有噪声的信号中提取出来，这是测量系统或仪器的主要功能。智能传感器系统具有数据存储、记忆与信息处理功能。通过智能化软件可以进行数字滤波、相关分析、统计平均处理等，并可以消除偶然误差，排除内部或外部引入的干扰，将有用信号从噪声中提取出来，从而使智能传感器系统具有高的信噪比与高的分辨率。智能传感器系统所具有的抑制噪声的智能化功能也是由强大的软件来实现的。这就使智能传感器系统集经典传感器获取信息的功能与传统仪器的信息处理功能于一身，冲破了传感器与仪器之间不可逾越的界线。

利用软件进行抗干扰处理的方法可以归纳成两种：一种方法是利用数字滤波器来滤除干扰；另一种方法是采用软件开门狗、指令冗余、软件陷阱、多次采样技术、延时防止抖动、定时刷新输出口等技术来抑制干扰。如果信号的频谱和噪声的频谱不重合，则可用滤波器消除噪声；当信号和噪声频带重叠或噪声的幅值比信号大时，就需采用其他的噪声抑制方法，如相关技术、平均技术等。这里简要介绍数字滤波器的设计过程。

1）数字滤波器

传统的模拟滤波器是由硬件电路构成，存在受元器件精度限制、滤波器变通性差、器件体积庞大等缺点。智能传感器系统中采用数字滤波器，它通过计算机执行一段相应的程序来滤除夹杂在信号中的干扰部分，而无须增加任何硬件设备。由软件实现的离散时间系统的数字滤波器和由硬件实现的连续时间系统的模拟滤波器相比，虽然实时性较差，但稳定性和重复性好，调整方便灵活，能在模拟滤波器不能实现的频带下进行滤波，故得到越来越广泛的应用。

2）数字滤波器的基本结构

对被测模拟信号的处理过程如图 8-14 所示。被测模拟量首先经过采样/保持电路(S/H)，送至模数转换器(ADC)转换成数字量，然后通过数字滤波器(DF)滤除其中的干扰信号，最后通过数模转换器(DAC)获得模拟量输出。

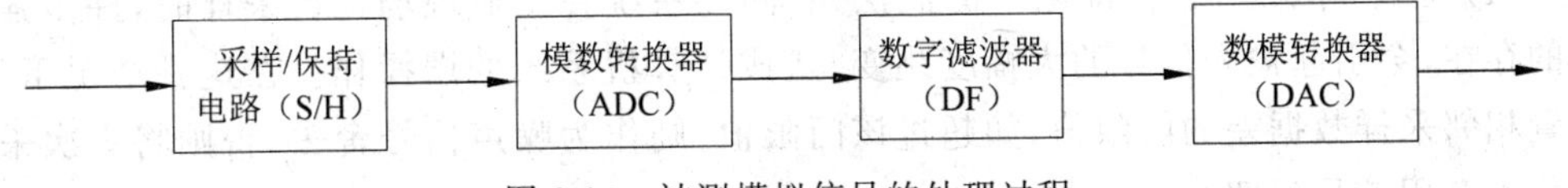

图 8-14　被测模拟信号的处理过程

经过模数转化器后得到的信号，从时间上看，数字信号是离散的，从幅度上看，它又是量化的。因此，数字信号可用一个序列数来表示，而每个数又可表示成二进制码的形式。数字滤波器的功能就是利用软件对一组数字序列进行一定的运算，再变换成另一组输出数字序列。

根据所用数学模型的不同，数字滤波器可分为两大类：一类是递归型滤波器，其特点是滤波器的输出不仅与输入信号有关，还与过去的输出值有关；另一类是非递归型滤波器（如一阶、二阶低通滤波器），其特点是滤波器的输出仅与输入信号有关，而与过去输出值无关。

设数字滤波器的输入信号为 $X(n)$，输出信号为 $Y(n)$，则输入序列和输出序列之间的关系可用差分方程表示为

$$Y(n)=\sum_{K=0}^{N}b_KX(n-K)+\sum_{K=1}^{N}a_KY(n-K) \tag{8-20}$$

式(8-20)中，输入信号 $X(n)$ 可以是模拟信号经过采样和 ADC 变换后得到的数字序列，也可以是计算机的输出信号；a_K、b_K 均为系数。上述差分方程组成的数字滤波器，称为递归型数字滤波器，其输出不仅与输入有关，还与过去的输出有关。

若差分方程中的系数 a_K 均取 0，则

$$Y(n)=\sum_{K=0}^{N}b_KX(n-K) \tag{8-21}$$

式(8-21)表示，输出值仅与输入有关，而与过去的输出无关。这类滤波器即非递归型滤波器。系数 a_K、b_K 选择不同，可设计成低通、高通、带通或带阻式数字滤波器。

3）数字滤波器的设计

设计数字滤波器时，一般可按以下步骤进行。

(1) 根据干扰信号的特征来选择合适的数字滤波器。

(2) 建立其典型的差分方程数学模型，并对差分方程进行 Z 变换，写出其 Z 传递函数。

(3) 根据有用信号和干扰信号的频率特征来确定系统所期望的通频带。

(4) 根据 Z 传递函数，确定其幅频特性和相频特性，再对 Z 传递函数进行反变换，求出滤波器的线性离散方程。

(5) 按照线性差分方程来编制相应的软件，最终实现数字滤波器的功能。对于所设计的数字滤波器特性，可用 MATLAB 软件进行仿真。

4）数字滤波器的软件设计

在测控系统中，由于各种参数的干扰成分不同，因而滤除这些干扰成分的方式也不同。数字滤波器方法有多种，可根据具体情况加以选用。

(1) 程序判断滤波器(即限幅滤波法)。测控系统在工业现场进行采样时，许多强干扰的存在，会引起输入信号的大幅度跳变，造成计算机系统的误操作。在这种情况下，可设置相邻采样数据差的门限值，如超过该门限值，则作为噪声信号舍去，否则将本次采样值作为有用信号保留。

(2) 中位值滤波法。中位值滤波法就是对某一被测参数连续采样 N(N 一般取奇数)次，然后把 N 次采样值按大小排列，取中位值作为本次采样值。中位值滤波器能有效地克服偶然因素引起的波动干扰。对于温度、液位等缓慢变化的被测参数，采用此法能收到良好的滤波效果，但对快速变化的参数一般不宜采用。

(3) 算术平均滤波法。算术平均滤波法就是连续取 N 个值进行采样，然后求出算术平均值。该方法适用于对随机干扰信号进行滤波，这时信号会在某一数值范围内波动。当 N 值较大时，用此方法得到的信号平滑度高，但灵敏度低；当 N 值较小时，信号平滑度低，但灵敏度高。因此，应视具体情况选取 N 值，这样既能节省时间，又能取得较好的滤

波效果。

（4）递推平均滤波法。递推平均滤波法是一种只需测量一次，就能得到当前算术平均值的方法。对于测量速度较慢或要求数据计算速度较快的实时控制系统，此方法更为实用。递推平均滤波法是把 N 个测量数据看成一个队列，队列的长度为 N，每进行一次新的测量，就把测量结果放入队尾，去掉原来队首的一个数据，这样在队列中始终有 N 个最新的数据。计算滤波值时，只要把队列中的 N 个数据进行平均，即可得到新的结果。

递推平均滤波法对周期性干扰具有良好的抑制作用，其平滑度高，灵敏度低；但对偶尔出现的脉冲干扰的抑制作用差，不易消除脉冲干扰引起的采样值偏差。因此，它不适用于脉冲干扰比较严重的场合，而适用于高频振荡系统。通过观察在不同 N 值下递推平均的输出响应来选取 N 值，以便既少占用时间，又能达到最佳滤波效果。对于测控系统，N 一般取1～4。

（5）防脉冲干扰平均滤波法。在脉冲干扰严重的场合，若采用一般的平均滤波法，干扰就会被"平均"到结果中去，故平均值法不易消除脉冲干扰引起的误差。为此，可先去掉 N 个数据中的最大值和最小值，然后计算 $(N-2)$ 个数据的算术平均值。为提高测量速率，一般取 $N=4$。

（6）一阶滞后滤波法。一阶滞后滤波算法对周期性干扰具有良好的抑制作用，适用于对波动频率较高的参数进行滤波。其不足是会使相位滞后，灵敏度降低。

一阶滞后滤波算法为

$$Y(n)=(1-\alpha)X(n)+\alpha Y(n-1) \tag{8-22}$$

其中，$X(n)$ 是本次采样值；$Y(n)$、$Y(n-1)$ 是本次、上次滤波输出值。令滤波时间常数为 T_f，采样周期为 T，则 $\alpha=T_f/(T+T_f)$。α 值与采样参数和干扰的成分有关，可由实验确定，只要使被测信号不产生明显的失真即可。

3. 自补偿技术

通过自补偿技术可改善传感器系统的动态性能，使其频率响应向更高或更低频段扩展。在不能进行完善的实时自校准的情况下，可采用补偿法消除工作条件、环境参数发生变化引起的系统特性的漂移，如零点漂移、灵敏度温度漂移等。自补偿与信息融合技术有一定程度的交叠，信息融合有更深更广的内涵。

1）温度补偿

温度是传感器系统最主要的干扰量，在经典传感器中主要采用结构对称（机械结构对称、电路结构对称）来消除其影响，在智能传感器的初级形式中，也有采用硬件电路来实现补偿的，但补偿效果不能满足实际测量的要求。在传感器与微处理器/微计算机相结合的智能传感器系统中，则是采用监测补偿法，它是通过对干扰量的监测再由软件来实现补偿的。

一般情况下，对应不同的工作温度，传感器有不同的输入（y）/输出（u）特性。如果能够确定工作温度为 T 时相应的 y/u 特性，并按其反非线性特性读取被测量 y，就能从原理上消除温度引入的误差。但通过标定实验只能在有限数量的几个温度值条件下标定输入/输出特性，而在前面可知输入 y 与输出 u 之间通常存在非线性，可以利用分段线性插值法，确定在工作温度范围内非标定条件下任一温度 T 状态的输入(y)/输出(u)特性。具体步骤如下。

(1) 进行标定实验，获得不同温度下的实验数据。设在不同温度 $T_i(i=1,2,\cdots,k)$ 下测得下列数值：

$$\begin{array}{c} T_1, T_2, \cdots, T = T_k \\ y_{10}, y_{11}, y_{1m}, y_{k0}, y_{k1}, \cdots, y_{km} \\ u_{10}, u_{11}, u_{1m}, u_{k0}, u_{k1}, \cdots, u_{km} \end{array} \tag{8-23}$$

其中，y_{ij} 为温度 T_i 时第 j 次输入传感器的被测物理量；u_{ij} 为温度 T_i 时第 j 次测得的传感器输出电压。

(2) 确定不同温度下的输入/输出拟合多项式系数，获得拟合曲线。将不同工作温度 T 下获得的输入/输出特性用一维多项式方程表示为

$$\begin{array}{l} y_1 = a_{10} + a_{11}U + \cdots + a_{1n}U^n \\ y_2 = a_{20} + a_{21}U + \cdots + a_{2n}U^n \\ y_k = a_{k0} + a_{k1}U + \cdots + a_{kn}U^n \end{array} \tag{8-24}$$

通常，$n_1 = n_2 = \cdots n_k = n$。

利用标定实验数据即可得到各温度下传感器静态输入/输出特性的拟合多项式的系数 a_i。值得注意的是，这些系数 a_i 是随温度 T 而变化的，且变化的规律通常不是线性的，此时可以用曲线拟合的方法，也可以用分段插值的方法确定。

(3) 分段插值，求取非标定温度下的输出值。将 $a_0, a_1, \cdots, a_k$ 和以上多项式的计算程序写入内存，按照图 8-15 所示的流程进行温度补偿，即由输入的 T 和 u 查找和计算 y 值，采用的是分段线性插值法，只要 K 足够大，其误差就足够小。

2) 频率补偿

传感器的动态特性可以用低阶(一阶、二阶)方程来表示。其本身都有一定的固定带宽和固有频率。当信号的频率高而传感器的工作带宽不能满足测量允许误差的要求时，则希望扩展系统的频带，以改善系统的动态性能。与数字滤波相同，动态补偿既可以通过硬件电路实时补偿，也可以通过软件进行补偿，智能传感器系统具有强大的软件优势，能够补偿原有系统动态性能的不足。通常，已知传感器动态特性时，常采用数字滤波器与频域校正法；在未知传感器动态特性时，则可以采用神经网络方法进行补偿。

(1) 数字滤波器。数字滤波法的补偿思想是：给现有的传感器系统[设系统传递函数为 $H(s)$]附加一个校正环节[$H_c(s)$]，如图 8-16 所示，使得系统总传递函数 $H_1(s)$ 满足动态性能的要求。这个附加的串联环节由软件编程设计的滤波器来实现。

动态补偿滤波器的设计方法比较简单，首先令动态补偿滤波器与传感器传递函数的极点相同，即令其抵消传感器传递函数的极点。

设某传感器(一阶环节)的传递函数为

$$H(s) = \frac{K}{1 + \tau s} \tag{8-25}$$

为改善其动态特性，在其后串入一个超前校正环节，该环节的传递函数为

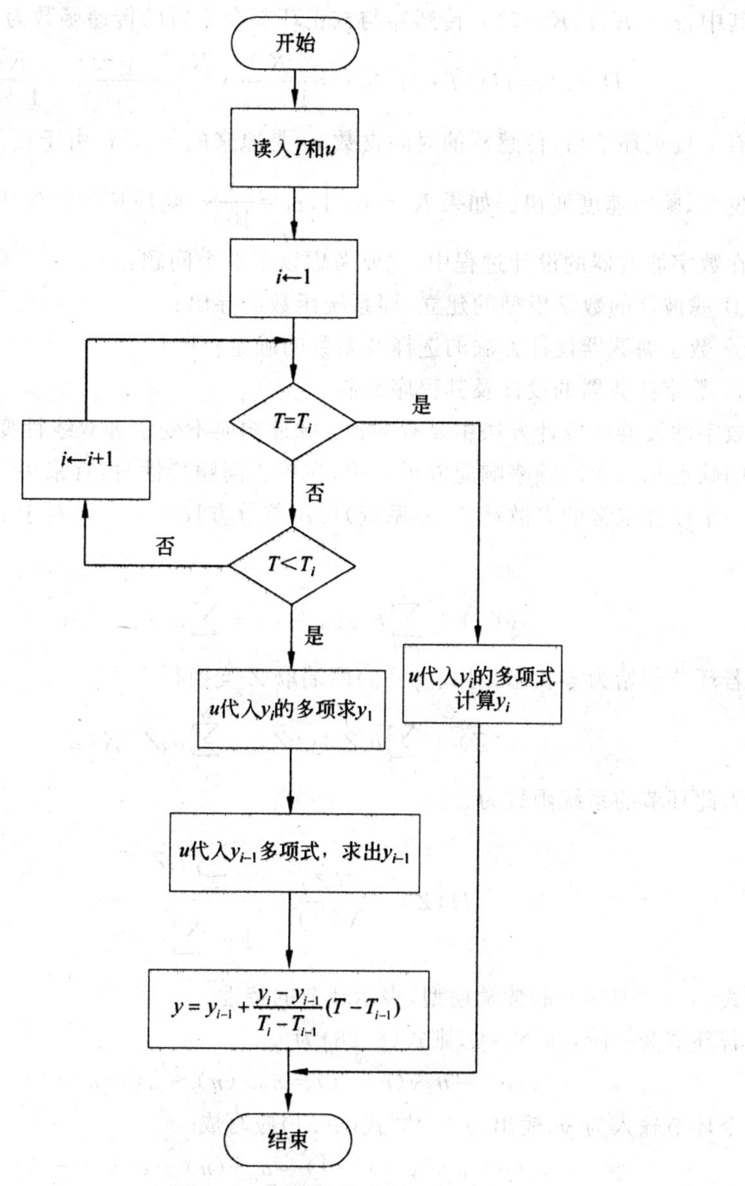

图 8-15　温度补偿流程

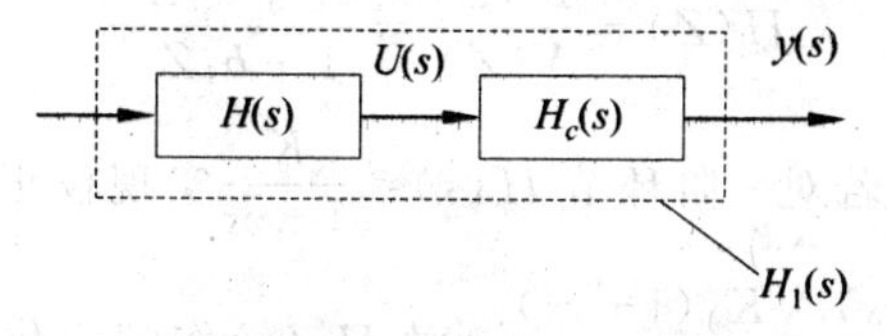

图 8-16　传感器动态补偿数字滤波器示意图

$$H_c(s)=\frac{K_1(1+\tau s)}{1+K_1 s}=\frac{K_1(1+\tau s)}{1+\tau_1 s} \tag{8-26}$$

其中，$\tau_1=K_1\tau$，$K_1<1$。传感器与校正环节合成后的传递函数为

$$H_1(s)=H(s)\cdot H_c(s)=\frac{K}{1+\tau s}\cdot\frac{K_1(1+\tau s)}{1+\tau_1 s}=\frac{KK_1}{1+\tau_1 s} \tag{8-27}$$

有了校正环节后，传感器的时间常数 τ_1 是原来的 K_1 倍，由于设计 $K_1<1$，因而时间常数见效，响应速度变快。如果 $K_1=0.01$，$\tau_1=\frac{1}{100}\tau$，响应速度将变快 100 倍。

在数字滤波器的设计过程中，主要考虑以下 3 个问题：

① 滤波器的数学模型的建立，即系统函数的导出；

② 数字滤波器设计方法的选择及系数的确定；

③ 数字滤波器的设计及其程序编制。

数字滤波器的设计方法主要有两种：脉冲响应不变法和双线性变换法。脉冲响应不变法的缺点是高频时频率响应混淆严重，在校正高频特性时，宜采用双线性变换法。

一个线性定常的离散环节(或系统)可用差分方程来表示。对于 N 阶环节，其一般形式为

$$y(n)+\sum_{i=1}^{N}b_i y(n-i)=\sum_{i=0}^{N}a_i x(n-i) \tag{8-28}$$

若环节起始为零状态，对式(8-28)两端取 Z 变换得

$$y(Z)+\sum_{i=1}^{N}b_i Z^{-i}y(Z)=\sum_{i=0}^{N}a_i Z^{-i}X(Z) \tag{8-29}$$

因此环节的系统函数为

$$H(Z)=\frac{Y(Z)}{X(Z)}=\frac{\sum_{i=1}^{N}a_i Z^{-i}}{1+\sum_{i=1}^{N}b_i Z^{-i}} \tag{8-30}$$

式(8-30)即环节的数学模型，表示环节的特性。

若环节为一阶，即 $N=1$，则式(8-28)为

$$y(n)+b_1 y(n-1)=a_0 x(n)+a_1 x(n-1) \tag{8-31}$$

令环节输入为 y，输出为 y_c，则式(8-31)应写成

$$y_c(n)+b_1 y_c(n-1)=a_0 y(n)+a_1 y(n-1) \tag{8-32}$$

系统函数为

$$H(Z)=\frac{Y_c(Z)}{Y(Z)}=\frac{a_0+a_1 Z^{-1}}{1+b_1 Z^{-1}} \tag{8-33}$$

由前面的讨论已知：若对一阶环节 $H(s)=\frac{K}{1+\tau s}$ 实现校正，模拟校正环节的传递函数应为 $H_c(s)=\frac{K_1(1+\tau s)}{1+K_1 s}=\frac{K_1(1+\tau s)}{1+\tau_1 s}$。对 $H_c(s)$ 作归一化处理，令截止频率处的值为 1，即在 S 前乘以 $\frac{1}{K_1\tau}$，即得 $H_c(s_1)=\frac{K_1+s_1}{1+s_1}$。

对式(8-33)进行双线性变换，即

$$s_1 = C\frac{1-Z^{-1}}{1+Z^{-1}} \tag{8-34}$$

可实现模拟域(S 域)到数字域(Z 域)的变换,得到数字校正滤波器的系统函数为

$$H(Z) = \frac{a_0 + a_1 Z^{-1}}{1 + b_1 Z^{-1}} \tag{8-35}$$

其中,$a_0=(K_1+C)/(1+C)$,$a_1=(K_1-C)/(1+C)$,$b_1=(1-C)/(1+C)$。

常数 C 的引入是用于克服双线性变换可能引起的相频非线性畸变,它由式(8-36)确定

$$C = \omega c \tan\frac{\Omega T}{2} \tag{8-36}$$

其中,ω 为模拟域频率;Ω 为数字域频率;T 为采样周期。频率的选取一般采用的原则是:使用模拟和数字两个滤波器的截止频率相等。对应模拟滤波器归一化频率 $\omega_1 = 1$,在数字域 $\Omega = \frac{1}{K_1\tau}$,于是

$$C = c\tan\frac{T}{2K_1\tau} \tag{8-37}$$

系数 a_0、a_1、b_1 确定之后,引入辅助 Z 变换 $U(Z)$,有

$$H(Z) = \frac{Y_c(Z)}{U(Z)}\cdot\frac{U(Z)}{Y(Z)} = (a_0 + a_1 Z^{-1})\cdot\frac{1}{1+b_1 Z^{-1}} \tag{8-38}$$

因此,数字校正滤波器时域输出序列和输入序列的关系式可写为

$$\begin{cases} y_c(n) = a_0 u(n) + a_1 u(n-1) \\ u(n) = y(n) - b_1 u(n-1) \end{cases} \tag{8-39}$$

采用上述运算结构,其结构流图如图 8-17 所示。

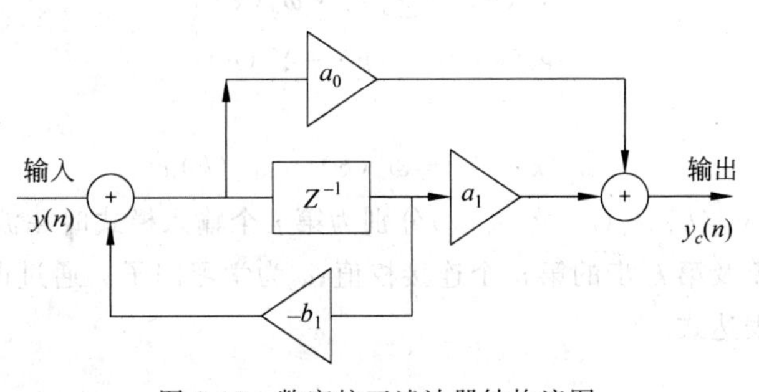

图 8-17　数字校正滤波器结构流图

动态补偿滤波器有其缺点:第一,必须确定传感器的动态数学模型,由于确定数学模型时,会做一些简化和假设,这样所设计的数字滤波器的补偿效果必然受到限制;第二,一般方法设计出的滤波器不适用于非最小相位系统;第三,滤波器的阶次较高,难以适应在线实时测量的需要。

(2) 频域校正法。频域校正法与数字滤波一样,都是在已知系统传递函数时进行的。它的基本过程如图 8-18 所示。

$x(t)$是测试系统输入的真值,$y(t)$是传感器系统的输出,和数字滤波相区别的是,它

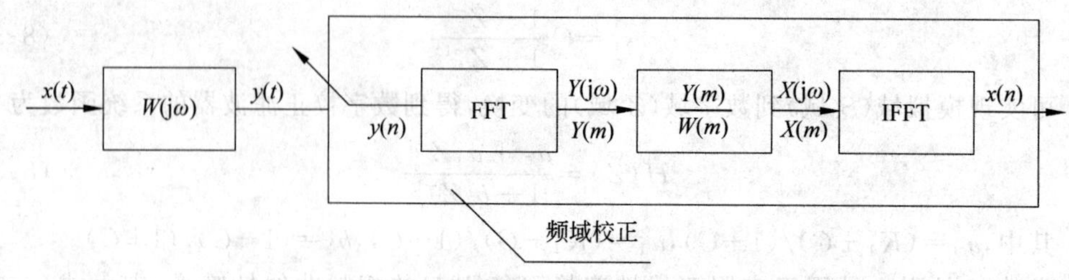

图 8-18　系统动态特性频域校正法过程

对传感器输出信号进行快速傅里叶变换(FFT)变化到频域进行处理,把畸变的 $y(t)$ 转换为被输入信号 $x(t)$ 的频谱 $X(m)$,再通过傅里叶反变换(IFFT)转换到原函数的离散时间序列 $x(n)$,从而使输出信号接近被测信号的真值 $x(t)$,于是便削除了误差。

(3) 神经网络补偿。为了减少动态补偿滤波器对传感器动态模型的依赖,并且使所设计的滤波器可应用于最小相位系统和非最小相位系统。为此,对滤波器的设计问题进行如下描述:求滤波器 $H(z)$ 使 $J=\sum[Y(i)-Y_m(i)]$ 最小。

其中,$Y(i)$ 与 $Y_m(i)$ 分别为所设计的滤波器 $H(z)$ 的实际输出和期望输出。这样即将设计滤波器的问题转化为求最优解的问题。

设滤波器 $H(z)$ 以被校传感器对某一信号的输出序列作为输入 $\{X_i\}$,传感器对该信号的期望作为滤波器的输出 $\{Y_i\}$,构成一个输入/输出模式,每个模式的联结权值用 ω 表示。输入/输出关系可表示成矩阵形式。

$$X\omega=Y \tag{8-40}$$

神经网络的学习算法为

$$\left.\begin{aligned}Y_i(k)&=\sum x_i^n\cdot\omega_n(k)\\ e_i(k)&=y_m(k)-Y_i(k)\end{aligned}\right\} \tag{8-41}$$

权值调整:

$$\omega_n(k+1)=\omega_n(k)+\alpha e_i(k)x_i^n \tag{8-42}$$

其中,$Y_i(k)$、$y_m(k)$、$e_i(k)$ 及 $\omega_n(k)$ 分别为第 i 个输入模式时滤波器 $H(z)$ 的实际输出、期望输出、误差及第 k 步的第 n 个连接权值;α 为学习因子。通过训练神经网络,即可获得滤波器函数表达式。

4. 自检技术

自检是智能传感器自动开始或人为触发开始执行的自我检验过程。自检的内容分为硬件自检和软件自检。硬件自检是指对系统中硬件设备功能的检查,主要是 CPU、存储器和外围设备;软件自检则是对系统中 ROM 或磁盘所存放的软件的检验。无论是硬件自检还是软件自检,都是由 CPU 依靠自检软件来实现的。对系统软硬件故障的检测,能大幅提高系统的可靠性。

智能传感器的自检过程一般按照如下方法进行。

(1) 检测零点漂移。输入切换接地以检测零点漂移,漂移值可存储,用于零点补偿;

偏大的零点失调提示系统可能发生故障,应向主控计算机报警。

(2) A/D 自检。对内部标准参考电压进行 A/D 转换,以进行 A/D 转换器的自检及检测增益漂移。

(3) D/A 自检。通过 D/A 产生斜坡信号,再由 A/D 返读,则可实现 D/A 的自检及对模拟部件、D/A 及 A/D 的线性度的检测。

(4) 差动放大器电路的自检。差动放大器电路的自检可通过以下步骤完成。

① 差动输入两端切入零伏电压。

② 差动输入一端切入零伏电压,另一端输入一参考电压。

③ 差动两输入端交换连接。

④ 给两输入端加入同一参考电压。

通过以上步骤可检测差分电路的增益及共模抑制比。若通过 D/A 加入斜坡信号,则可检测其线性度。

(5) ROM 自检。检查的方法较多,常采用校验和来进行检查。在将程序写入 ROM 之后,保留一个地址单元写入检验字,该检验字的每一位选择 0 或 1 的依据是能够使得该 ROM 单元中所有的相应单元的位具有奇数个 1,以确保新的 ROM 单元值和检验字的校验和全为 1。所以,若校验和不全为 1,就去执行显示 ROM 有故障的程序,否则 ROM 自检通过。

(6) RAM 自检。在 RAM 中尚未存入信息的情况下,常用的自检法是首先将一段伪随机码写入存储单元,而后从各单元中读出并与原先写入的已知代码比较,以判断 RAM 是否能够正常写入和读出。

在 RAM 中已经存入数据的情况下,为了不破坏 RAM 中原有的内容,常用异或法来自检。即先从被检查的 RAM 单元中读出数据,存入寄存器,将其求反后与原单元内容做异或运算,若所得结果全为 1,则表明该单元工作正常,反之则单元工作异常。

(7) 基本敏感元件的自动测试。这一步更加困难且与现场工作条件密切相关。若能在不影响被测对象的条件下,产生一已知物理变量,则可通过周期标定来实现自检。若传感器读数明显偏离预期值,则可直接检出故障状态。

8.3.3 网络化

将传感器与网络紧密联系在一起成为网络传感器,能够通过各类集成化的微型传感器协作地实时监测、感知和采集各种环境或监测对象的信息,通过嵌入式系统对信息进行处理,并通过随机自组织通信网络以多跳中继方式将所感知信息传送到用户终端,从而组成高精度、功能强大的测控网络。

网络化智能传感技术与通信技术和计算机技术融合,使传感器具备自检、自校、自诊断及网络通信功能,从而实现信息的采集、传输和处理,真正成为统一协调的一种新型智能传感器。

网络化智能传感器一般由信号采集单元、数据处理单元和网络接口单元组成。这三个单元可以是采用不同芯片构成的合成式结构,也可以是单片式结构,其基本结构如

图 8-19 所示。

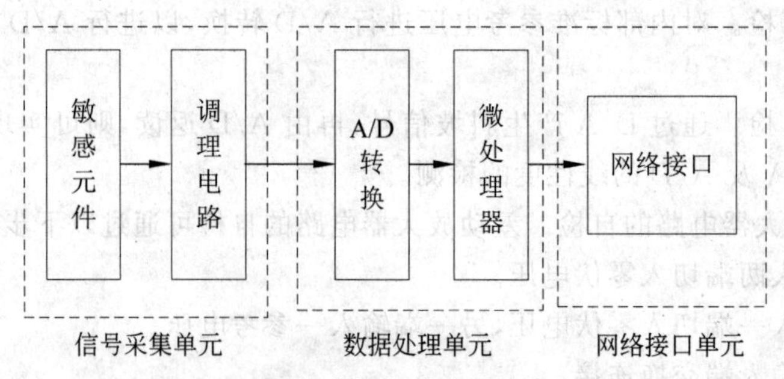

图 8-19 网络化智能传感器的基本结构

信号经过采集、调理、A/D 转换成数字量后，再送给微处理器进行数据处理，最后将测量结果传输给网络，以便实现各个传感器节点之间、传感器与执行器之间、传感器与系统之间的数据交换及资源共享，在更换传感器时无须进行标定和校准，做到了即插即用(plug & play)。

将所有的传感器连接在一个公共的网络上。网络可以是传感器总线、现场总线，可以是企业内部的 Ethernet，也可以直接是 Internet。为保证所有的传感器节点和控制节点能够实现即插即用，必须保证网络中所有的节点能够满足共同的协议。无论是硬件还是软件，都必须满足一定的要求，只要符合协议标准的节点就能够接入系统。

网络化智能传感器研究的关键技术是网络接口技术。网络化智能传感器必须符合某种网络协议，使现场测控数据能直接进入网络。由于目前工业现场存在多种网络标准，因此也随之发展起来了多种网络化智能传感器，具有各自不同的网络接口单元类型。目前主要有基于现场总线的智能传感器和基于 IEEE 1451 标准的网络化智能传感器两大类。

1. 基于现场总线的智能传感器

现场总线技术是一种集计算机技术、通信技术、集成电路技术及智能传感技术于一身的控制技术，按照国际电工委员会 IEC 61158 的标准定义：安装在制造和过程区域的现场装置与控制室内的自动控制装置之间的数字式、串行、多点通信的数据总线称为现场总线。一般认为现场总线是一种全数字化、双向、多站的通信系统，是用于工业控制的计算机系统工业总线。

现场总线技术是在仪表智能化和全数字控制系统的需求下产生的。现场总线是连接智能化现场设备和控制室的全数字式、开放式和双向的通信网络。基于现场总线的智能传感器如图 8-20 所示。

现场总线技术自 20 世纪 80 年代产生以来，一直受到人们的极大关注。进入 20 世纪 90 年代以来，现场总线控制系统一度成为人们研究的热点，各种各样的现场总线产品不断涌现。图 8-21 描述了一个通用分布式测试和控制系统，它是目前比较常见的现场总线系统。

以现场总线技术为基础，以微处理器为核心的传感器与变送器的融合体构成的现场

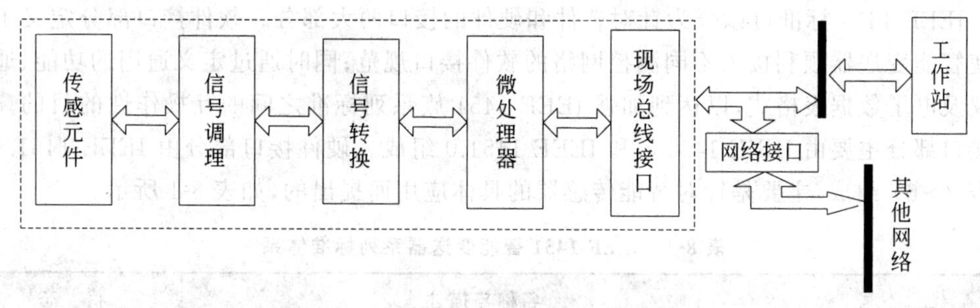

图 8-20　基于现场总线的智能传感器技术

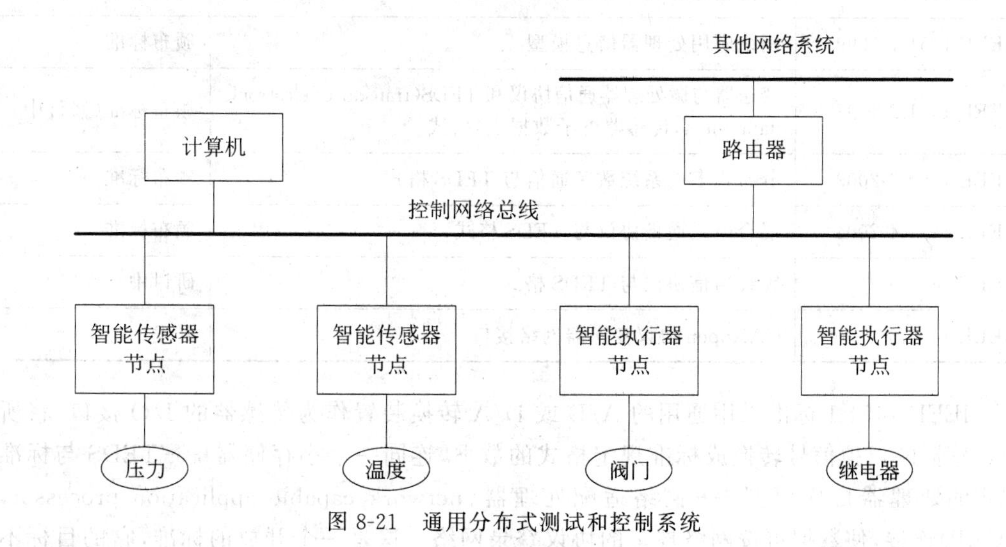

图 8-21　通用分布式测试和控制系统

总线智能传感器与一般智能传感器相比，具有了一些突出的功能：数字化信号取代了 4～20mA 模拟信号传输，增强了信号的抗干扰能力；采用统一的网络化协议，实现了执行器与传感器之间的信息对等交换；能对系统进行校验、组态、测试，从而改善了系统的可靠性。

但基于现场总线的智能传感器只实现了某种现场总线通信协议，还未实现真正意义上的网络通信协议。基于现场总线的智能传感器技术在应用过程中也存在诸多问题，比如目前的总线国际标准共有 12 种之多，且具有较大影响力的也有 5 种之多（FF、Profitbus、HART、CAN 和 LonWorks）。由于各种标准采用的通信协议不统一，存在着智能传感器的兼容和互换性问题，影响了总线式智能传感器的应用。

2. 基于 IEEE 1451 标准的网络化智能传感器

为了给传感器配备一个通用的软硬件接口，使其方便地接入各种现场总线以及 Internet/Intranet，从 1993 年开始，美国国家标准与技术研究所和 IEEE 仪器与测量学会的传感技术委员会联合组织了智能传感器通用通信接口标准的制定，即 IEEE 1451 的智能变送器标准接口。针对变送器工业各个领域的要求，多个工作组先后建立并开发接口标准的不同部分。

IEEE 1451标准可以分为针对软件和硬件的接口两大部分。软件接口部分定义了一套使智能变送器顺利接入不同测控网络的软件接口规范;同时通过定义通用的功能、通信协议及电子数据表格式,以达到加强IEEE 1451族系列标准之间的互操作性的目的。软件接口部分主要由IEEE 1451.1和IEEE 1451.0组成。硬件接口部分由IEEE 1451.x(x代表2~6)组成,主要是针对智能传感器的具体应用而提出的,如表8-1所示。

表8-1 IEEE 1451智能变送器系列标准体系

代　　号	名称与描述	状　态
IEEE 1451.0	智能变送器接口标准	建议标准
IEEE 1451.1-1999	网络应用处理器信息模型	颁布标准
IEEE 1451.2-1997	变送器与微处理器通信协议和TEDS(transducer electronic data sheet,传感器电子数据表)格式	颁布标准(修订中)
IEEE 1451.3-2003	分布式多点系统数字通信与TEDS格式	颁布标准
IEEE 1451.4-2004	混合模式通信协议与TEDS格式	颁布标准
IEEE 1451.5	无线通信协议与TEDS格式	研讨中
IEEE 1451.6	CANopen协议变送器网络接口	开发中

IEEE 1451.1标准采用通用的A/D或D/A转换装置作为传感器的I/O接口,将所用传感器的模拟信号转换成标准规定格式的数据,连同一个小存储器——TEDS与标准规定的处理器目标模型——网络适配处理器(network capable application processor,NCAP)连接,使数据可按网络规定的协议登录网络。这是一个开放的标准,它的目标不是开发另外一种控制网络,而是在控制网络与传感器之间定义一个标准接口,使传感器的选择与控制网络的选择分开,从而使用户可根据自己的需要选择不同厂家生产的智能传感器而不受限制,实现真正意义上的即插即用。

IEEE 1451.2标准主要定义接口逻辑和TEDS格式,同时,还提供了一个连接智能变送器接口模块(smart transducer interface module,STIM)和NCAP的10线标准接口——变送器独立接口(transducer independent interface,TII)。TII主要用于定义STIM和NCAP之间点对点连接以及同步时钟的短距离接口,使传感器制造商能把一个传感器应用到多种网络与应用中。符合IEEE 1451.2标准的网络传感器的典型体系结构如图8-22所示。

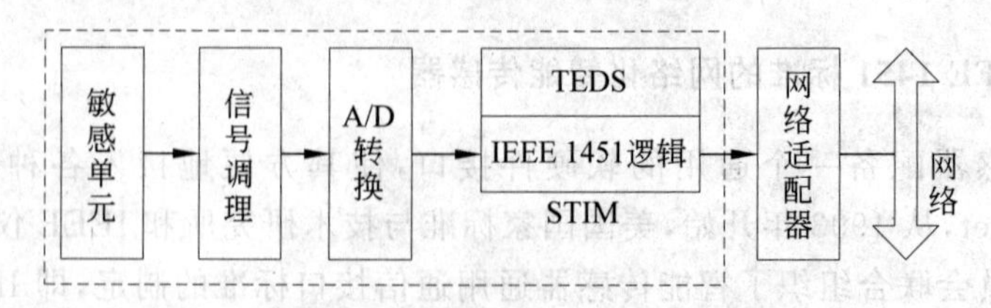

图8-22　基于IEEE 1451.2的网络传感器结构

8.4　典型智能传感器简介

美国 Honeywell 公司推出的精密智能压力传感器有 PPT 型和 PPT-R 型两种系列，其中，PPT 型适用于干性气体，而 PPT-R 型则带有不锈钢隔膜，适用于对腐蚀性介质的测量。PPT 系列传感器将压敏电阻传感器、A/D 转换器、微处理器、存储器(RAM，E^2PROM)和接口电路集于一身，不仅达到了高性能指标，还极大地方便了用户。这些产品可广泛用于工业、环境监测、自动控制、医疗设备等领域，如图 8-23 所示。

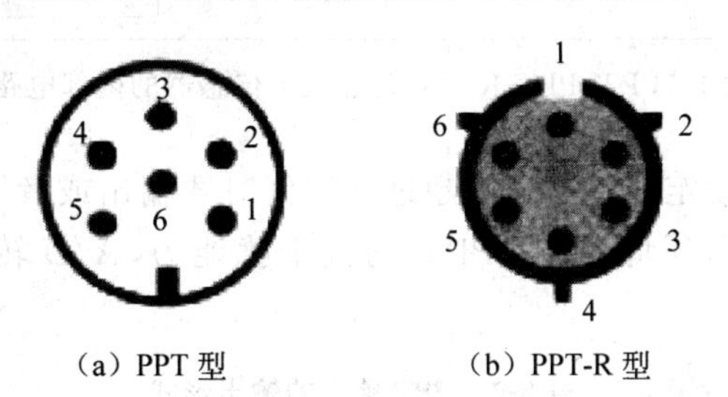

(a) PPT 型　　(b) PPT-R 型

图 8-23　PPT 型与 PPT-R 型压力传感器接口(顶视图)

1. 引脚功能

PPT 系列传感器的管脚排列如图 8-23 所示。

- 脚 1：RS-232 发送(TD)。
- 脚 2：RS-232 接收(RD)。
- 脚 3：机壳接地。
- 脚 4：电源和信号公共地。
- 脚 5：DC 电源输出。
- 脚 6：模拟输出。

2. 工作原理

PPT、PPT-R 系列智能压力传感器的内部电路框图如图 8-24 所示。主要包括 8 个部分：压力传感器；温度传感器；16 位 A/D 转换器；微处理器(μP)和随机存取存储器(RAM)；电擦写只读存储器(E^2PROM)；RS-232(RS-485)串行接口；12 位 D/A 转换器(DAC)；电压调节器。

PPT 单元的核心部件是一个硅压阻式传感器，内含对压力和温度敏感的元件。代表温度和压力的数字信号送至 μP 中进行处理，可在 −40～+85℃范围内获得经过温度补偿和压力校准后的输出。PPT 单元的输出形式如表 8-2 所示。在测量快速变化的压力时，可选择跟踪输入模式，预先设定好采样速率的阈值，当被测压力在阈值范围内波动时，采样速率就自动提高。一旦压力趋于稳定，又恢复正常采样速率。PPT 还具有空闲计数功能，在测量稳定或缓慢变化的压力时，可自动跳过 255 个中间读数，延长两次输出的时

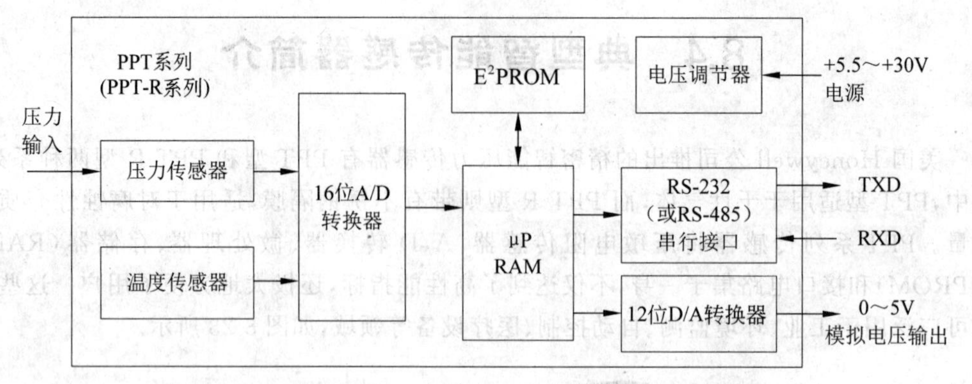

图 8-24　PPT、PPT-R 系列智能压力传感器的内部电路框图

间间隔。此外,它还可设定成仅当压力超过规定值时才输出或者等主机查询时才输出的工作模式。为适应不同环境,提高 PPT 的抗干扰能力,A/D 转换器的积分时间可在 8ms～10s范围内设定。

表 8-2　PPT 单元的输出形式

数 字 输 入	模 拟 输 入
1. 单次或连续压力读数	1. 单次压力的模拟输出电压
2. 单次或连续温度读数	2. 跟踪输入模式下的模拟输出电压
3. 单次或连续的远程 PPT 读数(遥测)	3. 用户设定的模拟输出电压
	4. 对远程 PPT 进行控制的模拟输出电压(遥控)

PPT 能提供三级寻址方式。最低级寻址方式是设备 ID。该地址级别允许对任何单个的 PPT 进行地址分配,ID 的分配范围是 01～89。00 为空地址,专用于未指定地址的 PPT。因此,一台主机最多可以分配 89 个 PPT。若某个 PPT 未被分配 ID 地址(或 ID 未被存入 E^2PROM 中),上电后就分配为空地址。中间级寻址方式为组地址,地址范围是 90～98,共 9 组。通过 ID 指令,每个 PPT 都可以分配到一个组地址,允许主机将指令传给具有相同组地址的几个 PPT。组地址的默认值为 90。最高级寻址方式为全局地址,该地址为 99。主机通过串行口可连接 9 组总共 89 个 PPT。

PPT 系列精密压力智能压力传感器的主要特点有以下几个。

1) 可组态的传感器

PPT 传感器具有优异的重复性和稳定性;其压力信号可由单片机设置为数字输出模式,也可以设置为模拟输出模式。这些特点使得 PPT 传感器可作为一个高精度的标准模拟装置而不需要连接数字通信线路;作为一个用户可组态的模拟传感器,用户可通过 RS-232 总线给 PPT 组态,然后在现场作为模拟传感器使用;而作为一个智能型且具有地址的数字输出传感器,它可进行双向通信。该压力传感器可单独工作,也可作为传感器网络上的一点。

2）标准的模拟压力传感器

在许多应用中，PPT 传感器可直接作为一个标准的模拟传感器。它只需加上 5.5～30V 的电压和压力源即可。由于其内部压力敏感器件的重复性非常好并可利用单片机进行数字补偿，因而可获得很高的稳定性和精度。在 －40～＋85℃ 的温度范围内，PPT 传感器具有 0.05％FS 的典型精度。

3）用户可组态的模拟传感器

利用 RS-232 串口总线，用户可通过 PC 发布指令来改变 PPT 传感器的任何一个参数。所有组态的变化均可存放在 PPT 传感器内部的 E^2PROM 中，并可由用户可任意设计或取消。同时可以通过几条简单的指令来根据各种不同的需要对模拟输出进行修改，如进行最大和最小模拟输出电压的调节以及压力量程的压缩等。

4）带有地址的智能传感器

在数字串口通信模式下工作时，PPT 传感器具有更多的方法解决压力测量中的问题。但应注意：由于压力信号首先需要经过数字化处理，所以数字输出模式的组态可能会影响到模拟输出的模式。

5）压力单位可选择

除基本单位 psi（每平方英寸承受的压力）外，PPT 传感器具有 12 种压力单位可供选择，如 kg/cm^2、kPa、mmHg、MPa、mHg 等。另外，它还预设有一个用户自定义单位，因此，用户不必为单位换算进行额外的浮点运算。

6）采样速率可调

PPT 传感器可对每次测量的压力信号进行积分，积分时间可在 8ms～12s 选择。这样可以提高数字控制系统在不同环境条件下的适应性和抗干扰能力。

7）跟踪输入变化

有时用户需要在压力发生快速变化时使采样速率随之加速，因此，该 PPT 可以设定 2 倍加速。用户可设置一个阈值，当压力在阈值范围内波动时，采样速率自动加速，当压力在一个新的水平上稳定下来后，采样速率又恢复原样。

8）降低压力读数速率

当压力缓慢变化或者不变时，用户可以降低输出读数速率。这样 PPT 传感器可以跳过 255 个读数而使两次输出时间相隔 51 分，这种功能称为空闲计数功能。PPT 传感器还可以设置为只有在压力变化时（超过设定阈值）才输出或只有当上位机查询时才输出等其他工作模式。

9）PPT 通过 RS-232 总线联网

一台 PC 最多可挂接 89 个 PPT 传感器，每个 PPT 传感器都具有一个独立的地址。利用这种网络模式，用户可以和一个传感器、一组传感器或网络上所有的传感器通信。

10）外部控制模拟输出

PPT 传感器的模拟输出电压可由上位机通过 RS-232 串口控制，在这种模式下，PPT 传感器通过数字口输出压力数据，同时，上位机也可对 PPT 压力传感器的 D/A 输出以及与测量压力无关的模拟电压进行控制。

第9章　安全与管理

9.1　物联网的安全体系结构

物联网是在互联网和移动通信的基础上发展而来的，在不同的领域，针对其需求，自动获取现实世界的信息，实现对信息全面透彻的感知、安全可靠的传输、智能化的处理，构建人与物、物与物之间智能化信息服务的系统。

物联网体系结构主要由感知层、网络层和应用层三部分组成。物联网安全体系结构如图9-1所示。物联网安全体系需要对物联网的各个层次进行有效的安全保障，并且还要能够对各个层次的安全防护手段进行统一的管理和控制。

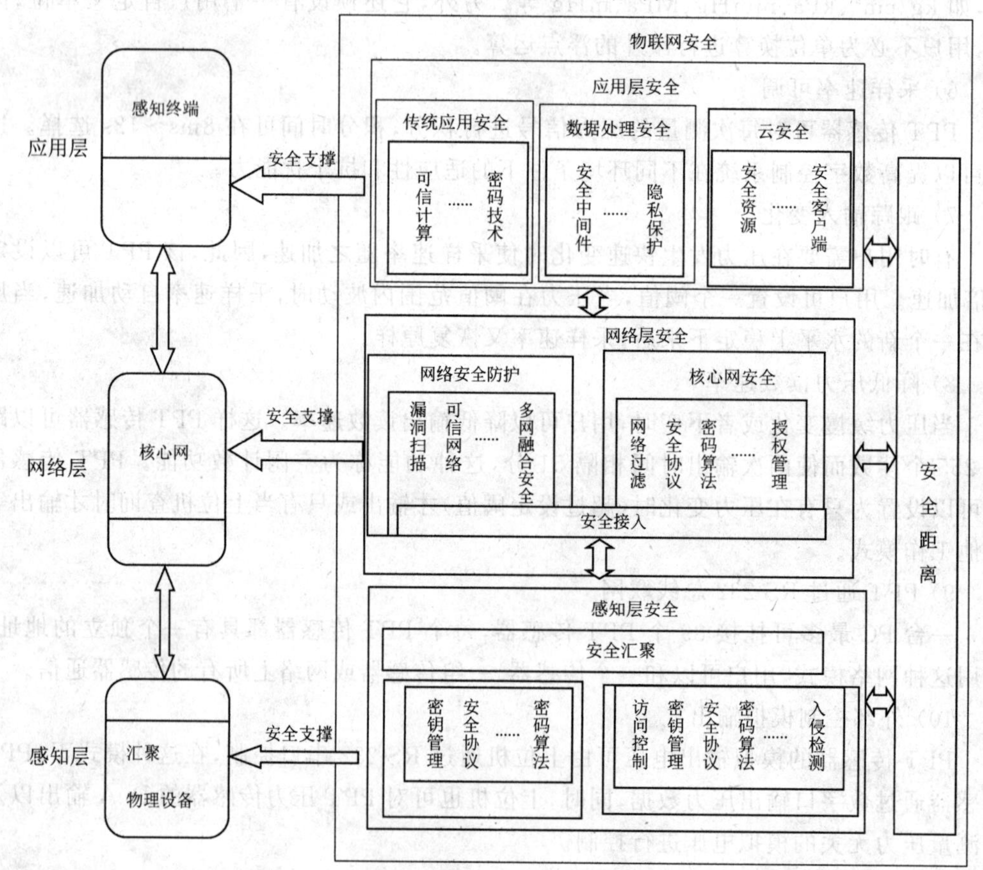

图9-1　物联网安全体系结构

9.2 感知层安全需求和安全策略

在感知层，由于受到传感器节点自身的计算能力和通信能力的影响，需要更多的传感器节点相互配合，共同协调来进行信息的采集、传递、处理等工作。原则上，各个节点之间信息的传递是完全保密的，不被任何未被授权的外来者获取的，因此传感器节点的安全就成为首要问题。

信息通信过程中大多采用密码学来加强对通信过程中的信息安全保护，因此在传感器网络中，同样需要加强对通信网密钥的安全管理工作。密钥的安全与否直接关乎着所传递信息的安全与否，是传递数据信息至关重要的一个环节。一个密钥从其产生到最终的销毁涉及系统的初始化以及密钥的生成、存储、备份恢复、装入、验证、传递、保管、使用、分配、保护更新、控制、丢失、吊销和销毁等多方面的内容，它涵盖了密钥的整个生命周期，是整个加密系统中最薄弱的环节，密钥的泄露将直接导致明文内容的泄露。因此，感知层需要通过密钥管理来保障传感器的安全。

无线传感网作为感知层重要的感知数据来源，其信息安全也是感知层信息安全的一个重要部分。基于传感器技术的物联网感知层结构如图 9-2 所示。传感器节点通过近距离无线通信技术以自主网的方式形成传感网，经由网关节点接入网络层，完成信息的传输和共享。

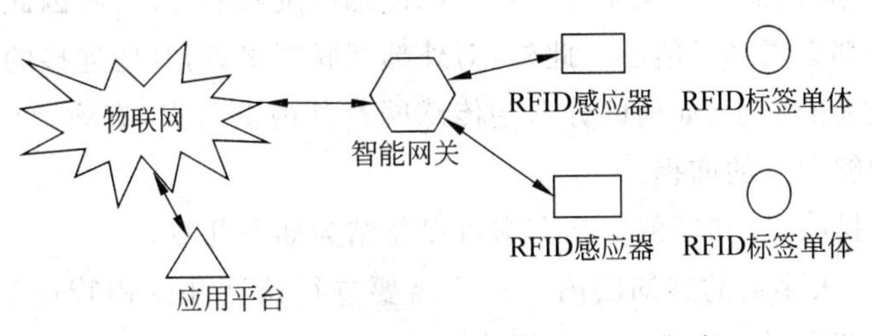

图 9-2 物联网感知层结构——RFID 方式

9.2.1 感知层的安全挑战和安全需求

感知层可能遇到的安全挑战包括下列情况。

(1) 感知层的网络节点遭到恶意控制。一旦攻击者直接控制了感知层的网络节点，那么整个通信网将会受到攻击者的控制，任其恶意篡改，发送不实消息，而远程控制端也很难发现，整个通信过程的安全性完全被摧毁。

(2) 感知层的关键节点所获取的信息被非法捕获，那么该通信网也就无安全可言。

(3) 感知层的普通节点被攻击者控制，攻击者已掌握节点密钥。如果攻击者掌握了某一个网关节点与传感网内部节点的共享密钥，那么他就可以通过其已知的节点密钥来获取通过该网关节点传出的所有信息。

(4) 感知层的普通节点被攻击者捕获,但由于没有得到节点密钥,而没有被控制。攻击者捕获网关节点不等于控制该节点,一个传感网的网关节点被攻击者控制的可能性很小,因为需要掌握该节点的密钥,而这是很困难的。如果攻击者掌握了一个网关节点与传感网内部节点的共享密钥,那么他就可以捕获传感网的网关节点的相关信息。但如果攻击者不知道该网关节点与远程信息处理平台的共享密钥,那么他就不能篡改发送的信息,只能阻止部分或全部信息的发送,但这样容易被远程信息处理平台觉察到。因此,若能识别一个被攻击者控制的传感网,便可以降低甚至避免由攻击者控制的传感网传来的虚假信息所造成的损失。

(5) 感知层的节点(普通节点或网关节点) 受来自网络的 DoS 攻击。目前能预期到的主要攻击除了非法访问外,应该就是拒绝服务(denial of service,DoS)攻击了。因为传感网节点的通常资源 (计算和通信能力)有限,所以对抗 DoS 攻击的能力比较脆弱,在互联网环境里不被识别为 DoS 攻击的访问就可能使传感网瘫痪,因此,传感网的安全应该包括节点抗 DoS 攻击的能力。考虑到外部访问可能直接针对传感网内部的某个节点(如远程控制启动或关闭红外装置),而传感网内部普通节点的资源一般比网关节点更少。因此,网络抗 DoS 攻击的能力应包括网关节点和普通节点两种情况。

(6) 接入物联网的超大量传感节点的标识、识别、认证和控制问题。传感网接入互联网或其他类型网络所带来的问题不仅是传感网如何对抗外来攻击,更重要的是如何与外部设备相互认证,而认证过程又需要特别考虑传感网资源的有限性,因此认证机制需要的计算和通信代价都必须尽可能小。此外,对外部互联网来说,其所连接的不同传感网的数量可能是一个庞大的数字,如何区分这些传感网及其内部节点,有效地识别它们,是决策研究安全机制能够建立的前提。

针对上述的挑战,感知层的安全需求可以总结为如下几点。

(1) 保密性：大多数的感知层内部是不需要进行认证和密钥管理的,因此可考虑在整个感知层统一部署一个可共享的密钥。

(2) 密钥协商：在进行数据信息传输之前可以预先商议密钥,并提前传输密钥。

(3) 节点认证：节点之间进行数据传输时,为了避免非法节点的介入,可以考虑设置个别节点需要进行认证。

(4) 信誉评估：将攻击者攻击后的节点作为重点监测对象,经常性地对其进行评估监测,降低危害发生。某种程度上相当于对攻击的检测。

(5) 安全路由：所有感知层内部可对安全路由技术采用不同的要求。

9.2.2 感知层的安全策略

结合物联网感知技术特点和发展趋势,在物联网感知层的信息安全策略可以从以下几个方面考虑。

1. 划分射频识别系统安全等级

从信息的完整性、机密性、真实性、实用性等角度出发，针对不同的应用需求可以对感知层进行子系统的安全等级划分，明确不同子系统的安全级别，以及其保护的要素和应用范围。

建议的射频识别系统安全等级划分如表 9-1 所示。

表 9-1 射频识别系统安全等级划分

密码安全要素		射频识别系统安全等级划分			
		1 级	2 级	3 级	4 级
机密性	存储信息的机密性			△	△
	传输信息的机密性			△	△
完整性	存储信息的完整性			△	△
	传输信息的完整性			△	△
抗抵赖	抗电子标签原发抵赖			△	△
	抗电子标签抵赖				△
	抗读写器抵赖				△
身份鉴别	唯一标识鉴别	△			△
	电子标签对读写器的挑战响应鉴别			△	△
	读写器对电子标签的挑战响应鉴别		△	△	△
访问控制			△	△	△
密码算法	对称算法		△	△	△
	非对称算法			△	△
	密码杂凑函数			△	△
密钥管理			△	△	△

2. 加强密钥管理系统的研究

感知层网络节点由于其计算资源的限制，多选择基于对称密钥体制的密钥管理协议，主要有：基于密钥分配中心方式、预分配方式和基于分组分簇方式。基于对称密钥体制的密钥管理系统往往只针对某些特殊的应用场景，且无法完全抵抗针对硬件的攻击或者内部攻击者(节点被俘获的情况)。基于非对称密钥体制的密钥管理协议虽然安全性更高，但计算复杂度大幅增加，目前仍无法大规模应用于无线传感器网络。因此，面向物联网感知层的密钥管理系统必须提供轻量级的对称和非对称密码体制。轻量级密码算法的设计与实现是密钥管理系统研究中的一个重要内容。

3. 建立完善的安全路由机制

建立安全路由机制以保证网络在受到威胁和攻击时，仍能进行正确的路由发现、构建和维护。目前，国内外学者提出的无线传感器网络路由协议，多以最小通信、计算、存储开销完成节点间的数据传输为目标，极易受到各类攻击。因此，针对各种安全威胁而设计的安全路由算法是需要研究的重点方向。

4. 加强节点的认证和访问控制机制

认证和访问控制机制能够防止未授权的用户访问物联网感知层的节点和数据，有效保障感知层的数据信息安全。目前，传感器网络中主要认证技术包括基于轻量级公钥算法的认证技术、基于预共享密钥的认证技术、基于随机密钥预分布的认证技术、基于单向散列函数的认证技术。和RFID领域研究较多的轻量级安全认证协议有很多相似之处，可以相互借鉴和融合。同时，在节点布设时，应充分考虑具体的应用需求和节点实际能力，植入相应等级的认证和访问控制机制。

5. 建立有效的容侵容错机制

感知网络缺少传统网络中物理上的安全保障，节点极易受到攻击（监听、俘获或毁坏）。因此，建立有效的容侵容错机制对于保障感知网络的正常运行至关重要。容侵容错机制设计时应充分考虑各种应用环境与攻击手段，处理好误检率和漏检率之间的平衡问题。

9.3 网络层的安全需求和安全策略

传统的互联网主要面向桌面计算机，移动互联网主要面向个人的便携式移动终端。而物联网在此基础上，通过网络层实现了更为广泛的互联，将桌面计算机、移动终端、互联网等广域网相连，实现信息的更为快捷、安全、可靠的传输。因此，目前的移动网络已经不能满足互联网的需求，需要在其基础上，加深其广度和深度。其网络的规模和数据量的增加，将给网络安全带来新的挑战，网络将面临新的安全需求。

9.3.1 网络层的安全挑战和安全需求

物联网的网络层主要包括互联网、移动网和一些专业网（如国家电力专用网、广播电视网）等，负责把感知层获得的信息安全无误地传输到应用层，然后根据不同需求进行信息处理。在传输过程中，有时需要一个或者多个不同的网络来进行信息的传递。由于不同的网络之间需要互通信息，因此不同的网络跨建架构的安全认证将会面临新的挑战。

物联网网络层的安全挑战如下。

- 假冒攻击、中间人攻击等。

- 非法接入。
- 信息窃取、篡改。
- DoS 攻击、DDoS(distributed denial of service,分布式拒绝服务)攻击。
- 跨异构网络的网络攻击。

在网络层,异构网络的信息交换是需要集中关注的安全重点,尤其是在网络认证方面,需要有更好的安全防护措施。信息在网络中传输时,很可能被攻击者非法获取到相关信息,甚至篡改信息,必须采取保密措施进行保护。因此,网络层的安全需求可以归纳如下。

1. 业务数据在承载网络中的传输安全

需要保证物联网业务数据在承载网络传输过程中数据内容不被泄露、不被非法篡改及数据流量信息不被非法获取。

2. 承载网络的安全防护

病毒、木马、DoS 攻击是网络中最常见的攻击现象,未来在物联网中将会更突出,物联网中需要解决的问题如何对脆弱传输节点或核心网络设备的非法攻击进行安全防护。

3. 终端及异构网络的鉴权认证

在网络层,为物联网终端提供轻量级鉴别认证和访问控制,实现对物联网终端接入认证、异构网络互连的身份认证、鉴权管理及对应用的细粒度访问控制是物联网网络层安全的核心需求之一。

4. 异构网络下终端安全接入

物联网应用业务承载网络包括互联网、移动通信网、WLAN 等多种类型的承载网络,在异构网络环境下大规模网络融合应用需要对网络安全接入体系结构进行全面设计,针对物联网 M2M 的业务特征,对网络接入技术和网络架构进行改进和优化,以满足物联网业务网络安全应用需求。其中包括对低移动性、低数据量、高可靠性、海量容量的优化,包括对适应物联网业务模型的无线安全接入技术、核心网优化技术的优化,包括对终端寻址、安全路由、鉴权认证、网络边界管理、终端管理等技术的优化,也包括对适用于传感器节点的短距离安全通信技术,以及异构网络的融合技术和协同技术等的优化。

5. 物联网应用网络统一协议需求

物联网是互联网的延伸,在物联网核心网层面基于 TCP/IP,但在网络接入层面,协议类别五花八门,有 GPRS/CDMA、短信、传感器、有线等多种通道,物联网需要一个统一的协议机制和相应的技术标准,以此杜绝协议漏洞等安全风险威胁网络应用安全。

6. 大规模终端分布式安全管控

物联网和互联网的关系是密不可分、相辅相成的。互联网基于优先级管理的典型特征使得其对于安全、可信、可控、可管都没有要求,但是,物联网对于实时性、安全可信性、资源保证性等方面却有很高的要求。物联网的网络安全技术框架、网络动态安全管控系统对通信平台、网络平台、系统平台和应用平台等提出安全要求。物联网应用终端的大规模部署,对网络安全管控体系、安全管控与应用服务统一部署、安全检测、应急联动、安全审计等方面提出了新的安全要求。

9.3.2 网络层的安全策略

随着物联网的发展,在现有的互联网、移动通信网等通信网络基础上建立端到端的全局物联网将成为趋势。而物联网是在现有通信网络基础上集成了感知层和应用平台,因此,网络中的大部分安全机制仍然适用于物联网并能够提供一定的安全性,如认证机制、加密机制等。但是还是需要根据物联网的特征对安全机制进行调整和补充。

物联网网络层安全体系结构如图 9-3 所示。

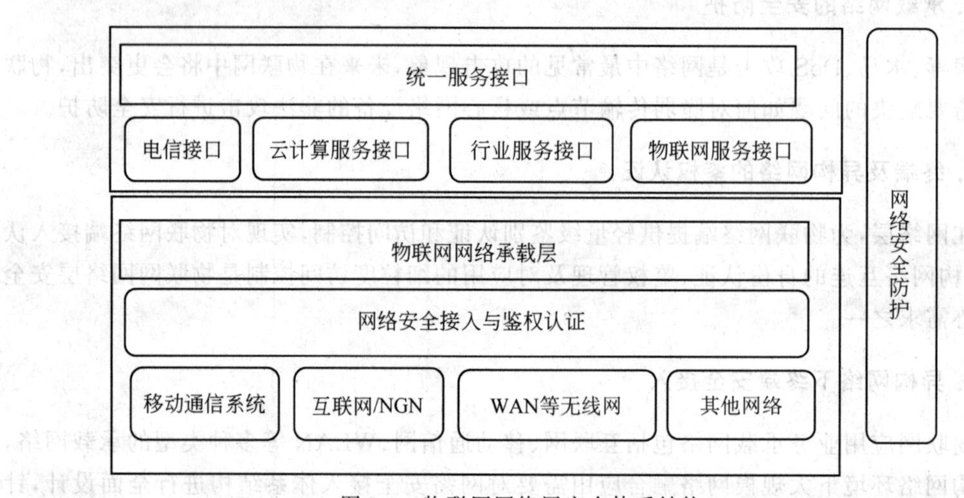

图 9-3 物联网网络层安全体系结构

物联网的网络层可分为业务网、核心网、接入网三部分,网络层安全解决方案应包括以下几个方面内容。

(1) 构建物联网与互联网、移动通信网络相融合的网络安全体系结构,重点对网络体系架构、网络与信息安全、加密机制、密钥管理体制、安全分级管理机制、节点间通信、网络入侵检测、路由寻址、组网、鉴权认证和安全管控等进行全面设计。

(2) 建设物联网网络安全统一防护平台,通过对核心网和终端进行全面的安全防护部署,建设物联网网络安全防护平台,完成对终端安全管控、安全授权、应用访问控制协同处理、终端态势监控与分析等。

(3) 加强物联网系统各应用层次之间的安全应用与保障措施,重点规划异构网络集成、功能集成、软/硬件操作界面集成及智能控制、系统软件和安全中间件等技术应用。

(4) 建立全面的物联网网络安全接入与应用访问控制机制。面向不同行业的实际应用需求,建立不同的物联网网络安全接入和应用访问控制,满足物联网终端产品的多样化网络安全需求。

9.4 应用层的安全需求和安全策略

物联网的应用层的主要业务是面向整个物联网用户群的,所涉及的信息安全问题范围较广,对广域范围的海量数据信息处理和业务控制策略提出了很大的安全挑战,尤以业务控制和管理、隐私保护等安全问题更为突出。此外,物联网应用层的信息安全还涉及信任安全、位置安全、云安全以及知识产权保护等。

9.4.1 应用层的安全挑战和安全需求

应用层面临的安全问题包括中间件层安全问题和应用服务层安全问题。

1. 中间件层安全问题

中间件层完成对海量数据和信息的收集、分析整合、存储、共享、智能处理和管理等功能。该层的重要特征是智能,因此少不了自动处理技术。但自动处理过程对恶意数据特别是恶意指令信息的判断能力是有限的,而智能也仅限于按照一定规则进行过滤和判断,攻击者很容易避开这些规则,正如过滤垃圾邮件。因此,中间件层的安全问题包括以下几个方面。

1) 垃圾信息、恶意信息、错误指令和恶意指令干扰

中间件层需要对从网络中接收到的信息进行判断,哪些是有用信息,哪些是垃圾信息。在来自网络的信息中,有些属于一般性数据,用于某些应用过程的输入,而有些可能是操作指令。在这些操作指令中,又有一些可能是多种原因造成的错误指令(如指令发出者的操作失误、网络传输错误、遭到恶意修改等),或者是攻击者的恶意指令。如何通过密码技术等手段识别出真正有用的信息,又如何识别并有效防范恶意信息和恶意指令带来的威胁是物联网中间件层的重大安全挑战之一。

2) 来自超大量终端的海量数据的识别和处理

物联网时代需要处理的信息是海量的,需要处理的平台也是分布式的。当不同性质的数据通过一个处理平台进行处理时,该平台需要多个功能各异的处理平台协同处理。但首先应该知道将哪些数据分配到哪个处理平台,因此数据分类是必需的,同时,安全的要求使得许多信息都是以加密形式存在的,因此如何快速有效地处理海量加密数据是智能处理阶段遇到的另一个重大挑战。

3) 攻击者利用智能处理过程识别与过滤

计算技术的智能处理过程较人类的智力来说还是有本质的区别,但计算机的智能判断在速度上是人类智力判断所无法比拟的,由此,期望物联网环境的智能处理在智能水平上不断提高,而且不能用人的智力去代替。也就是说,只要智能处理过程存在,就可能让攻击者有机会躲过智能处理过程的识别和过滤,从而达到攻击目的,在这种情况下,智能与低能相当。因此,物联网的中间件层需要高智能的处理机制。

4）灾难控制和恢复

如果智能水平很高，那么可以有效识别并自动处理恶意数据和指令。但再好的智能也存在失误的情况，特别是在物联网环境中，即使失误概率非常小，但自动处理过程的数据量非常庞大，因此失误的情况还是很多。在处理发生失误而使攻击者攻击成功后，如何将攻击所造成的损失降低到最小限度，从灾难造成的故障状态恢复到正常工作状态，是物联网中间件的另一个重要的问题，同样是个重大挑战。

5）非法人为干预（内部攻击）

中间件层虽然使用智能的自动处理，但还是允许人为干预，而且是必需的。人为干预的目的是使中间件层更好地工作，但也有例外，那就是实施人为干预的人试图实施恶意行为时，来自人的恶意行为具有很大的不可预测性，除防范措施技术辅助手段外，更多地要依靠管理手段。

6）设备丢失

中间件层的智能处理平台的大小不同，大的可以是高性能工作站，小的可以是移动设备，如手机等。工作站的威胁是内部人员恶意操作，而移动设备的一个重大威胁是丢失。由于移动设备是信息处理平台，而且其本身通常携带大量重要机密信息。因此，如何降低处理平台的移动设备丢失所造成的损失也是重要的安全挑战之一。

2. 应用服务层安全问题

应用服务层涉及的是综合的或有个体特性的具体应用业务，它所涉及的某些安全问题通过前面几个逻辑层的安全解决方案可能仍然无法解决，属于应用服务层的特殊安全问题。主要涉及以下几个方面。

1）不同访问权限访问同一数据库时的内容筛选决策

由于物联网需要根据不同的应用需求对共享数据分配不同的访问权限，而且不同权限访问同一数据可能得到不同的结果。例如，道路交通监控视频数据在用于城市规划时只需要很低的分辨率即可，因为城市规划需要的是交通堵塞的大概情况；当用于交通管制时就需要较高的分辨率，因为要知道交通实际情况，以便能及时发现哪里发生了交通事故，以及交通事故的基本情况等；当用于公安侦查时可能需要更清晰的图像，以便能准确识别汽车牌照等信息。因此，如何以安全方式处理信息是应用中的一项挑战。

2）用户隐私信息保护及正确认证

随着个人和商业信息的网络化，特别是物联网时代，越来越多的信息被认为是用户隐私信息。例如，移动用户既需要知道（或合法知道）其位置信息，又不愿意非法用户获取该信息；用户既需要证明自己合法使用某种业务，又不想让他人知道自己在使用某种业务，如在线游戏；患者急救时需要及时获得该患者的电子病历信息，但又要保护该病历信息不被非法获取，包括病历数据管理员；许多业务需要匿名性，如网络投票。很多情况下，用户信息是认证过程的必需信息，如何对这些信息提供隐私保护，是一个具有挑战性的问题，但又是必须解决的问题。

3）信息泄露追踪

在物联网应用中，涉及很多需要被组织或个人获得的信息，如何解决已知人员是否泄露相关信息是需要解决的另一个问题。例如，医疗病历管理系统需要患者的相关信息来获取正确的病历数据，但又要避免该病历数据与患者身份信息相关联。在应用过程中，主治医生知道患者的病历数据，这种情况下对隐私信息的保护具有一定困难性，但可以通过密码技术手段掌握医生泄露患者病历信息的证据。

4）计算机取证分析

在使用互联网的商业活动中，特别是在物联网环境的商业活动中，无论采取了什么技术措施，都很难避免恶意行为的发生。如果能根据恶意行为所造成后果的严重程度给予相应的惩罚，那么就可以减少恶意行为的发生。技术上需要收集相关证据。因此，计算机取证就显得非常重要，当然这也有一定的技术难度，主要是因为计算机平台种类太多，包括多种计算机操作系统、虚拟操作系统、移动设备操作系统等。

5）剩余信息保护

与计算机取证相对应的是数据销毁。数据销毁是销毁那些在密码算法或密码协议实施过程中所产生的临时中间变量，一旦密码算法或密码协议实施完毕，这些中间变量将不再有用。但这些中间变量如果落入攻击者手里，可能会为攻击者提供重要的参数，从而增大成功攻击的可能性。因此，需要及时安全地从计算机内存和存储单元中删除这些临时中间变量。计算机数据销毁技术不可避免地会被计算机罪犯作为销毁证据的工具，从而增大计算机取证的难度。因此，如何处理好计算机取证和计算机数据销毁这对矛盾是一项具有挑战性的技术难题，也是物联网应用中需要解决的问题。

6）电子产品和软件的知识产权保护

物联网的主要市场将是商业应用，在商业应用中存在大量需要保护的知识产权产品，包括电子产品和软件等。在物联网的应用中，对电子产品的知识产权保护将会提高到一个新的高度，对应的技术要求也是一项新的挑战。

针对应用层所存在的安全问题，应用层的安全需求可以从以下几个方面加以考虑。

（1）中间件层的安全需求。

① 需要可靠的认证机制和密钥管理方案。

② 需要高强度数据机密性和完整性服务。

③ 需要可靠的高智能处理手段。

④ 需要具有应对入侵的检测和病毒检测能力。

⑤ 需要具有意图指令分析和预防机制。

⑥ 需要具有访问控制及灾难恢复机制。

⑦ 需要建立保密日志跟踪和行为分析及恶意行为模型。

⑧ 需要密文查询、秘密数据挖掘、安全多方计算、安全云计算技术等。

⑨ 需要移动设备文件（包括秘密文件）的可备份和恢复。

⑩ 需要移动设备识别、定位和追踪机制。

（2）应用服务层安全需求。

① 需要有效的数据库访问控制和内容筛选机制。

② 需要有不同场景的隐私信息保护技术。

③ 需要具有叛逆追踪和其他信息泄露追踪机制。

④ 需要有效的计算机取证技术。

⑤ 需要具有安全的计算机数据销毁技术。

⑥ 需要安全的电子产品和软件的知识产权保护技术。

9.4.2 应用层的安全策略

中间件是一种独立的系统软件或服务程序,分布式应用软件借助这种软件在不同的技术之间共享资源。中间件位于客户机/服务器的操作系统之上,管理计算机资源和网络通信。是连接两个独立应用程序或独立系统的软件。相连接的系统,即使它们具有不同的接口,但通过中间件相互之间仍能交换信息。执行中间件的一个关键途径是信息传递。通过中间件,应用程序可以工作于多平台或OS(operation system,操作系统)环境中。中间件是一类连接软件组件和应用的计算机软件,它包括一组服务,以便于运行在一台或多台机器上的多个软件通过网络进行交互。该技术所提供的互操作性,推动了一致分布式体系架构的演进。该架构通常用于支持分布式应用程序并简化其复杂度,它包括Web服务器、事务监控器和消息队列软件。

从中间件层的特点来看,访问控制的实现取决于引用监视器(reference monitor)及访问策略的位置和实施。因此,可根据安全逻辑的实现,将引用监视器的功能分成两部分。

1. 引用监视器的功能

1) 决策功能

这个模块根据访问策略来决定一个主体是否有权力来访问它所请求的客体资源,采用的决策机制可以是自主访问控制(discretionary access control,DAC),也可以是强制访问控制(mandatory access control,MAC),或是其他的机制,非常灵活。

2) 执行功能

这个模块接受主体的访问请求,该请求则是通过底层技术层传递过来的,由执行功能模块负责将此请求传递给中间件层中的决策功能模块,由该模块返回访问决策而执行功能模块根据此决策来执行相应的动作,如果访问被许可,则按照访问请求的要求,将主体的请求信息传递给目标对象。如果需要的话,可能还要调用中间件层其他的部件,执行某些特定的功能,如事务处理、数据库调用等。

数据库安全包含两层含义:第一层是指系统运行安全,系统运行安全通常受到的威胁如下,一些网络不法分子通过局域网等途径入侵计算机,使系统无法正常启动,或超负荷让计算机运行大量算法,并关闭CPU风扇,使CPU过热烧坏等。第二层是指系统信息安全,系统安全通常受到的威胁如下,黑客入侵数据库,并盗取想要的资料。数据库系统的安全特性主要是针对数据而言的,包括数据独立性、数据安全性、数据完整性、并发控制、故障恢复等几个方面,其安全策略如下。

2. 数据库系统的安全策略

1）用户角色管理

（1）用户管理。建立不同的用户组和用户口令验证，可以有效地防止非法 Oracle 用户进入数据库系统，造成不必要的麻烦和损坏。

（2）用户密码设置。定时（如 7 个工作日或者 15 个工作日）对系统密码进行修改。

2）数据备份

数据库的备份已经成为信息时代每天都必做的事情，这样才能在数据库的数据或者硬件出现故障时，保证数据库系统得到迅速的恢复。备份是数据的一个代表性副本。该副本会包含数据库的重要部分，如控制文件、重做日志和数据文件。备份通过提供一种还原原始数据的方法保护数据不受应用程序错误的影响并防止数据的意外丢失，备份分为逻辑备份和物理备份。

（1）逻辑备份。逻辑备份就是把现在使用的数据库中的数据导出来，存放到另外一台计算机设备上，在数据库中的数据出现丢失时，可以及时进行恢复。

（2）物理备份。物理备份也是数据库管理员经常使用的一种备份方式。所谓的数据库物理备份，就是对数据库中的所有内容进行备份。

3）网络安全设置

为了加强数据库在网络中的安全性，对于远程用户，应使用加密方式通过密码来访问数据库，加强网络上的 DBA 权限控制，如拒绝远程的 DBA 访问等。

4）数据库系统恢复

我们在使用数据库时，总希望数据库能够正常安全地运行，但是有时候出现人为的操作数据失误，或者服务器的硬件设备故障，这些都是我们所不愿意看到的，但是又不得不面对的问题。即使出现这种情况，由于我们对数据库的数据进行了系统备份，可以很顺利地解决这些问题，即使计算机发生故障，如介质损坏、软件系统异常等情况，也可以通过备份进行不同程度的恢复，使 Oracle 数据库系统尽快恢复到正常状态。

9.4.3 应用层安全问题举例——云计算安全问题

云计算是网格计算、分布式计算、并行计算、效用计算、网络存储、虚拟化、负载均衡等传统计算机和网络技术发展融合的产物。狭义云计算指 IT 基础设施的交付和使用模式，指通过网络以按需、易扩展的方式获得所需资源。广义云计算指服务的交付和使用模式，指通过网络以按需、易扩展的方式获得所需服务，这种服务可以和软件、互联网相关，也可以是其他服务。云计算的核心思想，是将大量用网络连接的计算资源统一管理和调度，构成一个计算资源池，向用户提供按需服务，提供资源的网络被称为“云”。

云计算是实现物联网的核心。物联网需要三大设施：一是用于感知的传感器设备；二是物联网设备互相连动时彼此之间需要传输大量信息的传输设施；三是控制和支配对象的，且动态运行、效率极高的、可大规模扩展的智能处理中心，也就是计算资源处理中心。这个资源处理中心，目前普遍采用的架构环节就是云计算。利用云计算模式，可以处理海量数据,并能实时动态管理和即时智能分析,并通过无线或有线方式传输动态信息至计算资源处理中心,进行数据的汇总、分析、管理、处理,从而将各种物体连接。云计算成为互联网和物联网融合的纽带。自从"智慧地球"说法被提出后,通信技术突飞猛进地发展,物联网和互联网,也需要更深层次的融合,需要大容量信息存储与处理的计算中心,正是云计算所承载的主要功能。另外,云计算所提供的创新型的支付服务方式,也推进了物联网和互联网融合的进程,促进了两者内部的互联互通,为新的商业模式提供了技术平台支撑。

云计算和物联网技术,作为信息技术界新兴的技术处于起步完成与成熟阶段,目前存在一些尚待解决的问题。例如,安全问题。互联网的发展使计算机病毒层出不穷,从伤害个人信息与数据,到影响国家重要信息安全。而基于互联网信息传输的物联网技术和云计算技术,也存在着严重的安全隐患。

由于云计算资源虚拟化、服务化的特有属性,与传统安全相比,云计算安全具有些新的特征。

1. 传统的安全边界消失

在传统安全中,通过在物理上和逻辑上划分安全域,可以清楚地定义边界,但是由于云计算采用虚拟化技术以及多租户模式,传统的物理边界被打破,基于物理安全边界的防护机制难以在云计算环境中得到有效的应用。

2. 动态性

在云计算环境中,用户的数量和分类不同,变化频率高,具有动态性和移动性强的特点,其安全防护也需要进行相应的动态调整。

3. 服务安全保障

云计算采用服务的交互模式。涉及服务的设计、开发和交付,需要对服务的全生命周期进行保障,以确保服务的可用性和机密性。

4. 数据安全保护

在云计算中,数据不在当地存储,数据加密、数据完整性保护、数据恢复等数据安全保护手段对于数据的私密性和安全性更加重要。

5. 第三方监管和审计

云计算的模式使得服务提供商的权力巨大,导致用户的权利可能难以保证,要想确保和维护两者之间平衡,需要有第三方的监管和审计。

云安全可以从两方面来理解:第一,云计算本身的安全通常称为云计算安全,主要是针对云计算自身存在的安全隐患,研究相应的安全防护措施和解决方案,如云计算安全体系架构、云计算应用服务安全、云计算环境的数据保护等,云计算安全是云计算健康可持续发展的重要前提。第二,云计算在信息安全领域的具体应用称为安全云计算,主要利用云计算架构,采用云服务模式,实现安全的服务化或者统一安全监控管理,如瑞星的云查杀模式和 360 的云安全系统。云计算架构如图 9-4 所示。

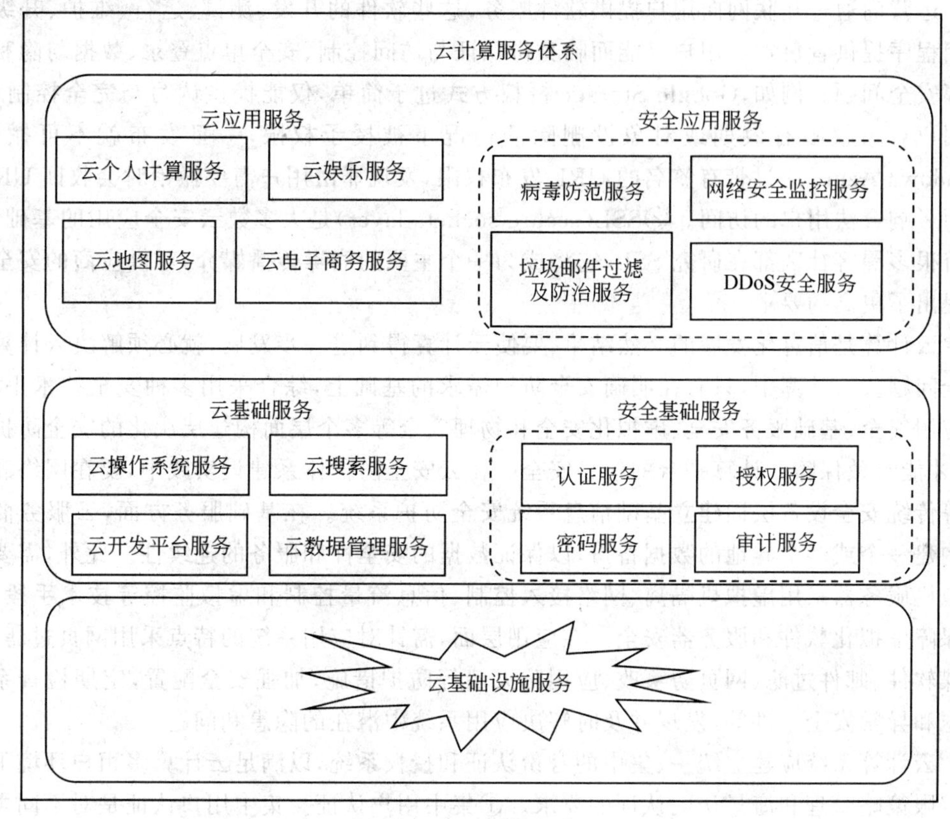

图 9-4 云计算架构

在云计算环境下,云服务平台存在着自身安全问题,具体如下。

(1) 云服务商在给客户提供服务的同时,自身也需要使用第三方提供的设备及服务,多厂家、多设备、多层转包提高了安全问题的复杂程度。

(2) 各类云应用没有固定的基础设施和安全边界,数据安全性不再依赖机器或者网络物理边界,而是由云服务商负责。此外,云计算安全是云计算服务提供商和云计算用户之间共同的责任,但两者之间没有明确的分界线。

(3) 由于云服务采用虚拟化技术,信息都集中在主机上,更易引起黑客的攻击,若主机受到破坏,则所有客户端服务器都将面临安全威胁。大量数据基于云端存储和共享,容易引起很多安全问题。首先是数据位置的不确定性增加了安全隐患。云计算中的数据采用虚拟化技术和分布式存储,很难确定数据存储的具体位置,大幅增加了数据存储安全问题。其次是数据隔离风险。由于多用户的数据共享一个云环境,因此需要通过加密技术对数据进行隔离。而 PaaS 和 SaaS 模式下的数据若被加密,会影响数据索引和搜索,且到目前为止还没有可商用的算法来实现数据的全加密。此外,云中的数据动态增长和高交互性增加了数据丢失和泄露的风险。最后,若有容灾、冗余等发生,服务商不能保证对数据和服务进行完整恢复。

云环境的灵活性、开放性以及公众可用性等给应用安全带来了很大挑战。①滥用和恶意使用云计算。利用云服务发送垃圾邮件或传播恶意代码等。②应用服务层安全云计算。运营商通过互联网向用户提供软件服务，这些软件的开发、测试、运行、维护、升级由应用程序提供者负责。用户可能面临身份认证与访问控制、安全单点登录、数据与隐私保护等安全问题。例如，Google Storage 授权方式过于简单，仅能提供读写与完全控制；S3 在用户对象权限有效期或对象没删除的情况下被授予权限，一旦发布就不可撤销；Windows Azure 通过带有签名的 URL 发布权限，发现非法用户需要撤销时会收回 URL，从而影响合法用户的访问。③SSL(secure sockets layer)是大多数云安全应用的基础，目前有很多黑客社区都在研究 SSL，它将成为一个主要的病毒传播媒介，对供应商的安全服务提出了更高的要求。

云计算是信息化发展的必然结果，要使云计算得到进一步发展，就必须解决云计算的安全问题。云计算中，只有在明确安全防护需求的基础上，综合采用多种安全技术手段，从应用安全、基础服务安全、虚拟化安全和物理安全等多个层面构建层次化的安全防护体系，才能有效保障云计算平台的信息安全。在云安全防护体系建设实践中，要在网络和主机等传统安全设备层面建立基础信息系统安全防护系统。在基础服务方面，云服务商必须构建一个或多个异地的数据备份，以保证数据的安全性和服务的连续性。此外，需要对虚拟机服务器采用虚拟机隔离、网络接入控制、信息流量控制和虚拟监控等技术手段，从而保障虚拟化软件和服务器安全。在应用层面，需针对应用系统的特点采用网页过滤、反间谍软件、邮件过滤、网页防篡改、应用防火墙等防护措施，加强安全配置，定期检查系统日志和异常安全事件等，发现并及时解决应用系统中潜在的隐患和问题。

云计算系统应建立统一、集中的身份认证和授权系统，以满足云计算多租户环境下用户权限策略管理和海量访问认证的要求。①集中用户认证。集中用户认证是对不同类型和等级的系统采用相应等级的一种或多种组合认证方式，如 LDAP(light weight directory access protocol，轻型目录访问协议)、数字证书认证、硬件信息绑定认证、生物特征认证等。②集中用户授权。根据用户、用户组、用户级别的定义对系统资源访问采用集中授权或分级授权机制。③对云计算用户账户进行集中管理维护，实现系统的集中授权、集中审计，以提供可靠的原始数据。首先，根据业务需要，用户只能访问与业务有关的账户信息，可采用口令、令牌(secure ID、证书等)、生物特征等验证用户身份。其次，用户账户在传输过程中必须采用加密技术。最后，对于不同类别的账户信息，建立严格的销毁、登记记录。

在云计算共享环境下，存储在云端的数据访问主体会随时发生变化，在很大程度上增加了系统权限管理的难度。而基于任务—角色的访问控制机制(task role-based access control，T-RBAC)结合了 RBAC(role-based access control，基于角色的访问控制)和 TBAC(task-based access control，基于任务的访问控制)的优点，同时支持主动和被动访问控制，通过任务实现上下文环境的权限分配，使用角色来对访问控制进行等级分层，满足了分布式环境下的访问控制需求。云计算是一个多域的环境，各领域之间的安全问题可通过访问控制来确保。一种基于信任的跨域访问控制模型，能够较好地实现本地域和跨域的访问控制策略。本地域中的访问控制认证、授权及信任管理由认证授权中心

(authentication and authorization center，AAC)负责，而跨域的访问控制与信任管理则需要高级认证授权中心与 AAC 共同完成。

虚拟化技术是云计算中的核心技术。云计算通过虚拟化技术实现物理资源的动态管理与部署，为多用户操作提供独立的计算环境。要确保云计算的虚拟化安全，必须解决好以下几个问题：①由于一台物理机上运行着多台虚拟机，为了保证用户数据的安全性，要对虚拟机进行隔离操作；②在隔离方面，VT-x 设计了虚拟机控制结构的数据结构以及保存虚拟机和主机的各种状态参数，使得 VMM(virtual machine monitor，虚拟机监视程序)获得控制权，以解决虚拟机隔离问题和性能问题；③在管理方面，需要对系统资源和动态迁移进行实时监控，定期升级系统软件、应用软件，以提高虚拟系统的稳定性；④在虚拟监控器中植入可信平台能显著提升虚拟化环境的安全程度。通过虚拟机的可信平台可以有效阻止对云计算平台的恶意攻击，比如权限审查、异常检查和完整性验证等。

第 10 章　物联网数据处理技术

10.1　物联网大数据

10.1.1　大数据的概念

近年来，随着电子商务、社交网络、移动互联网、车联网、手机、平板电脑、PC 以及各种传感器的广泛应用，如图 10-1 所示，用传统方法或工具很难处理或分析的数据信息引起了人们的关注，这就是所谓的物联网大数据。亚马逊大数据科学家 John Rauser 认为：大数据是超过任何一台计算机处理能力的庞大数据量；Informatica 的但彬指出：大数据是海量数据与复杂类型数据的结合；维基百科则把大数据定义成诸多大而复杂的、难以用当前数据库处理的数据集合；著名管理咨询公司麦肯锡全球研究院认为：大数据是一种

图 10-1　物联网大数据

规模大到在获取、存储、管理、分析等方面远超出传统数据库软件工具能力范围的数据集合，具有海量的数据规模、快速的数据流、多样的数据类型和低价值密度等。

从宏观角度来讲，大数据是连接物理世界、信息空间和人类社会三元世界的纽带，物理世界通过互联网、物联网等技术在信息空间中反映大数据的存在；从经济学角度来讲，大数据是第二经济的核心内涵和关键支撑，美国政府认为大数据是“未来的新石油”，一个国家拥有数据的规模和运用数据的能力将成为综合国力的重要组成部分，对数据的占有和控制将成为国家间和企业间新的争夺焦点。因此，大数据技术的战略意义不在于掌握庞大的数据信息，而在于对这些含有意义的数据进行专业化处理。换言之，如果把大数据比作一种产业，那么这种产业实现盈利的关键，在于提高对数据的加工能力，通过加工实现数据的增值。因此，大数据已受到国内外学术界和工业界的广泛关注，已成为当今信息时代全球研究和讨论的热点。

2008 年 9 月《自然》杂志刊登了题为 *Big Data* 的专辑。

2011 年 6 月，麦肯锡全球研究所发布《大数据：下一个创新、竞争和生产力的前沿》的研究报告，提出了“大数据时代”的到来。

2012 年 3 月，美国发布了《大数据研究和发展倡议》一文，提出了通过收集、处理海量、复杂的数据信息，加快科学和工程领域的创新步伐，转变学习教育模式。

2012 年 5 月，联合国“全球脉动”计划发布《大数据开发：机遇与挑战》的报告，阐述了大数据带来的机遇、挑战及大数据的应用。

2015 年 5 月 26—29 日，主题为“互联网＋时代的数据安全与发展”的 2015 贵阳国际大数据产业博览会暨全球大数据时代贵阳峰会在贵阳市国际生态会议中心举办。

2016 年，主题为“大数据开启智能时代”的 2016 中国大数据产业峰会暨中国电子商务创新发展峰会召开。

2017 年，以“数字经济引领新增长”为年度主题，由“同期两会、一展、一赛及系列活动”组成的中国国际大数据产业博览会召开。

2018 年，中国国际大数据产业博览会突出“全球视野、国家高度、产业视角、企业立场”的办会理念，坚持“国际化、专业化、高端化、产业化、可持续化”原则，在“数据创造价值 创新驱动未来”的大会主题下，以“数化万物 智在融合”为年度主题，举办“同期两会、一展、一赛及系列活动”。

随着传感器和移动设备更加深入地渗透进人们的日常生活中，物联网中传感器检测的数据量将逐步超越互联网的数据量，加上工业自动化生产线及设备上运行的数据，物联网的数据量将呈现几何级数增长。因此，人们研究的大数据主要是物联网工作过程中产生的数据。

在农业生产中，传统的数据采集方法主要是采用人工手段对一些如温度、湿度、光照度等少量信息进行采集，准确度和实时性较差，很难满足信息化发展的需求，制约农业生产的发展。在农业生产过程中，物联网采用传感器采集技术，对农业生产的种子、化肥、土壤的温湿度与 pH 值、环境温湿度、光照强度、化学成分、物理成分、空气组成、各种养分等进行实时监测；再结合视频采集系统，对农业生产过程的图像、视频等信息进行实时图像采集。在农业生产过程中，将产生大量有价值的数据。对这些数据进行分析和充分利用，可以很好地控制农药残留，实现绿色农业，如图 10-2 所示。

图 10-2　绿色农业

10.1.2　物联网大数据的分类

在电子商务、社交网络、移动互联网、车联网、手机、平板电脑、PC 以及各种传感器的应用等过程中产生的音频数据、视频数据、文本数据、数值数据、XML（extensible markup language，可扩展标记语言）数据、JSON（JavaScript object notation，JavaScrip 对象简谱）数据、图片信息等数据表现形式多样、种类繁多。但从数据的结构上来考虑，物联网大数据主要分为结构化数据、非结构化数据和半结构化数据三种类型。

1. 结构化数据

结构化数据，也称行数据，是指使用关系型数据库，以二维形式表示和存储的数据类型，简即数据库。结构化数据类型是以行为单位，一行数据表示一个实体的信息，且每一行数据的数据类型都相同。所以，结构化数据的存储和排列是有规律的，查询和修改等操作容易，如企业 ERP（enterprise resource planning，企业资源计划）、财务系统，医院管理信息系统（hospital information system，HIS），教育一卡通系统，政府行政审批系统，其他核心数据库等。

2. 非结构化数据

非结构化数据，就是没有固定结构的数据，如各种文档、文本、XML、HTML、图片、音视频等。对于这类数据，一般以二进制的数据格式直接进行整体存储。非结构化数据的格式和标准具有多样性，而且在技术上比结构化信息更难标准化和理解。所以，存储、检索、发布以及利用需要更加智能化的 IT 技术，如海量存储、智能检索、知识挖掘、内容保护、信息的增值开发利用等。

3. 半结构化数据

半结构化数据，也称自描述的结构，是结构化数据的一种形式，它并不符合关系型数据库或其他数据表的形式关联起来的数据模型结构，但包含相关标记，用来分隔语义元素以及对记录和字段进行分层。半结构化数据，属于同一类实体，但可以有不同的属性，即使它们组合在一起，这些属性的顺序也并不重要。常见的半结构化数据有 JSON。

10.1.3　物联网大数据的特点和面临的技术挑战

1. 物联网大数据的特点

近年来，大数据产业发展十分迅猛，其应用领域不断扩大，并与国计民生相关的科学决策、金融工程、环境保护、海洋探测等密切相关。物联网大数据有数据容量大、数据种类繁多、数据处理速度快、真实性强、数据价值密度低、数据实时性强 6 个特点。

1）数据容量大

物联网的主要特征之一是传感器节点的数量多，且数据生成频率远高于互联网；同时，传感器节点多数处于全时工作状态。因此，物联网数据量成爆炸式增长，在数据传输上给网络带来更大的压力，必然会引起数据处理方式的变革。

2）数据种类繁多

人们想从外界获得实时信息，仅靠自身的感觉器官是远远不够的，需要借助传感器来实时感知外界信息。可以说传感器是人类五官的延长，正成为人们获取外界实时信息的重要途径。种类繁多的传感器诸如温度传感器、湿度传感器、力传感器、CCD（charge coupled device，电荷耦合器件）固体图像传感器、话筒、摄像头、超声波传感器、指纹传感器、红外传感器等传感器设备早已渗透到工业生产、海洋探测、环境保护、资源调查、医学诊断、生物工程等极其广泛的领域中，致使物联网数据在数据形式上有文本数据、视频数据、音频数据等；在数据来源上有工厂生产过程中的生产数据、业务系统中的业务数据、监控设备的视频数据、手机的通话数据等。因此，物联网数据类型从单一向繁多转变。

3）数据处理速度快

物联网数据产生和数据更新的速度都出现了前所未有的高速发展，数据的传输速率要求更高，数据到达处理端的频率更高；另外，由于物联网与真实物理世界直接关联，很多情况下需要实时访问、控制相应的节点和设备。因此，大数据的处理必须要有令人惊叹的速度，才能让人们尽早提出具有前瞻性的观点和满足实时性的要求。

4）真实性强

物联网是真实物理世界与虚拟信息世界的结合，其对数据的处理及基于此进行的决策将直接影响物理世界，甚至一些反馈信息关系到设备的运行安全、周边环境与生命安全等，因此，物联网中数据的真实性显得尤为重要，对数据质量的要求更高。

5）数据价值密度低

数据价值密度低是指在大量数据中，真正有价值的数据所占比例很小。积累的传感器数据越多,越能发现数据变化的规律和有用的信息;在有些情况下,甚至需要非常完整的数据集才能分析出所需的结果。比如,在破案过程中调取了几十个小时的监控视频,但真正对破案有用的视频往往只有几分钟甚至几十秒。

6）数据实时性强

随着传感技术和自动采集系统的应用和普及,数据的真实性和实时性大幅提高,真实的数据才有利用的价值,不仅能反映过去事物之间的联系和规律,也能在未来为人们的决策提供可靠的信息。

2. 物联网大数据面临的挑战

作为一个新兴领域,物联网大数据对人类的数据驾驭能力提出了新的挑战,如个人、企业乃至国家面临的技术问题、观念问题、隐私问题、社会生态问题等。只有解决好这些挑战问题,才能抓住这个大机遇,充分发挥物联网大数据的最大价值。

1）技术问题

目前,大数据的运用还面临多种技术难题,主要包括:大数据的消冗降噪技术、大数据的新型表示方法、高效率低成本的大数据存储、大数据的有效融合、非结构化和半结构化数据的高效处理、适合不同行业的大数据挖掘分析工具和开发环境、存储和通信能耗的新技术等。这些技术问题的复杂性不仅体现在数据样本本身,更体现在多源异构、多实体和多空间之间的交互动态性,而当前的技术还难以用传统的方法描述与度量,处理的复杂度很大。因此,设计最合理的分层存储架构已成为信息系统的关键。

2）观念问题

一方面,数据增值的关键在于数据的整合,但数据整合的前提条件是实现数据的开放与共享。在大数据时代,数据开放与共享的意义,不仅是满足公民的知情权,更在于让最重要的生产资料、生活数据、信息等准确而全面地得到充分应用,以推动知识经济和网络经济的发展。然而,战略观念的缺失、数据共享协调困难、企业对数据共享的认识不足及投入不够、科学家对大数据的渴望无法满足等,都是大数据在当前我国发展应用中不得不面对的困难。

另一方面,数据并非越大越好。任何事物或信息都被量化,将会致使人们对数据的盲目依赖而使思维和决策僵化,陷入只看中数据的误区。因此,如何避免成为数据的奴隶,也已经成为一个迫在眉睫的问题。

3）隐私问题

在大数据时代,互联网络的发展,使得获取数据十分便利的同时,也给信息安全带来了巨大的挑战。当前,数据安全形势不容乐观。在个人层面,随着社交网络和电子商务的兴起,个人隐私更容易通过网络泄露,如将个人的相关数据信息进行分析,可以很容易获取个人的相关信息,隐私数据就可能暴露。在国家层面,大数据可能会给国家安全带来隐患,如在大数据处理技术方面落后,就可能导致数据的单向透明,造成国家安全信息泄露。因此,在大数据时代,如何有效地管理隐私既是一个技术问题,又是一个社会问题;如何在推动数据全面开放、应用和共享的同时,有效地保护公民、企业隐私及国家安全信息,将是大数据时代的一个重大挑战。

4）社会生态问题

数据开放与共享是社会管理创新的一种有效手段和助推器。一方面，通过数据开放与共享，可以促进社会层面的制度创新；另一方面，与软件开源相结合，数据的开放与共享可以实现大众创新、万众创业的局面，让普通民众拥有创新创业的机会和条件。但是，又对政府制定规则与监管部门发挥作用提出了新的挑战。因此，大数据将对国家治理模式、企业决策、组织和业务流程、个人生活方式都产生巨大的影响，涉及政治、经济、社会、法律、科学等社会生态问题。

10.1.4 物联网大数据的存储和处理需求

随着物联网大数据的发展与应用，物联网的数据量呈现了指数式的爆炸式增长，因此，只有了解如何满足这些物联网数据的存储和处理需求，才能对数据信息加以利用，发挥大数据的功能。如在智能农业大棚种植领域，配置了诸如温湿度传感器、土壤湿度传感器、气体浓度传感器、图像传感器等，通过物联网技术等将数据实时传输至终端，实现对种植大棚参数信息的实时检测、分析与处理和数据信息存储等功能。大数据还可以将传感器收集的看似无关的信息与传统数据库中的信息相关联，以提高组织效率。例如，交通运输公司可以在其车辆中使用传感器来引导驾驶员选择提高运输效率和降低燃料成本的路线。

从存储的角度来看，物联网大数据有两种不同的文件存储需求。第一种是需要存储数百万个传感器采集的数据信息文件，这些数据虽然很小，但是目标存储系统可能需要存储高达数万亿个的小文件。第二种是需要存储诸如视频监控等的视频图像数据文件，这种文件要求传输带宽很高，文件数量很少，但是文件很大。一般的终端存储系统很难实现对两种文件类型的存储和预处理。

在物联网大数据时代，PB 级增长的数据信息要求基础架构平台能够动态地支持多重数据，满足人们对数字的不同性能和不同容量的需求，并且能够随时改变；需要有效地执行共享资源、存储资源的按需分配和配额管理功能，提高物联网大数据的利用率。

物联网大数据包括结构化数据、半结构化数据和非结构化数据等数据类型，从而促使客户借助智能工具，实现对所有类型数据的索引、搜索和发掘，为用户带来有价值的数据。虽然很多企业都拥有可用的、高质量的海量数据，但如何保护这些海量的用户数据，并实时进行信息挖掘，则对行业技术研究者的想象力提出了挑战。另外，数据是各个行业经营、管理和决策的重要基础，数据综合利用也是近年来各行各业信息化建设的核心。

大数据存储的安全需求一直是一个行业痛点。2005 年，美国银行加密的磁带丢失，造成了大量客户资料泄露，自此以后，数据存储的安全性就一直受到人们的关注。随着云计算和大数据技术落地，大数据信息存储的安全性又一次被重视，各行各业同样面临着大数据时代的挑战。

10.1.5 物联网大数据的应对策略

大数据概念的提出，引起了业界和各国政府的高度关注，大数据理念和技术得到较为广泛的研究和应用，催生许多新型的科技公司，吸纳科技人才就业。大型科技企业为抢占大数据市场先机，在应对物联网大数据发展的过程中，将采取加强技术创新、加强领域合作、加强人才培养、增强数据安全等措施。

1. 加强技术创新

针对大数据时代的基本特征，包括 IBM、EMC、HP、Microsoft 等在内的 IT 巨头，纷纷加速收购相关大数据公司，进行技术整合，寻找数据洪流大潮中新的立足点，涉及人工智能、机器学习等新技术的创新应用，已初显成效。加大对大数据关键技术研发的资金投入，将大数据时代全方位创新工作与移动互联网、云计算等技术进行融合，推动基于大数据的各种技术创新，抢占发展大数据技术的先机。

2. 加强领域合作

加强各个领域之间的合作关系，加强企业商业智能、社会服务、市场营销等各大领域的合作。同时，建立数据共享联盟和多领域数据共享平台，将数据共享扩展到企业层面，使得企业服务于民众和政府，政府推动企业的发展，激励市场的需求。

3. 加强人才培养

大数据的发展离不开对人才的需求，大数据时代产生一批新的就业岗位，如数据分析师、数据科学家、数据工程师，具有丰富经验的数据分析人才成为稀缺资源，加强大数据人才的培养也是大数据发展的重点之一。高校可以根据社会的需求培养具有大数据思维和创新能力的复合型人才，企业可以根据企业自身的需要对企业内部人员进行教育培训。另外，可以通过招聘引进一些具有大数据经验的人士，引导员工实现职业发展，采用员工激励机制等，鼓励员工不断学习，提升自我。

4. 增强数据安全

大数据使用的关键在于数据分析处理与利用、数据资源共享等，但这将对用户的隐私产生极大的威胁。因此，如何来保护大数据的安全是重要组成部分，可以通过以下几个方面加强数据安全。一是制定相关法律法规。大数据的挖掘与利用应当有法可依，需要制定相应的规则和法律来保护公民、企事业单位乃至国家的信息安全，防止数据的非法交易、倒卖、窃取、泄露或者篡改。二是改进数据安全相关技术。需要科研人员通过技术改进，不断加强数据权限管理技术和数据加密技术，提高大数据下的数据安全性。

10.2 物联网大数据处理的核心技术

10.2.1 物联网大数据与云计算的关系

物联网大数据侧重于在物物相连进行信息交换的过程中产生的海量数据的分析、处理与存储，并从海量数据中发现有价值的信息；云计算本质上旨在整合和优化各种 IT 资源，并通过网络以服务的方式提供给用户。

物联网大数据根植于云计算，云计算的分布式存储和管理系统提供了海量数据的分析、存储和管理能力。没有云计算技术作为支撑，对物联网大数据的分析就无从谈起；反之，物联网大数据为云计算提供了“用武之地”，没有物联网大数据，云计算技术就不能发挥它的应用价值。

因此，从整体上看，物联网大数据与云计算相辅相成。物联网大数据与云计算相互促进、相互影响，促进了通信业的快速转型和升级，对公共安全、社会生产与生活等各个领域进行有效的服务。

10.2.2　物联网大数据处理的研究现状

从技术起源来看，相关学者认为最初物联网大数据技术需要处理的信息量过大，已超出一般计算机的数据处理能力和数据处理时所能使用的内存量，工程师们必须改进数据处理的工具，这就导致新的数据处理技术的诞生。2006 年，Google 自行研发了一系列云计算技术和工具来支撑其内部各种大数据的应用。基于此，EMC、Facebook、Oracle、Microsoft 和亚马逊等又开发了诸如 GFS、MapReduce 以及 BigInsights 产品，用于提供数据计算、数据收集等服务。2012 年，英特尔随后开发了 Hadoop 分布式数据挖掘工具，其本质是一个用于分析大数据的机制，分析与处理的数据不局限于数据存储中，还可以扩展到无数个节点的数据。2013 年 9 月 3 日，惠普推出了名为 HAVEn 的大数据分析平台，此平台整合了多项惠普技术与 Hadoop 行业的解决方案。同时，华为也发布了其大数据平台——Fusion Insight，帮助企业通过数据挖掘发现全新价值点和商机。

10.2.3　阿里云计算技术

阿里云计算技术主要包括虚拟化技术、分布式数据存储技术、编程模式、大规模数据管理技术、分布式资源管理技术、云计算平台管理技术、绿色节能技术等。

1. 虚拟化技术

虚拟化技术的好处是增强系统的弹性和灵活性，降低成本，改进服务，提高资源利用效率，它为云计算服务提供基础架构层面的支撑，因此，虚拟化是云计算最重要的核心技术之一。可以说，没有虚拟化技术，也就没有云计算服务的落地与成功。

从技术上讲，虚拟化技术是一种在软件中仿真计算机硬件，以虚拟资源为用户提供服务的计算形式。虚拟化技术旨在把应用系统各硬件间的物理划分打破，合理调配计算机资源，从而实现架构的动态化、物理资源的集中管理和使用，使其能够更高效地提供服务，如图 10-3 所示。

从表现形式上看，虚拟化技术又分两种应用模式。一是将一台性能强大的服务器虚

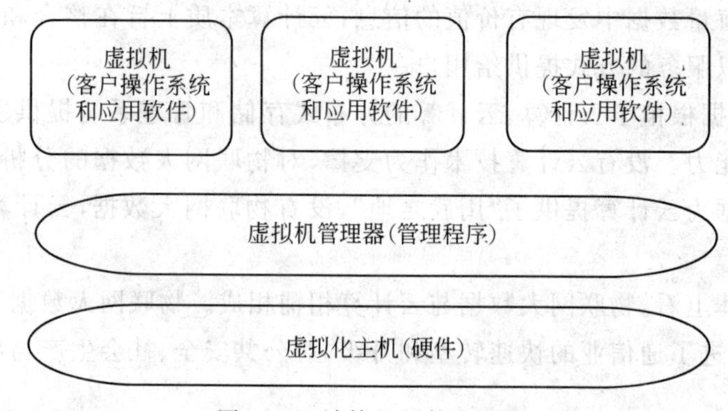

图 10-3　计算机硬件虚拟化

拟成多个独立的小服务器,服务不同的用户。二是将多个服务器虚拟成一个强大的服务器,完成特定的功能。这两种模式的核心都是统一管理、动态分配资源,提高了资源利用率。

2. 分布式数据存储技术

快速、高效地处理PB级数据是云计算的优势之一。云计算采用将数据存储在不同的物理设备中的分布式存储技术,目的是保证数据的高可靠性。这种模式摆脱了硬件设备的限制,扩展性更好,可快速响应用户需求的变化。

分布式存储系统与传统的网络存储系统并不完全一样,传统的网络存储系统采用集中的存储服务器存放所有数据,存储服务器成为系统性能的瓶颈,不能满足大规模存储应用的需要。分布式网络存储系统采用可扩展的系统结构,利用多台存储服务器分担存储负荷,利用位置服务器定位存储信息,提高了系统的可靠性、可用性和存取效率,易于扩展。分布式数据存储架构模式如图 10-4 所示。

图 10-4　分布式数据存储架构模式

3. 编程模式

高效、简捷、快速是云计算的核心理念，旨在通过网络把强大的服务器计算资源方便地分发到终端用户手中，保证低成本和良好的用户体验，从本质上讲，云计算是一个多用户、多任务、支持并发处理的系统。在这个过程中，分布式并行编程模式被云计算项目广泛采用。

更高效地利用软、硬件资源，让用户更快速、更简单地使用应用或服务是分布式并行编程模式创立的初衷。在分布式并行编程模式中，后台复杂的任务处理和资源调度对于用户来说是透明的，大幅提升用户体验。MapReduce 模式将任务自动分成多个子任务，通过 Map 和 Reduce 两步实现任务在大规模计算节点中的调度与分配，因此，MapReduce 是当前云计算主流并行编程模式之一。

4. 大规模数据管理技术

高效的数据处理技术是云计算处理 PB 级数据不可或缺的核心技术之一。对于云计算来说，不仅要保证数据的存储和访问，还要能够对 PB 级数据进行特定的检索和分析。因此，数据管理技术必须能够高效地管理大量的数据，目前主要有 BT(Big Table)数据管理技术和开源数据管理技术(HBase)。

(1) BT 数据管理技术：Big Table 是非关系的数据库，是一个分布式的、持久化存储的多维度排序。Big Table 是建立在 GFS、Scheduler、Lock Service 和 Map Reduce 之上的，与传统的关系数据库不同，把所有数据都作为对象来处理，形成一个巨大的表格，用于分布存储大规模结构化数据。Big Table 的设计目的是可靠地处理 PB 级别的数据，并且能够部署到上千台机器上。

(2) 开源数据管理技术：HBase 是 Apache 的 Hadoop 项目的技术之一，HBase 是分布式、面向列的开源数据库。是一个适合于非结构化数据存储的数据库。HBase 在高可靠性分布式存储系统中，性能和可伸缩方面都有比较好的表现。因此，利用 HBase 技术可在廉价的计算机服务器上搭建起大规模的数据存储集群。

5. 分布式资源管理技术

分布式资源管理系统在多节点并发执行环境中，实现了多节点状态的同步进行的同时，确保了即使单个节点出现故障，也不影响其他节点的运行，保证了系统运行的可靠性。同时，云平台应用领域范围很广，如何有效地管理这些数据资源，保证它们正常提供服务，需要强大的技术支撑。因此，云计算在分布式数据存储技术中引用了分布式资源管理技术。

6. 云计算平台管理技术

云计算系统处理的数据资源庞大、跨越多个区域，管理的服务器少则几百台，多则上万台，如何有效地管理这些服务器，保证整个系统能不间断地提供稳定可靠的服务是云平台管理技术的关键问题。云计算系统的平台管理技术,需要具有高效调配大量服务器资源,使其更好协同工作的能力。云计算平台管理技术的关键在于方便地部署和开通新业务,快速发现并且恢复系统故障,通过自动化、智能化手段实现大规模系统的可靠运营。

云计算有公共云、私有云和混合云三种部署模式。三种模式在平台管理中对 ICT (information communications technology,信息通信技术)资源共享的控制、系统效率的要求以及 ICT 成本投入预算、系统规模及可管理性能大不相同。因此,云计算平台管理技术要更多地考虑到不同场景的应用和个性化定制的需求。

7. 绿色节能技术

节能环保是全球关注的主题。云计算在要求具有大规模的经济效益的同时,必须提高资源利用效率,节能环保。因此,绿色节能技术是云计算不可或缺的技术之一。

碳信息披露项目(carbon disclosure project,CDP)近日发布了一项有关云计算减少碳排放的研究报告,该报告指出,在美国,利用云平台的公司每年可以减少碳排放 8570 万吨,相当于 2 亿桶石油的碳排放总量。

10.2.4 Hadoop 大数据处理技术

Hadoop 是一个软件框架,可以使用故障率较高的通用硬件,采用分布式数据处理方式构建具有数千个节点、PB 级数据的 Hadoop 大数据集群。Hadoop 大数据集群能在用户不干预的条件下有效地进行故障处理,提高系统运行的可靠性和稳定性。Hadoop 采用了并行的分布式数据处理结构,数据节点与管理节点等负荷小,通信带宽较低。Hadoop 大数据集群具有开发周期短、扩展性强、应用广泛等特性。

Hadoop 架构主要由 Hadoop 分布式文件系统(Hadoop distributed file system, HDFS)、统一资源管理与调度系统(YARN)两部分构成,分布式文件系统主要用于大规模数据的存储,YARN 主要是管理集群的计算机资源并根据计算框架的需求实时进行协调,保障系统的正常运行。

1. HDFS 架构

HDFS 是一个分布式文件系统,能在低价通用的大型数据集群上提供很高的扩展性和可靠性,系统架构如图 10-5 所示。它采用主从工作模式,主要由一个 name node(管理节点)、多个 data node(数据节点)和一个 secondary name node(第二管理节点、次级管理节点)等构成。name node 主要存储系统的源数据,存储文件与数据块映射,并提供文件系统的全景图;data node 主要存储块数据;secondary name node 节点主要备份 name node 数据,并负责镜像与 name node 日志数据的合并。该系统具有高可靠性、数据完整性等特性以及快照、再平衡、数据加密等功能。

2. YARN 架构

YARN 架构是一套资源管理框架,其架构如图 10-6 所示。它主要由一个资源管理

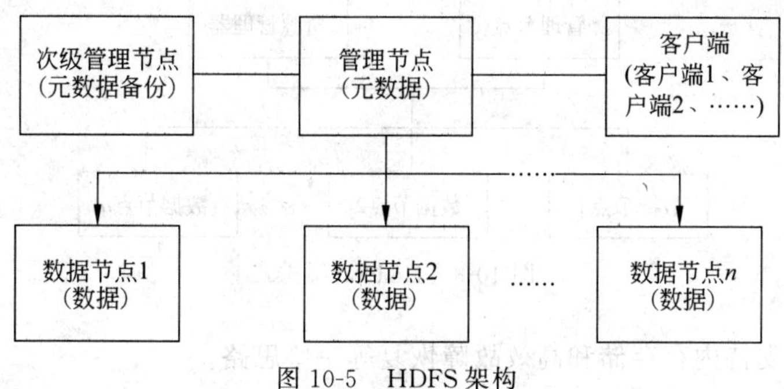

图 10-5　HDFS 架构

器和多个节点管理器等节点构成。资源管理器主要负责集群中所有资源的统一管理和调度；节点管理器主要负责管理单个计算节点、容器的生命周期以及追踪节点健康状况等。YARN 让企业能够同时以多种方式处理数据，对共享的数据集进行批处理、交互式分析和实时分析。

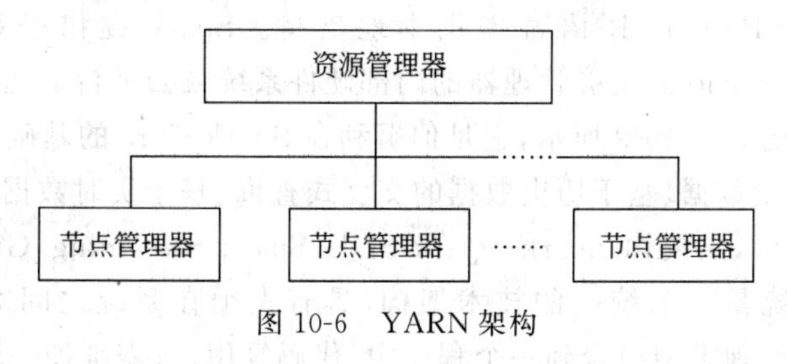

图 10-6　YARN 架构

3. Hadoop 架构

Hadoop 集群主要由 HDFS 集群和 YARN 集群构成，通常有两种架构方式，如图 10-7 和图 10-8 所示。Hadoop 集群的管理节点和资源管理器、数据节点和节点管理器分别在同一个节点运行。在生产环境中，为了 Hadoop 集群的性能和稳定性，建议管理节点和资源管理器分开部署。

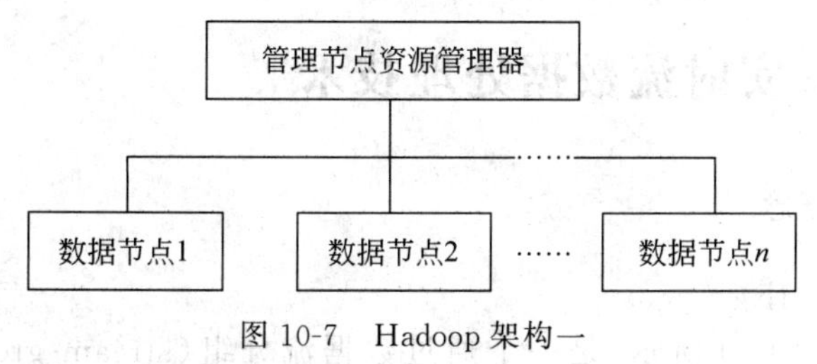

图 10-7　Hadoop 架构一

10.2.5　Spark 内存计算技术

Spark 始于 2009 年，起初是作为加州大学伯克利分校 RAD 实验室的一个研究项目，该实验室就是 AMPLab 的前身。从一开始，Spark 被设计为快速进行交互式查询和迭代

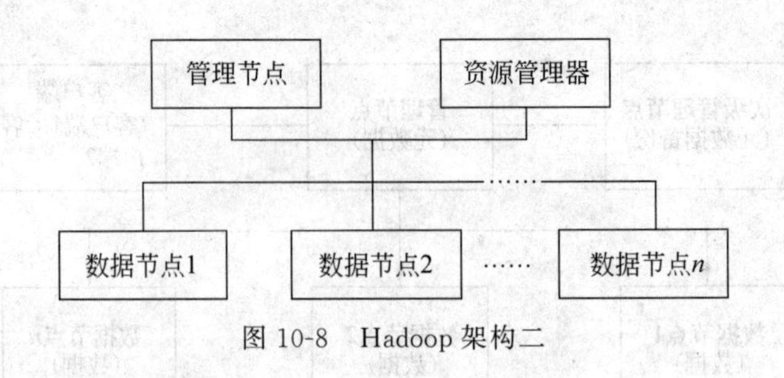

图 10-8　Hadoop 架构二

的算法，采用了支持内存存储和高效故障恢复等一些思路。

2010 年 3 月 Spark 首次开源，并于 2013 年 6 月被转移到 Apache 软件基金会，到 2014 年 2 月成为 Apache 软件基金会的一个顶级项目。Spark 已经成为大数据领域最大的开源社区之一，用户群增长迅猛，包括了从小型公司到财富 500 强公司。

Spark 是一个快速的企业级大规模数据处理引擎，可以与 Hadoop 进行交互操作，可以让应用程序在处理过程中可靠地在内存中分发数据。Spark 开发应用程序比较容易，可以为 Java、Scala、Python、R 语言提供本地支持。Spark 提供一系列的库，可以在 Hadoop、Mesos、Standalone 集群管理器的内部硬件系统或云平台上运行。

Spark 生态系统如图 10-9 所示，它是伯努利在 Spark Core 的基础之上衍生出的能够同时处理复杂的批量数据、基于历史数据的交互式查询、基于实时数据流的数据处理等的统一大数据处理平台，主要由 Shark/Spark SQL、Spark Streaming、GraphX、MLlib 等构成。Spark 生态系统是一个统一的技术架构，具有无须在系统之间对数据进行复制或 ETL 处理、把多种处理类型组合到一个程序中、代码复用、只需维护一套系统等优点。

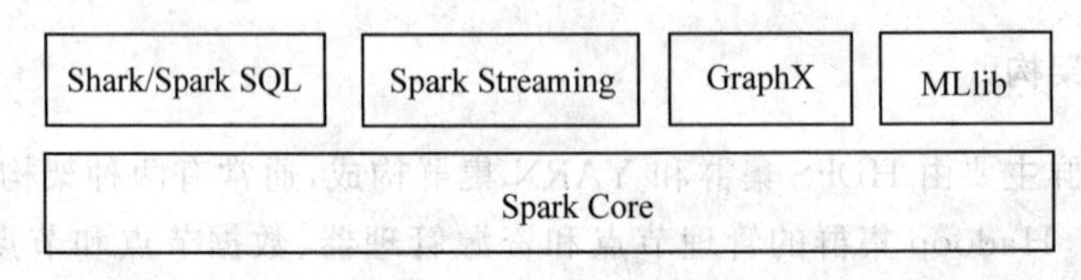

图 10-9　Spark 生态系统

10.2.6　Storm 实时流数据处理技术

1. Storm 基本概念

1）Topology（拓扑）

拓扑结构如图 10-10 所示，是一个通过数据流分组（stream grouping）把 Spout 和 Bolt 连接到一起的结构系统，每个节点都包含着计算逻辑，而且节点中的连接代表了数据的流向。Storm 拓扑跟 MapReduce 的任务（job）是类似的。主要区别是 MapReduce 任务最终会结束，而拓扑会一直运行。

2）Tuple（元组）

元组是 Storm 一次消息传递的基本单元。一个元组是一个命名的值列表，其中的每个值可以是整数、字节、字符串、浮点数、布尔值和字节数组等任意类型的数据。

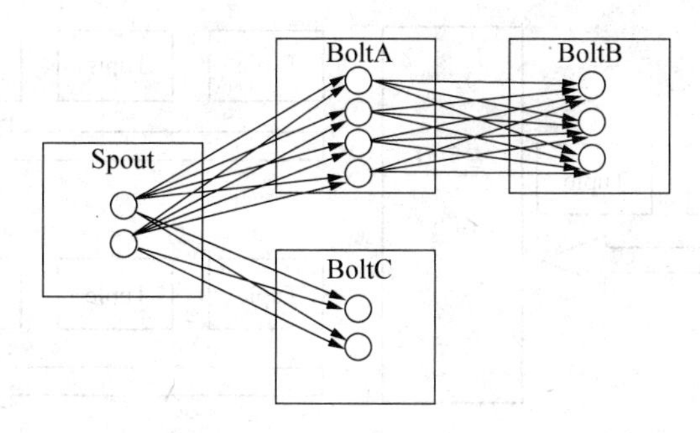

图 10-10　Topology 结构

3) Stream(数据流)

数据流是 Storm 核心定义的抽象。一个数据流的基本结构如图 10-11 所示,它由无限个元组序列组成,每个数据流声明时都被赋予一个 ID。每个数据流在定义时通过 Output Fields Declarer 指定 ID 来声明一个数据流的函数(数据流的 ID 默认值为 default)。

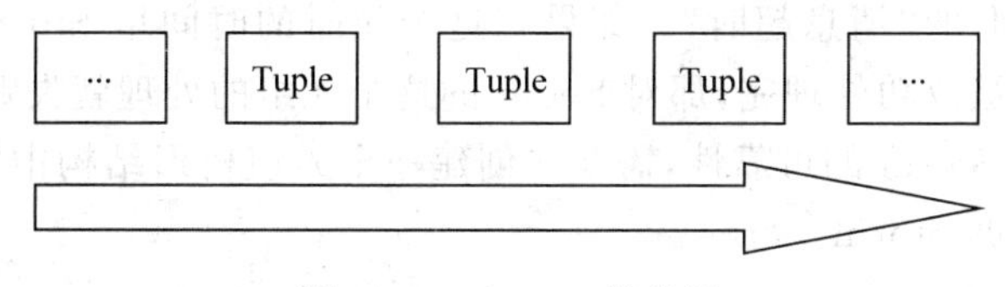

图 10-11　Stream 结构图

4) Spout(数据源)

Spout 是 Storm 中数据流的来源,可以一次给多个数据流发送数据。需要通过 Output Fields Declarer 的 declare Stream 函数来声明多个数据流,并在调用 Spout Output Collector 提供的 emit 方法时指定元组将数据发送给哪个数据流。

Spout 中最主要的函数是 next Tuple,Storm 框架会不断调用它去做元组的轮询。如果没有新的元组过来,就直接返回,否则把新元组的数据发送到拓扑里。

Spout 中另外两个主要的函数是 Ack 和 Fail。当 Storm 检测到一个从 Spout 发出的元组在拓扑中成功处理完时,调用 Ack,没有成功处理完时,调用 Fail。

5) Bolt(螺栓,数据筛选处理)

在拓扑中所有的计算逻辑都是在 Bolt 中实现的。一个 Bolt 可以处理任意数量的输入数据流,产生任意数量的输出数据流。Bolt 可以进行过滤、计算、连接、聚合、数据库读写,以及其他操作。可以将一个或多个 Spout 作为输入,对数据进行运算后,选择性地输出一个或多个数据流,如图 10-12 所示。

6) Task(任务)

每个 Spout 和 Bolt 会以多个任务的形式在集群上运行。每个任务对应一个执行线程,数据流分组定义了如何从一组任务发送元组到另外一组任务上。

7) Stream Grouping(数据流分组)

数据流的分组跟计算机网络中的路由功能相类似,决定了每个元组在拓扑中的处理

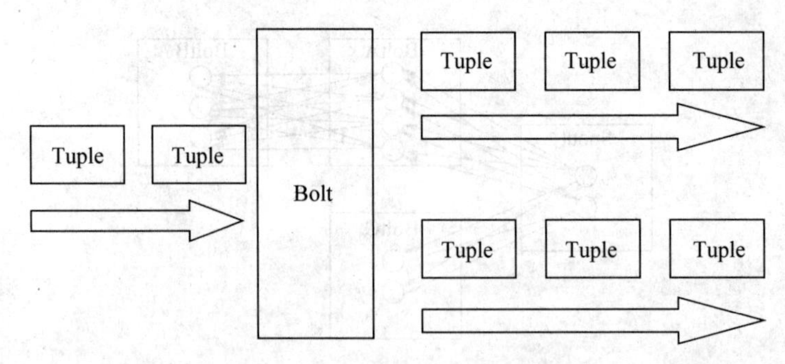

图 10-12　Bolt 数据处理示意图

路线。主要功能是在定义拓扑时，指定每个 Bolt 应该处理哪些数据流；同时，数据流分组定义了一个数据流在一个 Bolt 内的多个任务之间如何分组。

8) Reliability(可靠性)

Storm 为了保证拓扑中 Spout 产生的每个元组都会被处理，就通过跟踪每个 Spout 所产生的所有元组构成的树形结构，并获知元组何时被完整地处理。每个拓扑对这些树形结构都有一个关联的“消息超时”。如果在这个超时的时间里 Storm 检测到 Spout 产生的一个元组没有被成功处理完，那对 Spout 的这个元组的处理就失败了，后续会重新处理一遍。为了发挥 Storm 的可靠性，需要在创建一个元组树形结构中的一条边时或处理完每个元组之后告诉 Storm。

9) Worker(进程)

拓扑以一个或多个 Worker 进程的方式运行。每个 Worker 进程是一个物理虚拟机，执行拓扑的一部分任务。Storm 会尽量把所有的任务均分到所有的 Worker 上。例如，如果拓扑的并发设置成了 300，分配在 50 个 Worker，那么每个 Worker 就执行 6 个任务(作为 Worker 内部的线程)。

2. Storm 特点

Storm 是为分布式场景而生的，抽象了消息传递，会自动地在集群机器上并发地处理流式计算，具有如下特点。

(1) 编程简单：开发人员只需要关注应用逻辑，而且跟 Hadoop 类似，Storm 提供的编程原语也很简单。

(2) 高性能、低延迟：可以应用于广告搜索引擎这种要求对广告主的操作进行实时响应的场景。

(3) 分布式：可以轻松应对数据量大、单机处理不了的场景。

(4) 可扩展：随着业务发展，数据量和计算量越来越大，系统可水平扩展。

(5) 容错：单个节点故障不影响应用。

(6) 消息不丢失：保证消息处理。

3. Storm 系统架构

Storm 系统架构如图 10-13 所示，它主要由 Nimbus(主节点)、Supervisor(从节点)、

Zookeeper(协调服务)、Worker(进程)等构成。

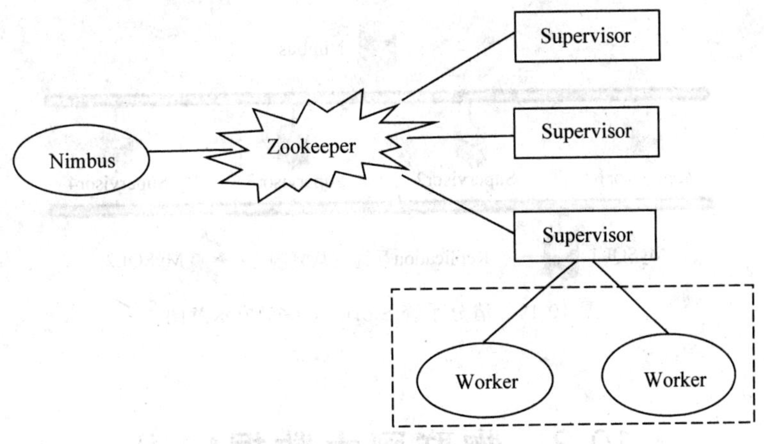

图 10-13 Storm 系统架构

1) Nimbus(主节点)

在分布式系统中,调度服务非常重要,它的设计会直接关系到系统的运行效率以及错误恢复(fail over)、故障检测(fault detection)和水平扩展(scale)的能力。

集群上任务(task)的调度由一个 Master 节点来负责。这台机器上运行的 Nimbus 进程负责任务的调度。另外一个进程是 Storm UI,可以在界面上查看集群和所有拓扑的运行状态。

2) Supervisor(从节点)

Storm 集群上有多个从节点,它们从 Nimbus 上下载拓扑的代码,然后去真正执行。Slave 上的 Supervisor 进程用于监督和管理实际运行业务代码的进程。在 Storm 0.9 之后,又多了一个进程——Logviewer,可以用 Storm UI 查看 Slave 节点上的日志文件。

3) Zookeeper(协调服务)

Zookeeper 在 Storm 上不是用于传输消息的,而是用于提供协调服务(coordination service)的,同时存储拓扑的状态和统计数据。

4) Worker(进程)

Worker 中的每一个 Spout/Bolt 的线程称为一个 Task,每一个 Spout 和 Bolt 会被当作很多 Task 在整个集群里执行,每一个 Executor 对应到一个线程,在这个线程上运行多个 Task。

4. 基于 Storm 的云计算自动清分系统

基于 Storm 的云计算自动清分系统主要处理的是数据去重、数据合并、客流统计、清分结算等,其组成示意图如图 10-14 所示,有 Nimbus 节点、Supervisor 节点和 MySQL 节点。其中,Nimbus 节点是 Storm 框架的管理节点,负责把任务发送到每台机器中执行;Supervisor 节点是具体的工作节点,负责计算由 Nimbus 节点分发的任务;MySQL 节点是数据存储节点,接收来自各个 Supervisor 节点的数据。MySQL 采用经典的主从复制架构,可以减轻数据的写入和读取的负担,并实现系统的高可用性。

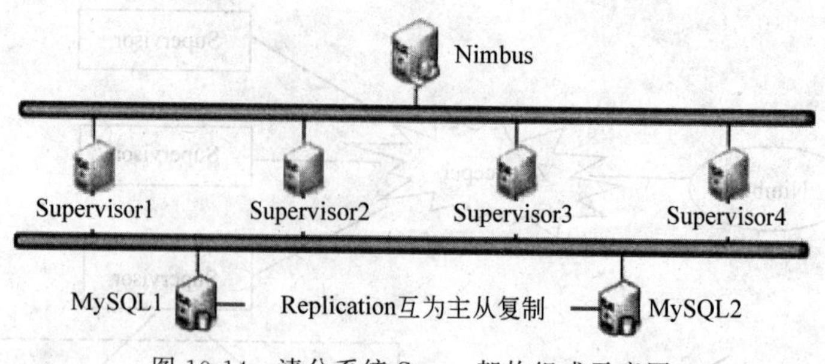

图 10-14 清分系统 Storm 架构组成示意图

10.3 物联网大数据挖掘

10.3.1 数据挖掘的概念和功能

1. 数据挖掘的概念

数据挖掘(data mining),也叫数据开采、数据采掘等,就是从大量的、不完全的、有噪声的、模糊的、随机的实际应用数据中,提取隐含在其中的、人们事先不知道的,但又是潜在有用的信息和知识的过程。

数据挖掘基于的数据库类型主要有关系型数据库、面向对象的数据库、事务数据库、演绎数据库、时态数据库、多媒体数据库、主动数据库、空间数据库、Internet 信息库以及数据仓库(data warehouse)等。而挖掘后获取的知识包括关联规则、特征规则、区分规则、分类规则、总结规则、偏差规则、聚类规则、模式分析及趋势分析等。数据挖掘是一门交叉学科,把人们对数据的应用从低层次的简单查询,提升到从数据中挖掘知识,提供决策支持等。

数据挖掘技术具有以下特点。

(1) 处理的数据达到吉字节(GB)、皮字节(TB)数据级,甚至更大的数据规模。

(2) 查询一般是决策制定者(用户)提出的即时随机查询,不能形成精确的查询要求,需要靠系统本身寻找其可能感兴趣的东西。

(3) 在一些应用(如商业投资等)中,由于数据变化迅速,因此,要求数据挖掘能快速做出相应反应以及时提供决策支持。

(4) 数据挖掘中,规则的发现基于统计规律。所发现的规则不必适用于所有的数据,而是当达到某一临界值时,即认为有效。因此,利用数据挖掘技术可能会发现大量的规则。

(5) 数据挖掘所发现的规则是动态的,只反映了当前状态的数据库具有的规则,随着不断地向数据库中加入新数据,需要随时对其更新。

2. 数据挖掘的功能

数据挖掘综合了各个学科技术，主要具有数据总结、分类、聚类、关联分析、预测、偏差检测等功能。

1）数据总结

数据总结的目的是对数据进行浓缩，给出它的精确描述。传统统计方法如求和值、平均值、方差值等都是有效方法。另外还可以用直方图、饼状图等图形方式表示这些值。

2）分类

目的是构造一个分类函数或分类模型(也常称作分类器)，该模型能把数据库中的数据项映射到给定类别中的某一个。要构造分类器，需要有一个训练样本数据集作为输入。训练集由一组数据库记录或元组构成，每个元组是一个由有关字段(又称属性或特征)值组成的特征向量，此外，训练样本还有一个类别标记。一个具体样本的形式可表示为$(v_1, v_2, \cdots, v_n; c)$，其中 v_i 表示字段值，c 表示类别。

3）聚类

聚类是把整个数据库分成不同的群组。它的目的是使群与群之间差别很明显，而同一个群之间的数据尽量相似。这种方法通常用于客户细分。在开始细分之前不知道要把用户分成几类，因此通过聚类分析可以找出特性相似的客户群体，如消费特性相似或年龄特性相似等。在此基础上可以制订一些针对不同客户群体的营销方案。

4）关联分析

关联分析是寻找数据库中值的相关性。关联分析常用的技术有关联规则和序列模式两种。关联规则是寻找在同一个事件中出现的不同项的相关性；序列模式与此类似，寻找的是事件之间在时间上的相关性。

5）预测

把握分析对象发展的规律，对未来的趋势做出预见。

6）偏差检测

对分析对象的少数的、极端的特例进行描述，揭示内在的原因。

10.3.2　物联网大数据挖掘主要技术及面临的挑战

1. 物联网大数据挖掘主要技术

目前，物联网大数据挖掘的主要技术有神经元网络技术、线性回归分析技术、决策树技术等。

1）神经元网络技术

大数据挖掘技术当中的神经元网络技术是比较重要的应用技术，其中用于分类、聚类和特征采掘的作用比较突出。神经网络模仿生物神经网络，就是分布矩阵结构。神经元网络技术当中的前馈式网络和自组织网络是比较重要的类型。其中前馈式网络是以感知机以及反向传播模型等为代表的，能用在预测以及模式识别上。

2）线性回归分析技术

大数据挖掘技术中的线性回归分析技术的作用也比较重要，其包含着预测目标以及预测属性，两者关系能构成二维空间。在具体实施中，沿着轴绘制预测属性值，在这一回归模型方面就能视为一条曲线，曲线用于最小化实际预测值以及线上点间错误发生率。

3）决策树技术

大数据挖掘技术中决策树技术的应用也比较重要，决策树是在数据属性值基础上实施的归纳分类，其主要的优势是可理解性和直观性。

2. 物联网数据挖掘面临的挑战

物联网技术自身所具备的特征，在数据挖掘中也具备了一定的优势，但是新技术在数据挖掘中应用较多，物联网技术在数据挖掘中也面临着一定的挑战，具体表现为以下几个方面。

(1) 物联网数据具有一定的规则，但是由于其规则过多也相对较为繁杂，采用中央模式对分布式数据进行挖掘的方式效果并不理想。

(2) 物联网数据规模较大，需要及时给予可靠的处理，而当前处理模式对硬件要求较高，若硬件不能够符合要求则可能无法实现。

(3) 数据需求的节点不断增加，需求与供给之间存在着一定的矛盾。

(4) 基于物联网数据存在着诸多外在影响因素，包括数据传输安全性、数据传输的隐私性、法律约束等因素，将所有数据集中存储在相同的数据仓库中显然不具备可靠性。

10.3.3 基于云计算的物联网数据挖掘平台

研究表明，在物联网数据挖掘过程中加入云计算，就会大幅地提升数据挖掘的工作效率。在构建基于云计算数据挖掘模式的时候主要就是通过应用云计算的服务模式，那么在这样的一种情况下建立起来的基于云计算数据挖掘平台中，每一部分在实际提供服务的过程当中都能够独立地完成任务。基于云计算的物联网数据挖掘平台主要包括物联网感知层、物联网传输层、数据层、数据挖掘服务层。

1. 物联网感知层

物联网感知层也就是实现感知作用，具体是依赖于目标区域范围内设置的大量数据采集点予以实现。也就是说，节点是通过传感器、摄像头以及其他相关设备实现数据的采集，所采集到的数据需要依赖于物联网感知层所具备的网络通信设备进行集中处理，将所需要的数据传递至各节点，进行集中存储后再次通过传输层传递至云计算平台的数据处理中心，实现整个感知层的职能。

2. 物联网传输层

物联网传输层是所有数据传递的中间环节，其中涵盖着传感器、无线网络等设备与技术，通过多种网络设备的连接，形成高效率无缝数据的传输系统，能够更为有效地将物联网感知层所收集到的数据经由网络传输到数据处理中心，由此实现全方位的互通互联目标。就其实际工作内容来分析，所指向的是将多种属性的监测处理设备进行联网，实现传输功效，对各设备与节点之间的数据信息进行传播。

3. 数据层

数据层是物联网云计算平台中数据挖掘技术的核心环节，物联网自身具有一定的异构性与海量性特点，由此在数据层内将物联网设备所收集到的所有数据信息进行存储处理与分析的能力是基于云计算的物联网数据挖掘平台的重点。数据层内部涵盖了数据源转化与存储两个主要部分，其中数据源转化所指的是对物联网异构性的数据进行转化，存储方面所指向的是应用诸如 Hadoop 所构建的平台中的 HDFS 进行分布式存储，由此能够可靠地将物联网中大量的数据存储在各个数据节点中。

在物联网平台内部，针对不同的目标需要收集不同的数据类型对其进行显示，在特定环境下，同一种目标会选择不同的数据类型进行表现，基于此，数据源转化的作用主要表现为保持数据的完整性，同时避免异构性的物联网数据在转化中基于其他不确定的因素有所损坏，由此实现数据挖掘可靠性的目的。数据源转化在整个系统中的价值主要是作为数据层与感知层之间的连接线角色，经由数据包的解码与转换将不同属性的数据转换为所需要的数据类型，同时将其以分布式手段存储在数据处理中心中。

4. 数据挖掘服务层

数据挖掘服务层内部涵盖数据准备模块、数据挖掘引擎模块、用户模块几部分。其中，数据准备模块中涵盖着对数据的情况、转变、数据规等环节；数据挖掘引擎模块中涵盖着数据挖掘算法集、模式评估等环节；用户模块中涵盖着数据挖掘知识的可视化展现技术。基于知识挖掘类型的差异性，数据挖掘引擎模块具备了区分、关联、聚类、趋势分析、偏差分析、类似性分析等特征。而提供以上所述功能的核心环节为数据挖掘模块中的算法集所具备的多种功能算法。

10.3.4　大数据挖掘算法

大数据挖掘算法是根据众多数据源创建算法模型，并找出有用数据信息和数据变化的趋势等。大数据挖掘算法有 *K*-means 方法、Apriori 算法、*K*-近邻算法、决策树算法等十余种算法，限于篇幅有限，这里主要介绍 *K*-means 方法、Apriori 算法两种算法。

1. *K*-means 方法

K-means 算法(也称 *K* 均值算法或 *K* 平均算法)是一种最经典的、使用广泛的聚类划分方法。算法的主要思想是：通过迭代过程把数据集划分为不同的类，使用评价聚类性能的准则函数达到最优，从而使每个聚类内紧凑且类间独立。

K-means 算法首先从 *N* 个数据对象中任意选择 *K* 个点，每个点作为初始聚类中心；然后计算剩余各个数据点到聚类中心的距离，将其划为最近的聚类，接着重新计算每一聚

类的平均值,不断重复这一过程直到标准测度函数收敛为止。K-means 算法常采用误差平方和准则函数 $\left(E=\sum_{i=1}^{k}\sum_{p\in X_i}||p-m_i||^2\right)$ 来评价聚类性能。

K-means 算法的基本步骤如下。

(1) 从 N 个记录数据集中任意选择 $K(K<N)$ 个对象为初始聚类中心。

(2) 重复(3)、(4),直到每个聚类不再发生变化为止。

(3) 计算每个数据点与聚类中心对象的距离(该算法主要是欧氏距离),并根据最小距离的原则对相应的对象重新进行划分。

(4) 重新计算每个聚类的均值,直到聚类中心不再变化。

例 10-1 给定只有一项指标的 x_1、x_2、x_3、x_4、x_5 5 个样本,样本指标分别为 1、4、6、8、2。试对该样本数据进行聚类分析(要求聚类的数量 $k=2$)。

解:

(1) 选择 x_1 和 x_2 作为初始的聚类中心,即 $M_1=x_1(1)$,$M_2=x_2(4)$,对应的聚类分别为 C_1、C_2。

(2) 计算每个样本到聚类中心的距离,并根据最小距离的原则对相应的对象重新进行划分。

$$d(M_1,x_3)=\sqrt{(6-1)^2}=5,\quad d(M_2,x_3)=\sqrt{(6-4)^2}=2$$

由于 $d(M_2,x_3)<d(M_1,x_3)$,将 x_3 划分为 C_2。

$$d(M_1,x_4)=\sqrt{(8-1)^2}=7,\quad d(M_2,x_4)=\sqrt{(8-4)^2}=4$$

由于 $d(M_2,x_4)<d(M_1,x_4)$,将 x_4 划分为 C_2。

$$d(M_1,x_5)=\sqrt{(2-1)^2}=1,\quad d(M_2,x_5)=\sqrt{(2-4)^2}=2$$

由于 $d(M_1,x_5)<d(M_2,x_5)$,将 x_5 划分为 C_1。

得到新的聚类为

$$C_1=\{x_1,x_5\},\quad C_2=\{x_2,x_3,x_4\}$$

误差平方和为

$$E=[1-1]^2+[2-1]^2+[4-4]^2+[6-4]^2+[8-4]^2=21$$

(3) 重新计算新的聚类的中心。

$$M'_1=\left(\frac{1+2}{2}\right)=(1.5),\quad M'_2=\left(\frac{4+6+8}{3}\right)=(6)$$

对应新的类分别为 C'_1 和 C'_2。

(4) 重复步骤(2),将 x_1、x_5 划分为 C'_1,x_2、x_3、x_4 划分为 C'_2。更新得到新的聚类为

$$C'_1=\{x_1,x_5\},\quad C'_2=\{x_2,x_3,x_4\}$$

误差平方和为

$$E'=[1-1.5]^2+[2-1.5]^2+[4-6]^2+[6-6]^2+[8-6]^2=8.5$$

由此可以看出,误差平方和在显著减小,且聚类中心不变,算法停止。

2. Apriori 算法

Apriori 算法是 Agrawal 和 R.Srikant 于 1994 年提出的经典的频繁项集的数据挖掘

算法，具有频繁项集的所有非空子集均为频繁项集和非频繁项集的所有超集均为非频繁项集等性质，在数据挖掘技术中占有重要的地位。Apriori 算法具有算法思路比较简单，以递归统计为基础生成频繁项集，易于实现等优点。

Apriori 算法使用逐层搜索迭代方法，其中 k 项集用于探索$(k+1)$项集。首先，通过扫描数据库，累计每个项的计数，并收集满足最小支持度的项，找出频繁 1 项集的集合，该集合记为 L_1；其次，使用 L_1 找出频繁 2 项集的集合 L_2，使用 L_2 找出 L_3，如此下去，直到不能找到频繁 k 项集。

Apriori 算法的基本步骤如下。

(1) 扫描全部原始事务集，产生候选 1 项集的集合 C_1。

(2) 根据最小支持度，由候选 1 项集的集合 C_1 产生频繁 1 项集的集合 L_1。

(3) 对 $k>1$，重复步骤(4)～(6)。

(4) 由 L_k 执行连枝和剪枝，产生候选$(k+1)$项集的集合 C_{k+1}。

(5) 根据最小支持度，由 C_{k+1} 产生集合 L_{k+1}。

(6) 若 $L_{k+1}\neq\varnothing$，则 $k=k+1$，跳往步骤(4)，否则跳往步骤(7)。

(7) 根据最小置信度，由频繁项集产生强关联规则，结束。

数据库事务列表如表 10-1 所示，在数据库中有 9 笔交易，即 $|D|=9$。设最小支持度计数为 2，则由 Apriori 算法寻找 D 中频繁项集的过程如下。

表 10-1　数据库事务列表

事务	T1	T2	T3	T4	T5	T6	T7	T8	T9
项的列表	a,b,e	a,c	a,b,c,e	b,c	b,d	b,c	a,c	a,b,d	a,b,c

① 第一次迭代

通过扫描事务集 D 获得候选 1 项集的集合 C_1，如表 10-2 所示。

表 10-2　候选 1 项集的集合 C_1

1 项集	支持度	1 项集	支持度
a	6	d	2
b	7	e	2
c	7	—	—

② 第一次扫描

根据事务支持度最小计数，在 C_1 的基础上产生频繁 1 项集的集合 L_1，如表 10-3 所示。

表 10-3　频繁 1 项集的集合 L_1

1 项集	支持度	1 项集	支持度
a	6	d	2
b	7	e	2
c	7	—	—

③ 第二次迭代

为发现频繁 2 项集的集合 L_2，算法使用 $L_1 \infty L_1$ 产生候选 2 项集的集合 C_2，如表 10-4 所示。

表 10-4　候选 2 项集的集合 C_2

2 项集	支持度	2 项集	支持度
a,b	4	b,c	4
a,c	4	b,d	2
a,d	1	b,e	2
a,e	2	c,e	1

4）第二次扫描

采用与第一次同样的扫描方法，在 C_2 的基础上产生频繁 2 项集的集合 L_2，如表 10-5 所示。

表 10-5　频繁 2 项集的集合 L_2

2 项集	支持度	2 项集	支持度
a,b	4	b,c	4
a,c	4	b,d	2
a,e	2	b,e	2

5）第三次迭代

同理，算法使用 $L_2 \infty L_2$ 产生候选 3 项集的集合 C_3 为：$C_3 = \{\{a,b,c\},\{a,b,d\},\{a,b,e\},\{b,c,d\},\{b,c,e\},\{b,d,e\}\}$。根据 Apriori 算法的性质，$\{a,b,d\}$，$\{b,c,d\}$，$\{b,c,e\}$，$\{a,d,e\}$不是频繁项集，应从 C_3 中删除，则得到 3 项集的集合 C_3，如表 10-6 所示。

6）第三次扫描

同理可得到在 C_3 的基础上产生频繁 3 项集的集合 L_3，如表 10-7 所示。

表 10-6　候选 3 项集的集合 C_3

3 项集	支持度
a,b,c	2
a,b,e	2

表 10-7　频繁 3 项集的集合 L_3

3 项集	支持度
a,b,c	2
a,b,e	2

7）第四次迭代

为发现 L_4，使用 $L_3 \infty L_3$ 产生候选 4 项集的集合 C_4。$L_3 \infty L_3 = \{a,b,c,e\}$，根据 Apriori 算法的性质，$\{b,c,e\}$不是频繁集，获知$\{a,b,c,e\}$不是频繁的，应从 C_4 中删除，即 $C_4 = \varnothing$，算法停止。

10.4　物联网多传感器数据融合

10.4.1　数据融合概述

1. 多传感器信息融合的概念

多传感器信息融合的信息除了数据外，还有图像、音频、符号、知识、情报等信息。对于信息融合，美国国防部数据融合联合指挥实验室(joint directors of laboratories，JDL)的定义为：信息融合是一个数据或信息综合的过程，用于估计和预测实体状态；著名学者Hall的定义为：信息融合是组合来自多个传感器的数据和相关信息，以获得比单个独立传感器更详细更精确的推理；Wald的定义为：信息融合是一个用于表示如何组合或联合来自不同传感器数据的方法和工具的通用框架，其目的是获得更高质量的信息；Li的定义为：信息融合是为了某一目的，对来自多个实体的信息进行组合。因此，多传感器信息融合技术就是通过对多个参数的监测，在一定准则下进行分析、综合、支配和使用，通过它们之间的协调和性能互补的优势，克服单个传感器的不确定性和局限性，提高整个传感器系统的有效性能，获得对被测对象的一致性解释与描述，进而实现相应的决策与估计，使系统获得比它的各组成部分更充分的信息。多传感器信息融合具有以下3个核心方面。

(1) 信息融合是在几个层次上完成对多源信息的处理过程，其中各个层次都表示不同级别的信息抽象。

(2) 信息融合处理包括探测、互联、相关、估计以及信息组合。

(3) 信息融合包括较低层次上的状态和身份估计，以及较高层次上的整个战术态势估计。

2. 多传感器信息融合过程

数据融合过程主要包括信息获取、A/D转换、数据预处理、特征提取、融合计算和输出结果等环节，其过程如图10-15所示。由于被测对象多半为具有不同特征的非电量，如压力、温度色彩和速度等，因此首先要将它们转换成电信号，然后经过A/D转换将它们转换为计算机可处理的数字量。数字化后的电信号由于环境等随机因素的影响，不可避免地存在一些干扰和噪声信号，通过预处理滤除数据采集过程中的干扰和噪声，以便得到有用信号。对预处理后的有用信号进行特征提取，并对某一个特征量进行融合计算，最后输

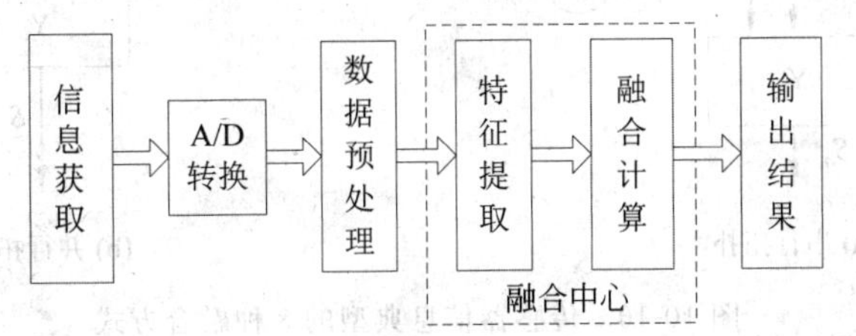

图 10-15　多传感器数据融合过程

出融合结果。

1）信息获取

多传感器获取信息的方法很多，可根据具体情况采取不同的传感器获取被测对象的信息。图形景物信息的获取一般可利用电视摄像系统或电荷耦合器件(CCD)，将外界的图形景物信息进入电视摄像系统或电荷耦合器件变化的光通量转换成变化的电信号，再经 A/D 转换后进入计算机系统。工程信号的获取一般采用工程上的专用传感器，将非电量信号或电信号转换成 A/D 转换器或计算机 I/O 口能接收的电信号，在计算机进行处理。

2）数据预处理

在信息获取过程中，一方面，由于各种客观因素的影响，在检测到的信号中常常混有噪声；另一方面，经过 A/D 转换后的离散时间信号除含有原来的噪声外，又增加了 A/D 转换器的量化噪声。因此，在对多传感器信号融合处理前，有必要对传感器输出信号进行预处理，以尽可能地去除这些噪声，提高信号的信噪比。信号预处理的方法主要有去均值、滤波、消除趋势项、野点剔除等。

3）特征提取

对来自传感器的原始信息进行特征提取，特征可以是被测对象的各种物理量。

4）融合计算

数据融合计算方法较多，主要有数据相关技术、状态估计和目标识别技术等。

3. 多传感器信息融合结构

1）传感器的布置

传感器融合结构中最重要的问题是如何布置传感器，基本上有 3 种类型：串行拓扑、并行拓扑以及混合拓扑，如图 10-16 所示。$C_1 \cdots C_n$ 表示 n 个传感器，$S_1 \cdots S_n$ 表示来自各个传感器信息融合中心的数据，$Y_1 \cdots Y_n$ 表示融合中心。图 10-16(a)的串行拓扑中，当前

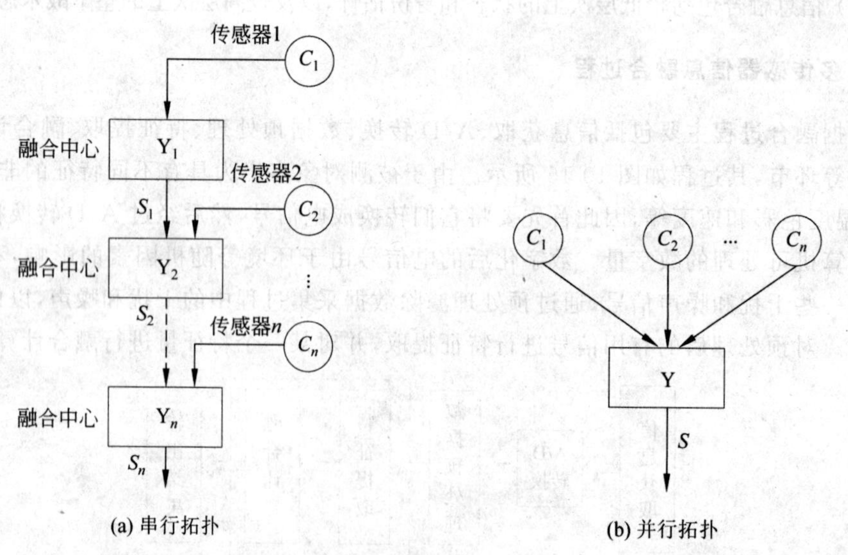

图 10-16　传感器信息典型的 3 种融合方式

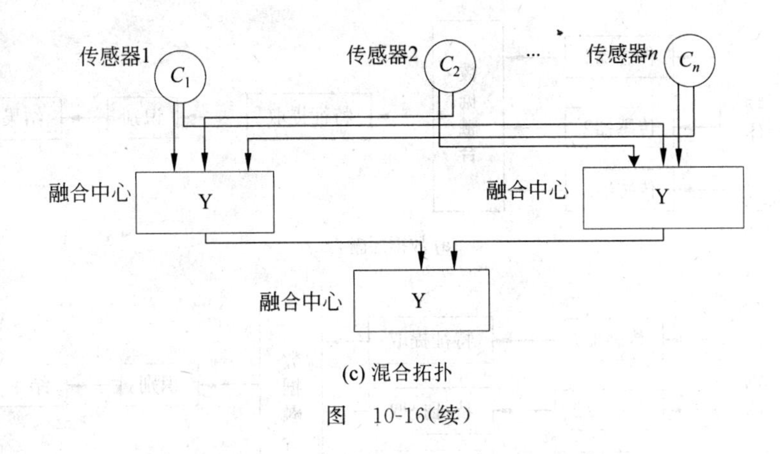

(c) 混合拓扑

图　10-16(续)

传感器要接收前一级传感器的输出结果，每个传感器既有接收信息的功能又有局部信息融合功能。各个传感器的处理同前一级传感器的输出形式有很大的关系。最后一个传感器综合了所有前级传感器输出的信息，得到的输出是作为串行融合系统的结论。

信息融合串行拓扑的优点是具有很好的性能及融合效果，但它的缺点在于对线路的故障非常敏感。

图 10-16(b)的并行拓扑时，各个传感器直接将各自的输出信息传输到传感器融合中心，传感器之间没有影响，融合中心对各信息按适当方法综合处理后，输出最终结果。

图 10-16(c)的混合型数据融合是串行拓扑和并行拓扑的结合。既可先串后并，也可先并后串，其输入信息与并行拓扑一样，存在着多种形式，其运算可由并行拓扑和串行拓扑的综合得到。

2) 按融合层次的结构划分

在多传感器数据融合系统中，各种传感器的数据可以具有不同的特征，可能是实时的或非实时的、模糊的或确定的、互相支持的或互补的，也可能是互相矛盾或竞争的。多传感器数据具有更复杂的形势，而且可以在不同的信息层次上出现。多传感器信息融合根据信息表征的层次分为 3 类：数据层融合、特征层融合、决策层融合。不同层次的数据融合采用的数据融合方法也不相同。典型的信息融合层次如图 10-17 所示。

(1) 数据层融合。在数据层融合中，首先将全部传感器的观测数据进行融合，然后从融合的数据中提取特征向量，并进行判断识别。这要求传感器是同类的，例如，传感器测量同一物理现象，如两个视觉图像或两个超声波传感器；相反，如果传感器不是同类的，它们必须在特征层或决策层融合。数据层融合能提供最精确的结果并需要很大的通信带宽，一般适用于小规模的融合系统，数据层融合的主要方法有线性加权法、Brovery 变换、小波变换融合算法等。

(2) 特征层融合。在特征层融合中，从观测数据中提取许多特征矢量后把它们连接成单个特征向量，再对其进行识别。例如，通过摄像头获取的数据是图像数据，则特征就是从图像像素信息中抽象提取的线型、边缘、纹理等。这一结构的优点是冗余度高、计算负荷分配合理、信道压力小，但由于各传感器进行了局部信息处理，阻断了原始信息间的交流，导致部分信息的丢失。

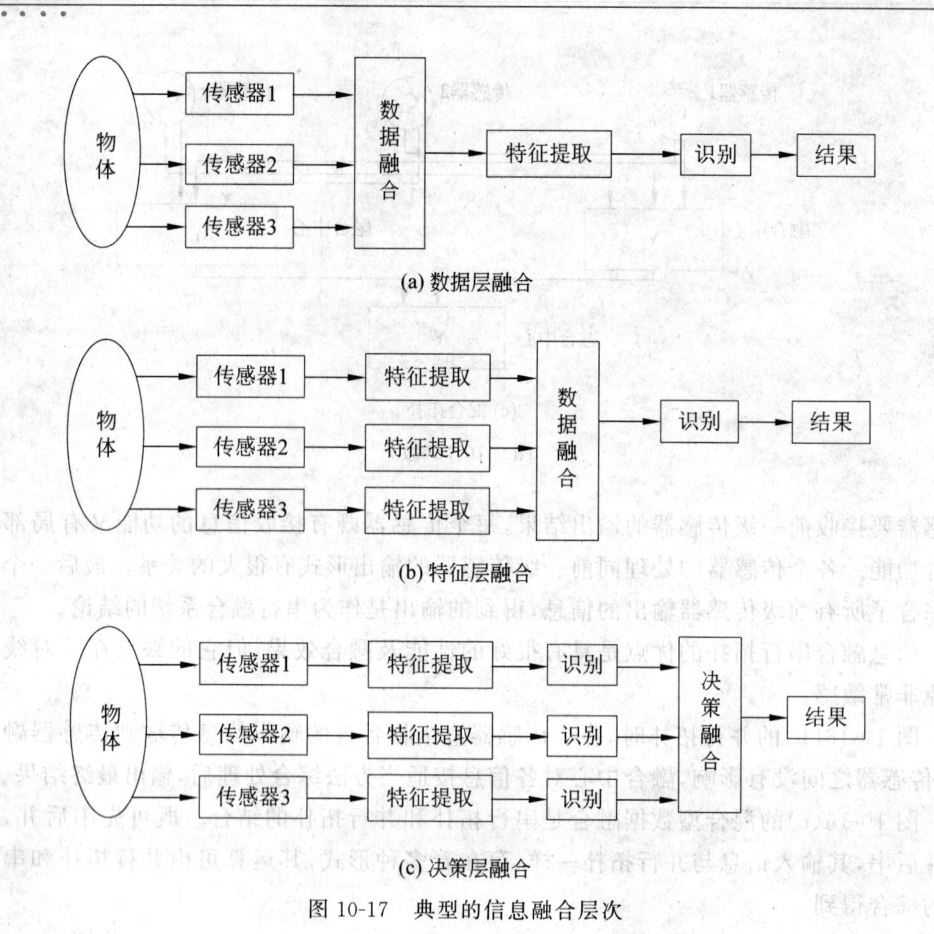

图 10-17 典型的信息融合层次

特征层融合方法主要有 Dempster-Shafer(D-S)推理法、贝叶斯估计法、表决法以及神经网络法等。

(3) 决策层融合。决策层融合是在最高级进行的信息融合,直接针对具体决策目标。在决策层融合中,每一个传感器首先根据本身的单源数据做出决策,分别建立对同一目标的初步判决和结论,然后对这些决策进行相关处理和融合,从而获得最终的决策,在上述 3 种结构中,精确性是最差的,但需要的带宽最小。

目前,决策层数据融合方法主要有贝叶斯估计法、神经网络法、模糊集理论、可靠性理论等。

上述 3 个层次的信息融合都各有其特点,在具体的应用中根据融合的目的和条件选用。3 个层次的信息融合特点综合比较如表 10-8 所示。

表 10-8 3 个层次的信息融合特点比较

融合层次	信息损失	实时性	精度	容错性	抗干扰性	计算量	融合水平
数据层	小	差	高	差	差	大	低
特征层	中	中	中	中	中	中	中
决策层	大	好	低	好	好	小	高

10.4.2　数据融合算法

融合处理是将多维输入数据根据信息融合的功能，在不同融合层次上采用不同的数学方法，对数据进行综合处理，最终实现融合。多传感器信息融合的数学方法很多，常用的方法可概括为概率统计方法和人工智能方法两大类。与概率统计有关的方法包括估计理论、卡尔曼滤波、假设检验、贝叶斯方法、统计决策理论以及其他变形的方法。而人工智能类则有模糊逻辑理论、神经网络、粗集理论、专家系统等。

1. 概率统计方法

1）加权平均法

加权平均法是信号级融合方法中最简单、最直观的方法，该方法将一组传感器提供的冗余信息进行加权平均，结果作为融合值，该方法是一种直接对数据源进行操作的方法。

《孟子·梁惠王上》："权，然后知轻重。"在日常生活中，常用平均数表示一组数据的平均水平。在一组数据里，一个数据出现的次数称为权。例如，现有一组数据为 x_1，x_2，…，x_n，对应的权值分别为 f_1，f_2，…，f_n，则

$$\text{加权平均值}=\frac{x_1 f_1+x_2 f_2+\cdots+x_n f_n}{n} \tag{10-1}$$

例如，学校期末学生综合成绩评定规则为：期中考试占 30%，期末考试占 50%，作业占 20%。假如某同学期中考试成绩为 84 分，期末考试成绩为 92 分，作业成绩为 91 分，则该生的综合成绩为：84×30%+92×50%+91×20%=89.4。其中，30%、50%、20%称为权值。

2）加权最小二乘估计

加权最小二乘（weighted least squares，WLS）估计思想：假设系统的量测方程为 $z=Hx+v$，使量测值 z 与估计值$\hat{x}$确定的量测估计$\hat{z}=H\hat{x}$之差的平方和最小，即

$$J(\hat{x})=(z-H\hat{x})^{\mathrm{T}}W(z-H\hat{x})=\min \tag{10-2}$$

其中，W 为正定权值对角矩阵，当 $W=I$ 时，就是一般的二乘估计。

对式(10-2)进行求偏导数，并满足：

$$\frac{\partial J(\hat{x})}{\partial \hat{x}}=-H^{\mathrm{T}}(W+W^{\mathrm{T}})(Z-H\hat{x})=0 \tag{10-3}$$

在 $W=W^{\mathrm{T}}$ 的条件下，由式(10-3)推得加权最小二乘估计为

$$\hat{x}_{\mathrm{WLS}}=[H^{\mathrm{T}}WH]^{-1}H^{\mathrm{T}}Wz \tag{10-4}$$

若 $W=R^{-1}$，则加权最小二乘估计为

$$\hat{x}_{\mathrm{WLS}}=(H^{\mathrm{T}}RH)^{-1}H^{\mathrm{T}}R^{-1}z \tag{10-5}$$

假设有 3 个同类传感器对某系统状态参数的观测方程如式(10-1)所示。x 为一维状态量；z 为 3 维测量向量，设 $z=[z_1,z_2,z_3]^{\mathrm{T}}$；$v$ 为 3 维白噪声向量，设 $v=[v_1,v_2,v_3]^{\mathrm{T}}$；$H$ 为已知的 3 维常向量，设 $H=[1,1,1]^{\mathrm{T}}$；W 为正定加权对角正，设 $W=\mathrm{diag}[w_1,w_2,w_3]$。将 z、H、W 代入式(10-4)，得

$$\hat{x}_{\mathrm{WLS}}=(H^{\mathrm{T}}RH)^{-1}H^{\mathrm{T}}R^{-1}z=\frac{\sum_{i=1}^{3}w_iz_i}{\sum_{i=1}^{3}w_i} \tag{10-6}$$

因为$E(v_i)=0, E[v_i^2]=\sigma_i^2, i=1,2,3$,则

$$\left.\begin{aligned}&E[v]=0\\&E(vv^{\mathrm{T}})=E[(\hat{x}-z)(\hat{x}-z)^{\mathrm{T}}]=R=[\sigma_1^2,\sigma_2^2,\sigma_3^2]\end{aligned}\right\} \tag{10-7}$$

其中,σ_i^2 为第 i 个传感器的测量方差,R 为测量方差阵。

由于 v_i、$v_j(i\neq j)$相互独立,且 $W=R^{-1}$,所以

$$w_i=\frac{1}{\sigma_i}\quad(i=1,2,3) \tag{10-8}$$

式(10-6)和式(10-8)即加权最小二乘估计的数据融合方法和各传感器权值的计算式。

同理可得,用 n 个同类传感器对某个系统的同一个参数进行测量,则数据融合方法、各传感器的权值计算式为

$$\left.\begin{aligned}&\hat{x}_{\mathrm{WLS}}=\frac{\sum_{i=1}^{n}w_iz_i}{\sum_{i=1}^{n}w_i}\\&w_i=\frac{1}{\sigma_i^2}\end{aligned}\right\} \tag{10-9}$$

由式(10-9)可知,各传感器的权系数仅由其测量方差决定。传感器测量方差确定的准确与否直接影响状态估计的准确性。一般情况下,传感器的测量方差不是已知的,通常是通过传感器的采样结果来估计其测量方差。又因为测量方差是传感器内部噪声与环境干扰的一种综合属性,这一属性始终存在于测量的全过程中,因此可将单个传感器历次采样时的方差分配与当前方差分配的算术平均值作为当前测量方差的实时估算,而不是采用具有主观性或经验性的遗忘因子。

基于以上分析,测量方差估计学习算法如下:设 $z_i(k)$表示第 i 个传感器第 k 次采样的结果,则第 k 次采样时各传感器测量算数平均值$\bar{z}(k)$为

$$\bar{z}(k)=\frac{1}{n}\sum_{i=1}^{n}z_i(k) \tag{10-10}$$

第 i 个传感器第 k 次采样时测量方差的估计分配为

$$\sigma_i^2(k)=E[(z_i(k)-\bar{z}(k))^2] \tag{10-11}$$

对各传感器测量方差在历次采样时的估计分配 $\sigma_i^2(k)$值,求算术平均值 $\bar{\sigma}_i^2(k)=\frac{1}{k}\sum_{j=1}^{k}\sigma_i^2(j)$,则$\bar{\sigma}_i^2(k)$ 即第 k 次采样时第 i 个传感器测量方差的估计值,写成递推公式,形式为

$$\left.\begin{aligned}&\bar{\sigma}_i^2(k)=\frac{k-1}{k}\bar{\sigma}_i^2(k-1)+\frac{1}{k}\sigma_i^2(k),\quad k=1,2,\cdots\\&\bar{\sigma}_i^2(0)=0\end{aligned}\right\}\tag{10-12}$$

则第 k 次采样时 n 个传感器中各传感器的方差阵为

$$\bar{R}(k)=\mathrm{diag}[\bar{\sigma}_1^2(k),\bar{\sigma}_2^2(k),\cdots,\bar{\sigma}_n^2(k)]\tag{10-13}$$

注意：此时权重系数计算式为

$$w_i=\frac{1}{\bar{\sigma}_i^2}\tag{10-14}$$

例 10-2　某恒温槽的温度为 120℃，现用 3 个温度传感器以 1s 的采样间隔对该恒温槽的温度进行了 6 次测量，测量数据如表 10-9 所示。已知温度传感器的精度分别为 1℃、1.5℃和 2℃，试用加权最小二乘估计求融合温度。(保留两位小数)

表 10-9　测量数据　　单位：℃

传感器	次数					
	1	2	3	4	5	6
传感器 1	119.6	119.6	120.4	121.4	119.8	120.9
传感器 2	118.8	119.3	121.0	117.5	120.4	119.6
传感器 3	118.8	120.1	117.8	122.0	119.2	119.1

解：

(1) 分别计算每个传感器的融合温度和方差。

① 传感器 1 的融合温度和方差(平均值：120.28℃)如表 10-10 所示。

表 10-10　传感器 1 数据融合情况　　单位：℃

项　目	次数					
	1	2	3	4	5	6
融合温度	119.6	119.6	120.4	121.4	119.8	120.9
$\sigma_i^2(1)$	0.46	0.46	0.01	1.25	0.23	0.42
$\bar{\sigma}_i^2(1)$	0.46	0.46	0.31	0.55	0.49	0.48
$w_i(1)$	2.17	2.17	3.23	1.82	2.04	2.08
$w_iz_i(1)$	259.53	259.53	388.89	220.95	244.39	251.47

传感器 1 的融合温度为

$$\hat{x}_{\mathrm{WLS}}(1)=\frac{\sum_{i=1}^{n}w_iz_i(1)}{\sum_{i=1}^{n}w_i(1)}=\frac{1624.76}{13.51}\approx 120.26$$

传感器 1 的方差为

$$\sigma^2(1)=0.48$$

② 传感器 2 的融合温度和方差(平均值：119.43℃)如表 10-11 所示。

表 10-11　传感器 2 数据融合情况　　单位：℃

项　目	次　数					
	1	2	3	4	5	6
融合温度	118.8	119.3	121.0	117.5	120.4	119.6
$\sigma_i^2(2)$	0.40	0.02	2.46	3.72	0.94	0.03
$\bar{\sigma}_i^2(2)$	0.40	0.21	0.96	1.65	1.51	1.44
$w_i(2)$	2.50	4.76	1.04	0.31	0.66	0.69
$w_i z_i(2)$	297.00	567.87	125.84	36.43	79.46	82.52

传感器 2 的融合温度为

$$\hat{x}_{\mathrm{WLS}}(2)=\frac{\sum_{i=1}^{n} w_i z_i(2)}{\sum_{i=1}^{n} w_i(2)}=\frac{1189.12}{9.96}\approx 119.39$$

传感器 2 的方差为

$$\sigma^2(2)=1.44$$

③ 传感器 3 的融合温度和方差(平均值：119.50℃)如表 10-12 所示。

表 10-12　传感器 3 数据融合情况　　单位：℃

项　目	次　数					
	1	2	3	4	5	6
融合温度	118.8	120.1	117.8	122.0	119.2	119.1
$\sigma_i^2(3)$	0.49	0.36	2.89	6.25	0.09	0.16
$\bar{\sigma}_i^2(3)$	0.49	0.43	1.25	2.50	2.02	1.71
$w_i(3)$	2.04	2.33	0.80	0.40	0.50	0.58
$w_i z_i(3)$	242.35	279.83	94.24	48.80	59.60	69.08

传感器 3 的融合温度为

$$\hat{x}_{\mathrm{WLS}}(3)=\frac{\sum_{i=1}^{n} w_i z_i(3)}{\sum_{i=1}^{n} w_i(3)}=\frac{793.90}{6.65}\approx 119.38$$

传感器 3 的方差为

$$\sigma^2(3)=1.71$$

(2) 计算 3 个传感器的融合温度(平均温度为：119.68℃)。

3 个传感器数据融合情况如表 10-13 所示。

表 10-13　3 个传感器数据融合情况　　单位：℃

项　目	传感器 1	传感器 2	传感器 3
融合温度	120.26	119.39	119.38
$\sigma^2(k)$	0.48	1.44	1.71
$\bar{\sigma}^2(k)$	0.48	0.96	1.21
$w(k)$	2.08	1.41	0.83
$w(k)z(k)$	250.14	168.34	99.09

融合温度为

$$\hat{x}_{\mathrm{WLS}}=\frac{250.14+168.34+99.09}{2.08+1.41+0.83}=\frac{517.57}{4.32}=119.80$$

3）卡尔曼滤波法

卡尔曼滤波法是线性最小均方误差估计法。它根据前一个估计值和最近一个观测数据来估计信号的当前值，用状态方程和递推方法进行估计，其解以估计值（通常是状态变量的估计值）的形式给出。

设系统的状态为 $X(k)$，传感器观测量为 $Z(k)$。不失一般性，动力学方程和观测方程可写为

$$X(k+1)=\boldsymbol{F}(k)X(k)+\boldsymbol{G}(k)W(k) \tag{10-15}$$

$$Z(k)=\boldsymbol{H}(k)X(k)+V(k) \tag{10-16}$$

其中，$\boldsymbol{F}(k)$为状态矩阵；$\boldsymbol{G}(k)$为噪声矩阵；$\boldsymbol{H}(k)$为观测矩阵；$W(k)$为输入噪声模型；$V(k)$为观测噪声模型，满足条件：

$$\begin{aligned}&E[W(k)]=0,\ E[W(k)W^{\mathrm{T}}(j)]=\boldsymbol{Q}(k)\delta_{kj},\ E[V(k)]=0\\&E[V(k)V^{\mathrm{T}}(j)]=R(k)\delta_{kj},\ E[W(k)V^{\mathrm{T}}(j)]=0\end{aligned} \tag{10-17}$$

设 $\hat{X}(k|j)$是延续到 j 时刻的观测量对 k 时刻状态的估计值；$P(k|j)$为状态的估计协方差，则卡尔曼滤波给出的系统状态递归算法如下。

（1）预测

$$\hat{X}(k\mid k-1)=\boldsymbol{F}(k-1)\hat{X}(k-1\mid k-1) \tag{10-18}$$

$$P(k\mid k-1)=\boldsymbol{F}(k-1)P(k-1\mid k-1)\boldsymbol{F}^{\mathrm{T}}(k-1)+\boldsymbol{G}(k)\boldsymbol{Q}(k)G^{\mathrm{T}}(k) \tag{10-19}$$

$$\hat{Z}(k\mid k-1)=\boldsymbol{H}(k-1)\hat{X}(k\mid k-1) \tag{10-20}$$

（2）更新

$$\hat{X}(k\mid k)=\hat{X}(k\mid k-1)+W(k)[Z(k)-\hat{Z}(k\mid k-1)] \tag{10-21}$$

$$P^{-1}(k\mid k)=\boldsymbol{H}^{\mathrm{T}}(k)R^{-1}(k)\boldsymbol{H}(k)+P^{-1}(k\mid k-1) \tag{10-22}$$

$$W(k)=P(k\mid k)\boldsymbol{H}^{\mathrm{T}}(k)R^{-1}(k) \tag{10-23}$$

在系统融合中心采用集中卡尔曼滤波融合技术，可以得到系统的全局状态估计信息。在集中式结构中，各传感器信息的流向式自低层次融合中心单方向流动，各传感器之间缺乏必要的联系。

例 10-3

$$x(t+1)=0.5x(t)+w(t) \tag{10-24}$$

$$y(t+1)=x(t)+v(t) \tag{10-25}$$

其中,$w(t)$和$v(t)$是均值、方差各为$Q=1$和$R=1$的不相关白噪声。

① 写出卡尔曼滤波器公式。

② 令$\hat{x}(0|0)=1,P(0|0)=1,y(1)=2,y(2)=5$,求$\hat{x}(1|1),\hat{x}(2|1),\hat{x}(2|2),P(1|1),P(2|2)$。

解:

① 令$k=t+1$,则

$$x(k)=0.5x(k-1)+w(k-1) \tag{10-26}$$

$$y(k)=x(k-1)+v(k-1) \tag{10-27}$$

得

$$\Phi_{k,k-1}=0.5,\quad \Gamma_{k,k-1}=1, H_k=1 \tag{10-28}$$

已知,$Q=Q_k=1,R=R_k=1$,所以$H_k^T=H_k=1,R_k^{-1}=R=1$,则

$$\left.\begin{aligned}&\text{状态一步预测}:\hat{x}(k\mid k-1)=0.5\,\hat{x}(k-1)\\&\text{状态估计}:\hat{x}(k)=\hat{x}(k\mid k-1)+K(k)[y(k)-\hat{x}(k\mid k-1)]\\&\text{滤波增益}:K(k)=P(k)\\&\text{一步预测误差方差}:P(k\mid k-1)=0.25P(k-1)+1\\&\text{估计误差方差}:P(k)=[1-K(k)]P(k\mid k-1)\end{aligned}\right\} \tag{10-29}$$

将$k=t+1$代入式(10-29),得卡尔曼滤波器公式为

$$\left.\begin{aligned}&\text{状态一步预测}:\hat{x}(t+1\mid t)=0.5\,\hat{x}(t)\\&\text{状态估计}:\hat{x}(t+1)=\hat{x}(t+1\mid t)+K(t+1)[y(t+1)-\hat{x}(t+1\mid t)]\\&\qquad\qquad=\hat{x}(t+1\mid t)+P(t+1)[y(t+1)-\hat{x}(t+1\mid t)]\\&\text{滤波增益}:K(t+1)=P(t+1)\\&\text{一步预测误差方差}:P(t+1\mid t)=0.25P(t)+1\\&\text{估计误差方差}:P(t+1)=[1-K(t+1)]P(t+1\mid t)\\&\qquad\qquad=[1-P(t+1)]P(t+1\mid t)\end{aligned}\right\} \tag{10-30}$$

② 将$\hat{x}(0|0)=1,P(0|0)=1$代入状态一步预测和一步预测误差方差公式,得

$$\hat{x}(1\mid 0)=0.5\,\hat{x}(0\mid 0)=0.5, P(1\mid 0)=0.5P(0\mid 0)+1=1.5 \tag{10-31}$$

将$P(1|0)$代入估计误差方差公式,得

$$\begin{aligned}P(1\mid 1)&=[1-P(1\mid 1)]P(1\mid 0)\\&=1.5-1.5P(1\mid 1)\Rightarrow P(1\mid 1)=0.6\end{aligned} \tag{10-32}$$

将$P(1|1)$、$\hat{x}(1|0)$、$y(1)$代入状态估计,得

$$\begin{aligned}\hat{x}(1\mid 1)&=\hat{x}(1\mid 0)+P(1\mid 1)[y(1)-\hat{x}(1\mid 0)]\\&=0.5+0.6(2-0.5)=1.4\end{aligned} \tag{10-33}$$

将$\hat{x}(1|1)$、$P(1|1)$代入状态一步预测和一步预测误差方差公式,得

$$\left.\begin{aligned}\hat{x}(2\mid 1)&=0.5\,\hat{x}(1\mid 1)=0.5\times 1.4=0.7\\P(2\mid 1)&=0.25P(1\mid 1)+1=0.25\times 0.6+1=1.15\end{aligned}\right\} \tag{10-34}$$

将$P(2|1)$代入估计误差方差公式,得

$$P(2 \mid 2) = [1 - P(2 \mid 2)]P(2 \mid 1)$$
$$= [1 - P(2 \mid 2)] \times 1.15 \Rightarrow P(2 \mid 2) \approx 0.78 \quad (10\text{-}35)$$

将 $P(2|2)$、$y(2)$代入状态估计，得

$$\hat{x}(2 \mid 2) = \hat{x}(2 \mid 1) + P(2 \mid 2)[y(2) - \hat{x}(2 \mid 1)]$$
$$= 0.7 + \frac{7}{9}(5 - 0.7) \approx 4.04 \quad (10\text{-}36)$$

所以

$$\hat{x}(1 \mid 1) = 1.4, \hat{x}(2 \mid 1) = 0.7, \hat{x}(2 \mid 2) \approx 0.78, P(1 \mid 1) = 0.6, P(2 \mid 2) \approx 4.04$$

卡尔曼滤波主要用于融合低层次实时动态多传感器冗余数据。该方法用测量模型的统计特性递推，决定统计意义下的最优融合和数据估计。如果系统具有线性动力学模型，且系统与传感器的误差符合高斯白噪声模型，则卡尔曼滤波将为融合数据提供唯一统计意义下的最优估计。卡尔曼滤波的递推特性使系统处理不需要大量的数据存储和计算。但是，采用单一的卡尔曼滤波器对多传感器组合系统进行数据统计时，存在实时性差、受子系统故障影响、可靠性降低等问题。

4）贝叶斯估计法

贝叶斯估计法属于统计融合算法。该方法根据观测空间的先验知识，从而实现对观测空间里目标的识别。

设概率事件 A、$B \in F$，F 为事件域，则在事件 B 发生的条件下，事件 A 发生的条件概率 $P(A|B)$为

$$P(A|B) = \frac{P(AB)}{P(B)} \quad (10\text{-}37)$$

这里 $P(B)$为事件 B 发生的概率，假定为正值；$P(AB)$为事件 A 和 B 同时发生的概率。在贝叶斯推理中，在给定证据 A 的情况下，假设事件 B_i 发生的概率，表示如下：

$$P(B_i|A) = \frac{P(AB_i)}{P(A)} \quad (10\text{-}38)$$

若 $B_1, B_2, \cdots, B_n$ 的并集为整个事件空间，则对任一 $A \in F$，若 $P(A) > 0$，有

$$P(B_i|A) = \frac{P(A|B_i)P(B_i)}{\sum_{j=1}^{n} P(A|B_j)P(B_j)} \quad (10\text{-}39)$$

其中，$P(B_i)$为根据已有数据分析所得事件 B_i 发生的先验概率，有

$$\sum_{i=1}^{n} P(B_i) = 1 \quad (10\text{-}40)$$

$P(B_i|A)$为给定证据 A 的情况下，事件 B_i 发生的后验概率；$P(A|B_i)$为假设事件 B_i 的似然函数。此即贝叶斯推理公式。

基于贝叶斯公式的信息融合过程，假设有 n 个传感器用于获取未知目标的参数数据，每一个传感器基于传感器观测和特定的传感器分类算法提供一个关于目标身份的说明（关于目标身份的一个假设）。设 $O_1, O_2, \cdots, O_m$ 为所有可能的 m 个目标，D_i 表示第 i 个传感器关于目标身份的说明。$O_1, O_2, \cdots, O_m$ 实际上构成了观测空间的互不相容的穷举假设。则由上可得

$$\sum_{i=1}^{n} P(O_i) = 1 \tag{10-41}$$

$$P(O_i \mid D_j) = \frac{P(D_j \mid O_i)P(O_i)}{\sum_{j=1}^{n} P(D_j \mid O_j)P(O_j)} \quad (i=1,2,\cdots,n; j=1,2,\cdots,m) \tag{10-42}$$

例 10-4 假设病人患有癌症(cancer)和病人无癌症(normal)的化验结果分别为正(+)和负(−)。根据资料统计显示：在所有人口中，癌症患病率为 0.8%；对癌症患者的化验准确率为 98%，对无癌症患者的化验准确率为 97%。现有一个病人，癌症检测化验结果为正(+)。求：(1)后验概率 $P(\text{cancer}|+)$ 和 $P(\text{normal}|-)$；(2)该病人是否可以确定为癌症患者。

解：几大后验假设计算结果如下。

$$P(+|\text{ cancer})P(\text{cancer}) = 0.00784$$

$$P(+|\text{ normal})P(\text{normal}) = 0.02976$$

$$P(\text{cancer }|+) = P(+|\text{ cancer})P(\text{cancer}) / \{P(+|\text{ cancer})P(\text{cancer}) + P(+|\text{ normal})P(\text{normal})\} = 0.21$$

$$P(-|\text{ cancer})P(\text{cancer}) = 0.0016$$

$$P(-|\text{ normal})P(\text{normal}) = 0.96224$$

$$P(\text{normal }|-) = P(-|\text{ normal})P(\text{normal}) / P(-|\text{ cancer})P(\text{cancer}) + P(-|\text{ normal})P(\text{normal})\} = 0.99834$$

和经典的概率推理相比，当出现某一证据时，贝叶斯推理能给出确定的结算假设事件在此论据发生的条件下发生的概率，而经典的概率推理能给出的只是在发生某一假设时间的条件下，某一观测能够对某一目标或事件有贡献的概率；贝叶斯公式能够嵌入一些先验知识，如假设事件的似然函数等；当没有经验数据可以利用时，可以用主观概率来代替假设事件的先验概率和似然函数。因此，运用贝叶斯推理中的条件概率公式来进行推理，能得到较为满意的效果。解决了经典概率推理遇到的一些难题，但预先定义的先验函数和似然函数，增加了一定的复杂性。

5) D-S 证据推理方法

D-S 证据推理是贝叶斯推理的扩充，贝叶斯方法要求给出先验概率和条件概率，且要求所有的概率都是独立的，且不能区分不确定和不知道。而 D-S 证据理论既能处理随机性所导致的不确定性，又能处理模糊性所导致的不确定性，它可以不需要先验概率和条件概率支持，依靠证据的积累，不断减小假设集，区分不知道和不确定。它采用信任函数而不是概率作为度量，通过对事件的概率加以约束以建立信任函数而不必说明精确的难以获得的概率，当约束限制为严格的概率时，它就进而成为概率论。

(1) D-S 的基本概念

定义 10-1 设 U 表示 X 所有可能取值的一个论域集合，且所有在 U 内的元素间是互不相容的，则称 U 为 X 的识别框架，则函数 $m: 2^U \to [0,1]$ 在满足下列条件：$m(\varphi)=0$，$\sum_{A\subset U} m(A)=1$ 时，称 m 是 $2U$ 上的概率分配函数，$m(A)$ 为 A 的基本概率数，表示对 A 的精确信任。

定义 10-2　若识别框架 U 的一子集为 A，具有 $m(A)>0$，则称 A 为信任函数 Bel 的焦元。

定义 10-3　信任函数 $\mathrm{Bel}:2^U \to [0,1]$，且 $\mathrm{Bel}=\sum\limits_{B\leqslant A} M(B)$ 对所有的 $A\subseteq U$，Bel 函数也称为下限函数，表示对 A 的全部信任。由概率分配函数的定义可知：

$$\mathrm{Bel}(\varphi)=M(\varphi)=0,\quad \mathrm{Bel}(U)=\sum_{B\subseteq U} M(B) \tag{10-43}$$

定义 10-4　似然函数 $\mathrm{pl}:2^U \to [0,1]$，且 $\mathrm{pl}(A)=1-\mathrm{Bel}(-A)$，pl 称为上限函数，表示对 A 非假的信任程度，信任函数和似然函数有如下关系：

$$\mathrm{pl}(A)\geqslant \mathrm{Bel}(A) \tag{10-44}$$

D-S 论据理论对 A 的不确定性的描述如图 10-18 所示。

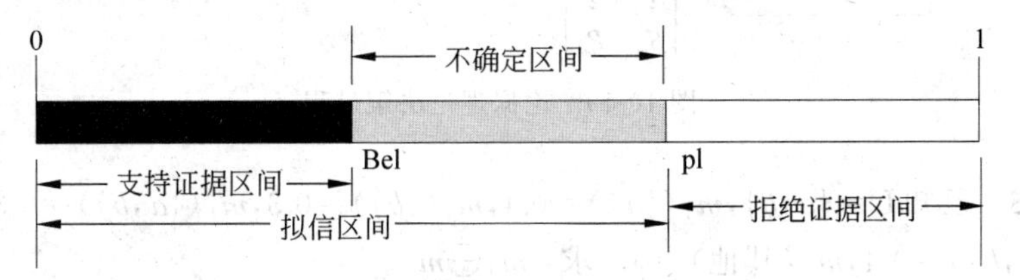

图 10-18　D-S 论据理论对 A 的不确定性描述

(2) D-S 论据的组合规则

D-S 理论的组合规则提供了组合 2 个论据的规则。设 m_1 和 m_2 是 $2U$ 上的 2 个相互独立的基本概率赋值，则组合后的基本概率赋值 $m=m_1\oplus m_2$。

设 Bel1 和 Bel2 是同一识别框架 U 上的 2 个信任函数，m_1 和 m_2 分别是其对应的基本概率赋值，焦元分别为 $A_1,\cdots,A_k$ 和 $B_1,\cdots,B_k$，又设

$$K=\sum_{A_i\cap B_j=\varphi} m_1(A_i)m_2(B_j)<1 \tag{10-45}$$

则

$$m(C)=\begin{cases}\dfrac{\sum\limits_{A_i\cap B_j=C} m_1(A_i)m_2(B_j)}{1-K}, & \forall C\subset U, C\neq\varphi \\ 0, & C=\varphi\end{cases} \tag{10-46}$$

若 $K\neq 1$，则 m 确定一个基本概率赋值；若 $K=1$，则认为 m_1 和 m_2 矛盾，不能对基本概率赋值进行组合。对于多个论证的组合，可采用此组合规则对证据进行两两组合。

运用证据决策理论进行多传感器融合的一般过程如下。

① 分别计算各传感器的基本可信数、信度函数和似然函数。

② 利用 Dempster 组合规则，求得所有传感器联合作用下的基本可信数、信度函数和似然函数。

③ 在一定决策规则下，选择具有最大支持度的目标。

上述过程如图 10-19 所示，先由 n 个传感器分别给出 m 个决策目标集的信度，经 Dempster 组合规则合成一致的对 m 个决策目标集的信度，最后，对各可能决策利用某一决策选择原则得到结果。

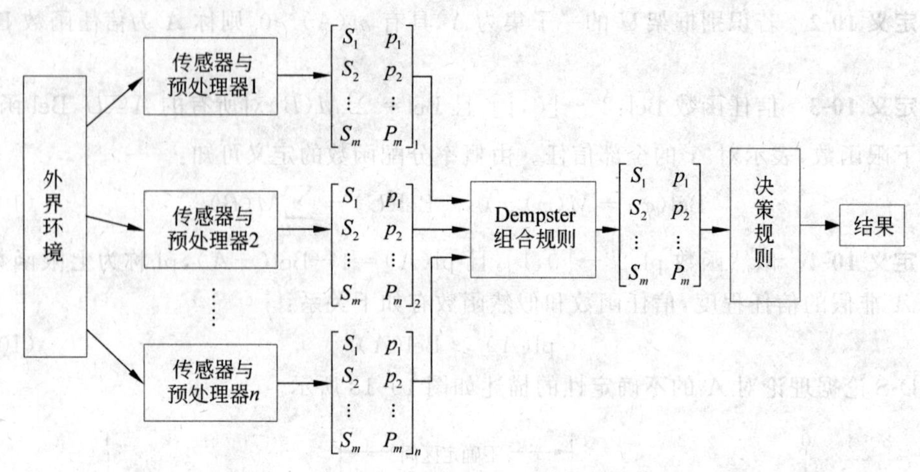

图 10-19 论据理论决策过程

例 10-5 已知$U=\{a,b\}$，$m_1(\{a\})=0.4$，$m_1(\{b\})=0.3$，$m_1(\{a,b\})=0.3$，$m_2(\{b\})=0.6$，$m_2(\{a,b\})=0.4$，m_2(其他)$=0$。求：$m_1 \oplus m_2$。

解：U 的幂集为 $2^U=\{\varphi,\{a\},\{b\},\{a,b\}\}$。

$m_1(\cdot)$和 $m_2(\cdot)$的组合情况如表 10-14 所示。

表 10-14 $m_1(\cdot)$和 $m_2(\cdot)$的组合情况

项目		$m_1(\cdot)$			
		$\varphi(0)$	$\{a\}(0.4)$	$\{b\}(0.3)$	$\{a,b\}(0.3)$
$m_2(\cdot)$	$\varphi(0)$	0	$\varphi(0)$	$\varphi(0)$	$\varphi(0)$
	$\{a\}(0)$	$\varphi(0)$	0	$\varphi(0)$	0
	$\{b\}(0.6)$	$\varphi(0)$	$\varphi(0.24)$	0.18	0.18
	$\{a,b\}(0.4)$	$\varphi(0)$	0.16	0.12	0.12

由表 10-14 得

$$K_1=0.24$$

$$m_1 \oplus m_2(\{a\})=\frac{0.16}{1-0.24}\approx 0.21$$

$$m_1 \oplus m_2(\{b\})=\frac{0.18+0.18+0.12}{1-0.24}\approx 0.63$$

$$m_1 \oplus m_2(\{a,b\})=\frac{0.12}{1-0.24}\approx 0.16$$

6) DSmT 证据推理算法

定义 10-5 假设 $U=\{\theta_1,\cdots,\theta_n\}$是一个由 n 个详尽元素组成的有限集合，则超幂集 D^U 是通过对 U 中的元素进行$\cup$和$\cap$的运算产生的集合，形式如下。

(1) $\varphi,\theta_1,\cdots,\theta_n \in D^U$。

(2) 若 $A,B\in D^U$，则 $A\cap B\in D^U$，$A\cup B\in D^U$。

(3) 除了(1)和(2)中所包含的命题以外，没有其他命题属于 D^U。

① 在退化的情况($n=0$)下，即 $U=\{\ \}$，则 $D^U=\{\varphi\}$。

② 当 $U=\{\theta_1\}$时，则 $D^U=\{\varphi,\theta_1\}$。

③ 当 $U=\{\theta_1,\theta_2\}$时，则 $D^U=\{\varphi,\theta_1,\theta_2,\theta_1\cap\theta_2,\theta_1\cup\theta_2\}$。

$D^U\rightarrow 2^U$ 的条件：识别框架 $U=\{\theta_1,\theta_2,\cdots,\theta_n\}$中所有元素都相互独立。如 $U=\{\theta_1,\theta_2\}$，则 $D^U=\{\varphi,\theta_1,\theta_2,\theta_1\cap\theta_2,\theta_1\cup\theta_2\}$，假设 θ_1 和 θ_2 实际上是独立的，$D^U=\{\varphi,\theta_1,\theta_2,\theta_1\cap\theta_2=\varphi,\theta_1\cup\theta_2\}=\{\varphi,\theta_1,\theta_2,\theta_1\cup\theta_2\}\equiv 2^U$。

定义 10-6(自由 DSm 模型)　设 $U=\{\theta_1,\cdots,\theta_n\}$是由 n 个详尽的元素组成的一组有限集，元素(或命题)没有其他的假设条件且不考虑其他约束条件，称此时的模型为自由 DSm 模型 $M^f(U)$。

(1) $M^f(U)$能够处理连续的和相对实质的自然状态的模糊概念。

(2) $M^f(U)$可以将不精确的 U 进一步划分为更精确独立的识别框架 U^{ref}。

(3) 认为识别框架 U 的精确程度不是进行证据组合的首要必备条件，在一般情况下可以抛弃 Shafer 模型，因为考虑的融合问题可以假设 U 中模糊的、相关的元素 θ_i 是不唯一的。

(4) 对于一些离散概念的特殊融合问题，U 还要考虑一定的完整性约束条件。

定义 10-7　给定一个一般的识别框架 U，定义一个基本概率赋值函数 $m: D^U\rightarrow[0,1]$与给定的证据有关，即

$$m(\varphi)=0,\quad \sum_{A\in D^U} m(A)=1 \tag{10-47}$$

$m(A)$是 A 的广义基本概率赋值函数，它的信任函数和似然函数与 D-S 证据理论的相似，即

$$\text{Bel}(A)=\sum_{\substack{B\subseteq A\\ B\in D^U}} m(B),\quad \text{pl}(A)=\sum_{\substack{B\cap A\neq\varphi\\ B\in D^U}} m(B) \tag{10-48}$$

当 D^U 还原成 2^U 时，采用 Shafer 模型 $M^0(U)$，这些定义和 D-S 理论框架下经典的信任函数的定义一样。

定义 10-8　假设同一识别框架 U 下有两条独立的、不确定的和荒谬的(高冲突的)信源 B_1 和 B_2，在 D^U(或 D^U 的任何子集)上的两个广义基本概率赋值函数 $m_1(\cdot)$和 $m_2(\cdot)$，经典 DSmT 组合规则 $m_{M^f}\equiv m(\cdot)\overset{\text{def}}{=\!=}[m_1\oplus m_2](\cdot)$定义为

$$\forall A\neq\varphi\in D^U, m_{M^f}(U)\overset{\text{def}}{=\!=}[m_1\oplus m_2](A)=\sum_{X_1,X_2\in D^U,X_1\cap X_2=A} m_1(X_1)m(X_2) \tag{10-49}$$

其中，定义 $m_{M^f(U)}(\varphi)=0$，除非在特殊的例子中信源把非零值赋给空集。

例 10-6　已知 $U=\{\theta_1,\theta_2\}$，广义基本概率赋值函数为 $m_1(\theta_1)=0.1$，$m_1(\theta_2)=0.2$，$m_1(\theta_1\cup\theta_2)=0.3$，$m_1(\theta_1\cap\theta_2)=0.4$，$m_2(\theta_1)=0.5$，$m_2(\theta_2)=0.3$，$m_2(\theta_1\cup\theta_2)=0.1$，$m_2(\theta_1\cap\theta_2)=0.1$。试用经典 DSmT 组合规则求$[m_1\oplus m_2](\cdot)$。

解：经典 DSmT 组合情况如表 10-15 所示。

表 10-15 经典 DSmT 组合情况

$m_2(\cdot)$	$m_1(\cdot)$			
	$\theta_1(0.1)$	$\theta_2(0.2)$	$\theta_1\cup\theta_2(0.3)$	$\theta_1\cap\theta_2(0.4)$
$\theta_1(0.5)$	$\theta_1(0.05)$	$\theta_1\cap\theta_2(0.1)$	$\theta_1(0.15)$	$\theta_1\cap\theta_2(0.2)$
$\theta_2(0.3)$	$\theta_1\cap\theta_2(0.03)$	$\theta_2(0.06)$	$\theta_2(0.09)$	$\theta_1\cap\theta_2(0.12)$
$\theta_1\cup\theta_2(0.1)$	$\theta_1(0.01)$	$\theta_2(0.02)$	$\theta_1\cup\theta_2(0.03)$	$\theta_1\cap\theta_2(0.04)$
$\theta_1\cap\theta_2(0.1)$	$\theta_1\cap\theta_2(0.01)$	$\theta_1\cap\theta_2(0.02)$	$\theta_1\cap\theta_2(0.03)$	$\theta_1\cap\theta_2(0.04)$

根据式(10-48),得

$$[m_1\oplus m_2](\theta_1)=0.05+0.15+0.01=0.21$$

$$[m_1\oplus m_2](\theta_2)=0.06+0.09+0.02=0.17$$

$$[m_1\oplus m_2](\theta_1\cup\theta_2)=0.03$$

$$[m_1\oplus m_2](\theta_1\cap\theta_2)=0.1+0.2+0.03+0.12+0.04+0.01+0.02+0.03+0.04=0.59$$

定义 10-9 假设同一识别框架U下有$k(k\geqslant 2)$条独立的、不确定的和荒谬的(即高冲突的)信源,$m_{Mf}(\cdot)\overset{\text{def}}{=\!=}[m_1\oplus\cdots\oplus m_k](\cdot)$定义为

$$\forall A\neq\varphi\in D^U,m_{Mf(U)}(\cdot)\overset{\text{def}}{=\!=}[m_1\oplus\cdots\oplus m_k](A)=\sum_{\substack{X_1,\cdots,X_k\in D^U\\(X_1\cap\cdots\cap X_k=A)}}\prod_{i=1}^{k}m_i(X_i)\tag{10-50}$$

其中,定义$m_{Mf(U)}(\varphi)=0$,除非在特殊的例子中信源把非零值赋给空集。

2. 人工智能方法

1) 模糊逻辑推理

模糊逻辑是多值逻辑,通过指定一个0～1的实数表示真实度,相当于隐含算子的前提,允许将多个传感器信息融合过程中的不确定性直接表示在推理过程中。如果采用某种系统化的方法对融合过程中的不确定性进行推理建模,则可以产生一致性模糊推理。与概率统计方法相比,逻辑推理存在许多优点,它在一定程度上解决了概率论所面临的问题,它对信息的表示和处理更加接近人类的思维方式,它一般比较适合于在高层次上的应用(如决策),但是逻辑推理本身还不够成熟和系统化。此外,由于逻辑推理对信息的描述存在很大的主观因素,所以信息的表示和处理缺乏客观性。

2) 人工神经网络法

神经网络具有很强的容错性以及自学习、自组织及自适应能力,能够模拟复杂的非线性映射。神经网络的这些特性和强大的非线性处理能力,恰好满足了多传感器数据融合技术处理的要求。在多传感器系统中,各信息源所提供的环境信息都具有一定程度的不确定性,对这些不确定信息的融合过程实际上是一个不确定性推理过程。神经网络根据当前系统所接受的样本相似性确定分类标准,这种确定方法主要表现在网络的权值分布

上，同时，可以采用神经网络特定的学习算法来获取知识，得到不确定性推理机制。利用神经网络的信号处理能力和自动推理功能，即实现了多传感器数据融合。

常用的数据融合方法特性比较如表 10-16 所示。通常使用的方法依具体的应用而定，并且由于各种法之间的互补性，实际上常将两种或两种以上的方法组合进行多传感器数据融合。

表 10-16 常用的数据融合方法特性比较

融合方法	运行环境	信息类型	信息表示	不确定性	融合技术	适用范围
加权平均	动态	冗余	原始读数	—	加权平均	低层数据融合
卡尔曼滤波	动态	冗余	概率分布	高斯噪声	系统模型滤波	低层数据融合
贝叶斯估计	静态	冗余	概率分布	高斯噪声	贝叶斯估计	高层数据融合
证据推理	静态	冗余互补	命题	—	逻辑推理	高层数据融合
模糊推理	静态	冗余互补	命题	隶属度	逻辑推理	高层数据融合
神经网络	动/静态	冗余互补	神经元输入	学习误差	神经元网络	低/高层数据融合

10.4.3 多传感器信息融合新进展

多传感器信息融合在探测、跟踪和目标识别等具有增强系统的生成能力，扩展空间和时间覆盖范围，提高可信度，降低信息的模糊度，增强系统的鲁棒性和可靠性，提高探测性能和空间分辨率，成本低、质量轻、占空少等优势。因此，多传感器信息融合在自动化技术、电力工业、电信技术、公路与水路运输、武器工业和军事技术、航空航天科学与工程、矿业工程、互联网技术、船舶工业、无线电电子学、农业工程等学科领域中得到了广泛应用。

然而，目前多传感器信息融合尚未形成完整的理论体系和有效的融合算法。虽然在不少应用领域中提出了用于多传感器信息融合的诸如经典推理法、卡尔曼滤波法、贝叶斯估计法、D-S 证据推理法、聚类分析法、模糊集合理论、神经网络、粗集理论、遗传算法、小波分析理论和支持向量机等比较成熟并且有效的融合方法。但是，单一的多传感器信息融合算法具有一定的局限性，为此，许多学者在多传感器信息融合技术中，充分利用各个算法的优点，避免不足，将多种算法相结合对多传感器信息融合技术进行研究。例如，神经网络对环境的变化具有较强的自适应能力和自学习能力，但在系统建模中采用的是典型的黑箱学习模式，将会导致当学习完成后，神经网络所获得的输入/输出关系难以用通俗的方式表示；模糊系统则采用简单的"如果……则……"的规则，但在自动生成、调整隶属度函数和模糊规则方面是个难题。因此，若将两者进行优势集成，则可提高整个系统的学习能力和表达能力。遗传算法是一种并行化算法，可较好地解决多参数优化问题，且其算子能更好地模拟模糊关系，从而达到较高精度；将其与模糊理论相结合可在信息源的可靠性、信息的冗余、互补性以及进行融合的分级结构不确定的情况下，以近似最优方式对传感器数据进行融合。

第 11 章　物联网典型行业应用

11.1　物联网行业背景

我国已形成了基本齐全的物联网产业体系,部分领域已形成一定市场规模,网络通信相关技术和产业支持能力与国外差距相对较小,传感器、RFID 等感知端制造产业、高端软件和集成服务与国外差距相对较大。仪器仪表、嵌入式系统、软件与集成服务等产业虽已有较大规模,但真正与物联网相关的设备和服务尚在起步阶段。

在物联网网络通信服务业领域,我国物联网 M2M 网络服务保持高速增长势头,目前 M2M 终端数已超过 1000 万个,年均增长率超过 80%,应用领域覆盖公共安全、城市管理、能源环保、交通运输、公共事业、农业服务、医疗、卫生、教育文化、旅游等多个领域,未来几年仍将保持快速发展。

1. 物联网的发展态势

至 2011 年,我国物联网发展与全球同处于起步阶段,初步具备了一定的技术、产业和应用基础,呈现出良好的发展态势。

1）产业发展初具基础

无线射频识别(RFID)产业市场规模超过 100 亿元,其中低频和高频 RFID 相对成熟。全国有 1600 多家企事业单位从事传感器的研制、生产和应用,年产量达 24 亿只,市场规模超过 900 亿元。其中,微机电系统(MEMS)传感器市场规模超过 150 亿元;通信设备制造业具有较强的国际竞争力。M2M 终端数量接近 1000 万个,形成全球最大的 M2M 市场之一。据不完全统计,我国 2010 年物联网市场规模接近 2000 亿元。

2）技术研发和标准研制取得突破

我国在芯片、通信协议、网络管理、协同处理、智能计算等领域中开展了多年技术攻关,已取得许多成果。在传感器网络接口、标识、安全、传感器网络与通信网融合、物联网体系架构等方面相关技术标准的研究取得进展,成为国际标准化组织(ISO)传感器网络工作组(WG7)的主导国之一。2010 年,我国主导提出的传感器网络协同信息处理国际标准获正式立项,同年,我国企业研制出全球首颗二维码解码芯片,研发了具有国际先进水平的光纤传感器,TD-LTE 技术正在开展规模技术试验。

3）应用推广初见成效

至 2011 年，我国物联网在安防、电力、交通、物流、医疗、环保等领域已经得到应用，且应用模式正日趋成熟。在安防领域，视频监控、周界防入侵等应用已取得良好效果；在电力行业，远程抄表、输变电监测等应用正在逐步拓展；在交通领域，路网监测、车辆管理和调度等应用正在发挥积极作用；在物流领域，物品仓储、运输、监测应用被广泛推广；在医疗领域，个人健康监护、远程医疗等应用日趋成熟。除此之外，物联网在环境监测、市政设施监控、楼宇节能、食品药品溯源等方面也开展了广泛的应用。

2. 物联网面临的挑战

尽管我国物联网在产业发展、技术研发、标准研制和应用拓展等领域已经取得了一些进展，但应清醒地认识到，我国物联网发展还存在一系列瓶颈和制约因素。主要表现在以下几个方面：核心技术和高端产品与国外差距较大，高端综合集成服务能力不强，缺乏骨干龙头企业，应用水平较低，且规模化应用少，信息安全方面存在隐患等。“十二五”时期是我国物联网由起步发展进入规模发展的阶段，机遇与挑战并存。

1）国际竞争日趋激烈

美国已将物联网上升为国家创新战略的重点之一；欧盟制订了促进物联网发展的 14 点行动计划；日本的 U-Japan 计划将物联网作为四项重点战略领域之一；韩国的 IT839 战略将物联网作为三大基础建设重点之一。发达国家一方面加大力度发展传感器节点核心芯片、嵌入式操作系统、智能计算等核心技术；另一方面加快标准制定和产业化进程，谋求在未来物联网的大规模发展及国际竞争中占据有利位置。

2）创新驱动日益明显

物联网是我国新一代信息技术自主创新突破的重点方向，蕴含着巨大的创新空间，在芯片、传感器、近距离传输、海量数据处理以及综合集成、应用等领域，创新活动日趋活跃，创新要素不断积聚。物联网在各行各业的应用不断深化，将催生大量的新技术、新产品、新应用、新模式。

3）应用需求不断拓宽

在“十二五”期间，我国将以加快转变经济发展方式为主线，更加注重经济质量和人民生活水平的提高，亟须采用包括物联网在内的新一代信息技术改造升级传统产业，提升传统产业的发展质量和效益，提高社会管理、公共服务和家居生活智能化水平。巨大的市场需求将为物联网带来难得的发展机遇和广阔的发展空间。

4）产业环境持续优化

党中央和国务院高度重视物联网发展，明确指出要加快推动物联网技术研发和应用示范；大部分地区将物联网作为发展重点，出台了相应的发展规划和行动计划，许多行业部门将物联网应用作为推动本行业发展的重点工作加以支持。随着国家和地方一系列产业支持政策的出台，社会对物联网的认知程度日益提升，物联网正在逐步成为社会资金投资的热点，发展环境不断优化。

11.2 物联网的典型行业应用

11.2.1 物联网在智能交通中的应用

1. 智能交通概念和特点

面对当今世界全球化、信息化的发展趋势，传统的交通技术和手段已不适应经济社会发展的要求。交通安全、交通堵塞及环境污染是困扰当今国际交通领域的三大难题，尤其是交通安全问题最为严重。采用智能交通技术提高道路管理水平后，每年仅交通事故死亡人数就可减少30%以上，并能提高交通工具的使用效率50%以上。为此，世界各发达国家竞相投入大量资金和人力，进行大规模的智能交通技术研究试验。很多发达国家已从对该系统的研究与测试转入全面部署阶段。智能交通系统将是21世纪交通发展的主流，这一系统可使现有公路使用率提高15%～30%。

智能交通系统(intelligent traffic system，ITS)是交通事业发展的必然选择，是交通事业的一场革命。智能交通系统是未来交通系统的发展方向，它是将先进的信息技术、数据通信传输技术、电子传感技术、控制技术及计算机技术等有效地集成运用于整个地面交通管理系统而建立的一种在大范围内、全方位发挥作用的，实时、准确、高效的综合交通运输管理系统。

先进的信息技术、通信技术、控制技术、传感技术、计算器技术和系统综合技术有效的集成和应用，使人、车、路之间的相互作用关系以新的方式呈现，从而实现实时、准确、高效、安全、节能的目标。经30余年发展，ITS的开发应用已取得巨大成就。美、欧、日等发达国家和地区基本上完成了ITS体系框架，在重点发展领域大规模应用。可以说，科学技术的进步极大地推动了交通的发展，而ITS的提出并实施，又为高新技术发展提供了广阔的发展空间。

随着传感器技术、通信技术、GIS(geographic information system，地理信息系统)技术、3S技术(遥感技术、地理信息系统、全球定位系统三种技术)和计算机技术的不断发展，交通信息的采集经历了从人工采集到单一的磁性检测器交通信息采集再到多源的多种采集方式组合的交通信息采集的历史发展过程，同时国内外对交通信息处理研究逐步深入，统计分析技术、人工智能技术、数据融合技术、并行计算技术等逐步被应用于交通信息的处理中，使得交通信息的处理得到不断的发展和革新，更加满足ITS各子系统管理者、用户的需求。

智能交通是一个基于现代电子信息技术面向交通运输的服务系统。它的突出特点是以信息的收集、处理、发布、交换、分析、利用为主线，为交通参与者提供多样性的服务。

智能交通系统具有以下两个特点：一是着眼于交通信息的广泛应用与服务；二是着眼于提高既有交通设施的运行效率。

与一般技术系统相比，智能交通系统建设过程中的整体性要求更加严格。这种整体性体现在如下几个方面。

(1) 跨行业特点。智能交通系统建设涉及众多行业领域,是社会广泛参与的复杂巨型系统工程,从而造成复杂的行业间协调问题。

(2) 技术领域特点。智能交通系统综合了交通工程、信息工程、控制工程、通信技术、计算机技术等众多科学领域的成果,需要众多领域的技术人员共同协作。

(3) 政府、企业、科研单位及高等院校共同参与,恰当的角色定位和任务分担是系统有效展开的重要前提条件。

(4) 智能交通系统将主要由移动通信、宽带网、RFID、传感器、云计算等新一代信息技术作支撑,更符合人的应用需求,可信任程度提高并变得"无处不在"。

2. 物联网技术与智能交通

智能交通的发展和物联网的发展是离不开的,只有物联网技术概念不断发展,智能交通系统才能越来越完善。智能交通是交通的物联化体现。

在智能交通中引入物联网技术,旨在运用其中的云计算、物联网、WebGIS、数据挖掘、无线接入、有线接入、视频分析以及工作流等主要技术对交通进行实时监控和管理,从而有效实现包含道路全程实时监控、路政管理、机电管理、收费管理以及养护管理等在内的多种技术、多部门的业务应用,切实提升交通管理质量,并最终实现对道路和车辆的智能管理和控制。物联网技术在智能交通方面主要应用如下技术。

1) 视频监控与采集技术

该技术是一种将视频图像和模式识别相结合并应用于交通领域的新型采集技术。视频检测系统将视频采集设备采集到的连续模拟图像转换成离散的数字图像后,经软件分析处理得到车辆牌号码、车型等信息,进而计算出交通流量、车速、车头时距、占有率等交通参数。具有车辆跟踪功能的视频检测系统还可以确认车辆的转向及变车道动作。视频检测器能采集的交通参数最多,采集的图像可重复使用,能为事故管理提供可视图像。

视频监测与其他感知技术相比具有很大优势,它们不需要在路面或者路基中部署任何设备,因此也被称为"非植入式"交通监控。当有车辆经过时,黑白或者彩色摄像机捕捉到的视频将会输入处理器中,对其进行分析以找出视频图像特性的变化。摄像机通常固定在车道附近的建筑物或柱子上。

2) GPS 技术

GPS 是很多车内导航系统的核心技术,车辆中配备的嵌入式 GPS 接收器能够接收多个不同卫星的信号并计算出车辆当前所在的位置,定位的误差一般是几米。车辆接收 GPS 信号时需要具有广阔的视野,因此在城市中心区域,可能由于建筑物的遮挡而使该技术的使用受到限制。

3) 专用短程通信技术

专用短程通信(dedicated short-range communication,DSRC)技术是智能交通领域为车辆与道路基础设施间通信而设计的一种专用无线通信技术,是针对固定于车道或路侧单元与装载于移动车辆上的车载单元(电子标签)间通信接口的规范。

DSRC 通信系统主要包括车载单元(on-board unit,OBU)、路侧单元(road-side unit,

RSU)和通信协议。我国采用的 DSRC 技术标准工作在 ISM 58GHz 频段,下行链路为 5.83GHz/584GHz,传输速率为 500kb/s,上行链路为 5.79GHz 5.80GHz,传输速率为 250kb/s。

DSRC 技术通过信息的双向传输,将车辆和道路基础设施连接成一个网络,支持点对点、点对多点通信,具有双向、高速、实时性强等特点,广泛地应用于道路收费、车辆事故预警、车载出行信息服务、停车场管理等领域。

4) 位置感知技术

智能交通中的位置感知技术目前主要分为以下两种。

(1) 位置感染技术基于卫星通信定位,如美国的全球定位系统(global positioning system,GPS)和中国的北斗定位系统,它们利用绕地球运行的卫星发射基准信号,接收机同时接收 4 颗以上的卫星信号,通过三角测量的方法确定当前位置的经纬度。通过在专门的车辆上部署该接收器,并以一定的时间间隔记录车辆的三维位置坐标(经度坐标、纬度坐标、高度坐标)和时间信息,辅以电子地图数据,可以计算出道路行驶速度等交通数据。

(2) 位置感知技术基于蜂窝网基站,其基本原理是利用移动通信网络的蜂窝结构,通过定位移动终端来获取相应的交通信息。该技术包括两种方法:第一种利用已知蜂窝基站位置对移动终端进行绝对定位,例如,基于电波到达时间、时间差以及 A-GPS(assisted GPS)技术来进行定位;第二种基于基站切换行为,移动终端在移动过程中会不断切换到新的基站以保证网络通信质量。因此,在城市道上的移动会对应一个稳定的切换序列,通过在基站采集所有用户的切换序列,可计算出交通流信息。

5) RFID

RFID 通过射频信号自动识别目标对象并获取相关数据,识别工作无须人工干预,可工作于各种恶劣环境中。RFID 技术可识别高速运动物体并可同时识别多个标签,操作快捷方便。基本的 RFID 系统由标签(tagging)、阅读器(reader)、天线(antenna)组成。RFID 技术有着广阔的应用前景,物流仓储、零售、制造业、医疗等领域都是 RFID 的潜在应用领域。另外,由于 RFID 具有快速读取与难以伪造的特性,一些国家正在开展的电子护照项目都采用了 RFID 技术。RFID 具有车辆通信、自动识别、定位、远距离监控等功能,在移动车辆的识别和管理系统方面有着非常广泛的应用。

3. 物联网技术在智能交通领域的重要作用

交通运输成为“十二五”期间的重点工作之一,通过把交通理念和物联网技术有机结合起来,不仅可以解决交通运输中车流量大、运输数量多的问题,同时也对物联网技术在交通中的应用具有促进作用。

1) 物联网技术促进交通管理的系统化

目前,交通的重点压力是城市交通安全,以及交通拥挤造成的交通事故。传统的交通规划缺乏对交通的科学管理与及时对拥挤路段的车辆进行疏通。假设一个城市的车辆数量大于交通线路数量,那么结果可想而知,必然会造成交通拥堵以及交通事故,但通过对物联网技术的模拟实验,未来的交通规划,会使交通管理更加系统化、智能化,把交通的热点路段作为交通管理的重点，车辆作为交通管理的对象。通过把每辆车作为单位信息，物联网智能技术利用无线通信的方法对城市中的所有车辆进行统一管理，实现交通管理的系统化。

2）物联网智能技术为稽查系统提供科学依据

通过物联网智能技术对车辆进行监控，在此监控过程中，一旦车辆进入监测区，超高频的阅读器就会利用电子标签把驶入车辆的车牌号记录下来，把此车牌号先记录为 B1，再用照相机把车牌号拍下来，记为 B2，传到交通指挥中心，通过对 B1 与 B2 之间的对比可知，如果 B1 与 B2 不符，那就说明 B1 根本不存在，即 B2 为套牌、假冒牌照或违法车辆的牌照。如果 B1 与 B2 符合，也必须确认 B1 是否在交警的黑名单中。物联网智能技术提高了稽查办案的效率，为稽查系统提供科学的依据。

3）物联网技术提高了交通管理的便利性

物联网技术的发展可以促进交通指挥中心及时对交警进行定位，提高交通管理的便利性。在交通管理过程中，若某一路段出现交通拥堵、交通事故，利用物联网技术，对附近的交警进行定位，找到距离事故现场最近的交警，该交警赶往事故发生区域，对拥堵现象进行疏导、分散，对事故现象进行调节，排查纠纷，及时梳理事故路段，避免事故再次发生。

4. 物联网智能交通模型

基于物联网的智能交通系统一定要全面考虑到各个类型的基础设施、交通对象等。通过构建基础交通的感知网络，才能开发出各种类型的智能管理的服务系统。这种全新的理念一定能从根本上改变交通系统，从只注重业务开发的模式，转而向信息资源共享需求的方向发展。要把物联网真正的运用到智能化的交通领域中，首先就要构建在物联网环境下的智能交通系统架构。在物联网基础上的智能交通的架构，主要由感知层、网络层、应用层和业务平台 4 个方面组成。

1）智能交通的架构

(1) 感知层。基于物联网的智能交通系统的感知层，主要负责准确地采集各种交通信息。尤其是各类交通信息的感知要通过网络和传感器来得以实现。传感器的采集过程，一定要完全经过无线传感器网络的传输，才能实现数据的汇聚。图 11-1 为车辆信息采集过程。

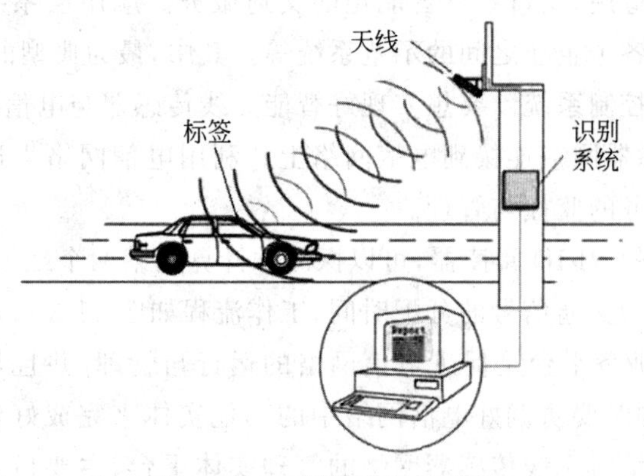

图 11-1 车辆信息采集过程

当携带有 RFID 标签的车辆经过检验区域时，阅读器天线发出的信号会激活 RFID 标签，然后 RFID 标签会发送带有车辆信息的信号，天线接收到信号后传送给阅读器，经阅读器解码后通过网络传输到数据中心，经分析、处理就可以获得路网的交通流参数以及车辆的行驶轨迹，据此可以作为有效的控制和管理措施。

(2) 网络层。网络层技术主要用于实现物联网信息的双向传递和控制，重点在于适应物物通信需求的无线接入网和核心网的网络改造和优化，以及满足低功耗、低速等物物通信特点的感知层和组网技术。针对当前区域的综合交通运输网络结构以及交通运输网络资源合理配置等现状，GPS 应用平台拓扑图（见图 11-2）就是网络层模型设计的典型运用。

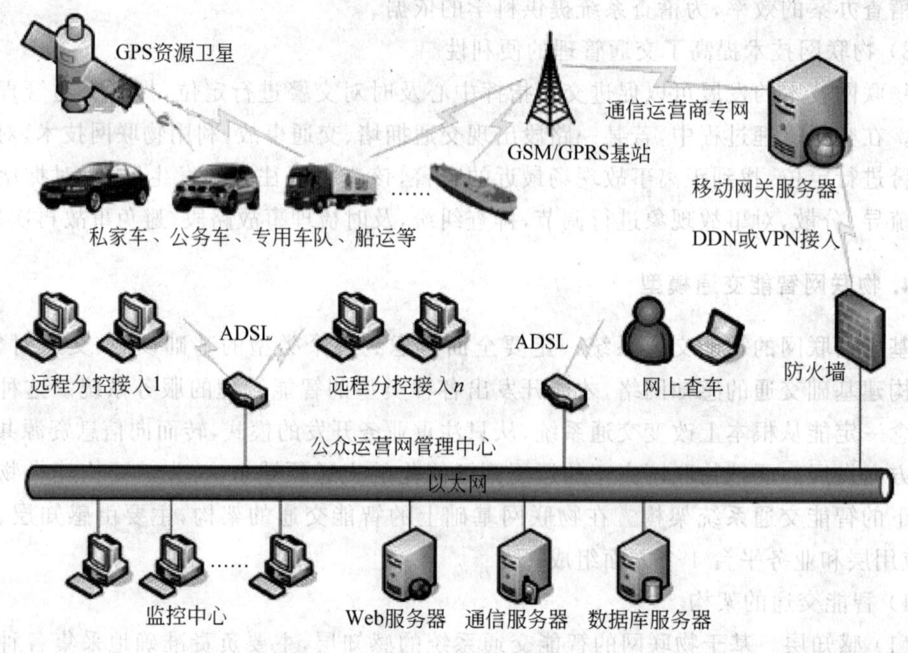

图 11-2　GPS 应用平台拓扑图

(3) 应用层。应用层的主要功能，是对交通感知网络进行数据采集，并且要进一步对数据信息进行分析和应用，支持各种智能化的交通服务。应用层系统主要分为政府应用系统、社会应用系统、各个企业之间的示范系统等。其中，最为典型的应用系统，主要包括交通控制系统与动态控制系统。要想实现好智能无线传感器与电信网络传感器之间的融合，一定要把无线传感器网络连接到电信网络上。利用电信网络来进一步实现对无线传感器的网络中各项业务的监控与管理。

通过安装在路口的 RFID 阅读器，可以探测并计算出某两个红绿灯区间的车辆数目，从而智能地计算路口的交通信号的分配时间，工作流程如图 11-3 所示。

(4) 业务平台。业务平台是促进电信网络的运行与管理，并且与无线网络传感器进行结合的业务实体，同时要协调好电信网络中的其他实体来完成好整个业务系统。管理平台作为实现电信网络对无线传感器网络的管理实体平台，主要目的是实现对业务平台

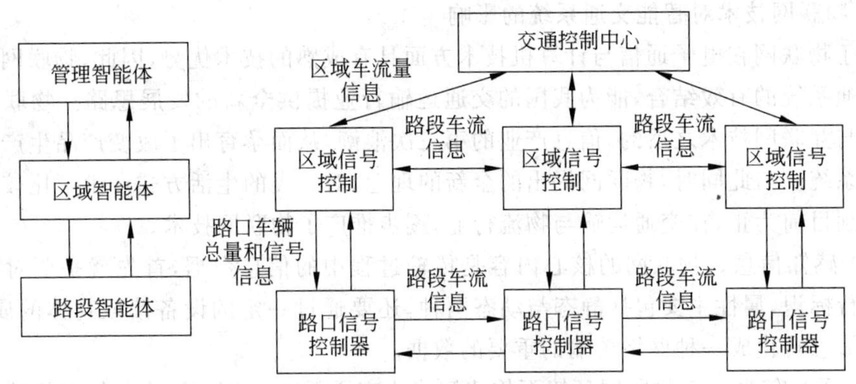

图 11-3　智能交通信号控制工作原理

的设备与网络进行管理。同时,为了保证电信网络更加可靠地运行,一定要在电信网络和无线交通传感器之间引入有效的控制机制。这项接入控制机制指的是电信网络利用网关系统,对控制点进行有效的控制,为无线传感器网络提供全程的服务。

通过以上 4 个方面的建立,根据从 RFID 信息采集器获得的整个路网的交通流参数,再对整个路网的交通运行状态进行分析和评估,提前判断出可能出现的交通拥堵的区域,然后采取一定的控制措施或者进行交通诱导,从而有效地解决出现的各种交通情况,系统架构如图 11-4 所示。

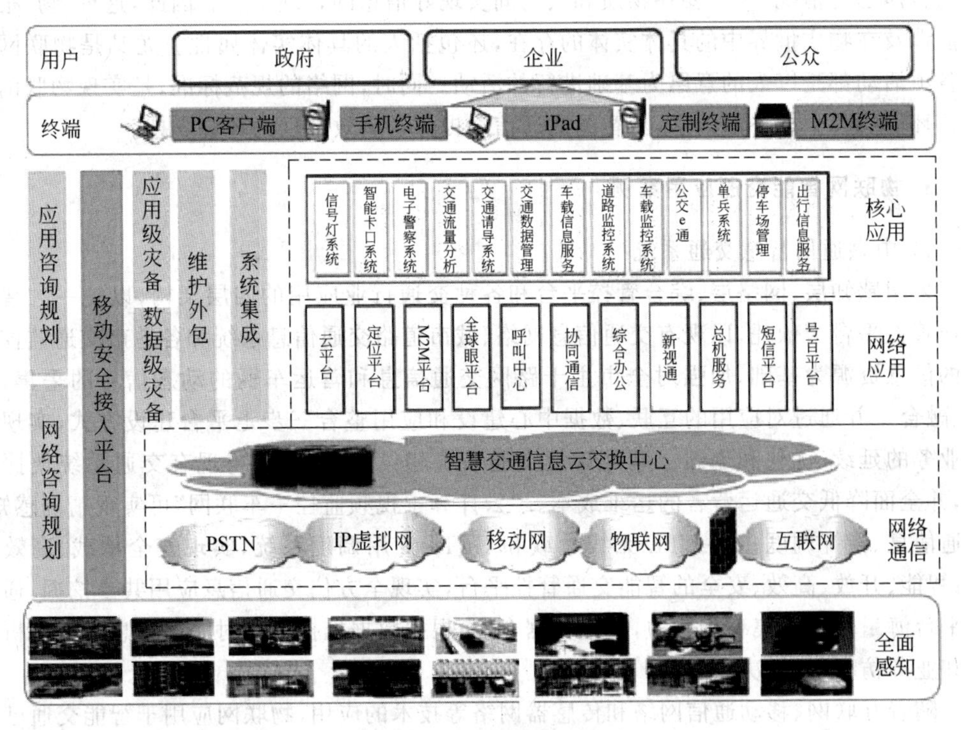

图 11-4　整体系统架构

2）物联网技术对智能交通系统的影响

由于物联网在电子通信与计算机技术方面具有成熟的技术优势，因此，物联网技术与智能交通系统的有效结合，能为我国的交通运输行业提供全新的发展思路。物联网是在计算机与互联网技术之后的，信息产业的第三次浪潮，从而孕育出了改变产品生产与销售的网络系统。与此同时，物联网提出的全新的理念，对人类的生活方式产生了比较深远的影响。到目前为止，在交通运输与物流行业，逐步推广了物联网技术。

（1）感知信息。物联网的核心内容是传输过程中的信息数据，首先就是要对物体的属性进行标识，属性主要包括静态与动态两种，还要通过一定的设备读取物体的属性，并且要把信息转化成一种网络传输的重要的数据。

（2）采集信息。在物联网环境下构建智能化交通系统，一方面，要采集大量的交通信息，并且对实时性信息进行采集和处理；另一方面，更要侧重于对信息资源的有效整合与传输。由于智能化交通系统，是以高速公路作为一个技术性的交流平台，因此一定要以交通信息为基础，促进人们的交通出行与交通工具之间的联系，提高交通系统的安全性与效率。交通系统要把先进的交通信息当成基础，从而为其他的交通出行者，提供各个方面的交通信息服务体系，用来促进交通运输的合理分布。

（3）信息的应用。物体要想实现有效信息的传递，主要有两个应用的方向：一是经过物体的集中有效处理传递给“人”，经过“人”的高级处理，才能进一步控制住物体。二是直接对“物”进行合理的智能控制，并不需要经过“人”，就能授予权力。通过深入分析互联网的整体运行情况，一定要在物质和人之间实现好信息的合理交互。因此，这种“物”很有可能涉及在物质世界中的具体实体的存在，还包括人的具体实体属性。尤其是物联网中的各项活动都是以人的意愿为基础进行的活动。同时，网络的规范标准，是实现物联网的运行环境的一个最终的因素，为智能交通信息提供了有效合理的环境支持。

5. 物联网智能交通应用案例

1）中兴通信智慧交通系统

采用感知层、网络层、综合管控平台和各种交通行业应用的四层架构，以统一的智能交通管控平台为依托，以现有交通信息网络、城市道路交通信息系统和各地市交通监控中心的信息资源为基础，加强对全市主干路网交通信息和营运车辆的动态信息的采集、汇总、融合。并通过对应用的互联、数据中心建设和应用整合三步走平台建设方式，实现交通业务的延续、优化和创新。满足智慧交通系统建设需求，实现与现有交通系统便捷融合，并全面降低交通运营者的运维成本。“云计算＋视频监控＋车联网”可实现精确感知、畅通信息、指挥调度；TD-LTE无线承载和GoTa专用调度系统，实现安全承载、高效服务；智能、开放、高效、安全的智能交通管控平台，实现全方位交通信息应用共享挖掘；通过云平台海量信息收集存储能力，建立数据仓库，根据数据挖掘模型对海量信息进行分析处理和业务仿真，提供决策参考。

随着互联网、移动通信网络和传感器网络等技术的应用，物联网应用于智能交通已经初见雏形，在未来几年将具有极强的发展潜力。

2）物联网技术实现对司机不良驾驶行为的智能分析与判断

G7 公司已经采用了成熟的技术手段，实现物联网技术对位置、声音、图像等的数据采集和人工智能识别。“目前我公司已经可以做到对驾驶员危险行为的实时监控和管理。当驾驶员出现打瞌睡、玩手机等危险行为时，车机端就会给司机报警，云端监控的管理员也可以得到通知，车队管理员还可以下发语音信息提醒驾驶员。”公司总裁介绍，“同时，实时采集的图像还可以作为事后证据，对司机进行安全教育管理，有效降低事故率。有一个客户使用了 3 个月，每百万公里的事故率就降到了之前的三分之一。”

3）物联网在智能高速公路上的应用

（1）收费系统。加强高速公路收费网络体系建设，并运用中间不设主线收费站的方式，实现不同运营机构依据不同路段进行拆账收费的目的，提升收费效率。切实提升高速公路包含道路通行费、运输费以及停车费等在内的各个收费项目的自动化水平，并通过对电子标签或电子卡的运用，实现高速公路的“一卡通”，为收费的自动化和标准化提供强有力的技术支撑。

（2）智能监控系统。建立健全的高速公路智能监控系统，并将多种信息和技术有机结合起来，形成一套完整的自动化、智能化、程序化管理体系，有效提升高速公路的管理水平和运营水平。具体来说，主要表现为以下几个方面：第一，有效运用物联网中的电子地图、无线射频识别技术、定位导航技术、无线通信网络以及计算机车辆管理系统等，实现对路面状况的实时监测和分析，并通过无线通信将相关数据信息传送到相关监控中心；第二，信息在监控中心进行处理之后，会直观地反映到电子地图中；第三，运用智能监控系统中的自动跟踪功能，实现对高速公路特殊用车的紧急处理；第四，对车辆实行多屏幕、多窗口的统一跟踪监控，实现对其的应急指挥和动态监视；第五，一旦高速公路发生交通事故，智能监控系统就能够对其进行及时处理，实现紧急救援功能，确保高速公路的运行畅通；第六，智能监控系统能够有效实现对路况的动态分析，以便公路相关管理部门进行指挥管理。

（3）通信系统。众所周知，高速公路通信系统具有数据杂乱、业务量大、传输距离远等特点，这给高速公路通信系统提出了更高的要求。为提高高速公路的运行畅通和信息化服务水平，相关部门可在所管辖范围内的高速公路建立数据、语音以及图像的“三网合一”的通信系统。具体来说，主要包含光纤数字传输系统、综合业务接入网系统以及语音交换系统三个方面内容。“三网合一”不仅为高速公路日常运营管理提供了重要的数据参考信息，还为确保高速公路的正常运行打下了坚实的基础。

（4）数据仓库系统。高速公路数据仓库系统是一个有关公路运营信息的共享平台，且在数据的收集、存储、查找、通信以及共享方面发挥着不可或缺的重要作用。具体来说，主要表现为以下三个方面：第一，提取共享信息，主要通过各个物联网传感器设备以及相关系统得以实现；第二，在对高速公路运营情况进行管理的过程中，数据庞杂且来源渠道众多，有效利用数据仓库系统能够实现信息的自动组织和分类，确保数据存储的完整性、准确性和系统性，大幅提升数据信息的管理效率，减轻工作人员的工作压力；第三，提供具体信息服务，依据客户要求并结合相应的权限制度，为用户提供全面翻阅和咨询服务，有效实现高速公路的人性化管理。

4）未来物联网智能交通技术展望

（1）交通运行状况的精确感知与智能控制。从目前的交通状况来看，人们虽然可以在百度地图和高德地图中实时发现交通拥堵，但实时交通数据和精确的感知融合还未完成，包括手机数据、交通数据、停车收费数据和气象数据还未形成有效的大数据。智能交通技术的进一步完善，对带来交通数据采集的巨大变化，逐步实现对交通运行状况的准确感知和智能控制。例如，公安部对电子车牌的实施，实际上是在每辆车配备 RFID 的标签，所以当车辆行驶时，你可以通过路测的浏览器清楚地了解驱动跟踪业主，有效地收集交通数据，实现数据的共享和转移。

（2）车辆智能与人车道路协同。随着汽车智能化水平的提高，智能车辆发展中应考虑的相应变化是今后需要考虑的问题。在现阶段，一些汽车已经能够实现自动驾驶或辅助驾驶，但这部分汽车在行驶过程中不受其他非智能车辆的干扰，造成驾驶过程中的危险。针对这一问题，在一定的公路或城市道路的约束下，设计智能车辆专用车道，缩短运行过程中智能车与车辆的距离，这条道路通行能力将成倍提高。因此，为了适应汽车的智能化变化，有必要完成整个道路系统的相应变化，这是智能交通技术的一个重要研究方向。

（3）基于移动互联网的综合交通智能服务。随着移动互联网的应用越来越广泛，出现了出租软件，如出租车出租，以及定制公交等服务，人们的出行方式也在逐渐改变。如果未来的汽车驾驶普及，也许没有必要买车，直接租赁将成为人们出行的重要途径，所以停车问题可以很容易地解决。据国外的调查和实验，这种方法可以节省 80%～90%的停车场。此外，未来的交通信息服务将发展成像众包模式的信息服务，只是提供一个平台，提供每个人的具体交通信息。当然，随着交通方式的改变，缴费方式也会发生一些变化，无论是公交卡、高速收费还是停车收费，都将通过统一的支付系统，更方便快捷地完成缴费。在交通控制系统领域，交通控制策略将从最初的模型驱动、区域控制发展到自主驾驶车辆的自主控制，现有的交通灯系统将相应取消。

（4）物流运输将协同发展。目前，物流在国内生产总值中所占的比重仍然很大，包括车辆分配和运输的协调，以及动态信息的共享，将以协调的方式发展。目前涉及主动安全控制技术最多的是 GPS 的实时跟踪，其次是交通系统运行安全状态识别的发展、应急响应和几种快速联动技术的发展趋势。此外，交通状况判断和主动安全保障技术也是未来发展的方向。

11.2.2 物联网在医疗保健中的应用

据美国研究机构预测：健康产业高居 21 世纪全球十大产业机会之首，人们不仅重视疾病医疗，而且越来越注重保健护理，越来越注重科学生活方式，积极改善生存环境，并将各种高科技手段应用于这一领域。

物联网技术和医护人员的专业知识结合将生成各类应用，在远程护理、疑难杂症的诊断与保健康复中发挥重要作用，主要功能是各类生理状况实时监测、异常提示、风险预警、远程指导和康复教育，并能支持偏远区域和医护资源缺乏地区的医护服务，减小医护资源鸿沟，形成远程医疗的新模式。

1. 医疗保健物联网应用概述

医疗保健可以说是最快采取物联网技术变革的领域，主要表现为彻底诊断和治疗方面。物联网提供了许多好处，例如，通过在医疗设备部署服务来提高服务的有效性和质量。数据显示，物联网在医疗保健中的应用对整个行业都具有一定的影响。将近 60％的医疗机构引进了物联网设备；3％的医疗机构使用物联网进行维护和监测；87％的医疗保健组织计划在 2019 年之前实施物联网技术，这已经略高于不同行业中 85％的企业；近 64％的医疗保健行业使用物联网的病人监护仪。

在医疗机构采用物联网的最大好处是降低成本。医疗专家可以利用远程健康监护，而不需要病人在医院。不管病人是在家里、在办公室还是在其他地方，医疗专家都可以监测病人的健康，并提供建议的治疗方法。因此，它可以减少那些无法忍受每天诊断上百个患者的医生的工作量。此外，医疗卫生中心工作人员的短缺也不会影响病人的体检。

物联网也可以帮助那些无法接触到的第三世界国家的卫生设施。它也可以在遭受水灾、地震、海啸或飓风袭击的地区发挥作用。总体来说，这项技术将提供更好的卫生设施，不再局限于特定地区而是全球范围。

除此之外，物联网还能帮助病患监测。苹果 iWatch 这样的可穿戴健康小设备的发展已经开始在个人健康监测中起到关键作用。不过，这些产品有时不如一般医疗设备准确。另一方面，可穿戴物联网设备可以分析和检测不同的健康问题，如血压、心跳、脑电波、温度、物理位置、脚步和呼吸模式。借助于物联网设备收集的数据，在紧急情况下，医生可以分享他们的反馈并给出一般性建议。

2. 医疗保健物联网应用方案

1）普通老龄人看护与慢性病医护领域的应用

根据著名的研究机构弗若斯特沙利文公司调查，高龄者中，高血压症者数量最多，其次是气喘与慢性阻塞性肺炎与气管炎，再次是糖尿病和心脏病。对这些多发病的控制最好是定时甚至动态地对病员进行监测，以便在其发病初期能及时采取正确的对应措施，达到早期发现、及时治疗、降低发病风险、提升老人生活质量、降低社会整体治疗的成本之目标。

针对这一需求，美国加州的“健康英雄网”的“健康伴侣服务系统”和荷兰菲利浦的“生命线服务”个人紧急救援系统被创建出来。

健康伴侣服务系统是在广泛采用人体生物指标动态监测传感设备的基础上，以无线组网方式构成网络，实时与医院及护理中心相连，对患者病情进行实时监测。系统在提高对病员护理水平的同时，又能从疾病管理、人体康复的角度供各类专科和综合医院、健康中心、政府卫生机构、疾病管理部门、制药公司和大学进行临床试验或研究。

系统由决策支持工具、内容开发工具、健康管理程序、安全数据中心、临床信息数据库、监测工具等子系统组成。构成完整的病人家庭护理系统，对病人进行慢性病监测护理，同时可开展相关远程保健教育与咨询等服务。该系统组成一个泛在医疗网络，将医护人员和各地病员动态联系起来。

前端仪器与后台数据库通过物联网通信,就能使临床医生编辑现有的卫生管理程序,或针对病员需求提交新检测方案;以满足他们护理的病人个体和群体的特殊性与一般性需要。监测信号和数据均存入后台电子病历中,常规的标准化处理工具也被输入程序中,以跟踪病人的生理状况和临床医疗护理效果。

2) 专用护理感测系统

针对中年人的专项传感器监测系统,如睡眠、体重与智能提醒服药的系统等,也正日益普及。

(1) 睡眠传感系统。美国 Fitbit 公司开发出一种微型健康监控系统,通过微型传感器来监控使用者每日的活动量及睡眠质量,数据通过无线网上传至远端管理平台,并将其处理后转换为一般人可判读的数据,传输范围为 25～50 英尺(7.62～15.24m),使用者可每日上网了解自己的情况,并可与其他朋友的相关情况及标准值进行比较。

(2) 体重跟踪传感监控系统。美国一家 BodyTrace 公司推出个人体重追踪服务,主要包含 BodyTrace eScale 以及 BodyTrace WebSite 两部分。前者是一台无线数字体重秤,可将测量的体重自动上传至 BodyTrace 网站。而个人体重追踪服务网站,设计专为个人服务的平台。用户个人可在专业指导下制订减重计划、运动规划、食谱等;同时该网站独特的营销策略又使其很容易形成一个减肥社区,用户可将自己的上述计划等公开给朋友、家人或同事,希望他们加入自己的计划并提供交流与督促。

(3) 智能药罐。美国波士顿的 VITALITY 公司,在 2009 年开发出一款可提醒病人吃药的智慧型药罐,其盖子会通过闪灯、播放音乐、拨打家庭电话等方式来提醒病人按时吃药,并每周发电子邮件给护理师、保姆或家庭成员,还能出具一份经医师确认的服药报告,且自动生成添加药物的处方签给药房。

11.2.3 物联网在智能电网中的应用

1. 智能电网物联网应用概述

智能电网的核心在于构建具备智能判断与自适应调节能力的多种能源统一入网和分布式管理的智能化网络系统,可对电网与客户的用电信息进行实时监控和采集,且采用最经济、最安全的输配电方式将电能输送给终端用户,实现对电能的最优配置与利用,提高电网运行的可靠性和能源利用效率。智能电网的本质是能源替代和兼容利用,它需要在开放的系统和共享信息模式的基础上,整合系统中的数据,优化电网的运行和管理。

信息流的控制是整个智能电网的核心,物联网其实有三个大的要素:信息的采集、信息的传递和信息的处理,其中,关键性的技术是在信息采集上面。物联网最大的革命性变化就是信息采集手段的不同,即通过传感器等实时获取需要采集的物品、地点及其属性变化等信息。

2009 年 5 月,国家电网有限公司(以下简称国家电网)首次公布了智能电网计划,全面建设以特高压电网为骨干网架、各级电网协调发展的,以坚强电网为基础,信息化、自动化、互动化为特征的自主创新、国际领先的坚强智能电网。国家电网还提出物联网发展的三个阶段：信息汇聚阶段、协同感知阶段、泛在聚合阶段。智能电网的系统架构如图 11-5 所示。

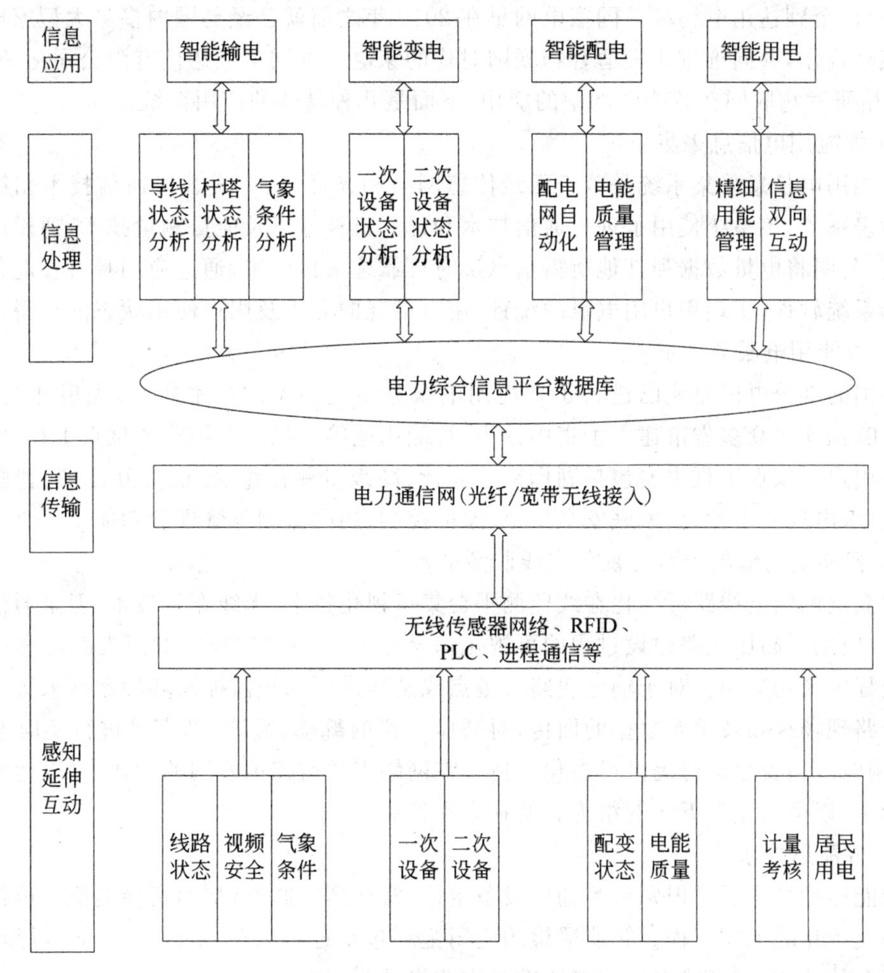

图 11-5　智能电网系统架构

国家电网提出了“面向应用、立足创新、形成标准、建立示范”的研究指导思想，在物联网的专用芯片、标准体系、信息安全、软件平台、测试技术、实验技术、应用系统开发、无线宽带通信等方面进行了全面部署，力争在未来 3 年内实现物联网技术应用在电力系统的多项核心技术突破，形成若干项有重大影响的创新性科研成果，成为在国内外有重要影响的从事智能电网物联网技术研究和应用的研发中心和产业化基地。

2011 年 3 月 2 日，国家电网宣布，2011 年智能电网将进入全面建设阶段，并在示范工程、新能源接纳、居民智能用电等方面大力推进。智能电网是一个涵盖广泛的工程，信息网络传输能力只是其中之一，如果智能电网全面建成，它将对现有信息网络具有完全的可替代性，而且能力甚至更为强大。

2. 智能电网物联网应用方案

国家电网在物联网领域的切入可谓全面,从输电环节到最终到户的智能电表以及接入设备,甚至到达用电终端。国家电网早在2010年之前就已经与国内多家大型家电企业进行战略合作,共同推进研发适合物联网时代的家电。国网信息通信有限公司从2009年9月开始研发物联网在智能电网中的应用,下面是几种具体的应用系统。

1)智能用电信息采集系统

智能用电信息采集系统是基于无线传感网络和光纤/电力线载波通信技术相结合的远程抄表系统,该系统使用了现代通信技术和计算机技术以及能量测量技术,通过电力通信专网、公网将电量数据和其他所需信息实时可靠地采集回来,通过应用具有智能化分析功能的系统软件,实现用户用电量的统计、用电情况的分析及用户使用状态的获得。

2)智能用电服务系统

中国的部分电网企业已进行了智能用电服务系统相关的技术研究,先后在北京、上海、浙江、福建等众多省市建立了集中抄表、智能用电等智能电网用户调试点工程,覆盖数万居民用户。试点工程主要包括利用智能表计、高级量测体系、智能交互终端、智能插座等,提供水电气三表抄收、家庭安全防范、家电控制、用电监测与管理等功能。

3)智能电网输电线路可视化在线监测平台

智能电网输电线路可视化在线监测平台集可视化技术、无线宽带技术、卫星通信技术为一体,应用于高压线路建设过程的可视化综合方案,并在1000kV黄河大跨越和汉江大跨越过程中成功应用。对于输电线路关键点或全程进行视频监控及环境数据采集。实现高压线路现场视频及重要数据的回传,对高压线路的舞动、覆冰、鸟害等进行实时监视监测,为输电线路安全运行提供可视化支持。在网络视频监控承载网的构建中,以地面光纤网络为主,以电力宽带无线网络为必要补充和扩展。

4)智能巡检系统

智能巡检系统通过识别标签辅助设备定位,实现到位监督,从而指导巡检人员执行标准化和规范化的工作流程。智能巡检的应用主要包括巡检人员的定位、设备运行环境和状态信息的感知、辅助状态检修和标准化作业指导等。

5)电动汽车辅助管理系统

电动汽车辅助管理系统利用并结合物联网技术、GPS技术、无线通信技术等实现对电动汽车、电池、充电站的智能感知、联动及高度互动,使充电站和电动汽车的客户充分了解和感知可用的资源以及资源的使用状况,实现资源的统一配置和高效优质服务。该系统由电动汽车、充电站、监控中心三部分组成,通过电动汽车的感知系统,充电站、电动汽车之间可以实现双向信息互动。通过GPS,用户可以查看周围的充电站及其停车位信息,它可以自动规划并引导驾驶员到最合适的充电站。通过监控中心实现一体化集中式管控,可实现车载电池、充电设备、充电站以及站内资源的优化配置、设备的全寿命管理,同时可实现充电流程、费用结算以及综合服务的全过程管理。系统包括电池及电动汽车统一的编码体系,使其具有唯一的身份ID,包含生产厂家、生产日期、城市、车主、购置年限、使用情况、维修和报废等相关信息。

6）智能用能服务以及家庭传感局域网通用平台

智能用能服务主要应用于智能家电、多表抄收、用能（电、气、水、热等）信息采集及分析、家庭灵敏负荷监测与控制、可再生能源接入、智能家居、用户互动和信息服务等方面。开发智能家庭用能服务系统的通用家庭传感局域网、通用化开发平台以及智能用能服务系统，研究无线传感、电力线通信、电力线复合光缆以及新一代宽带无线通信技术的综合组网技术，建立服务于城市数字化、信息化的宽带综合通信网络，并进一步开发用能采集、分析及专家决策系统，研究多种资源及信息的融合技术，实现智能用能服务的典型应用，从而达到人人节能、人人减排以及各种资源的集中高效智能运用。

7）绿色智能机房管理中的应用

绿色智能机房管理建设的内容包括运行环境感知与设备运行情况信息结合、动力环境感知、用能状态分析、信息系统的交互感知和协同工作。

11.2.4　物联网在智能家居中的应用

1. 智能家居应用概述

智能家居也称数字家园、家庭自动化、电子家庭、智能化住宅、网络家庭、智能屋和智能建筑等。它是利用计算机、通信、网络、电力自动化、信息、结构化布线、无线等技术将所有不同的设备应用和综合功能互连于一体的系统，它以住宅为平台，兼备建筑、网络家电、通信、家电设备自动化、远程医疗、家庭办公、娱乐等功能，是集系统、结构、服务、管理为一体的安全、便利、舒适、节能、娱乐、高效、环保的居住环境。智能家居系统的构成如图 11-6 所示。

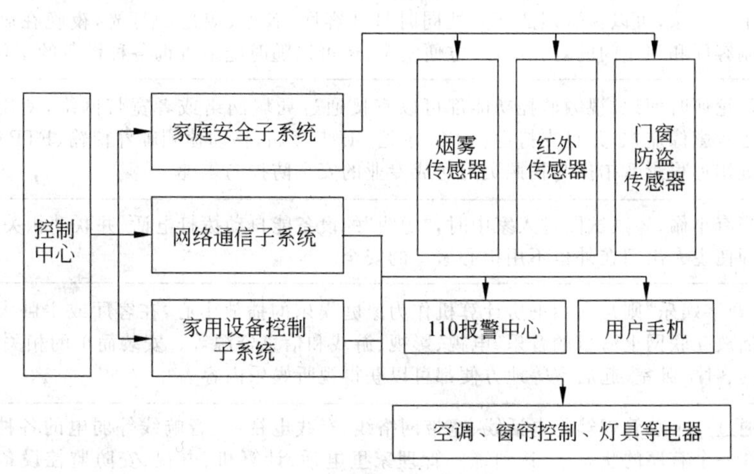

图 11-6　智能家居系统的构成

智能家居可以定义为一个目标或者一个系统。利用先进的计算机、网络通信、自动控制等技术，将与家庭生活有关的各种应用子系统有机地结合在一起，通过综合管理，让家庭生活更舒适、安全、有效和节能。与普通家居相比，智能家居不仅具有传统的居住功能，还能提供安全舒适、高效节能、具有高度人性化的生活空间；将一批原来被动静止的家居设备转变为具有“智慧”的工具，提供全方位的信息交换功能，帮助家庭与外部保持信息交流畅通，优化人们的生活方式，帮助人们有效地安排时间，增强家庭生活的安全性，并为家庭节省能源。

智能家居的兴起，在于它比传统家居更便捷、更人性化。智能家居有遥控、电话、网络、集中控制等诸多功能，具体如表 11-1 所示。

表 11-1　智能家居系统

功　能	应　　用
遥控控制	“万能遥控器”可用来控制家中灯光、热水器、窗帘、空调等设备的开启和关闭，还可控制家中的红外电器，如电视、音响等。通过遥控器的显示屏可在一楼查询并显示出二楼灯光电器的开启、关闭状态
电话控制	出差或不在家时，可通过手机、固定电话来控制家中的设备。例如，可使空调提前制冷或制热；通过手机或固定电话还可以得知室内的空气质量、家中电路是否正常等。即使不在家，也可以通过手机、固定电话来自动给宠物喂食、给花草浇水等
网络控制	只要是有网络的地方，都可以通过 Internet 登录到家中，可通过远程网络控制电器工作状态和进行信息查询。例如，在外地出差时，利用外地网络计算机，登录相关的 IP 地址就可以控制自己家里的所有设备
定时控制	可提前设定某些产品的自动开启、关闭时间，例如，电热水器每天晚上 8 点自动开启加热，11 点自动断电关闭，在享受热水洗浴的同时，也带来省电、舒适和时尚
场景控制	轻轻触动一个按键，数种灯光、电器便会随着主人的喜好自动执行，浪漫、安静、明亮，只要你想得到，智能家居便一定能做得到，可感受到科技生活的完美、简捷、高效
集中控制	下班回家，可以在进门的玄关处同时打开客厅、餐厅、厨房的灯光，夜晚在卧室也可以控制客厅和卫生间的灯光电器，方便安全，还可以随时随地查询各种设备的工作状态
监控功能	不论何时何地，视频监控功能都可以直接通过局域网络或者宽带网络，使用浏览器进行远程影像监控，并且支持远程 PC、本地 SD 卡存储，移动侦测邮件传输、FTP 传输，对于家庭用远程影音拍摄与拍照更可达成专业的安全防护与乐趣
报警功能	当有小偷、盗贼试图进入家中时，“聪明”的设备能自动拨打电话，并联动相关做报警处理，即使主人出门在外也不用担心家里的安全
娱乐系统	“数字娱乐”则是利用书房计算机作为家庭娱乐的播放中心，在客厅或主卧大屏幕电视上播放互联网上海量的音乐、电视、影视、游戏和信息资源等。安装简单的相关终端后，家里的客厅、卧室、起居室等地方便都可以获得视听娱乐内容
布线系统	通过一个总管理箱将电话线、宽带网络线、有线电视线、音响线等弱电的各种线统一规划在一个有序的状态下，达到统一管理家里电话、计算机、电视、安防监控设备和其他网络信息家电的目的。使之使用更方便、功能更强大、维护更容易、更易扩展新用途，并实现电话分机、局域网组建、有线电视共享等功能
指纹锁	即使出门不小心忘带了房门钥匙，或者亲朋好友来家里拜访时，主人正好不在家，远在外地的主人只要用手机或电话就可以方便地将房门打开，欢迎客人。且房子的主人随时随地都能用手机或电话“查询”家中指纹锁的开/关状态

续表

功 能	应 用
空气调节	如果主人在出门时不小心忘了开窗通风,或者天气干燥,希望自己家里的空气清新湿润,那么空气调节设备就可以实现,既不用整日去开窗,也不用喷空气清新剂,就能定时更换经过过滤的新鲜空气
宠物保姆	出门在外的时候,家里的宠物吃饭喝水没人照顾怎么办呢?家里的植物没有人浇水怎么办呢?没关系,现在只要拨通家里的电话,发布命令,就能给自己心爱的宠物喂食,给自己心爱的植物浇水了

2. 智能家居应用方案

1)照明及设备控制

照明及设备控制系统中照明及设备控制可以通过智能总线开关来控制。本系统主要采用交互式通信控制方式,分为主从机两大模块,当主机触发后,通过 CPU 将信号发送,进行编码后通过线传输到从模块,进行解码后通过 CPU 触发响应块。因为主机模块与从机模块完全相同,所以从机模块也可以进行相反操作控制主机模块,实现交互式通信系统。其中主机相当于网络的服务器,主要负责系统的协调工作。

2)智能安防及远程监控系统设计

智能安防系统主要由各种报警传感器(人体红外传感器、烟感传感器、可燃气体传感器等)及其检测、处理模块组成。

3)远程医疗系统设计

基于 GPRS 的远程医疗监控系统由中央控制器、GPRS 通信模块、GPRS 网络、Internet 公共网络、数据服务器、医院局域网等组成。系统工作时,患者可随身携带的远程医疗智能终端首先实现对患者心电、血压、体温的监测,当发现可疑病情时,通信模块对采集到的人体现场参数进行加密、压缩处理后,以数据流形式通过串行方式(RS-232)连接到 GPRS 通信模块上,并与中国移动基站进行通信,基站 SGSN 再与网关支持节点 GGSN 进行通信,GGSN 对分组资料进行相应处理并把资料发送到 Internet 上,并且去寻找在 Internet 上的一个指定 IP 地址的监护中心,并接入后台数据库系统。这样,信息就开始在移动病人单元和远程移动监护医院工作站之间不断进行交流,所有的诊断数据和病人报告电子表格都会被传送到远程移动监护信息系统存档,远程移动监护信息系统存储数据以供将来研究、评估和资源规划所用。

11.2.5 物联网在物流配送中的应用

1. 物流配送物联网应用概述

1)智能管理交通

物流在货物运输过程中难免遇上堵车的现象,容易造成货物到达的时间延长,并引起一系列的运输问题。而物联网在智能物流系统中,可以通过 GPS 实时跟踪货物运输位置信息；通过导航系统，实时获取路况数据以优化货运路线，进而最大限度地缩短货运的时间，提高货运效率，降低货运成本。

2）智能仓储管理

智能仓储管理将物联网技术与仓储管理相结合，通过射频识别（RFID）、蓝牙跟踪实现物资的自动识别与实时追踪，及时更新库存状态。若是库存不足，物联网系统便会发出缺货预警，甚至可以实现自动补货。物联网还能有效建立信息共享机制，使物流供应链各方在整个过程中对 RFID 系统读取的数据进行多方核对，及时地纠正错误信息，确保库存的准确性。通过自动拣货机器人、自动导引小车、代替传统人工，省时省力，加快拣货的速率，确保商品上架等作业的安全性，减少人为失误，简化仓储作业流程，从而提高仓储整体运作效率。RFID 电子标签存储商品的时效信息，使得货品进入仓库时，信息便能自动读出并存入数据库，搬运工人可以通过装于货架上的阅读器或手持阅读器对此类货品进行处理，避免了食品等过期而造成的损失。

3）冷链物流智能管理

冷链物流智能管理技术，在现代物流行业中运行较为广泛，多数用于食品与药品的运输当中，而基于食品药品的特殊性，我国对于冷链物流智能管理有相应的规范。但传统的冷链物流管理的运用有许多不足之处，常见的有人工测量数据统计，因没有数据系统的支持，导致实时性不强、管理脱节严重、事故责任难以追查等现象。而冷链物流智能管理系统，会使用 RFID 读取器，对于货物所处的温度环境、储存状态等能够及时地记录，进而避免了大部分的人工失误，在此前提下也不需要过多地追究人工的责任。

2. 物流配送物联网应用方案

物联网在物流配送中的最大优势，在于能够实现对货物的实时跟踪，通过信息采集、感知和监控，可以将货物信息及时传递给调度中心，而再通过调度中心的指令，将下一步的配送计划传递给前端工作人员。

在收货方面，物联网技术的应用可以大幅提高收货效率，加快收货进程。物联网技术下，每个待运送的货物都会有自己的 RFID 标签，并且该标签含有了货物的名称、种类和配送地等信息。在收货的时候，工作人员通过扫描 RFID 标签记录下货物的基本信息。而当货物运输到配送地后，收货人员只需要通过信息扫描设备，扫描 RFID 标签，就能将标签中记录的信息完整地读取，并且可以将货物信息传递给配送系统。而当这些信息送达配送系统后，系统也会及时更新信息，进而方便配送中心的管理。

在分拣方面，由于现代物流需要配送的货物多种多样，货物大小不一，而且配送也多以小批量为主。这种情况对货物分拣提出了更多的要求。在传统的人工模式下，这就会大幅增加配送时间，降低配送效率，无法满足现代物流发展的需求。而在物联网技术下，RFID 技术和自动分拣技术的应用就能有效解决分拣问题。通过自动分拣技术，可以提高分拣效率，同时，分拣设备还能在分拣的同时，读取 RFID 标签中的信息，进而可以根据这些信息实现分类别的分拣。分拣完成后，配送系统就会对货物的存储问题进行安排。

3. 应用前景

当前,物流产业正逐步形成 7 个发展趋势,它们分别为信息化、智能化、环保化、企业全球化与国际化、服务优质化、产业协同化以及第三方物流。并从货品安全、员工安全等多个方向促进物流业发展。

1) 货品安全

货品安全是仓库最基本的要求之一。报警传感器和监控视频都利用物联网来监测盗窃行为并保护资产。新技术能够让企业在安全性方面做得更好,只需使用应用程序即可自动锁门,并收到异常动作警报,然后利用捕获到的数据确定需要关注的区域并加以改进。

2) 员工安全

物流公司关注的另一个重要领域是员工安全。物联网是监控设备安全和保障员工安全的重要手段。根据 DHL 的物流报告,联合太平洋铁路公司利用物联网来预测设备故障并减少脱轨风险。该公司将传感器放置在轨道上以监测车轮的完整性,从而减少轴承相关的脱轨,因为脱轨导致延误的损失巨大,每次事故损失高达 4000 万美元。

想象一下,如果员工在使用叉车之前,叉车可以提醒员工设备本身存在缺陷。那么,就可以极大地提高仓库的安全性并优化机器。另外,更多物联网设备的普及,减少了人与设备之间的交互,事故的风险也大幅降低。

第 12 章　物联网的综合应用新视野

12.1　人体感知网

随着用户对无所不在、随时随地的边界通信需求的增加，以及近年来极低功耗无线技术、小型化传感器、计算技术等的不断进展，人们对研究着眼于人体的并随之动态移动的无线网络及其诸多潜在应用和服务产生出浓厚的兴趣。

人体感知网主要包括可置于人体内部、表面或其周边的具有传感器和执行器(和信号处理)功能的微小节点，这些微小节点通过射频的无线网络技术进行互联，组成灵活的、可重构的网络。这种网络的最重要特征之一是使得在不限制使用者的常规活动或改变其行为的情况下，长时间连续地对其生理和心理状态监测成为可能。

目前，一些发达国家已将人体感知网技术深入应用于民生领域，比如医疗健康方面。它利用各种先进的生理指标数据采集器，对患者的各种生理指标数据如心电、心律、血压、脉搏、呼吸、血氧饱和度、体温、血糖等进行采集，并在监护个体随身携带的智能终端进行智能分析并加以存储，这些数据将被传输到医院或区域健康数据中心，对数据进行进一步分析、存储，使得广大患者随时随地得到及时的监护和治疗，有效提高了他们的生活质量。

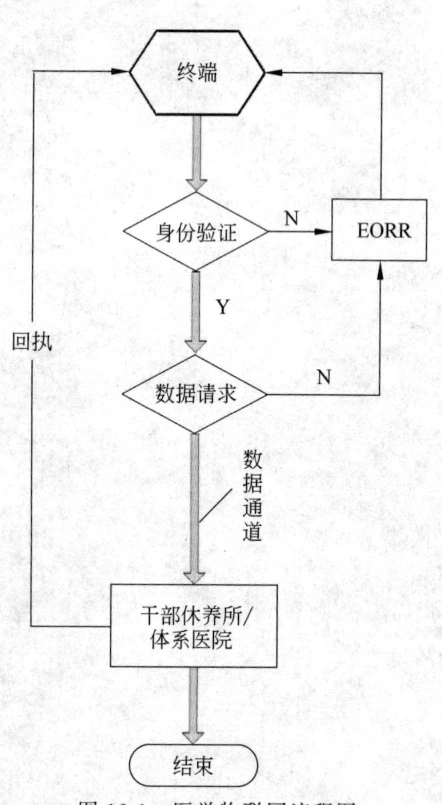

图 12-1　医学物联网流程图

医学物联网整体结构分为：感知层、网络层及应用层。总体技术流程为：监测感知设备终端在其嵌入式系统的控制下，按照一定的频率扫描检测单位，并将扫描得到的数据通过比较器和标准数据进行量化比较。其比较结果分为正常和不正常两部分：若结果正常则将按照既定流程传输和存储；若结果异常则启动报警系统，开启远程救助模式。其原理流程图如图 12-1 所示。

这方面的典型代表可如日本，其领先的医疗

传感器厂商们与运营商合作推广无线健康业务，比如欧姆龙、松下、A&D 等已经生产了符合国际标准 Continua、使用无线技术传输的血压计、体重计、体温计、计算机等；固网运营商 NTT 以及移动运营商 DoCoMo 推出了符合国际标准 Continua、与多家厂商接口的传输平台，并向第三方 SP(service provider，服务商)传输用户的生理数据。

除了上述传输平台外，2010 年 DoCoMo 还推出了一系列健康服务，以帮助监测统计人体最重要的三个指标——运动、饮食和压力。通过在手机中嵌入加速传感器、GPS 以及计步器，可以根据这些传感器数据提供用户运动状况；通过在手机中嵌入脉搏测量仪，可以迅速方便地监测用户脉搏，以确认其受压力程度；同时在这一系列服务中，用户目前还可以手工输入饮食量以及热量。日本另一运营商 KDDI 的研究院也在关注并研究健康服务，其研究内容包括精确提取脉搏数等。

随着物联网技术的不断发展，其在健康管理、医疗保健及疾病预防等领域的应用也不断深入，应用的范围也在不断扩大。远程人体感知与监测技术可以对慢性病患者进行连续、长期、动态的生理指标监测，定期分析，及时制定预防保健措施；对患有心血管疾病的患者，通过监测，可以有效报警，提高一线救治成功率；同时，可实现对保健对象实施全时制、全方位、全过程的医疗保健服务，提高他们的生活生命质量。

12.2　智能家居

智能家居不仅能提供舒适安全、高品位且宜人的家庭生活空间；还具有能动智慧的工具，帮助家庭与外部保持信息交流畅通，优化人们的生活方式，帮助人们有效安排时间。

物联网环境下的智能家居系统融合了无线传感器网络、Internet、人工智能等多种先进技术。它可以将家居中的所有物品连接起来，实现家居网络中所有物体均可被寻址、所有物体均具有通信能力、所有物体均可被操作、部分物体具有传感与信息上传共享能力。

传统的家用电器的控制中，人们手中都会使用各种遥控器等控制机器，以便通过电器中的传感器对电器进行指令的下达，因此在这一控制环节，人必须是在场的，并需要通过自己的行为、声音等控制指令的下达。在智能化家居中，就对人工的使用进行了解放，不需要人工指令的下达，各种家用产品就能自行感应和操作，如冰箱的自动订货功能、空调的自动调节温度功能等。

智能家居需要 3 个层面的网络支持，分别是外部互联网、家居内部互联网及家居控制子网。外部互联网也可称为外部宽带接入，其提供家居与外部信息交互的通道，主要接入形式有电话线、无线通信、有线电视同轴线及专用线。家居内部互联网用来解决家居内部各设备或系统间的信息交互和相互间的控制与协调，主要实现形式有电话线、无线通信、红外线、电力线通信及专用线。家居控制子网用于家居和各设备直接连接与控制，实现方式为通过控制器以无线、电力线和控制线的连接方式进行。

1. 室内智能控制

室内智能控制的实现如图 12-2 所示。它可以实现智能控制灯光、空调、窗帘、电视、音响以及安防等。

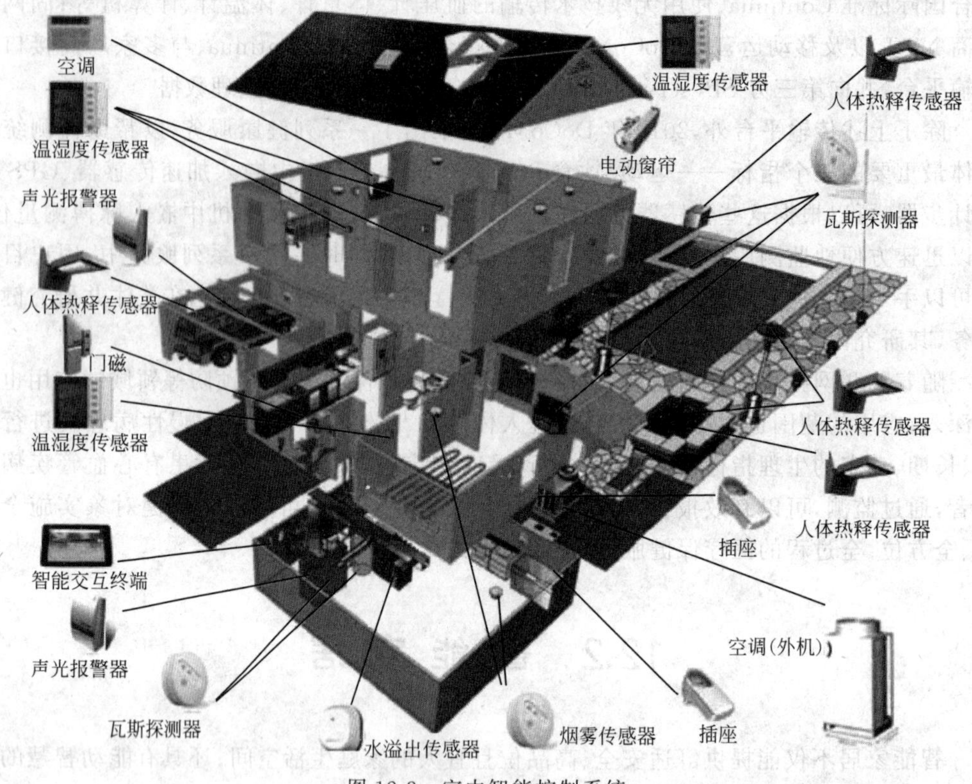

图 12-2　室内智能控制系统

(1) 智能灯光：吊灯通过感知环境亮度，判断是否有人在工作等，实现自动开关，既节能又方便。

(2) 智能空调：根据房间温度、湿度情况，自动控制，保持房屋四季如春。

(3) 智能窗帘：根据主人的作息习惯，清晨自动拉开，让阳光唤醒主人；晚上自动关闭，保证主人良好睡眠。

(4) 智能电视：主人可以通过声控等方式直接与电视交流，互动收看节目，也可以进行娱乐。

(5) 智能音箱：根据个人喜好，通过声控等方式自动播出符合主人心情的乐曲。

(6) 智能安防：家庭中部署的传感器与无线网络相连，具有感知安全环境异常的功能。当发生异常时，这些传感器所发出的信息通过移动网通知到住户的手机，住户可以及时呼叫公安等机构给予安防处理。

2. 最新家居智能模式

随着云、无线网络及各智能终端的出现与发展，萌生了“云＋端”的智能家居模式，即采用一个位于互联网中的基于云计算技术的专用功能的服务平台，此服务平台提供了大众需要的各种生活服务功能，如天气参数，也可在此服务平台设置或开发个性化服务，智能终端通过注册的方式连接到此服务云上，进而实现智能家居管理的云端化。同时，智能手机的推出，可使得此模式呈现出掌上化的特性。其模式构成如图 12-3 所示。服务云是面向互联网基于云计算技术构建的数据及应用服务中心。其主要任务是实现大规模数据的存储、管理及移动终端(智能手机或 iPad)的可靠介入及并发访问，例如，乐联网云平台为各注册用户提供智能家居传送的参数数据，例如，空气质量的监测和控制。家居终端内置嵌入式自动化采集和控制系统，除了具备本地设备接入功能及相关管理功能外，还需具备与服务云的对接功能。智能手机作为移动终端安装对应于云服务的移动应用程序，用户可随时随地利用移动互联网进行智能家电的远程监测、控制和管理。

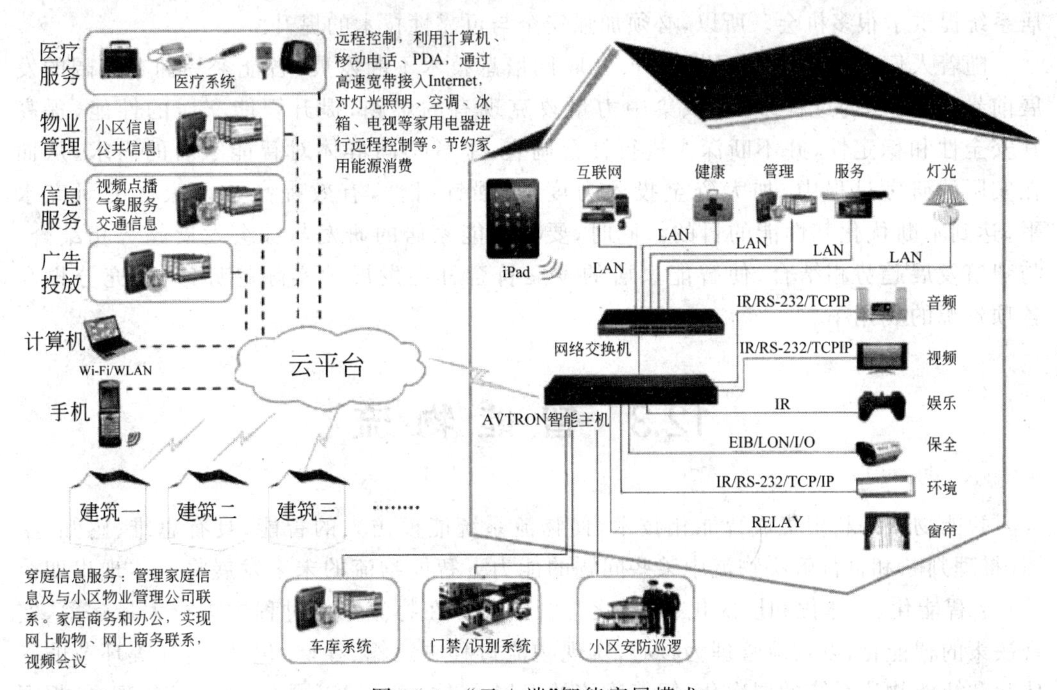

图 12-3 “云＋端”智能家居模式

“云＋端”模式的关键技术是端到云端的通信策略及数据交互方式。若要实现智能家居在市场的大力推广，其通信方式除了具备双向、实时和高速的特点外，在系统的互操作上也应是开放及标准化的。已经有部分厂商和单位开始尝试这种模式，但网络产品的多样性及厂家的不同导致在系统的互操作上并没有实现完全的开放和标准化。但该模式有极好的发展前景，主要表现在以下几个方面：首先，智能手机与移动互联网的介入使得智能家居的远程监测和控制更加方便、高效和便捷，即使在外地出差也能随时查看家居状况，实现了管理与控制的掌上化。其次，把本地家居测量的数据上传到服务云，实现了数据的高效管理，如在用户的电量管理上，不仅为单个用户进行电量的管理，而且云数据产生的聚集效应为分析大量用电负荷分布提供了极其有价值的参考数据。

3. 亟待解决的问题

首先，智能家居是通过网络通信或外部扩展模块实现智能家居产品的互联。同时，智能家居系通常由多个智能家居子系统集成起来，功能复杂需要综合使用多种技术，因而，后期维护的技术要求较高，给维护带来一定的隐患。其次，由于目前没有行业标准的管制，产品质量参差不齐，特别是一些小厂家产品生产质量不过关，从而加大后期维护成本。特别是目前市场出现的智能家居系统多数是采用集中控制器或分布式总线技术的传统综合布线形式，后期的重新布线和调试再次提升维护成本，从而进一步制约智能家居的普及与推广。另外，智能家居收集了大量的私人数据，这必然涉及家居安全个人隐私问题。目前，智能家居系统协议都由各自厂家自行设计，多数厂家缺乏安全知识，而且他们也并不关注数据安全问题，同时软硬件的后期维护和升级服务也较差。因此，给黑客入侵智能家居系统提供了很多机会。所以，必须加强安全与可靠性技术的提升。

随着人们生活水平的不断提升，互联网信息技术不断发展，智能家具拥有广阔的发展前景，在发展的过程中，应该集中力量攻克现有的难题，提升智能家居的性能，提高其安全性和稳定性，并不断深入进行社会调查，了解不同群体对智能家居的需求，从而在实际的研发过程中，加大资金投入力度，加强针对性，有效提高智能家居的研究水平，达到不断优化其性能的目的。同时，要将智能家居的研发与社会发展趋势相结合，与建筑发展趋势相结合，使智能家居的发展符合社会发展的实际趋势，从而充分提高各项资源的利用率。

12.3 智能物流

智能物流是利用集成智能化技术，使物流系统能模仿人的智能，具有思维、感知、学习、推理判断和自行解决物流中某些问题的能力。智能物流的未来发展将会体现出四个特点：智能化、一体化和层次化、柔性化与社会化。在物流作业过程中进行大量运筹，实现决策的智能化；以物流管理为核心，实现物流过程中运输、存储、包装、装卸等环节的一体化和智能物流系统的层次化；智能物流的发展会更加突出“以顾客为中心”的理念，根据消费者的需求变化来灵活调节生产工艺；智能物流的发展将会促进区域经济的发展和世界资源优化配置，实现社会化。智能物流系统的四个智能机理，即信息的智能获取技术、智能传递技术、智能处理技术、智能运用技术。

智能物流就是利用条形码、射频识别技术、传感器、全球定位系统等先进的物联网技术，通过信息处理和网络通信技术平台广泛应用于物流业运输、仓储、配送、包装、装卸等基本活动环节，实现货物运输过程的自动化运作和高效率优化管理，提高物流行业的服务水平，降低成本，减少自然资源和社会资源消耗。物联网为物流业将传统物流技术与智能化系统运作管理相结合提供了一个很好的平台，进而能够更好、更快地实现智能物流的信息化、智能化、自动化、透明化、系统的运作模式。智能物流在实施的过程中强调的是物流过程数据智慧化、网络协同化和决策智慧化。智能物流在功能上要实现 6 个“正确”，即正确的货物、正确的数量、正确的地点、正确的质量、正确的时间、正确的价格，在技术上要实现物品识别、地点跟踪、物品溯源、物品监控、实时响应。

1. 主要技术

1）自动识别技术

自动识别技术是以计算机、光、机、电、通信等技术的发展为基础的一种高度自动化的数据采集技术。它通过应用一定的识别装置，自动地获取被识别物体的相关信息，并提供给后台的处理系统来完成相关后续处理。它能够帮助人们快速而又准确地进行海量数据的自动采集和输入，在运输、仓储、配送等方面已得到广泛的应用。经过近 30 年的发展，自动识别技术已经发展成为由条码识别技术、智能卡识别技术、光字符识别技术、射频识别技术、生物识别技术等组成的综合技术，并正在向集成应用的方向发展。条码识别技术是目前使用最广泛的自动识别技术，它是利用光电扫描设备识读条码符号，从而实现信息自动录入。条码是由一组按特定规则排列的条、空及对应字符组成的表示一定信息的符号。不同的码制，条码符号的组成规则不同。较常使用的码制有：EAN/UPC 条码、128 条码、ITF-14 条码、交叉二五条码、三九条码、库德巴条码等。RFID 技术是近几年发展起来的现代自动识别技术，它是利用感应、无线电波或微波技术的读写器设备对射频标签进行非接触式识读，达到对数据自动采集的目的。它可以识别高速运动物体，也可以同时识读多个对象，具有抗恶劣环境、保密性强等特点。生物识别技术是利用人类自身生理或行为特征进行身份认定的一种技术。生物特征包括手形、指纹、脸形、虹膜、视网膜、脉搏、耳廓等，行为特征包括签字、声音等。由于人体特征具有不可复制的特性，这一技术的安全性较传统意义上的身份验证机制有很大的提高。人们已经发展了虹膜识别技术、视网膜识别技术、面部识别技术、签名识别技术、声音识别技术、指纹识别技术六种生物识别技术。

2）数据挖掘技术

数据仓库出现在 20 世纪 80 年代中期，它是一个面向主题的、集成的、非易失的、时变的数据集合，数据仓库的目标是把来源不同的、结构相异的数据经加工后在数据仓库中存储、提取和维护，它支持全面的、大量的复杂数据的分析处理和高层次的决策支持。数据仓库使用户拥有任意提取数据的自由，而不干扰业务数据库的正常运行。数据挖掘是从大量的、不完全的、有噪声的、模糊的及随机的实际应用数据中，挖掘出隐含的、未知的、对决策有潜在价值的知识和规则的过程。一般分为描述型数据挖掘和预测型数据挖掘两种。描述型数据挖掘包括数据总结、聚类及关联分析等，预测型数据挖掘包括分类、回归及时间序列分析等。其目的是通过对数据的统计、分析、综合、归纳和推理，揭示事件间的相互关系，预测未来的发展趋势，为企业的决策者提供决策依据。

3）人工智能技术

人工智能就是探索研究用各种机器模拟人类智能的途径，使人类的智能得以物化与延伸的一门学科。它借鉴仿生学思想，用数学语言抽象描述知识，用于模仿生物体系和人类的智能机制，主要的方法有神经网络、进化计算和粒度计算。

(1) 神经网络。神经网络是在生物神经网络研究的基础上模拟人类的形象直觉思维，根据生物神经元和神经网络的特点，通过简化、归纳，提炼总结出来的一类并行处理网络。神经网络的功能主要有联想记忆、分类聚类和优化计算等。虽然神经网络具有结构复杂、可解释性差、训练时间长等缺点，但其对噪声数据的高承受能力和低错误率的优点，以及各种网络训练算法如网络剪枝算法和规则提取算法的不断提出与完善，使得神经网络在数据挖掘中的应用越来越为广大使用者所青睐。

(2) 进化计算。进化计算是模拟生物进化理论而发展起来的一种通用的问题求解的方法。因为它来源于自然界的生物进化，所以它具有自然界生物所共有的极强的适应性特点，这使得它能够解决那些难以用传统方法来解决的复杂问题。它采用了多点并行搜索的方式，通过选择、交叉和变异等进化操作，反复迭代，在个体的适应度值的指导下，使得每代进化的结果都优于上一代，如此逐代进化，直至产生全局最优解或全局近优解。其中，最具代表性的就是遗传算法，它是基于自然界的生物遗传进化机理而演化出来的一种自适应优化算法。

(3) 粒度计算。早在1990年，我国著名学者张钹和张铃就进行了关于粒度问题的讨论，并指出“人类智能的一个公认的特点，就是人们能从极不相同的粒度(granularity)上观察和分析同一问题。人们不仅能在不同粒度的世界上进行问题的求解，而且能够很快地从一个粒度世界跳到另一个粒度世界，往返自如，毫无困难。这种处理不同粒度世界的能力，正是人类问题求解能力强有力的表现”。随后，Zadeh讨论模糊信息粒度理论时，提出人类认知的三个主要概念，即粒度(包括将全体分解为部分)、组织(包括从部分集成全体)和因果(包括因果的关联)，并进一步提出了粒度计算。他认为，粒度计算是一把大伞，它覆盖了所有有关粒度的理论、方法论、技术和工具的研究。目前主要有模糊集理论、粗糙集理论和商空间理论三种。

4) GIS技术

GIS是打造智能物流的关键技术与工具，使用GIS可以构建物流“一张图”，将订单信息、网点信息、送货信息、车辆信息、客户信息等数据都在一张图中进行管理，实现快速智能分单、网点合理布局、送货路线合理规划、包裹监控与管理。

GIS技术可以帮助物流企业实现基于地图的服务。比如，网点标注：将物流企业的网点及网点信息(如地址、电话、提送货等信息)标注到地图上，便于用户和企业管理者快速查询。片区划分：从“地理空间”的角度管理大数据，为物流业务系统提供业务区划管理基础服务，如划分物流分单责任区等，并与网点进行关联。快速分单：使用GIS地址匹配技术，搜索定位区划单元，将地址快速分派到区域及网点。并根据该物流区划单元的属性找到责任人以实现“最后一公里”配送。车辆监控管理系统：从货物出库到到达客户手中全程监控，减少货物丢失；合理调度车辆，提高车辆利用率；各种报警设置，保证货物司机车辆安全，节省企业资源。物流配送路线规划辅助系统：其用于辅助物流配送规划。合理规划路线，保证货物快速到达，节省企业资源，提高用户满意度。数据统计与服务：将物流企业的数据信息在地图上可视化直观显示，通过科学的业务模型、GIS专业算法和空间挖掘分析，洞察通过其他方式无法了解的趋势和内在关系，从而为企业的各种商业行为，如制定市场营销策略、规划物流路线、合理选址分析、分析预测发展趋势等构建良好的基础，使商业决策系统更加智能和精准，从而帮助物流企业获取更大的市场契机。

12.4 智能医疗

智能医疗是通过打造健康档案区域医疗信息平台，利用最先进的物联网技术，实现患者与医务人员、医疗机构、医疗设备之间的互动，逐步达到信息化。在不久的将来，医疗行业将融入更多人工智慧、传感技术等高科技，使医疗服务走向真正意义的智能化，推动医疗事业的繁荣发展。在中国新医改的大背景下，智能医疗正在走进寻常百姓的生活。

随着人均寿命的延长、出生率的下降和人们对健康的关注，现代社会人们需要更好的医疗系统。这样，远程医疗、电子医疗(e-health)就显得非常亟须。借助于物联网/云计算技术、人工智能的专家系统、嵌入式系统的智能化设备，可以构建起完美的物联网医疗体系，使全民平等地享受顶级的医疗服务，解决或减少医疗资源缺乏导致的看病难、医患关系紧张、事故频发等问题。

早在 2004 年，物联网技术便应用于医疗行业，当时美国食品药品监督管理局(FDA)采取大量实际行动促进 RFID 的实施和推广，政府相关机构通过立法，规范 RFID 技术在药物的运输、销售、防伪、追踪体系中的应用。美国医院采用基于 RFID 技术的新生儿管理系统，利用 RFID 标签和阅读器，确保新生儿和小儿科病人的安全。2008 年年底，IBM 提出了“智慧医疗”概念，设想把物联网技术充分应用到医疗领域中，实现医疗信息互联、共享协作、临床创新、诊断科学以及公共卫生预防等。

将物联网技术用于医疗领域，借由数字化、可视化模式，可使有限医疗资源让更多人共享。从目前医疗信息化的发展来看，随着医疗卫生社区化、保健化的发展趋势日益明显，通过射频仪器等相关终端设备在家庭中进行体征信息的实时跟踪与监控，通过有效的物联网，可以实现医院对患者或者亚健康病人的实时诊断与健康提醒，从而有效地减少和控制病患的发生与发展。此外，物联网技术在药品管理和用药环节的应用过程也将发挥巨大作用。

随着移动互联网的发展，未来医疗将向个性化、移动化方向发展，实现医院对患者或亚健康病人的实时诊断与健康提配，从而有效地减少和控制疾病的发生与发展，如智能胶囊、智能护腕、智能健康检测产品将会广泛应用，借助智能手持终端和传感器，可有效地测量和传输健康数据。

未来几年，中国智能医疗市场规模将超过一百亿元，并且涉及的周边产业范围很广，设备和产品种类繁多。这个市场的真正启动影响的将不仅仅限于医疗服务行业本身，还将直接触动包括网络供应商、系统集成商、无线设备供应商、电信运营商在内的利益链条，从而影响通信产业的现有布局。

随着安全防范体制和技术的进一步完善和提高，医疗行业完全有条件、有能力应用最新的高新科技成果，带领全行业步入一个新的台阶，提供最先进、最及时的医疗服务，树立自己的行业形象，并能够高效地为用户服务。为促进医院实现现代化、高效管理的具体要求，现提出结合现今行业发展水平，利用先进技术，采用安全可靠的网络监控解决方案，将监控系统“集成化，网络化”是符合医院保卫工作发展需要的。

12.5 智慧教育

智慧教育作为新时代的教育理念，其理论体系亦伴随着时代的进步在持续完善中。当前智慧教育基础理论研究主要围绕“智慧校园”“数字校园”“智慧教室”“智慧学习”“智慧学习环境”“互联网＋”等热点主题展开。数字校园和智慧校园是智慧教育发展早期提出的概念，智慧校园是数字校园的高端形态，此概念的提出一时间在智慧教育研究领域引起广泛的关注。伴随着智慧校园的发展，智慧课堂与智慧教室的概念随之被提出。智慧课堂和智慧教室的智慧性主要体现在信息化环境、共享资源、可视化内容、互动反馈、虚拟感知等方面，高清晰、深体验和强交互是其三种典型特征。

近年来，如何建立智慧教育理论体系成为本领域的热点话题。智慧教育的总体架构可以概括为一个中心（云中心）、两类环境（校园和城区）、三个内容库（学习资源库、开放课程库和管理信息库）、四种技术（物联网、云计算、大数据和泛在网络）、五类用户（教师、学生、家长、教育管理者和社会公众）、六种业务（智慧化的管理、科研、服务、教学、学习与评价）。随着“互联网＋”时代的来临，智慧教育研究将会持续产生新的理论，这将会对本领域理论体系的建设产生深远的影响。

1. 智能教学中的应用

教学是校园的核心任务，在智慧校园中扮演着十分重要的角色。在物联网背景下，智慧校园可凭借系统管理考核、课堂教学、教学设备、师资等，以推动学校教学任务的有序运行。一方面，智慧教师可对师生状态、教学环境转变及教学设备运行状态等进行精确感应，通过对相关信息数据的有效感知，结合各式各样的教学形式、内容，利用先进教学手段、设备，为学生创设多元丰富的教学情境，加深学生对教学内容的印象，进一步促进收获良好的教学成效。另一方面，在物联网背景下，有别于传统教学模式，智慧校园中的设备与设备相互间有紧密联系，不论是教师还是学生均可对相关多媒体设备进行使用，由此可使以往设备使用率不高的问题得到有效解决。除此之外，凭借物联网的身份识别功能，还可对学生在教学过程中的出勤情况、学习表现等开展系统考核，不仅能够提高教师教学效率，还有助于提高教学考核的公平性、公正性。

2. 智慧型图书管理当中的应用

作为校园文化建设当中的重要知识储备场所，图书馆对完善校园“智慧型”建设发展具有重要意义。传统的图书管理模式往往需要由专门的图书管理人员来对相应的图书资料进行分类规整及借阅管理，而通过物联网射频识别技术的应用，可以将相关所有的图书书籍及资料在信息系统当中加以录入，并进行分门别类的独立管理及追踪，从而促使校园图书管理工作更加的智能化、便捷化。同时，对简化图书管理人员工作程序及规范学生图书借阅流程也具有重要影响。

3. 智慧型学生及教职工的统一管理应用

物联网技术对实现人与人之间的信息互通交流具有重要意义。在智慧校园的建设过程当中，相关的领导人员及管理部门要充分地对物联网技术这一特性进行利用，从而实现更好的人员管理。比如，可以为校园内部的每个学生及教职工配备相应的具有身份识别意义的学生卡、职工卡以及教师卡等，从而便于明确各个人员的相关身份。同时，还可以将卡片与相关人员的门禁卡进行技术结合，使其能够与相应的感应设备进行感应，实现对学生及教职工的规范出勤管理及监督。

4. 智慧型安全管理当中的应用

依托对物联网的有效利用，可建立起可靠的智能安保系统，诸如校园智能安全防范、校园智能交通管理等，将红外传感设备、摄像头等装置于校园相关区域，确保自动报警、安全监控等功能的有效实现；将射频识别、二维码附属在校园相关重要物品上，利用配套设备对物品进行实时跟踪，以达成对校园资产的科学化、信息化管理；通过对校园进出车辆进行监测，将智能传感设备置于相关重点区域或重要设施位置，进而实现安全定位的目的。除此之外，基于物联网还可对广大教职人员、学生身份开展有效识别，在智慧校园宿舍管理中，利用无线传感设备、射频识别技术可构建起一个智慧的物品监控防盗网络。如果宿舍中相关贵重物品转移至出入口时，传感设备会对该物品信息数据进行实时追踪，并对物品及携带人员的信息数据进行匹配，倘若信息匹配，系统不会将其纳入进出入信息中，倘若信息不匹配，则会发出声光报警并开启出入口拍摄系统，同时通过短信平台向物品主人发送警示信息，真正意义上提高宿舍物品设备的安全性。

5. 智慧型资源共享的应用

物联网背景下，智慧校园中的教学与科研设备相互间可实现有效交互，如此一来，学校在开展实践教学、研究性活动过程中，便可得到网络平台的支持。借助物联网技术可为学生提供更为宽广的学习空间，并为学生提供一系列的泛在服务，保证学生可将教学理论与社会实践开展充分结合，进一步解决学生教学理论与社会实践相脱节的问题。另外，物联网背景下的智能校园，还可推行学校与社会企业联盟的模式，以促进学校与社会相互间优质资源的共享、拓展。值得一提的是，要想让学校与社会企业相互间建立起相辅相成及双向交互的战略合作关系，必须要借助物联网技术以将学校中的各式各样教育资源与对口社会企业中的优质资源进行联通。

当前的信息技术日新月异，极大推进了智慧教育体系的升级。在智慧教育信息化技术方面，研究主题主要围绕“物联网”“射频识别技术”“教育管理信息化”等内容展开技术创新和突破。然而，当前“互联网＋”、大数据、物联网、云计算等智能信息技术的发展还不够成熟，许多技术仍处于理论研究层面，实践应用不够深入，且现有的少量实践研究也较为浅显，主要以试点应用的方式开展，尚未得到大规模的推广。因此，智慧教育研究未来的发展不仅需要加强理论方法与体系的构建，在理论发展到一定阶段时，更要注重和加大理论在智慧教育实践中应用的强度和广度，以促进智慧教育实践的可持续发展。

12.6 智慧农业

随着物联网技术的发展,传统的精细农业理念已经被赋予了更深、更广的内涵。智能农业是一种由物联网技术与生物技术支持的定时、定量实施耕作与管理的生产经营模式,它是物联网技术与精细农业技术紧密结合的产物,是21世纪农业发展的方向。物联网可以在农业生产的产前、产中和产后的各个环节发展基于信息和知识的精细化的过程管理。在生产前,利用物联网对耕地、气候、水利、农用物资等农业资源进行监测和实施评估,为农业资源的科学利用与监管提供依据。在生产中,通过物联网可以对生产过程、投入产品使用、环境条件等进行现场监测,对农艺措施实施精细调控。在生产后,通过物联网把农产品与消费者连接起来,使消费者可以透明地了解从农田到餐桌的生产与供应过程,解决农产品质量安全溯源的难题,促进农产品电子商务的发展。物联网在精细农业领域的应用,可以增强我国农业抗风险与可持续发展能力,引领现代农业产业结构的升级改造。物联网在智能农业中的应用如图12-4所示。

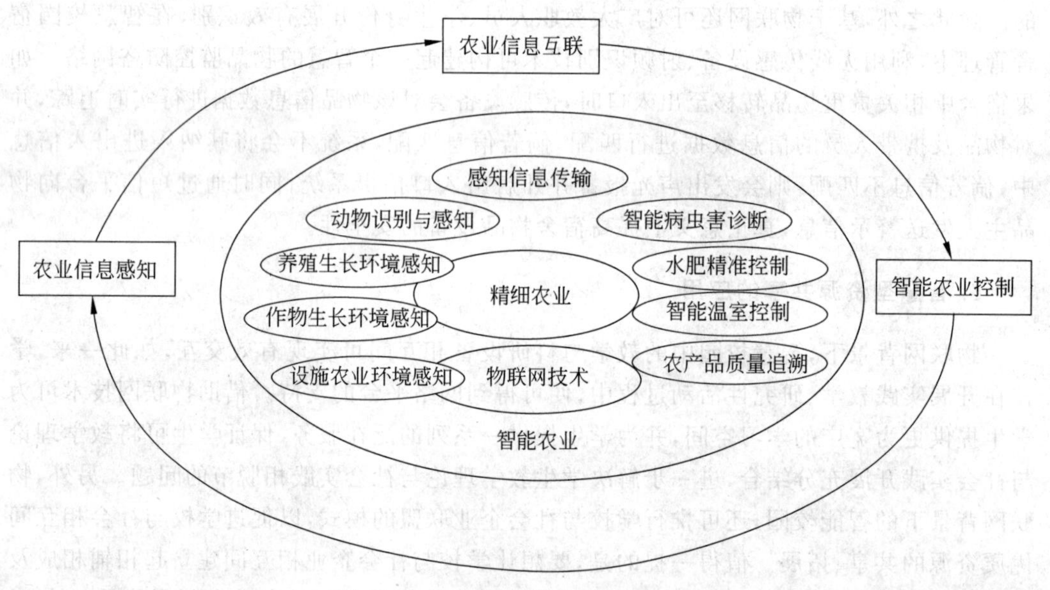

图12-4 物联网在智能农业中的应用

农业物联网可以根据农业生产需要,对种植、养殖生产环境和动植物本体的信息进行实时远程监测,使农民种地从凭经验、靠感觉的模式转变为实时定量的标准化种植管理。农业物联网系统应用了物联网、云计算、传感器、自动控制等技术,该系统主要由终端信息采集控制系统(传感与控制层)、通信系统(传输层)以及监测控制平台(应用层)组成。传感与控制层利用传感器采集土壤温湿度、空气温湿度、光照强度、风速风向、降雨量和蒸发量等信息,同时根据监测控制平台的指令对电磁阀等终端设备进行操控。传输层由有线宽带、NB-IoT、LoRa、GPRS等各种通信网络组成,负责传递从传感与控制层获取的信息和向其下达的指令。通常情况,这一层还会集成微处理器,除了实现网络连接和管理功能之外,还实现边缘计算功能,完成简单的处理,保障业务在本地的存活。此外,协议转换也是这一层的重要功能,在物联网领域有特别多的协议,这些协议来自各个行业历史上的积累,所以需要在网关上做协议的转换,将数据统一承载在 IP 网络上向外传输。应用层是整个系统的指挥中枢,负责实现信息收集、业务控制逻辑处理并提供物联网与用户的接口,它与行业需求结合,实现物联网的智能应用。监测控制平台收集每个节点的数据,以便进行数据存储、追溯查询、统计分析和决策,较常用的分析决策是针对土壤墒情、土壤养分、农业生产环境气象数据进行分析,分析结果用于对控制化肥的使用量和农业生产用水量作决策,对异常状态自动报警。系统可根据决策结果对农业设备、灌溉设备等农业设施进行远程控制,智能化控制种植、养殖生产环境,对动植物的生长过程进行精细化管理,从而减少虫害损失,减少农药、化肥使用量,保障农产品及食品安全,确保绿色有机。

1. 物联网与农业生产

无线传感器网络是物联网环境感知的重要技术之一。在智能农业中,无线传感器网络为农业领域的信息采集提供了新的技术手段与思路,弥补了传统检测手段的不足,因此引起了农业科技工作者的兴趣,成为当前国际农业科技领域的一个研究的热点。

现代传感器技术可以准确、实时地监测各种与农业生产相关的信息,如空气温湿度、风向风速、光照强度、CO_2 浓度等地面信息,土壤温湿度、墒情等土壤信息,pH 值、离子浓度等土壤营养信息,动物疾病、植物病虫害等有害物信息,植物生理生态数据、动物健康监控等动植物生长信息,这些信息的获取对于指导农业生产至关重要。由于农业生产覆盖范围大,使用传统传感器时需要将分布在不同位置的传感器通过线路连接起来。如果大面积安装传统传感器,就需要将分布在不同位置的传感器与控制中心通过电缆连接起来,那么也就需要同时组建一个覆盖监控区域的有线通信网,这就会造成工程量大、造价提高,以及后期维护成本与工作量增加的问题,而无线传感器网络则可以很好地解决这些问题。

2. 物联网技术在大规模温室等农业设施中的应用

世界各国都在研究无线传感器网络在现代农业领域中应用的问题,其中有的研究课题针对植物生理生态监测,包括空气温湿度、土壤温度、叶片温度、径流速率、茎粗微变化、果实生长等方面。我国科学家已经开展了在线叶温传感器、植物茎干传感器、植物微量生长传感器等专用传感器以及在线植物生理生态系统项目的研究。

目前,无线传感器网络在大规模温室等农业设施中的应用已经取得了进展。以荷兰为代表的欧美国家的农业设施规模大、自动化程度高,无线传感器网络主要用于花卉与蔬菜温室的温度、光照、灌溉、空气、施肥的监控中,形成了从种子选择、育种控制、栽培管理到采收包装的全过程自动化。以西红柿、黄瓜种植为例,无土、长季节栽培的西红柿、黄瓜采收期可以达到 9～10 个月,黄瓜平均每株采收 80 条,西红柿平均每株采收 35 穗果,平均产量为 $60kg/m^2$,而我国一般产量最高为 $6～10kg/m^2$,创造了当今世界最高产量与效益纪录。

如何在现代农业设施的设计与制造、农业生产过程的监控与环境保护中应用无线传感器网络，提高生产效率与产品竞争力，已经成为世界各国农业科学研究的一个热点课题。美国加州 Grape Networks 公司为加州中央谷地区设置了一个大型的农业无线传感器网络系统。这个系统覆盖了 50 英亩(约 0.2 平方千米)的葡萄园，配置了 200 多个传感器，用以监控葡萄生长过程中的温度、湿度、光照数据，发现葡萄园气候的微小变化，而这些变化可能影响今后酿造的葡萄酒质量。葡萄园的管理者可以通过常年的观测记录与生产的葡萄酒品质的分析、比较，寻找葡萄种植环境因素与葡萄酒质量的直接、准确关系，实现精准农业技术的要求。

3. 物联网技术在节水灌溉中的应用

水是农业的命脉，也是国民经济与人类社会的生命线。农业是我国用水大户，用水量约占全国的 73%，但是水利用效率低，水资源浪费严重。渠灌区水利用率只有 40%，井灌区水利用率也只有 60%。一些发达国家水利用率可以达到 80%，每一立方米水生产粮食大体上可以达到 2 千克以上，而以色列已经达到 2.32 千克。由此可以说明，我国农业节水问题是农业现代化需要解决的一个重要的问题。

农业节水灌溉的研究具有重大的意义，而无线传感器网络可以在农业节水灌溉中发挥很大的作用。覆盖灌溉区不同位置的传感器将土壤湿度、作物的水分蒸发量与降水量等参数通过无线传感器网络传送到控制中心。控制中心分析实时采集的参数之后，控制不同区域的无线电磁阀，达到精密、自动、合理节水的目的，实现农业与生态节水技术的定量化、规范化，促进节水农业的快速发展。

4. 物联网技术在水产养殖中的应用

无线传感器网络在水产养殖中应用的典型范例是韩国济州岛的 e-Fishfarm 示范渔场项目。济州岛 e-Fishfarm 示范渔场位于济州岛的西边，养殖规模为年 1100t，主要外销日本。e-Fishfarm 示范渔场项目主要包括两个方面的内容：渔场饲料管理与渔场饲养环境监控。

渔场有 50 个左右的鱼池，分别饲养了不同年龄的比目鱼。不同年龄的鱼需要喂食不同配方的饲料。为了杜绝人为因素造成经常投错饲料的现象，该项目采用 RFID 作为鱼池与饲料标识。RFID 记录了鱼池的编号、鱼龄、饲料信息。只有工作人员从冷库中取出的饲料与 RFID 记录的数据一致时，才可以投放。如果工作人员错误投放饲料，系统就会报警。渔场饲养环境监控系统通过分布在 50 多个鱼池的传感器，获取与比目鱼生长相关的温度、水位、水中氧气含量、日照等参数，来控制整个鱼池的状况，提高养殖效率，避免鱼病的发生，保证水产品质量与市场竞争力。

5. 物联网技术在畜牧业中的应用

我国是畜牧业大国，但是畜牧业的发展水平较低，生产效率低，畜产品质量难以保证，行业水平与发达国家相比差距很大，其主要问题在于精细饲养水平不高。目前，牧场管理基本依靠饲养人员手工读取、记录每头奶牛的个体特征、产奶量等相关属性，对牛群缺乏高效的管理手段，导致牧场生产效率不高。以 2008 年的统计数据为例，美国一头奶牛每年平均产奶达 9.38t，日本为 9.02t，我国仅为 4.01t；发达国家奶牛的利用年限一般为 5～6 年，而我国奶牛的利用年限为 3～4 年。

畜牧养殖中的物联网应用主要包括动物疫情预警和畜禽的精细化养殖管理，通过 RFID 标签标识和动物个体信息采集的传感器技术，建立畜禽个体的体况、生长、生理等生产档案数据库，记录牛、猪的每天饮水量、进食量、运动量、发情期等重要数据，结合动物个体或小群体的繁育、营养及健康管理的业务逻辑知识，优化畜禽个体或小群体的配种，最大限度发挥畜禽的遗传潜力和生产力水平，包括提供健康的畜产品（肉、蛋、奶等）。我们可以通过养殖奶牛的牧场管理为例来说明物联网技术应用的实例。

一个典型牧场管理应用物联网系统结构通过耳钉式 RFID 标签与各种传感器，实现奶牛个体识别，记录奶牛祖代、生活史、产量史、健康史等档案信息，记录产奶量、新陈代谢指标变化、发情和健康状况等动态数据，有针对性地对每头奶牛进行饲喂、疾病防治、繁殖和挤奶管理工作。奶牛的饲料营养成分不全，营养供应不足，会导致产乳量下降、产后减重过多、繁殖障碍和代谢疾病等问题。牧场管理中心的后台管理软件将根据收集到的每一头奶牛每天的平均活动量、挤奶量来制定各种粗、精和青饲料的需要量，控制自动饲喂系统的饲料投放，达到科学喂养的效果。

6. 物联网技术在农产品质量安全溯源中的应用

农产品流通是农业产业化的重要组成部分。农产品从产地采收或屠宰、捕捞后，要经历加工、储藏、运输、批发与零售等流通环节。流通环节作为农产品从农场到餐桌的主要过程，不仅涉及农产品生产与流通成本，而且与农产品质量紧密相关。我们可以通过分析猪肉质量追溯系统来说明物联网技术在农产品质量安全溯源中的应用。

我国是畜牧业大国，生猪生产与消费量几乎占世界总量的一半。近年来，食品安全问题，尤其是猪肉质量与安全问题突出，已经引起政府与消费者的高度重视，建立猪肉养殖、屠宰、原料加工、收购储运、生产和零售的整个生命周期可追溯体系，是防范猪肉制品质量问题，保证消费者购买放心食品的有效措施，也是一项重要的惠民工程。在构建猪肉质量追溯系统时，物联网技术可以发挥重要的作用。图 12-5 所示给出了基于 RFID 与条码技术的猪肉质量追溯系统示意图。

在养殖环节，利用耳钉式 RFID 标签记录每一头生猪在养殖过程中所产生的重要信息，如用料情况、用药情况、防疫情况、瘦肉精检测信息、磺胺类药物检测信息等。RFID 读写器将这些信息读出并存储在养猪场控制中心的计算机中。在屠宰环节，通过 RFID 读写器获取生猪来源及养殖信息，判断其是否符合屠宰要求，进而进行屠宰加工。在屠宰过程中，RFID 读写器将采集的重要工序的相关信息，如寄生虫检疫信息等，添加到 RFID 标签记录中。在屠宰加工过程中，需要将一头猪的 RFID 标签记录的信息转存到可追溯的条码之中。这个可追溯的条码将附加在这一头生猪加工后生成的各类产品上。同时，养殖场与屠宰场关于每一头生猪的所有信息都需要传送到动物标识及防疫溯源体系的数据库中，以备销售者、购买者与质量监督部门的工作人员查询。在零售环节，用电子秤完成零售肉品称重后，会自动打印出包含可追溯信息的条码。销售者、购买者与质量监督部

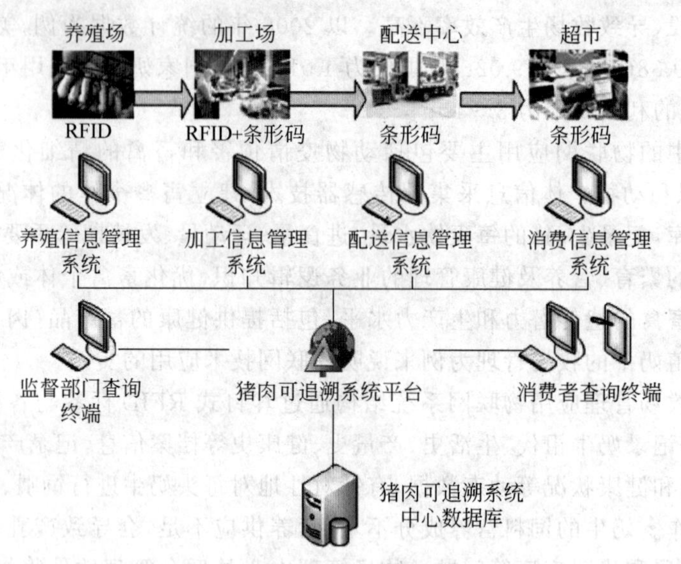

图 12-5　基于 RFID 与条码技术的猪肉质量追溯系统示意图

门的工作人员可以通过短信、手机对条码拍照、计算机等方式，通过网络实时查询所购买猪肉的质量安全信息。

目前我国正在建立动物标识及防疫溯源体系。通过动物标识将牲畜从出生到屠宰历经的防疫、检疫、监督工作贯穿起来，将生产管理和执法监督数据汇总到数据中心，建立从动物出生到动物产品销售各环节化全程追踪管理系统。

农业领域的物联网将向精细化、规模化、社会化方向发展。农业物联网应用有助于实现农业生产方式由经验型、粗放式向知识性、精细型转变。未来的农业物联网将集农业资源监测、环境信息监测、作物生产精细管理、畜禽精细养殖、农产品安全检测与溯源、农业资源规划为一体，并与工业、生活等物联网相互融合。我国目前正处于由传统农业向现代化农业转变的历史性阶段。农业物联网应用对于提高农业生产率和经济效益，增强我国农业抗风险与可持续发展能力具有重要的意义。

12.7　智慧工业

工业大数据是未来工业在全球市场竞争中发挥优势的重要支柱，而智慧工厂环境下，只有利用工业大数据技术，才能真正实现对智能制造的有效驱动。随着信息化与工业化的深度融合，信息技术渗透到了工业企业产业链的各个环节，使得工业企业所拥有的数据日益丰富。工业大数据是在工业领域信息化应用中所产生的数据，呈现出大体量、多源性、连续采样、价值密度低、动态性强等特点。

信息技术特别是互联网技术正在给传统工业发展方式带来颠覆性、革命性的影响。二维码、RFID 传感器、工控系统、物联网、ERP、CRM（customer relationship management，客户关系管理）等技术的广泛应用，推动工业企业实现生产流程各环节的互联互通，促进互联网与工业融合发展。但网络、通信、硬件设备等只是工业企业实现互联互通的基础，实时感知、采集、监控生产过程中会产生大量数据，只有运用大数据技术对企业产生、拥有的海量数据进行挖掘，得到有作用的分析结果，智能制造才能得以实现。

1. “智慧工厂”计划及其愿景

1）计划

“智慧工厂”计划于 2005 年由欧盟、德国教育与研究部等部门和机构共同发起，参与者包括弗劳恩霍夫研究所以及西门子、博世、FESTO、哈挺、约翰・迪尔、思科等知名企业。“智慧工厂”计划是一个独立的制造演示验证与研究平台，创新的信息和通信技术及其应用在一个现实的工业生产环境中进行测试和开发。“智慧工厂”计划旨在将工厂自动化与复杂的信息技术集成，日常生活中的消费电子设备和应用将在工业中拓展传统的加工方法，让未来工厂的运行变得更柔性和更高效。

智慧工厂位于凯泽斯劳滕的德国人工智能研究中心，如图 12-6 所示。在这些工厂中，以直观和可接近的方式演示着“工业 4.0”的关键领域。智慧工厂的中央研究和验证平台是一个混合式验证工厂，可以从单一到批量地生产定制化产品，功能电气组件柔性联网，无线通信系统运行在系统内和全部控制层级中。

图 12-6　智慧工厂——试验智能技术的演示验证中心

2）愿景

在全球化竞争、创新和产品寿命周期缩短、定制化的背景下，制造商必须将其工厂系统设计得更具柔性和适应性。现代信息和通信技术带来了机遇，如无线传感器网路、语义产品记忆、移动交互和泛在网络接入。随着泛在计算和物联网的普及，现代工厂正在朝智能环境发展，虚拟与现实世界之间的鸿沟越来越小。通过赛博物理系统（cyber-physical system，CPS）将虚拟与现实世界融合，以及随之而来的技术过程与商业过程的交融，通过智慧工厂概念得到了最好的诠释。在生产系统中部署 CPS 是智慧工厂的本源，智慧工厂的产品、资源和工艺都由 CPS 表征，与经典生产系统相比，它随时都具备质量、时间、资源和成本优势。智慧工厂根据可持续的和以服务为导向的商业实践来设计，支持适应性、柔性、自适应能力和学习特性、容错性以及风险管理。通过基于 CPS 的生产系统柔性网络，高级自动化在智慧工厂中成为标准，实时响应的柔性生产系统可以让生产过程得到根本优化,生产可以根据自适应、自组织生产单元的全球网络实现优化。这在创新、成本和时间节省方面是一次生产革命,也建立了一个自下而上的生产价值创造模型,其联网能力创造新的和更多的市场机遇。

2. 智慧工厂的内核——物联工厂

智慧工厂的内核其实就是基于物联网的物联工厂。日常环境的物联网正在转变为工厂环境的物联工厂,其概念的内核包括物联网基础技术、结构柔性、内容集成、语义描述、全局标准化参考架构,精益技术和精益信息贯穿其中。物联工厂主要涉及以下3个方面。

1）架构

新智能现场设备的加入以及分散自动化的提升,对减少集成工作的方法提出了需求。以服务为导向的架构(service oriented architecture,SOA)概念是一个强有力的将功能软件模块与大型IT系统集成的分散式方法,对于自动化技术的软件架构是一个很好的补充,包括机电一体化功能集成和智能现场设备。研究主题包括从商务软件到自动化领域的架构转换、方法、协议和工具,以及工业现场设备中即插即用原则的实现。研究重点有以下两个。

(1) 通过即插即用技术实现设备集成

主要关注:物理与软件接口的建模和标准化,提供数据以配置现场设备,面向生产环境的适当即插即用技术的开发与适配。

(2) 自动化中的以服务为导向的架构

主要关注:面向自动化的、基于以服务为导向概念的统一通信模型构建,在自动化中应用以服务为导向的架构的概念和方法开发,面向技术实施的技术评价和评估。

2）信息管理

物联工厂信息管理示意如图12-7所示。在生产环境中互连的设备顺利执行功能以及自主行动的一个必要条件,是对数据和信息环境的清晰表达。自动化"金字塔"的所有层级都产生大量数据和信息,它们都与各自的机器、工厂和设施连接,并且从外部不可见。由于基于生产的数据和信息的语义注释是可视的、依环境提供的,这种环境敏感的自动化

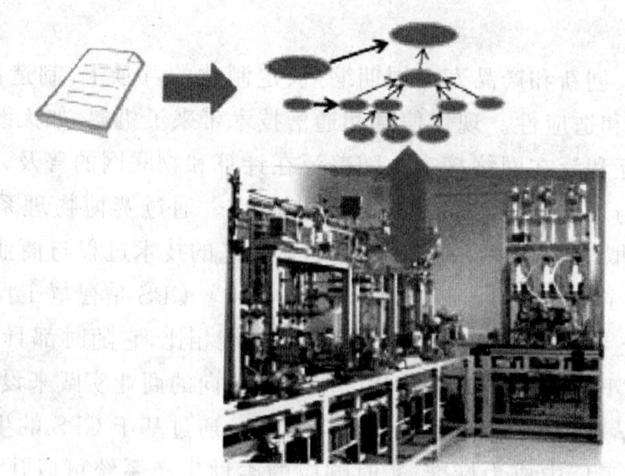

图12-7 物联工厂信息管理示意

增加了柔性以及工厂的效率。研究重点有以下 3 个。

(1) 物联工厂中语义技术的重要性及其使用

主要关注：在生产环境中识别并处理适当的知识源(知识获取)；产品、工艺和工厂的语义描述；生产中服务的动态定位和自动编排。

(2) 通过环境敏感的自动化达到生产环境中柔性的新维度

主要关注：将环境感知计算原则转移到自动化中；构建统一数据格式和接口，以阐明动态工厂环境以及数据谱系的提取和建立。

(3) 工厂系统中用于优化工艺的空间环境信息的使用架构

主要关注：开发一种数据格式，实现空间环境信息的统一表达；构建形式描述的知识库，以解释环境信息；实现来自不同环境源信息的集合与语义解释的总体架构。

3) 用户支持

在物联工厂，关注点在人员。未来的技术系统必须使自己适应人的能力，即 useware 工程(根据人的能力和需求进行技术设计)，从信息学到工厂自动化领域的方法和工具都需要基于模型的用户界面。这些模型、方法和工具的应用还包括工厂环境内的机器移动操作和泛在用户支持。研究重点有以下 4 个。

(1) 基于模型的用户界面开发

主要关注：将基于模型的用户界面开发的原则从信息学到自动化技术的转移；基于模型的连续架构和软件工具链的开发；useware 开发过程中的可用性范本形式化与集成。

(2) 人机交互图像驱动的用户界面术语适配

主要关注：以用户和任务为中心的用户界面术语生成；环境集成，以表达依赖用户的相关信息；通过模型组成部分再利用减少开发时间。

(3) 与工业现场设备进行基于直观任务的通信

主要关注：现场设备的直观识别；通信接口的自动配置；并行多用户操作的实施；N∶M通信链的安全操作。

(4) 工厂环境中的泛在用户支持

主要关注：实践知识转换为形式化知识模型(辅助系统数据库的构建)；开发与建档过程的接合与标准化；基于移动、交互和环境的形式化实践知识提供。

12.8　智慧城市

智慧城市是新一代信息技术支撑、知识社会创新 2.0 环境下的城市形态，智慧城市通过物联网、云计算等新一代信息技术以及维基、社交网络、Fab Lab、Living Lab、综合集成法等工具和方法的应用，实现全面透彻的感知、宽带泛在的互联、智能融合的应用以及以用户创新、开放创新、万众创新、协同创新为特征的可持续创新。伴随网络帝国的崛起、移动技术的融合发展以及创新的民主化进程，知识社会环境下的智慧城市是继数字城市之后信息化城市发展的高级形态。

从技术发展的视角，智慧城市建设要求通过以移动技术为代表的物联网、云计算等新一代信息技术应用实现全面感知、泛在互联、普适计算与融合应用。从社会发展的视角，智慧城市还要求通过维基、社交网络、Fab Lab、Living Lab、综合集成法等工具和方法的应用，实现以用户创新、开放创新、万众创新、协同创新为特征的知识社会环境下的可持续创新，强调通过价值创造，以人为本实现经济、社会、环境的全面可持续发展。

智慧城市需要具备以下四大特征。

(1) 全面透彻的感知：通过传感技术，实现对城市管理各方面监测和全面感知。智慧城市利用各类随时随地的感知设备和智能化系统，智能识别、立体感知城市环境、状态、位置等信息的全方位变化，对感知数据进行融合、分析和处理，并能与业务流程智能化集成，继而主动做出响应，促进城市各个关键系统和谐高效的运行。

(2) 宽带泛在的互联：各类宽带有线、无线网络技术的发展为城市中物与物、人与物、人与人的全面互联、互通、互动，为城市各类随时、随地、随需、随意应用提供了基础条件。宽带泛在网络作为智慧城市的"神经网络"，极大地增强了智慧城市作为自适应系统的信息获取、实时反馈、随时随地智能服务的能力。

(3) 智能融合的应用：现代城市及其管理是一类开放的复杂巨系统，新一代全面感知技术的应用更增加了城市的海量数据。集大成，成智慧。基于云计算，通过智能融合技术的应用实现对海量数据的存储、计算与分析，并引入综合集成法，通过人的"智慧"参与，大幅提升决策支持的能力。基于云计算平台的大成智慧工程将构成智慧城市的"大脑"。技术的融合与发展还将进一步推动"云"与"端"的结合，推动从个人通信、个人计算到个人制造的发展，推动实现智能融合、随时、随地、随需、随意的应用，进一步彰显个人的参与和用户的力量。

(4) 以人为本的可持续创新：面向知识社会的下一代创新重塑了现代科技以人为本的内涵，也重新定义了创新中用户的角色、应用的价值、协同的内涵和大众的力量。智慧城市的建设尤其注重以人为本、市民参与、社会协同的开放创新空间的塑造以及公共价值与独特价值的创造。注重从市民需求出发，并通过维基、微博、Fab Lab、Living Lab 等工具和方法强化用户的参与，汇聚公众智慧，不断推动用户创新、开放创新、万众创新、协同创新，以人为本实现经济、社会、环境的可持续发展。

智慧城市涵盖领域如下。

1. 智慧公共服务

建设智慧公共服务和城市管理系统。通过加强就业、医疗、文化、安居等专业性应用系统建设，通过提升城市建设和管理的规范化、精准化和智能化水平，有效促进城市公共资源在全市范围共享，积极推动城市人流、物流、信息流、资金流的协调高效运行，在提升城市运行效率和公共服务水平的同时，推动城市发展转型升级。

2. 智慧社会管理

完善面向公众的公共服务平台建设。建设市民呼叫服务中心，拓展服务形式和覆盖面，实现自动语音、传真、电子邮件和人工服务等多种咨询服务方式，逐步开展生产、生活、政策和法律法规等多方面咨询服务。开展司法行政法律帮扶平台、职工维权帮扶平台等专业性公共服务平台建设，着力构建覆盖全面、及时有效、群众满意的服务载体。进一步推进社会保障卡（市民卡）工程建设，整合通用就诊卡、医保卡、农保卡、公交卡、健康档案等功能，逐步实现多领域跨行业的“一卡通”智慧便民服务。

3. 加快推进面向企业的公共服务平台建设

继续完善政府门户网站群、网上审批、信息公开等公共服务平台建设，推进“网上一站式”行政审批及其他公共行政服务，增强信息公开水平，提高网上服务能力；深化企业服务平台建设，加快实施劳动保障业务网上申报办理，逐步推进税务、工商、海关、环保、银行、法院等公共服务事项网上办理；推进中小企业公共服务平台建设，按照“政府扶持、市场化运作、企业受益”的原则，完善服务职能，创新服务手段，为企业提供个性化的定制服务，提高中小企业在产品研发、生产、销售、物流等多个环节的工作效率。

4. 智慧安居服务

开展智慧社区安居的调研试点工作，将部分居民小区作为先行试点区域，充分考虑公共区、商务区、居住区的不同需求，融合应用物联网、互联网、移动通信等各种信息技术，发展社区政务、智慧家居系统、智慧楼宇管理、智慧社区服务、社区远程监控、安全管理、智慧商务办公等智慧应用系统，使居民生活“智能化发展”。

5. 智慧教育文化服务

积极推进智慧教育文化体系建设。建设完善教育城域网和校园网工程，推动智慧教育事业发展，重点建设教育综合信息网、网络学校、数字化课件、教学资源库、虚拟图书馆、教学综合管理系统、远程教育系统等资源共享数据库及共享应用平台系统。积极推进先进网络文化的发展，加快新闻出版、广播影视、电子娱乐等行业信息化步伐，加强信息资源整合，完善公共文化信息服务体系。构建旅游公共信息服务平台，提供更加便捷的旅游服务。

6. 智慧服务应用

(1) 智慧物流：配合综合物流园区信息化建设，推广射频识别（RFID）、多维条码、卫星定位、货物跟踪、电子商务等信息技术在物流行业中的应用，加快基于物联网的物流信息平台及第四方物流信息平台建设，实现物流政务服务和物流商务服务的一体化。

(2) 智慧贸易：通过自建网站或第三方电子商务平台，开展网上询价、网上采购、网上营销、网上支付等电子商务活动，创新服务方式，提高服务层次。鼓励发展以电子商务平台为聚合点的行业性公共信息服务平台，重点发展集产品展示、信息发布、交易、支付于一体的综合电子商务企业或行业电子商务网站。

(3) 智慧服务业：积极通过信息化深入应用，改造传统服务业经营、管理和服务模式，加快向智能化现代服务业转型，加快推进现代金融、服务外包、高端商务、现代商贸等现代服务业发展。

7. 智慧健康保障体系建设

重点推进“数字卫生”系统建设。建立卫生服务网络和城市社区卫生服务体系，构建以全市区域化卫生信息管理为核心的信息平台，促进各医疗卫生单位信息系统之间的沟通和交互。以医院管理和电子病历为重点，建立全市居民电子健康档案；以实现医院服务网络化为重点，推进远程挂号、电子收费、数字远程医疗服务、图文体检诊断系统等智慧医疗系统建设，提升医疗和健康服务水平。

8. 智慧交通

建设“数字交通”工程，通过监控、监测、交通流量分布优化等技术，完善公安、城管、公路等监控体系和信息网络系统，建立以交通诱导、应急指挥、智能出行、出租车和公交车管理等系统为重点的、统一的智能化城市交通综合管理和服务系统，实现交通信息的充分共享、公路交通状况的实时监控及动态管理，全面提升监控力度和智能化管理水平，确保交通运输安全、畅通。

9. 积极推进智慧安全防控系统建设

充分利用信息技术，完善和深化“平安城市”工程，深化对社会治安监控动态视频系统的智能化建设和数据的挖掘利用，整合公安监控和社会监控资源，建立基层社会治安综合治理管理信息平台；积极推进市级应急指挥系统、突发公共事件预警信息发布系统、自然灾害和防汛指挥系统、安全生产重点领域防控体系等智慧安防系统建设；完善公共安全应急处置机制，实现多个部门协同应对的综合指挥调度，提高对各类事故、灾害、疫情、案件和突发事件防范和应急处理能力。

10. 建设信息综合管理平台建设

提升政府综合管理信息化水平；提高政府对土地、海关、财政、税收等专项管理水平；强化工商、税务、质监等重点信息管理系统建设和整合，推进经济管理综合平台建设，提高经济管理和服务水平；加强对食品、药品、医疗器械、保健品、化妆品的电子化监管，建设动态的信用评价体系，实施数字化食品药品放心工程。

智慧城市就是运用信息和通信技术手段感测、分析、整合城市运行核心系统的各项关键信息，从而对包括民生、环保、公共安全、城市服务、工商业活动在内的各种需求做出智能响应。其实质是利用先进的信息技术，实现城市智慧式管理和运行，进而为城市中的人创造更美好的生活，促进城市的和谐、可持续成长。

参考文献

[1] 张慧芬. 物联网技术在智能农业中的应用[J]. 电子技术与软件工程,2017(5): 10.

[2] 徐勇,裴莉. 物联网技术在智能农业中的应用探究[J]. 电子测试,2016(18): 91-92.

[3] 顾建,王敬,黄晨,等. 物联网技术在智能农业中的应用[J]. 科技经济导刊,2016(13): 35.

[4] 张杰. 物联网技术在智能农业中的应用研究[J]. 数字技术与应用,2018,36(9): 37,39.

[5] 李彬,阳妮. 物联网技术在智能农业中的应用探讨[J]. 魅力中国,2017(12): 258.

[6] 刘瑾,冯瑛敏,黄丽妍,等. 基于物联网技术的智能电网[J]. 电力与能源进展,2017,5(2): 46-49.

[7] 曹汉清,李全彬. 基于物联网的安全用电智能监测系统[J]. 计算机科学与应用,2019,9(8): 1591-1603.

[8] 毛周明,金鹏,詹文平. 基于电力线载波的道路照明物联网技术[J]. 智能电网,2013,3(1): 1-7.

[9] 邵明宪,刘帅,洪慧,等. 基于物联网技术的智能空气质量检测系统设计[J]. 计算机科学与应用,2014,4(12): 344-350.

[10] 刘文昌,王星驰. 基于灰色关联分析法对物联网商业模式的评价研究[J]. 现代管理,2016,6(4): 146-153.